U0239034

高土石坝筑坝技术与设计方法

张宗亮 主编

中国水利水电出版社
www.waterpub.com.cn
·北京·

内 容 提 要

本书对近年来作者从事高土石坝设计工作所取得的实践经验进行了总结提炼。全书共分为 9 章,主要内容包括高土石坝发展及研究现状、高土石坝计算理论与方法、高面板堆石坝设计指南、高心墙堆石坝设计指南、高土石坝工程建设、工程安全评价及反馈预警系统、高土石坝运行维护与健康诊断、高土石坝碳足迹与能耗分析以及高土石坝全生命周期管理体系等。

本书可供大型水利水电工程设计、施工等专业的工程技术人员学习参考,也可供相关科研单位研究人员及高等院校的师生参考。

图书在版编目(CIP)数据

高土石坝筑坝技术与设计方法 / 张宗亮主编. -- 北京:中国水利水电出版社,2017.3
ISBN 978-7-5170-5266-1

Ⅰ. ①高… Ⅱ. ①张… Ⅲ. ①高坝－土石坝－筑坝
Ⅳ. ①TV641.1

中国版本图书馆CIP数据核字(2017)第053077号

书　　名	**高土石坝筑坝技术与设计方法** GAO TUSHIBA ZHUBA JISHU YU SHEJI FANGFA
作　　者	张宗亮　主编
出版发行	中国水利水电出版社
	(北京市海淀区玉渊潭南路 1 号 D 座　100038)
	网址:www.waterpub.com.cn
	E-mail:sales@waterpub.com.cn
	电话:(010)68367658(营销中心)
经　　售	北京科水图书销售中心(零售)
	电话:(010)88383994、63202643、68545874
	全国各地新华书店和相关出版物销售网点
排　　版	中国水利水电出版社微机排版中心
印　　刷	北京印匠彩色印刷有限公司
规　　格	184mm×260mm　16 开本　29.25 印张　525 千字
版　　次	2017 年 3 月第 1 版　2017 年 3 月第 1 次印刷
印　　数	0001—1200 册
定　　价	**157.00 元**

凡购买我社图书,如有缺页、倒页、脱页的,本社营销中心负责调换

《高土石坝筑坝技术与设计方法》
编写人员名单

顾　　问　　马洪琪　王伯乐

主　　编　　张宗亮

副 主 编　　袁友仁　冯业林

编写人员　（以姓氏笔画为序）

孔令学　冯业林　严　磊　李仕奇　邹　青

张礼兵　张宗亮　庞博慧　相　彪　袁友仁

唐　力　曹军义　梁礼绘　雷红军　谭志伟

我国高土石坝引领世界技术与发展，
本书凝练此主要创新成果，很有价值！

中国工程院院士
马洪琪
2016年9月

序 一

截至目前，位于我国西部的雅砻江、大渡河、澜沧江、怒江、金沙江、黄河等水电基地以及藏东南"四江"的开发利用程度还很低，这些流域是未来中国水电开发的重点地区。这些地区多高山峡谷，交通及地形地质条件复杂，建设水利水电工程的技术难度将会越来越大。在大江大河上建造水利水电工程，大坝是最核心的主体建筑物，其建设与运行安全是整个工程的首要问题。目前我国高100m以上的已建、在建大坝约200座，其中土石坝约占60%，混凝土坝约占40%。在这些坝型中，土石坝由于对地基基础条件具有适应性良好、能就地取材及充分利用建筑物开挖渣料、造价较低、水泥用量较少等特点，优势极其明显，使其成为坝工建设中最有发展前景的坝型之一，因此，近20座水电站将其作为代表性坝型。

近几十年来，我国的土石坝建设取得了举世瞩目的成就，20世纪陆续建成了当时亚洲第一高的毛家村土坝（坝高82m）以及碧口（坝高102m）、鲁布革（坝高104m）、小浪底（坝高160m）等一批标志性土石坝工程。进入21世纪，我国土石坝筑坝技术有了质的飞跃，在数量、坝高和建设规模等方面都得到了前所未有的发展，陆续建成了天生桥一级（坝高178m）、洪家渡（坝高179.5m）、紫坪铺（坝高156m）、水布垭（坝高233m）等200m级高土石坝。2013年建成的糯扎渡心墙堆石坝（坝高261.5m）为同类坝型中坝高世界第三、亚洲第一。目前还有多座土石坝枢纽工程在建、拟建，如古水水电站（面板堆石坝，坝高240m）、双江口水电站（心墙堆石坝，坝高312m）、两河口水电站（心墙堆石坝，坝高295m）、如美水电站（心墙堆石坝，坝高315m）等。

在天生桥一级、水布垭、糯扎渡等世界一流土石坝工程建设中，积累了大量工程经验，我国土石坝筑坝技术有了长足的发展。特别是在糯扎渡高心墙堆石坝工程建设中，在超高心墙堆石坝设计准则、计算分析理论、施工工艺及安全控制技术等方面取得了多项具有中国自主知识产权的创新性成果，使得我国堆石坝筑坝技术水平迈上了一个新台阶。

《高土石坝筑坝技术与设计方法》一书是以中国电建集团昆明勘测设计研究院有限公司全国工程设计大师张宗亮为技术总负责的土石坝工程设计研究团

队，通过总结糯扎渡、天生桥一级等高土石坝工程设计、建设中的研究与实践成果编著而成，其中系统集成了多项土石坝筑坝关键技术以及行业领先的创新研究成果，包括高土石坝工程建设中的计算理论与方法、高面板堆石坝及心墙坝设计指南、工程建设及施工技术、工程安全评价及预警系统、运行维护与健康诊断、碳足迹与能耗分析、全生命周期管理体系等。该书具有较高的理论水平和实用价值，可为我国今后300m级高土石坝的建设提供重要借鉴，也可作为高土石坝工程技术人员的案头用书。

中国工程院院士 钟登华

2016 年 10 月

序 二

土石坝是一种历史悠久又充满活力的坝型，因其具有可充分利用当地天然材料、能适应不同的地质条件、施工方法简便、抗震性能良好等特点，而成为水利水电工程建设中应用最广、发展最快的一种坝型。

自 20 世纪 50 年代后，世界近代土石坝筑坝技术迅猛发展，促成了一批高坝的建设。我国土石坝工程界紧跟世界时代潮流，在土石坝理论研究、筑坝技术、施工建设、后期运行维护与安全评价等方面，认真吸取了国内外的成功实践经验，开展了基础扎实、创新实用的众多科研工作，土石坝技术水平和建设水平得到不断提升。特别是进入 21 世纪以来，随着我国水电战略的实施，在水能资源丰富、地震烈度较高的西部地区，已经建成多座 200m 级高土石坝，如小浪底（坝高 160m）、瀑布沟（坝高 188m）、水布垭（坝高 233m）、糯扎渡（坝高 261.5m）等，一大批高 200m 以上超高土石坝待建或正在设计中，如古水（坝高 240m）、两河口（坝高 295m）、双江口（坝高 312m）、如美（坝高 315m）等工程，我国土石坝工程建设正在向 300m 的高度迈进，前景值得期待。

中国电建集团昆明勘测设计研究院有限公司（以下简称昆明院），自建院以来风雨六十载，先后承担了国内外 450 余座水电项目的勘测设计工作，土石坝工程作为昆明院的核心技术优势，在国内外享有较高的认可和赞誉。作为昆明院的技术领军人物，本书主编张宗亮曾先后参与了鲁布革水电站，主持了天生桥一级、糯扎渡水电站等 20 余座百米以上高土石坝的勘察设计工作，取得的成果代表了我国土石坝工程界勘察设计科研领域的领先水平，创造了中国乃至世界水电项目上的多项第一，并先后荣获全国工程设计大师、全国杰出工程师奖等荣誉称号。经过 30 余年的工程实践，张宗亮作为技术总负责，在昆明院逐步建立起了一支集科研、设计、施工、监测等全专业、百余名专业人才的土石坝工程设计研究团队。该团队与国内著名高等院校、科研院所广泛联合，依托国家能源水电工程技术研发中心高土石坝分中心、云南省水利水电土石坝工程技术研究中心开展了高土石坝筑坝技术与发展研究，并编著了《高土石坝筑坝技术与设计方法》一书。该书内容包括高土石坝计算理论与方法、高面板堆石坝设计指南、高心墙堆石坝设计指南、高土石坝工程建设、工程安全评价及反馈预警系统、高土石坝运行维护与健康诊断、高土石坝碳足迹与能耗分析、高土石坝全生命周期管理体系等。该书不是仅对某项工程科研设计成果的列举，而是站在了一个很高的高度，通过对大量工程成功实践经验的提炼与升华，集成了高土石坝关键技术问题，提出了合理化指导方法与建议。该书内容脉络清晰、研究成果丰富，贯穿了高土石坝科研、勘察、设计、建设、运行管理等全生命周期的各个阶段，是作者及其团队对高土石坝研究与实践的系统总结，是一部很好的体系完整、专业性强的科研工程专著。

该书可以为广大水利水电行业专业人员提供技术参考，具有重要的实用价值和借鉴作用，同时也能为相关科研人员提供更多的创新性思路，具有较高的学术价值，是近十多年来少有的高水准专著。相信该书的出现将会为我国高土石坝筑坝技术的发展提供积极的推动作用。

中国科学院院士 陈祖煜

2016 年 10 月

前言

FOREWORD

据不完全统计，全世界所建设的百米以上的高坝中，土石坝所占的比重呈逐年增长趋势，20世纪60年代占比接近40%，70年代占比接近60%，80年代占比为70%以上，至21世纪初增加至80%以上。土石坝已成为高坝的绝对主力坝型。

与国际坝工建设水平相比，我国高心墙堆石坝的发展较慢，进入21世纪后才先后建成小浪底（坝高160m）、瀑布沟（坝高188m）、糯扎渡（坝高261.5m）。在吸收国际高土石坝建设经验和糯扎渡工程大量创新性研究成果及成功实践的基础上，工程界对建设更高心墙堆石坝的信心有了极大的提高，当前在建、拟建心墙堆石坝最大坝高已达300m级（两河口坝高295m，双江口坝高312m，如美坝高315m）。

现代面板堆石坝也以其造价低、工期短等特点，自1985年引进我国后得到了蓬勃发展，30年来取得了举世瞩目的成绩。据不完全统计，截至2015年年底，国内已建坝高150m以上面板堆石坝15座，代表性工程有天生桥一级（坝高178m）、水布垭（坝高233m）、三板溪（坝高185.5m）、洪家渡（坝高179.5m），水布垭坝是目前世界最高面板堆石坝，拟建的高面板坝从200m级坝高向300m级坝高发展，包括古水（坝高240m）、茨哈峡（坝高257.5m）、大石峡（坝高251m）、拉哇（坝高234m）等。

目前，高土石坝建设仍处于蓬勃发展的时期，而我国土石坝的数量、规模、技术已居于世界前列，为促进更高土石坝的建设，编者团队结合近30年土石坝工程实践经验，重点总结糯扎渡和天生桥一级的设计、科研和建设实践成果编撰此书，期望能为土石坝建设者带来更多启迪与帮助。

我国现行《碾压式土石坝设计规范》（DL/T 5398—2007）和《混凝土面板堆石坝设计规范》（DL/T 5016—2011）对于200m级以上高坝均要求进行专门研究，也就意味着在规范层面尚未覆盖200m级以上高坝。本书针对高面板堆石坝和高心墙堆石坝提出了设计指南，其中对关键技术环节的认识比规范反映的内容更深一步，工程措施更具针对性。通过本书的抛砖引玉，希望能为超高土石坝的设计研究起到参考和帮助作用。

本书纳入了编者针对高土石坝运行维护与健康诊断、高土石坝碳足迹与能耗分析以及高土石坝全生命周期管理体系三方面新兴课题的系统性研究成果，围绕安全、环保、经济三大目标进行阐述，其成果对风险控制、节能减排、降本增效有着直接而客观的指导意义，对完善高土石坝全生命周期管理链起到积极作用。

本书可供包括政府、投资、设计、施工和运行维护等所有高土石坝参与人员阅读，书中关于碳足迹概念及其计算方法、工程全生命周期管理理念及其框架体系也可为水利水电行业及其他行业同仁参考借鉴。

由于作者水平有限，书中难免会有一些错误，敬请读者批评指正。同时，欢迎读者与作者联系，就有关土石坝筑坝技术问题进行探讨，共同促进高土石坝安全建设、健康发展。

作者

2016 年 9 月

目录
CONTENTS

第1章
高土石坝发展及研究现状

1.1 土石坝的发展

1.1.1 概述

土石坝是指由土、石料等当地材料填筑而成的坝，是历史最为悠久的一种坝型，也是世界坝工建设中应用最为广泛和发展最快的一种坝型。

中国是建坝最早的国家之一。早在公元前 250 年，四川岷江即修建了都江堰，创造了竹笼装填卵石筑坝壅水和溢洪的堰。公元前 240 年，在陕西郑国渠建成 30m 高的木笼填石坝。公元前 34 年，在河南泌阳河修建的马仁陂土坝，残坝坝高 16m，经历代维修后运行至今。闻名世界的长达百里的洪泽湖大堤为东汉时期开始修筑，后经数次大修，临湖堤段基本用条石砌筑，逐渐形成规模。早期所建的坝，特别是砂质地基上的土坝，因泄洪和渗透稳定两大关键技术问题没有得到解决，大多冲毁殆尽。有的土坝如洪泽湖大堤能够存在至今，靠的是不断维修加固。

由于筑坝经验的积累，以及基本理论如土的强度理论、渗流理论、有效应力原理和固结理论等的创立，才使得近代建造的土石坝更加安全可靠，也逐步推动了现代高土石坝建设技术的发展。因此，土石坝在坝工建设中的比重逐年增加，据不完全统计，全世界所建设的 100m 级以上的高坝中，土石坝所占的比重呈逐年增长趋势，20 世纪 60 年代占比接近 40％，70 年代占比接近 60％，80 年代占比为 70％以上，至 21 世纪初占比增加至 80％以上。

土石坝得以广泛发展的主要原因主要如下：

（1）可以就地、就近取材，节省大量水泥、木材和钢材，减少工地的外线运输量。由于土石坝设计和施工技术的发展，放宽了对筑坝材料的要求，几乎任何土石料均可用来筑坝。

（2）能适应各种不同的地形、地质和气候条件。除极少数例外，几乎任何不良地基经处理后均可修建土石坝。特别是在气候恶劣、工程地质条件复杂和高烈度地震区的情况下，土石坝大多时候成为唯一可取的坝型。

（3）大容量、多功能、高效率施工机械的发展，提高了土石坝的压实密度，减小了土石坝的断面，加快了施工进度，降低了造价，促进了土石坝建设的发展。

（4）由于岩土力学理论、试验手段和计算技术的发展，提高了分析计算的水平，加快了设计进度，进一步保障了大坝设计的安全可靠性。

（5）高边坡、地下工程结构、高速水流消能防冲等土石坝配套工程设计和施工技术的综合发展，对加速土石坝的建设和推广也起到了重要的促进作用。

近几十年来，我国的土石坝建设取得了举世瞩目的成就。20 世纪 50 年代初，我国的土石坝高度仅 40～50m，之后陆续建成当时亚洲第一高的毛家村土坝（坝高 82m）以及碧口（坝高 102m）、鲁布革（坝高 104m）、小浪底（坝高 160m）等一批标志性土石坝工程。进入 21 世纪，我国土石坝筑坝技术有了质的飞跃，在数量、坝高和建设规模等方面都得到前所未有的发展，陆续建成了天生桥一级（坝高 178m）、洪家渡（坝高 179.5m）、紫坪铺（坝高 156m）、水布垭（坝高 233m）等 200m 级高土石坝。2013 年建成的 261.5m 高的糯扎渡心墙堆石坝为当时同类坝型中高度世界第三、亚洲第一。在天生桥一级、水布垭、糯扎渡等世界一流土石坝工程建设中，积累了大量工程经验，我国土石坝筑坝技术有了长足的发展。特别是糯扎渡高心墙堆石坝，其心墙堆石坝坝高 261.5m，项目立项时比此前国内已建最高的小浪底心墙堆石坝提升了约 100m，许多技术问题超出了现行规范的适用范围，在糯扎渡高心墙堆石坝工程建设中，昆明院经过 15 年的勘测设计研究工作，在超高心墙堆石坝设计准则、计算分析理论、施工工艺及安全控制技术等方面取得了多项具有中国自主知识产权的创新性成果，使我国堆石坝筑坝技术水平迈上了一个新台阶。

21 世纪，在国家西部大开发战略的支持下，一大批水利水电工程将在西南地区水力资源丰富的江河上开工建设，这些筑坝地点大多处于交通不便、地质条件复杂的地区，自然条件相对恶劣，施工困难较多，修建土石坝具有更强的适应性，因此，土石坝工程必将在西部大开发的进程中发挥重要作用。

1.1.2　高心墙堆石坝的发展及建设情况

心墙堆石坝是在坝体中心设置直立的或略偏上游倾斜的防渗体的土石坝，防渗体可以为土料、沥青混凝土、钢筋混凝土等，目前采用较多的为黏土心墙堆石坝。

早期建设的心墙堆石坝，由于没有大型振动碾压设备，堆石大多用抛填法填筑，这样建成的高坝大多都产生裂缝。例如，美国的泥山（Mud Monutain）坝采用抛填式堆石，裂缝严重，不能正常蓄水。我国 20 世纪 60 年代初期用抛投式堆石筑成的南谷洞斜墙土石坝，堆石体变形太大使得土斜墙裂缝冲刷，几经修补，数次塌坑，后来铺筑沥青混凝土面板修复，仍裂缝漏水。20 世纪 60 年代末期，振动碾的良好压实效果得到公认，多数高坝的堆石坝壳和砂卵砾石坝壳都采用振动碾压实，大大缩小了填筑堆石料的孔隙率，使得坝体变形减小，逐步控制了裂缝的产生。心墙料的使用范围也逐步扩大，砾质黏土、残积土、风化岩、洪积土、冰碛土等均可用来作为心墙土料。随着重型振动碾的发展及投入使用及建设技术的进步，使得心墙堆石坝建设高度逐渐增加。我国 1976 年建成的碧口心墙堆石坝，坝高 101.8m，是我国第一座现代碾压式堆石坝，砂卵石、石渣、堆石经重型振动碾薄层碾压，密实度高，坝体变形小，且经历了多次地震的考验，至今运行状况良好。此后，1990 年建成鲁布革心墙堆石坝（坝高 104m）也较为成功。

进入 21 世纪，我国的心墙堆石坝建设朝着更高的方向发展，2001 年建成了小浪底斜心墙堆石坝（坝高 154m），2006 年建成了瀑布沟心墙堆石坝（坝高 188m）。2013 年建成的糯扎渡水电站心墙堆石坝坝高达到 261.5m（图 1.1－1），大量创新性研究成果及成功建设经验大大提高了工程界建设更高心墙堆石坝的信心，当前在建、拟建心墙堆石坝最大坝高达 300m 级（两河口坝高 295m，双江口坝高 312m，如美坝高 315m）。据不完全统计，在我国西部，目前有近 20 座水电站（坝高 200m 以上）将心墙堆石坝作为代表性坝型，表 1.1－1 列出了设计建设中的几座典型高心墙堆石坝的概况。

1.1.3　高混凝土面板堆石坝的发展及建设情况

混凝土面板堆石坝是用堆石料或砂砾石料分层碾压填筑及用混凝土面板做上游防渗体的坝。面板堆石坝主要由防渗面板、防渗接地结构、堆石坝体等三

图 1.1-1　糯扎渡水电站心墙堆石坝

表 1.1-1　我国设计建设中坝高大于 200m 的心墙堆石坝的概况

序号	坝名	坝高 H/m	心墙型式	坝体防渗主要参数			
				心墙材料	心墙上游坡度	心墙下游坡度	心墙底宽/m
1	其宗	356	直心墙	砾石土	1∶0.2	1∶0.2	152
2	日冕	346	直心墙	砾石土	1∶0.25	1∶0.25	177
3	如美	315	直心墙	砾石土	1∶0.23	1∶0.23	103
4	双江口	312	直心墙	砾石土	1∶0.2	1∶0.2	126.4
5	两河口	295	直心墙	砾石土	1∶0.2	1∶0.2	123.6
6	上寨	253	直心墙	砾石土	1∶0.2	1∶0.2	108
7	长河坝	240	直心墙	砾石土	1∶0.25	1∶0.25	125.7

大部件组成，防渗面板是面板堆石坝的防渗部件，面板通过周边缝与防渗接地结构连接，防渗接地结构主要控制通过地基及两岸坝基的渗流，减小渗水量并使得渗水得到安全排出。堆石坝体则是面板的支撑结构，也是面板的基础，并且要安全排出通过面板及其接缝的渗水。

混凝土面板堆石坝至今已有 100 多年的历史，按国际面板坝专家库克的统计，国际面板堆石坝的发展可分为以抛填堆石为主的早期阶段（1940 年以前）、碾压堆石引入前后且相对停滞的过渡期阶段（1940—1970 年）和以薄层碾压为主的现代阶段（1970 年以后）。早期的面板堆石坝都是一些木框堆石坝，在木框上游面设置木板防渗，到大约 20 世纪初开始采用混凝土面板防渗，该时期的堆石大多采用抛填式，抛填层高往往达到 10～50m 以上，由于孔隙率及压缩性较大，大多产生很大的漏水量，且更高的面板堆石坝的抛填堆石会使得混凝土面板产生结构性的开裂及损坏，因此约75m成为该时期混凝土面板堆石坝的极限高度。20世纪40年代，由于生产的发展需要建设更高的坝，但是由于抛填式面板堆石坝不适用于75m以上高坝，因而转向建设能适应抛填堆石变形的心墙坝，这时期为过渡期。随着碾压堆石的出现，振动碾碾压堆石的低压缩性在实践过程中得到证明，且碾压堆石使得质量较差的岩石也可用于筑坝，至20世纪70年代，碾压堆石完全取代了抛填堆石，进入了碾压堆石时期即现代面板堆石坝时期。现代面板堆石坝的设计表现在碾压堆石趾板和基础灌浆的接地防渗、趾板到坝顶的整体面板、半透水性的垫层料、多道止水的周边缝等。

　　现代面板堆石坝不仅大大减小了漏水量，而且具有造价低、工期短的特点，在坝型比较中往往占有优势，因此得到了蓬勃发展，1990年以后面板堆石坝开始向200m级高坝发展，图1.1-2为国际面板堆石坝发展示意图。据有关资料，到2008年年底，国外已建坝高30m以上的面板堆石坝约275座，坝高150m以上的约10座。表1.1-2列出了国外部分已建、在建和拟建的150～200m级高面板堆石坝。

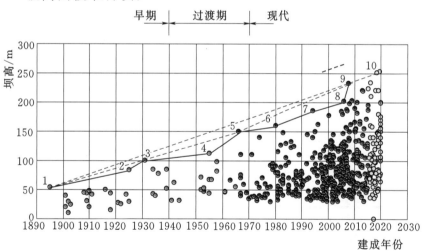

图1.1-2　国际面板堆石坝发展示意图

1—莫雷拉坝（Morena，美国，坝高54m，1895年）；2—迪克斯河坝（Dix River，美国，坝高84m，1927年）；3—盐泉坝（Salt Springs，美国，坝高100m，1931年）；4—帕尔迪拉坝（Paradela，葡萄牙，坝高112m，1955年）；5—新国库坝（New Exchequer，美国，坝高150m，1966年）；6—阿里亚坝（Foz do Areia，巴西，坝高160m，1980年）；7—阿瓜米尔巴坝（Aguamilpa，墨西哥，坝高186m，1994年）；8—坎泼斯·诺沃斯坝（Campos Novos，巴西，坝高202m，2007年）；9—水布垭坝（中国，坝高233m，2008年）；10—茨哈峡和大石峡等坝（中国，坝高250m级，拟建）

　　我国自 1985 年开始用现代技术修建混凝土面板堆石坝，起步虽晚，但近几十年来，我国的面板堆石坝建设取得了举世瞩目的成绩。据不完全统计，截至 2009 年年底，国内已建坝高 30m 以上面板堆石坝约 170 座，其中坝高 150m 以上的约 7 座，最高的是水布垭坝，坝高 233m。已建、在建和拟建 150～200m 级高混凝土面板堆石坝的初步统计情况见表 1.1-2。我国已建面板堆石坝几乎遍布全国各地，涉及各种不利的地形、地质条件和气候条件，工程设计建设总体是成功的，积累了应对各种困难情况的经验和教训。目前，我国面板堆石坝的数量、规模、技术难度都已居于世界前列。

表 1.1-2　国外部分已建、在建和拟建的 150～200m 级高混凝土面板
堆石坝统计表（按建设时序）

序号	工　程　名　称	工程所在国家	建设情况	完建时间	坝高/m	坝长/m	坝体方量/万 m³
1	新国库（New Exchequer）	美国	已建	1966 年	150	427	400
2	阿里亚（Foz do Areia）	巴西	已建	1980 年	160	828	1400
3	阿瓜米尔巴（Aguamilpa）	墨西哥	已建	1993 年	186	660	1270
4	亚肯布（Yacambu）	委内瑞拉	已建	1996 年	162	150	300
5	米苏可拉（Messochora）	希腊	已建	1996 年	150		1400
6	巴拉格兰德（Barra Grande）	巴西	已建	2005 年	185	665	1186
7	坎普斯诺沃斯（Campos Novos）	巴西	已建	2006 年	202	590	1211
8	埃尔卡洪（El Cajón）	墨西哥	已建	2007 年	186	550	1030
9	卡拉纽卡（Kárahnjúkar）	冰岛	已建	2007 年	198	730	960
10	巴贡（Bakun）	马来西亚	已建	2009 年	203.5	750	1650
11	拉耶什卡（La Yesca）	墨西哥	已建	2012 年	205		
12	南俄Ⅲ（Nam Ngum Ⅲ）	老挝	在建		220		1180
13	查格亚（Chaggla）	秘鲁	在建		211	270	
14	莫罗·德·阿里卡（Morro de Arica）	秘鲁	拟建		220		510
15	巴莱（Baleh）	马来西亚	拟建		210	1100	2580
16	阿格布鲁（Agbulu）	菲律宾	拟建	—	234		2100

　　在目前规划的我国西部金沙江、澜沧江、怒江、雅砻江、大渡河、黄河上游及雅鲁藏布江的梯级电站中，有较多的电站将混凝土面板堆石坝作为比选或推荐坝型（表 1.1-3 和表 1.1-4），这些混凝土面板堆石坝的高度均在 200～

300m 级，大多在 250m 级高度，超过目前世界上最高的水布垭面板堆石坝（坝高 233m），因此，我国高混凝土面板堆石坝的建设技术面临着向 250m 级及以上高度跨越发展的挑战。这一大批 250m 级高混凝土面板堆石坝的安全建设与运行将成为水利水电工程中被广泛关注的重点。

表 1.1－3　国内已建、在建和拟建 150～200m 级高面板堆石坝统计表

序号	工程名称	工程所在位置	建设情况	完建时间	坝高 /m	坝长 /m	坝体方量 /万 m³
1	水布垭	湖北清江	已建	2008 年	233	674.66	1574
2	三板溪	贵州清水江		2007 年	185.5	423.8	962
3	洪家渡	贵州六冲河		2005 年	179.5	427.79	920
4	天生桥一级	贵州南盘江		2000 年	178	1104	1800
5	卡基娃	四川木里河		2015 年	171	321	586
6	溧阳蓄能上库	江苏溧阳		2015 年	165	1111.5	1575.73
7	平寨（黔中）	贵州三岔河		2014 年	162.7	363	523
8	滩坑	浙江瓯江小溪		2008 年	162	507	960
9	龙背湾	湖北官渡河		2015 年	158.3	465	695
10	吉林台一级	新疆喀什河		2006 年	157	445	836.2
11	紫坪铺	四川岷江		2006 年	156	634.8	1117
12	巴山	重庆盘龙江		2010 年	155	477	
13	梨园	云南金沙江		2014 年	155	525.3	778
14	马鹿塘二期	云南麻栗坡		2011 年	154	493.4	689.31/601
15	董箐	贵州北盘江		2010 年	150	678.6	959
16	猴子岩	四川大渡河	在建	—	223.5	283	980
17	江坪河	湖北溇水			219	414	704
18	阿尔塔什	新疆叶尔羌河			163	786	1712
19	羊曲	青海黄河			150	354.67	384.86

表 1.1－4　我国西部拟建的 200～300m 级混凝土面板堆石坝

水电基地	工　程　名　称
黄河上游	茨哈峡（最大坝高 254m）、玛尔挡（最大坝高 210m）
澜沧江	古水（最大坝高 240m）、班达（最大坝高 222m）
金沙江	岗托（最大坝高 229m）、叶巴滩（最大坝高 240m）、拉哇（最大坝高 234m）
怒江	马吉（最大坝高 270m）、同卡（最大坝高 205m）、怒江桥（最大坝高 240m）、罗拉（最大坝高 243m）

但应当指出，面板堆石坝属经验坝型，虽然我国面板堆石坝经过近 30 年的基础理论研究和建设实践，取得了不少宝贵经验，我国 200m 级高面板堆石坝的设计和施工技术已有探索趋向成熟，但目前仅达到半经验半理论的技术水平，而且已建的 200m 级高混凝土面板堆石坝较少，运行时间也较短，在大坝建设及运行方面积累的经验较少，还有较多的基础性问题需进一步研究突破。例如，近期建设的几座高面板堆石坝在取得成功及宝贵经验的同时，部分工程出现坝体变形偏大、面板挤压破坏、防渗体系破损、渗漏量较大等问题；再如，现有监测资料表明，高面板堆石坝坝体变形与设计阶段的计算预测值相比经常偏大很多，且稳定时间偏长。有些高面板堆石坝坝在经过十多年的挡水运行后，其变形（尤其是不均匀变形）的量值变化尚未稳定，运行期坝体或面板结构破损的情况时有发生。

上述问题的发生使得目前工程界对于能否安全建成 250m 级或更高的面板堆石坝表现出了疑虑，在许多适宜建设高堆石坝的坝址，因不能把握 250m 级以上高面板堆石坝的工程特性和技术可行性，不能直接选择面板堆石坝方案，而选用体积大、施工受天气条件影响、占用耕地较多对环境破坏造成不利影响的心墙堆石坝方案，有的工程在近坝区甚至没有可用的防渗土料，使得水电站经济指标竞争力降低。因此，我国混凝土面板堆石坝的发展面临着从 200m 级坝高向 300m 级坝高发展的技术挑战。近几年，我国水利水电工程领域相关设计、科研、建设单位依托正在开展可行性研究工作的古水、茨哈峡、马吉、如美等 250~300m 级高面板堆石坝，系统地开展了 300m 级面板堆石坝适应性及安全性等关键技术研究，取得了大量新的研究成果，相信这些研究成果对于指导 300m 高面板堆石坝建设可发挥积极作用。

1.2　高土石坝筑坝技术研究现状

无论是心墙堆石坝还是面板堆石坝，其主要的筑坝材料均为土石料，因此，在一些工程技术问题如筑坝土石料的工程特性、坝体的变形与稳定、土石料的填筑施工及质量控制、土石坝体的安全监测及评价等方面具有共性，均为以土力学为基础的岩土工程问题。而心墙堆石坝与面板堆石坝的差异之处在于防渗体的不同，前者采用位于坝体中部的心墙土料防渗，后者采用坝体上游面的混凝土面板防渗，因此在坝体结构和材料分区、细部防渗结构设计及渗流控制和计算分析等方面存在不同。

1.2.1 筑坝材料工程特性

试验是揭示土石料作为一种碎散多相材料的一般的和特有力学性质的基本方法，也是验证各种理论的正确性及实用性及确定各种理论参数的基本手段。由于工程需要，对于筑坝材料的试验技术得到了长足的发展，目前除常规的室内外物理力学试验外，还研发了多种大型及新型试验，如大型三轴试验、真三轴试验、离心机及振动台试验、流变及湿化特性试验、土体与结构物接触面特性试验、接触渗流及冲刷试验等，这些新型试验的应用及相关理论的发展为解决土石坝工程相关技术问题发挥了重要作用。

我国在"七五""八五""九五"攻关中结合高面板堆石坝筑坝技术攻关，对筑坝堆石料进行了较多的研究，主要是通过爆破试验获取级配石料、现场碾压与室内常规三轴试验和固结试验相结合，研究堆石料的工程特性，使之具备足够高的变形模量和抗剪强度，达到维持坝坡稳定和控制坝体变形的目的。一些面板坝工程也对堆石体的流变进行了一定试验研究，以研究坝体的长期变形对面板的影响。

对于心墙坝，随着筑坝技术及施工机械的发展，防渗土料的使用范围进一步扩大，红土、膨胀土、分散性土在一些工程中成功使用，而砾石土甚至风化料则是高心墙堆石坝的首选土料。高心墙坝对防渗土料的要求除满足防渗性外，还必须有较好的力学性能，与坝壳堆石的变形能较为协调，减小坝壳对心墙的拱效应，以改善心墙的应力应变，减少心墙裂缝的发生几率。从已建的国内外土质防渗体土石坝筑坝经验看，高土石坝防渗体采用冰碛土、风化岩和砾石土为代表的宽级配土料越来越普遍。据统计，国外 100m 级以上的高土石坝中，有 70% 以风化料或掺砾混合土的砾石土作为防渗料，世界上几座 200m 以上的高土石坝大部分采用砾石土或风化料作为防渗料。对防渗土料的研究，一般采用常规试验方法如击实、压缩、剪切和渗透试验，研究防渗土料的防渗性能及力学指标。而对于高心墙堆石坝，对砾石土料的工程力学性质、防渗土料的抗裂特性以及水力劈裂机理则成为研究重点。

另外，心墙堆石坝因上游坝壳蓄水后位于水下，导致心墙堆石坝堆石体的应力状态更加复杂，研究难度较面板堆石坝的堆石体更加困难，但由于其对大坝的安全影响不如面板堆石坝敏感，故大部分心墙堆石坝工程对筑坝堆石材料的研究仅进行常规试验研究或工程类比，而对于超高心墙堆石坝的筑坝堆石料仍需重点研究，特别是软岩料的特性研究、堆石材料的浸水变形等应进行专项研究。除了施工和蓄水期的加载变形之外，坝体后期变形（包括湿化变形和流变等）也是土石坝尤其是高土石坝变形的重要组成部分，对于高坝需重点关注筑坝材料的流变特性。

在面板堆石坝和心墙堆石坝工程中，存在着不同散粒体之间的接触界面如心墙土料-混凝土垫层、混凝土面板-垫层料等多种不同类型的接触界面。接触界面两侧材料由于刚度不同，会表现出不同的变形性状；在接触面附近，还可能出现脱开、滑移和张闭等非连续变形现象。不同材料接触界面的存在对坝体相关部位应力和变形的性状有较大影响，经常出现不连续变形以及由之引起的拱效应现象，通常是坝体易发生事故的薄弱环节，需要得到足够的重视，对于高坝需开展土与结构物接触面的力学特性试验研究。

另外，除了室内外试验方法以外，近年来随着数值计算技术的飞速发展，基于数值分析技术的岩土介质细观力学试验作为一门新兴的试验方法深受国内外研究者的青睐，为岩土材料的细观力学行为及变形破坏机理研究提供了有力的手段。与此同时，不断发展的数字图像技术已应用于岩土工程领域。

1.2.2 坝体结构及材料分区设计

目前在 200m 级以上高土石坝的坝料与结构中，面临的主要技术难题有 4 个方面：①确定与坝高、河谷形状及堆石原岩特性相适应的堆石体密实度指标、坝体断面分区；②在确保坝坡抗滑稳定和坝体渗透稳定的同时，准确预测坝体变形，明确变形控制指标；③提出增强高土石坝防渗体的抗裂及抗渗能力；④制定符合 200m 级高土石坝设计要求的安全控制措施。

对于高心墙堆石坝，根据收集到的国内外高土石坝的工程实例资料，多数已建和拟建的高土石坝的心墙均采用天然砾质土或黏性土掺合砾石的人工掺砾土料，以减小心墙与坝体堆石间的沉降差，从而减小拱效应，防止心墙产生水平裂缝。也有采用冰碛土料作心墙料，如麦加坝。有 4 座坝的坝壳采用砂砾料，上游坝坡为 1:2.25～1:2.6，下游坝坡为 1:2.0～1:2.2。其余大都采用堆石料填筑坝壳，上游坝坡为 1:1.8～1:2.2，下游坝坡为 1:1.8～1:2.0。已建坝高 200m 以上的心墙堆石坝中，有 5 座采用直心墙，其余 7 座（含因故未建成的罗贡）均采用斜心墙的型式。在强地震区修建成的奇科森坝、凯班坝和努列克坝均采用直心墙。其中，奇科森坝原采用斜心墙作为防渗体，后根据抗震科研成果，考虑强地震的原因，在坝体心墙填筑到高程 200m 时，改成直心墙。在目前正在设计的坝高 200m 以上的心墙堆石坝中，无一例外均采用直心墙型式。已建的糯扎渡以及目前正在设计的其宗、双江口、古水、两河口等均对坝壳堆石料进行了分区，一般均在下游坝壳内部及上游坝壳围堰高程以下部位采用了强度指标稍低的次堆石料。

对于面板堆石坝，经过多年的工程实践，在坝体材料分区及结构设计方面已逐渐形成成熟经验。坝体分区均按照上堵下排的原则进行分区。各区坝料间满足水力过渡的要求，从上游向下游坝料的渗透系数递增，相邻区下游坝料对上游区有反滤保护作用，以防止产生内部管涌和冲蚀，同时注重各分区之间的反滤保护。重视坝体变形协调控制、坝体填筑断面应尽量均匀上升，填筑碾压标准不得大于现行面板堆石坝设计规范要求的指标值，注意控制上下游堆石的模量差，对于300m级高坝，应使堆石体具有较高密实度和压缩模量；并要求上下游堆石料模量尽量接近。

另外，国内外超高面板堆石坝的工程实践表明，面板的结构性破损问题已成为了影响超高面板堆石坝安全的核心问题，墨西哥阿瓜米尔巴坝（坝高187m）的面板出现了结构性裂缝，发生了较大的漏水量。天生桥一级面板坝（坝高178m）在坝体施工的过程中发生了较大规模的面板脱空和弯曲性结构裂缝的现象，在运行过程中又发生了面板沿垂直缝压损的现象。因此，如何通过坝体的结构设计和施工程序的改进尽量避免面板结构性裂缝或压损破坏的发生，成为超高面板堆石坝研究的重要关键技术课题。对此，巴西专家对于超高面板堆石坝设计提出了增加碾压遍数及加水量、改进堆石分区、增加中央区面板厚度、压性缝填充可压缩填料、防止挤压边墙与面板的黏结等建议措施。我国面板堆石坝工程界根据近期开展的超高面板堆石坝适应性及安全性研究等课题，认为坝体变形控制关键是控制面板浇筑后的坝体变形增量和不均匀变形，并提出相应的对策措施，如选择优质硬岩堆石料、提高坝料压实密度等措施控制坝体总变形量，通过优选后期变形小的坝料和压实参数、采用面板浇筑前超高填筑堆石坝体、延长面板浇筑前坝体预沉降时间或选取较小的沉降速率等施工控制措施控制面板浇筑后的坝体变形增量，通过优化坝体分区（期）、控制不同区域坝料模量差、施工时采取平衡上升的填筑方式、分期蓄水预压等措施控制坝体不均因变形。

1.2.3 大坝计算分析理论与方法

1. 堆石料的本构模型

有关堆石体本构模型的研究多年来是我国具有特色的一个研究领域，多年来众多学者结合国家科技攻关项目以及多个重大土石坝工程的实践在该领域进行了卓有成效的研究工作，提出了多个带有鲜明特点的本构模型，其中许多至今仍在土石坝工程中得到较为广泛的应用。例如，清华非线性解耦 KG 模型、沈珠江双屈服面弹塑性模型、殷宗泽双屈服面弹塑性模型、四川大学 KG 模型和清华弹塑性模型等。此外还有美国的邓肯和张提出的非线性弹性 EB 模型在土石坝变形计算中得到了广泛应用。

工程经验表明，除了施工和蓄水期的加载变形之外，坝体后期变形（包括湿化变形和流变等）也是土石坝尤其是高土石坝变形的重要组成部分。国外学者在 20 世纪 70 年代初提出了土石坝湿化变形的计算方法。在国内，湿化变形的研究起步于"七五"期间，主要结合小浪底堆石坝进行。目前国内外学者已建立起多种可用于进行土石坝湿化变形计算的模型和方法，如基于双线法的初应变求解方法（Nobari 等，1987）、殷宗泽的增量初应力法（钱家欢，1996）、李广信（1990）提出的割线模型和塑性模型、沈珠江（1988）湿化模型等。我国学者提出了多个堆石体流变模型，并已应用于具体的土石坝工程。其中多为基于应力应变速率关系的经验函数型流变模型，如采用指数衰减函数的沈珠江模型（1994）和采用双曲函数的王勇和殷宗泽（2000）模型等。

对于不同散粒体之间如心墙土料-混凝土垫层、混凝土面板-垫层料等的接触面力学问题，国内外学者提出了多种接触面本构模型，包括刚塑性模型、理想弹塑性模型、Clough-Duncan 非线性模型等。在糯扎渡心墙堆石坝工程实践中，根据求得的接触面本构模型参数，采用有限元计算程序对散粒体间接触面单剪试验进行数值模拟，以比较不同本构模型的特点。结果表明，刚塑性模型参数少，容易确定，能够反映应力-位移关系的非线性特征，在模拟不同材料接触面力学性质方面具有一定的优越性。

2. 高土石坝变形计算与控制

200m 级高土石坝工程的建设和运行历史尚短，相关的监测资料还比较缺乏，另外，高土石坝工程规模宏大，结构复杂，其变形演化规律受到坝料、分区、水位、环境、气候等众多因素的影响非常复杂。因此，虽然进行数据分析的数学工具很多，但是对于坝体变形长期规律的研究成果还较少。

土石坝后期变形越来越受到大家的关注。在目前的计算中，通常分别考虑土石料的湿化和流变变形，首先通过试验确定相应应力状态下的附加变形，再在有限元计算中采用初应变的方法进行变形计算。在现有的坝体后期变形计算方法中，认为坝体在运用期发生的变形均为流变变形。除了未考虑雨水入渗产生的湿化变形等因素外，也没有区分土石料随时间逐步劣化的过程。尤其对于工程开挖软岩料，其风化过程对材料特性的影响非常值得关注。出于经济和环境友好等因素，坝体填筑时应尽量多地使用开挖料是进行坝体分区设计的趋势。对许多软岩料在充分压实的条件下，所得到的变形参数并不差，此时这些软岩料可否使用的关键主要取决于其长期的破损特性。目前对堆石体抗风化特性的研究尚很少见到。

大量计算经验表明,在100m以下级低土石坝的计算中,和现场监测所得到的坝体变形相比,邓肯-张模型计算的变形通常偏大,尤其是计算所得坝体的水平变形明显偏大。对此,学者们将其原因主要归结为邓肯-张模型对应力路径的反应能力差以及无法模拟土石料的剪胀性等缺点上,因此有学者认为,沈珠江双屈服面弹塑性模型和清华非线性解耦KG模型应用于土石坝应力变形计算时比邓肯-张模型更加合适。进入21世纪之后,随着我国数目众多高土石坝工程的成功建设,陆续取得了非常丰富的现场变形的监测结果。当把这些高坝变形的现场监测结果和原设计阶段变形计算结果进行比较时发现,其变形特性在变形量级方面和100m以下级土石坝具有明显的差异,现场坝体监测变形一般会大于邓肯-张模型事先预测的计算结果(杨泽艳等,2008)。上述结果表明,用于高土石坝的现有变形计算方法可能还存在较大的缺陷,"低坝算大,高坝算小"的问题目前依然存在,在土石料计算方法特别是体应变的数值模拟方面仍需开展进一步的研究。

心墙堆石坝的水力劈裂一直是人们最为关注同时也是最有争议的问题之一。多年来,国内外学者对工程中发生水力劈裂的现象、水力劈裂发生的机理和判别方法以及水力劈裂的计算方法等方面进行了大量的研究工作,也取得了不少有价值的成果,例如黄文熙提出的发生水力劈裂的准则等。近年来,结合糯扎渡心墙堆石坝工程建设,提出了在心墙中可能存在的渗水弱面以及在快速蓄水过程中所产生的渗透弱面"水压楔劈效应"为水力劈裂发生的重要条件的论点,并通过模型试验加以验证。将弥散裂缝理论引入水力劈裂问题的研究中,与比奥固结理论相结合,推导和建立了用于描述水力劈裂发生和扩展过程的有限元数值仿真模型和算法,提出了基于有效应力计算的水力劈裂分析的总应力判别方法。

土石坝裂缝是土石坝常见的隐患和主要破坏类型之一,目前用于估算土石坝裂缝的方法主要有变形倾度法、Leonards法、有限元数值计算方法等3种。其中,前两种主要是经验的方法,也是目前工程中最常使用的方法。长期以来,在土工数值计算分析中很少关注黏土的拉伸及裂缝问题。主要原因之一是因为绝大多数的土石结构处于受压的工作状态。另外,由于土体裂缝会造成土体材料的几何不连续以及力学性质上的各向异性,使得在土工数值计算分析中难以处理。但国内外土石坝的建设经验表明,高土石坝发生裂缝的工程实例较为常见,因此,发展土石坝裂缝的数值模拟方法具有重要的工程应用价值。近年来，清华大学提出了心墙黏土基于无单元法的弥散裂缝模型，发展了基于无单元-有限元耦合方法的土石坝张拉裂缝三维仿真计算程序系统。

变形控制是高土石坝设计中的核心问题，从目前已建成的几座高土石坝的运行状况来看，变形问题及其导致的防渗体裂缝和大坝渗漏等问题依然是影响高土石坝安全运行的重要因素。在土石坝的变形控制方面，通常规定沉降比需满足小于1%，这对于100m级的堆石坝通常是能够实现的。但近年我国高土石坝工程实践表明，大多200m级高土石坝的实测沉降变形超过了1%的界限。如果采用相同的变形控制标准，相比100m级土石坝，200m级高土石坝变形控制难度会很大，有时甚至要付出巨大的代价。高土石坝的坝料选用、结构设计与优化等问题需进一步深入研究，且目前针对高土石坝变形控制的标准是笼统的，并没有和具体的坝体的破坏形式相关联，有必要针对坝体可能的表现行为探讨坝体的变形控制标准。

面板堆石坝的面板结构性破损问题的计算分析近年来也取得进展，张丙印（2003）等将接触力学的分析方法应用于面板坝混凝土面板-坝体接触问题的计算分析。接触力学分析方法将相互作用的面板和坝体结构物看成是相互作用的不同物体，通过物理几何关系的准确描述来判别物体之间的接触关系，这类方法对处理位移不连续现象具有本质上的优越性，计算结果可反映混凝土面板的脱空现象以及面板-坝体的接触应力。

3. 高土石坝渗流计算与控制

水利水电枢纽的土石坝渗控体系包括坝体防渗结构、坝基防渗反滤层以及排水设施，它们的正常工作是保证土石坝免受渗透侵蚀和破坏的基本条件，对于土石坝运行至关重要。随着社会需求的提高和施工技术的发展，我国所建土石坝越来越高，高土石坝在建设、蓄水和运行过程中要经受极其复杂的应力状态和渗流状态的变化，并且相互影响。

通过将近大半个世纪的建设发展历程，心墙堆石坝在渗流控制方面累积了许多成功的经验。防渗土料的压实理论和防止土料渗透变形的反滤层理论的提出和广泛应用，特别是采用大型施工机械对堆石体、心墙土料的分层碾压技术，使安全度低、渗漏量大的早期堆石坝发展成真正意义上的安全经济的心墙堆石坝。随着土力学、渗流力学、水文学、工程水文地质等科学理论的发展和应用和20世纪40—80年代心墙堆石坝设计施工技术的进一步深入推广、堆石用料和防渗土料的选用范围放宽，以及反滤层设计的更具针对性，各国的心墙堆石坝在规模上和数量上得到迅速发展，成功建设了许多大型的高心墙堆石坝。未来的大坝高度会往更高方向发展，从渗流控制角度考虑，由于土料的宝贵，薄心墙坝会更受重视，相应的心墙允许渗透坡降会需要提高，心墙土料选择会更加多样化，反滤层的设计会往更个性化方向发展（防止裂缝的发展，并能促使裂缝自愈的控制措施等）。对于岩体渗流的控制技术还有很大的研究发展空间，除了对岩体渗流的基本理论、岩体渗流基本特性以及渗流与应力耦合效应进行深入研究外，还应发展更深的钻孔技术、灌浆材料的多样化、灌浆有效范围的控制、帷幕透水率的合理确定等，以便进一步提高灌浆岩体的抗渗强度，减少灌浆排数，节约工程投资。保障高坝基础处理质量的评价检查技术将进一步受到重视。

鉴于高土石坝渗控体系是长期正常使用的必备设施，高坝渗流发生、发展的作用原理、演变过程及破坏机制均是需要深入研究的重要内容。目前在多座高土石坝的施工和运行过程中实测到的应力、变形和超孔隙水压力及其变化过程与计算值相差较大（陈立宏等，2005），坝体在高水头复杂条件下的孔隙水压力传递机理仍难以解释，根据现有的理论和方法也难以模拟，其原因可能是在施工和蓄水过程中，坝体内的物态场、渗流场、变形场和应力场以及周围环境之间存在着复杂的耦合关系，说明高土石坝多场耦合分析方面的研究还有待进一步深入。

4. 高土石坝坝坡稳定计算与控制

坝坡稳定分析是土石坝设计的重要内容之一，而刚体极限平衡法是工程上应用最广泛和最成熟的计算方法。经过近百年的运用，瑞典圆弧法、简化毕肖普法和采用线性强度指标分析得到土石坝稳定安全系数已经积累了丰富的工程经验，其成果的可信度较高，可以保证大坝的安全。土的抗剪强度指标是影响土坡稳定的重要参数，其参数变化对坝体稳定计算结果有很大的影响。大量三轴试验结果表明，堆石料的抗剪强度具有明显的非线性，随着围压的增加，堆石料发生颗粒破碎，并引起颗粒间应力重新分布、连接力变弱以及颗粒移动，使内摩擦角降低，摩尔强度包线呈下弯趋势，即在较大应力范围内堆石的抗剪强度与法向应力呈非线性关系。《碾压式土石坝设计规范》（SL 274—2001）中规定，粗粒料抗剪强度指标应采用非线性准则计算，可见，粗粒料强度参数采用非线性指标的必要性已得到确认。但是在以往的计算实践中，人们发现采用非线性强度指标，坝坡稳定安全系数往往较大。对一级坝，在很多情况下，安全系数的计算值在 1.70～1.90 之间，而规范规定的允许安全系数是 1.50。现行规范中规定的允许安全系数是依据多年的大量线性强度稳定计算结果总结得到，是与线性强度相适应的，那么在进行非线性稳定分析时，规范关于各等级大坝的允许安全系数标准是否要作适当的调整，这是一个值得研究的关键技术问题。

基于刚体极限平衡理论的坝坡稳定分析方法，经过多年的发展，已积累了丰富的使用经验。但是，在处理坝坡的稳定问题时，该方法存在以下几个主要问题：①将滑动土体作为理想的刚塑性体看待，完全不考虑土体的应力-应变关系，而土体是变形体，用分析刚体的办法，不满足变形协调条件，因而计算出滑动面上的应力状态不真实。②不进行应力分析，其滑动面上的正应力、剪应力一般由条块的自重来确定，这不符合坝坡工程的实际应力状态。近年来，随着电算技术的进步，有限元数值计算方法有了不少突破，有限元法恰恰可以克服刚体极限平衡法的上述缺陷。实践经验表明，稳定和变形有着相当密切的关系，一个土坡在发生整体稳定破坏之前，往往伴随着较大的垂直沉降和侧向变形。这在一定程度上表明，利用有限元的应力变形结果进行坝坡稳定分析在理论上是合理可行的，这也是高土石坝坝坡抗滑稳定研究和发展的一个主流方向。

5. 高土石坝抗震计算分析

土石坝抗震设计目前在相当程度上仍是基于传统的经验方法进行，已经难以适应我国日益增多的强震区高土石坝工程建设的需要。当前世界各国现行坝工抗震设计规范对土石坝抗震设计采用的方法、标准颇不统一，这实际上反映了人们对高土石坝抗震能力认识的不一致。造成这种局面主要原因是高土石坝遭受实际震害的实例较少，坝体地震动力特性、破坏机理与承载能力目前还未被充分认识。

国内外土石坝震害调查结果表明，土石坝的震害源于两个方面：①坝基砂层或坝壳砂液化引起的震害；②由于土石坝结构振动导致的破坏。1964年美国阿拉斯加地震和日本新潟地震中饱和无黏性土和少黏性土的液化造成的建筑物的损坏引起工程界的广泛重视。1971年美国 San Fernando 地震中 Lower San Fernando 充填坝的大规模塌滑事故引起了土石坝抗震安全评价方法的变革。发现传统方法在评价土石坝抗震能力方面所出现的矛盾日益增多，难以预测土石坝所可能出现的多种震害。以土石坝地震变形为基础的新的抗震设计方法得到迅速发展。但是新的方法在定量方面仍有一定困难，付诸工程实践仍有一定距离。所以，目前土石坝的抗震安全评价标准尚未定型，各国的作法也不完全相同。

目前，国内外土石坝抗震研究工作主要集中在筑坝堆石料动力特性、大坝地震响应分析方法、地震变形与抗震措施等方面。筑坝材料的动力特性是通过大型动力三轴仪研究筑坝材料的强度和变形特性、动模量和阻尼特性。目前，筑坝材料动力特性国内主要采用经验公式及试验曲线描述其非线性和滞回性。这类模型属经验类模型，不研究土体动力变形的物理本质与机理，难以把握土体在复杂应力路径上的力学行为。近来也有学者将弹塑性模型用于描述土石坝料的动力特性，但目前尚不成熟，亦缺乏成熟的参数求取方法。虽然基于弹塑性模型的计算方法也有尝试，但程序设计复杂、计算的收敛性差，难以满足实际需要。由于缺乏强震区高土石坝的实际震害资料和地震反应记录，土石坝的动态模型试验成为研究其抗震性能及措施的有利辅助手段，其中振动台模型试验被广泛采用。各国学者根据振动台类比模型试验观测的坝体响应和破坏形式，提出了抗震措施，并通过适当的计算验证其有效性。但筑坝材料工程特性的高度非线性、设备条件和场地条件的制约、地震动的随机性都导致了目前研究成果的局限性。近年来，随着国家对水坝抗震防震工作的加强，已有学者开始重视土石坝的极限抗震能力和破坏模式的研究，但目前还没有形成成熟的方法与准则。

1.2.4 大坝施工与质量控制

1. 心墙土料改性技术

对于高心墙堆石坝，从已建的国内外土质防渗体土石坝筑坝经验看，心墙防渗体采用冰碛土、风化岩和砾石土为代表的宽级配土料越来越普遍。一般来说，这些土料难以满足高心墙堆石坝对心墙土料压缩性或渗透性的要求，需要改性处理。目前，对于土料中黏粒较多、强度较低的情况，大多工程采用掺砾的方式，在保证渗透性的前提下提高心墙料的压缩性及强度；对于粗粒土较多的土料，有些工程采用筛分方式进行处理。

在糯扎渡水电站高心墙堆石坝工程建设中，当地天然防渗土料偏细，需进行人工碎石掺砾，在满足防渗条件下尽可能提高压缩模量和抗剪强度。对不同掺砾量防渗土料的压实性、渗透及抗渗稳定性、压缩特性、三轴抗剪强度及应力应变特性等进行了系列比较试验研究，从防渗土料渗透性及抗渗性能看，掺砾量不宜超过50%，从变形协调及压实性能看，掺砾量宜在30%～40%，由此综合确定掺砾含量为35%。在掺砾施工工艺方面，为保证上坝填筑时人工掺砾土料的均匀性及碾压施工质量，施工前对掺砾工艺、填筑铺层厚度、碾压机械及碾压遍数进行了多方案研究，并进行了大规模的现场碾压试验验证，最终推荐成套施工工艺，经实践证明效果良好。

在古水水电站工程的心墙堆石坝比选方案研究中，开展了土料筛分改性技术的研究，针对土料粗粒径含量偏多、天然含水率偏低和抗渗坡降较低的特点，在工程设计中通过剔除大于 60mm 的颗粒，在堆料场采取掺水、保湿的措施，并在填筑时采用反滤保护处理，使得土料达到防渗土料要求，并通过研究，拟定了黏土心墙筛分施工工艺流程。

2. 施工质量实时监控

土石坝填筑施工质量控制是土石坝施工质量控制的主要环节，而大坝填筑施工质量主要与碾压质量和坝料质量有关。因此，在土石坝的填筑施工中，有效地控制碾压过程质量和坝料性质是保证大坝填筑施工质量的关键。现有土石坝施工质量控制的方法和手段主要遵循《碾压式土石坝施工规范》（DL/T 5129—2013）规定。根据该规范规定，土石坝填筑碾压质量主要通过施工过程中的压实参数（铺层厚度、土石料性质、碾压遍数、碾压行车速度、激振力等）以及试坑检测的压实标准（压实度或干密度、含水量和级配等）来控制；前者属过程控制，后者属事后控制。然而，常规的依靠监理和施工人员人为事中控制这些压实参数，由于受人为因素干扰大，管理粗放，故难以实现对压实参数的精准控制，难以确保碾压过程质量。常规的质量控制手段往往易于造成欠压和超压。过度碾压会使土层表面翻松，并致使骨料（粗颗粒）破碎。同时，施工质量试坑检测一方面会对大坝仓面施工作业带来干扰，另一方面由于试验结果无法快速获得，从而影响施工进度，故难以满足以高强度、高机械化为特点的大型土石坝工程施工的要求。

在糯扎渡水电站高心墙堆石坝工程建设中，开发了"糯扎渡水电站数字大坝-工程质量与安全信息管理系统"，该系统可对心墙堆石坝填筑施工过程进行精细化的全天候实时监控；对工程质量、安全监测、施工进度等信息进行集成管理，构建大坝综合数字信息平台；为堆石坝建设过程的质量监控、运行期坝体的安全分析提供支撑平台；提高工程质量，为打造优质精品工程服务。在施工建设过程中，该系统有效地提高了土石坝施工质量监控的水平和效率，确保大坝施工质量始终处于受控状态，为高土石坝施工质量的高标准控制开辟了一条新的途径，取得了显著的经济效益和社会效益，具有广阔的应用前景。

3. 填筑质量检测方法

针对土石坝坝料压实填筑控制标准及填筑质量检测方法等关键技术，目前我国《碾压式土石坝设计规范》（DL/T 5395—2007）中对砾石土等含粗粒的土料要求采用全料压实度控制。一般工程中土料的最大粒径已超出现有试验击实筒的允许粒径范围，需采用缩尺等方法处理后方可进行击实试验，其试验成果与原级配全料压实特性之间是否存在差异，全料与细料对应的压实填筑标准如何，值得深入研究。此外，在全料压实度检测方法方面，室内全料三点击实试验存在所需土料数量多、试验时间长、试验工作量过大等问题，难以满足现场施工进度的要求，因此需要通过研究寻求一种既准确又能快速检测掺砾土料压实度的方法。

在糯扎渡心墙堆石坝工程实践中，研制出 $\phi600mm$ 超大型击实仪，开展了大量的击实试验研究及分析论证工作。研究证明了糯扎渡土料采用大型击实成果（替代法全料）代替超大型击实成果（原级配全料）对掺砾土全料进行质量控制是合适的。在掺砾土料填筑质量检测方法方面，对比分析了全料压实度控制法、全料压实度预控线法和细料压实度控制法，根据糯扎渡土料的实际情况及上述各种控制方法的优缺点，推荐糯扎渡现场检测采用细粒低击实功能进行三点快速击实试验确定细料压实度的控制方法，研究成果在糯扎渡工程实践中得到了良好应用，可在其他类似工程中推广。

1.2.5　大坝安全监测评价指标和预警系统

1. 安全监测技术（变形、应力、渗流等新型安全监测技术）

高土石坝安全监测技术发展明显滞后于筑坝技术的发展，不少监测仪器适应性、耐久性、抗冲击等性能仍停留在 100m 级坝高的水平，对于 200m 级以上的高坝传统监测仪器已难以适应。

高土石坝外部变形监测传统技术为采用表面变形监测点人工观测方式，存在效率低、数据人为误差大、以点代面等缺点，同时人工观测需要建立工作基点，全面监测高土石坝下游坝坡需要分高程建立不同的工作基点，点位选择较困难。为此，需求具有自动、实时、全天候的智能监测模式成为高土石坝表面变形监测一个方向和趋势。结合目前激光、卫星遥感等三维 3S 技术，高土石坝表面变形目前新兴技术主要包括 GNSS、INSAR 等，需通过研究以便满足高土石坝监测要求。目前土石坝表面变形监测手段主要为全站仪＋棱镜的人工监测方式和 GNSS 自动变形监测，根据 GNSS 的实测数据计算得到实测精度 0.6～3.3mm，与表面变形监测点（全站仪人工测量）测值的比较，可以看出数据的规律性一致、量值接近，表明 GNSS 满足高土石坝外部变形监测要求。

国内 200m 级面板堆石坝内部变形均采用传统水管式沉降仪和引张线式水平位移计，从其运行情况来看，主要存在仪器失效、维护困难、观测成果不准确等问题。其中引张线水平位移计沿基床带必然凹状分布，由于沿程不均匀变形必然导致引张线回缩产生测量误差，同时高坝导致长引张线沿程阻力将大幅增加，传统钢丝配套重锤重量必然同步增加，钢丝折断几率大大增加。水管式沉降仪由于坝体中部沉降大、上下游侧沉降小，位于面板下部沉降测点所引管线沿程为凹形分布，在沉降最大部位至观测房必然形成"倒坡"，容易产生管路中的气泡，长管线存在回水困难，可能导致观测无法正常进行；管内环境适宜微生物的生存，易产生影响管道畅通的物质，导致测量系统失效。

近年来，国内专家依托相关课题针对高土石坝安全监测技术开展了进一步的研究，例如，建立了测量机器人、GNSS 监测系统、内观自动化系统于一体的超高土石坝大型安全监测自动化系统，解决了高土石坝工程难以全面实现动化监测的问题；采用四管式水管式沉降仪监测超高土石坝内部沉降，采用弦式沉降仪对高土石坝内部沉降变形进行监测，采用电测仪器横梁式沉降仪对堆石坝进行分层沉降监测，采用六向土压力计组对心墙的空间应力分布情况进行监测等。根据工程需要，下一步需开展高土石坝监测廊道、管道机器人、超长距离水平及沉降位移计等方面的研究工作。

2. 大坝安全评价指标体系

安全评价指标是评价和监测大坝安全的重要指标，对于馈控大坝等水工建筑物的运行相当重要。拟定安全监控指标的主要任务是根据大坝和坝基等建筑物已经抵御荷载的能力，来评估和预测抵御可能发生荷载的能力，从而确定该荷载组合下效应量的警戒值和极值。由于有些大坝可能还没有遭遇最不利荷载，同时大坝和抵御荷载的能力在逐渐变化，因此，安全监控指标的拟定是一个相当复杂的问题，也是国内外坝工界研究的重要课题。通常对于大坝应力和扬压力是以设计值作为监控指标，因此，目前研究的重点和难点是对大坝变形监控指标的确定。国外对变形监控指标的研究报道较少，而在国内，吴中如、顾冲时、沈振中等在利用安全监测资料反馈大坝的安全监控指标方面进行了系统的研究，提出拟定变形监控指标的原理和方法，并成功地应用于佛子岭连拱坝等实际工程的监控。目前，对坝体和坝基变形监控指标的拟定方法主要有置信区间法、典型监控效应量的小概率法、极限状态法、仿真计算法和力学计算法等。

土石坝安全控制（预警）指标主要包括坝坡稳定、应力与变形、大坝裂缝、大坝渗流及工程抗震等方面，各方面安全指标不是完全独立的，而是相互联系、相互制约的，有些指标是以坝体局部控制，有些指标则是以坝体整体控制。因此，大坝安全指标的制定较为困难，需要具备丰富的工程经验及科研成果。

在糯扎渡心墙堆石坝工程实践中，针对库水位、渗透稳定、结构稳定、坝坡稳定及坝体裂缝等问题，提出了建设期、蓄水期及运行期的安全综合评价指标体系，其中，整体安全指标是根据目前现行规范已有的规定、发表文献中的研究成果、业内专家的相关意见，对坝体各方面安全指标进行初步整理制定，然后将安全指标与实际监测值进行对比，来判断大坝的工作性态。分项安全指标则是利用有限元计算程序对糯扎渡大坝进行工作性态的预测，提出系统完整的预测安全指标。糯扎渡大坝施工过程中已完整地布置了各种监测仪器系统，将采集到的监测数据成果与预测安全指标进行对比，可以更为细致地（细化到坝体局部点）进行大坝安全评价及预测。

结合近年来开展的超高土石坝安全性关键技术课题，我国专家归纳总结提出适用于300m级面板堆石坝的安全控制原则及标准，主要包括防洪标准、抗震设计标准、坝顶安全超高、大坝渗流控制指标、坝体变形控制指标、面板变形及应力控制指标、接缝变形安全控制指标、抗滑稳定控制指标等，为300m级高面板堆石坝的安全评价及安全控制提供参考。

但是，由于土石坝工程问题的复杂性，其安全指标的制定带有半经验性，其合理性尚有待工程实践的进一步检验。

3. 安全监控及预警系统

国内外工程界对大坝的性能评估，主要是对检测和监测等实测资料进行分析，然后对建筑物进行安全评价和监控。很少考虑大坝的性态演化过程、病变机理、各种因素的相互影响、多源信息的融合等。有些方法是针对低坝建立的，多不适用于高坝。很多理论是针对混凝土坝建立的，与混凝土坝相比，土石坝具有更多的不确定性，因而这些理论不一定适用或者实用性较差；很多检测方法过于简单，自动化程度低，精度较差，如面板裂缝、土坝裂缝检测，主要靠巡视发现，手工方法检测。

随着自动化监测技术、现代计算理论和方法、人工智能、计算机科技等的发展，20世纪末国内外开始研发水工结构安全综合分析评价的专家系统。我国在20世纪80年代，结合"七五"和"八五"国家科技攻关项目，研发了基于微机的大坝监测数据管理系统，主要用于存储和管理监测数据、制作图表、统计分析及异常值的识别等。其中河海大学与电力部大坝安全监察中心合作，研发了"一机四库"（即综合推理机、知识库、方法库、工程数据库和图库）的大坝安全综合评价专家系统，并开发了重大水工混凝土结构病害诊断预警系统（吴中如等，2005）。

在糯扎渡高心墙堆石坝工程建设中，开发了高土石坝工程安全评价与预警信息管理系统。该系统由系统管理模块、安全指标模块、监测数据与工程信息模块、数值计算模块、反演分析模块、安全预警与应急预案模块和数据库及管理模块共7个模块构成。目前糯扎渡工程中实施开发的工程安全评价与预警信息管理系统中，对每一个安全指标分为红色、橙色、黄色三级预警，对于正常状态下为绿色。系统中每个安全指标用户均可以随意进行添加或修正，也可以参考整体安全指标来修正完善预测指标，使得整体安全指标和监测安全指标协调统一，各指标分级阈值可通过系统指定输入。实现了实时在线、可视化和智能化的安全评价、预测预报、预警信息发布、预警方案启动等功能。目前该系统已成功应用于 261.5m 高的糯扎渡高心墙堆石坝工程的安全评价与预警信息管理。

第2章
高土石坝计算理论与方法

2.1 筑坝材料常用静力本构模型及适应性

2.1.1 堆石料常用本构模型及其特点

堆石料通常是指直接由山体爆破开采或将岩块经一定程度破碎而得到的岩石碎块类集合体。堆石体变形的主要原因是在荷载的作用下堆石颗粒发生的错动以及颗粒本身或其棱角的破碎。通常认为，堆石料特性与砂的特性基本类似，因而目前堆石料强度与变形的表达式大都是在砂土相应表达式的基础上予以改进和修正得到的。然而堆石料具有颗粒粒径大，颗粒存在的初始缺陷较多，在较低围压下也常会因压实和剪应力作用而破碎等特点。在剪切过程中，堆石颗粒间可发生滑移和错动，其结果可产生显著的体积变形。在堆石体密度较小围压力较大时，常发生剪缩，而当密度较大围压力较小时，常出现剪胀。因此，堆石料的变形除具有非线性、压硬性、应力路径相关性等特点之外，还有显著的剪胀和剪缩特性，表现出有别于砂土的复杂工程性质，合理的本构模型应能较好地反映堆石体变形的这些特点。

有关堆石体本构模型的研究多年来是我国具有特色的一个研究领域，多年来众多学者结合国家科技攻关项目以及多个重大土石坝工程的实践在该领域进行了卓有成效的研究工作，提出了多个带有鲜明特点的本构模型，其中许多至今仍在土石坝工程中得到较为广泛的应用。例如，清华非线性解耦 KG 模型、沈珠江双屈服面弹塑性模型、殷宗泽双屈服面弹塑性模型、四川大学 KG 模型和清华弹塑性模型等，此外还有美国的邓肯和张提出的非线性弹性 EB 模型。其中，邓肯-张非线性弹性 EB 模型、清华非线性解耦 KG 模型、沈珠江双屈服面弹塑性模型是三个典型的堆石料本构模型，多年来在我国均被广泛地应用于土石坝的变形分析。

1. 邓肯-张非线性弹性 EB 模型

邓肯-张 EB 模型属于非线性弹性模型，加载时使用增量形式的应力应变关系，有 ϕ_0、$\Delta\phi$、R_f、K、n、K_b、m 和 K_{ur} 共计 8 个模型参数，可由常规三轴试验确定。

邓肯-张 EB 模型是非线性弹性模型的典型代表。该模型的弹性模量是应力状态的函数，可以描述土体应力应变关系的非线性和压硬性。模型对加卸载分别采用不同的模量，可以在一定程度上反映土体变形的弹塑性。但由于它是建立在广义胡克定律的基础上，因此不能描述土体的剪胀和剪缩性。邓肯-张 EB 模型具有模型参数少、物理概念明确、所需试验简单易行等优点，在土石坝的变形分析中得到了非常广泛的应用，积累了大量的经验。

2. 清华非线性解耦 KG 模型

清华非线性解耦 KG 模型是典型的考虑体应变和剪应力耦合关系的非线性模型。清华非线性解耦 KG 模型建立在对土石材料进行的大量常规及特别设定的应力路径的大型三轴试验（包括等应力比及其他复杂应力路径试验）的基础之上。根据试验结果，总结出了一系列有关粗粒料变形特性的重要规律。据此所建立的清华非线性解耦 KG 模型能适应土石坝等土工结构各种复杂应力路径的变化，能反映土体应力应变的非线性、弹塑性、对应力路径的依赖性以及剪缩性等主要的变形特性。该模型参数少，且有明确的物理意义。通过建立与模型配套的模型参数回归方法，模型参数可以从不同应力路径的单调加载试验（包括常规三轴试验）求出。通过与三轴试验结果及原型观测结果的比较，证明清华非线性解耦 KG 模型与邓肯-张模型相比，具有明显的优越性。

该模型共 7 个无因次的试验参数 K_v、H、m、G_s、B、d、s，可由一组单调加载的等应力比或其他应力路径的三轴剪切试验（如常规三轴剪切试验等）确定。这些参数都有一定的物理意义，其中：K_v 为体积模量数；H 为体应变指数；m 为剪缩指数，其大小反映了剪应力通过应力比 $\eta(\eta = q/p)$ 对体应变的影响；G_s 为剪切模量数；B 为剪应变指数；d 为压硬指数，反映了在土体加载过程中，体积应力 p 对土料压硬性和剪应变的影响。

在应变增量的计算中，包含了应力状态、强度发挥度和应力增长方向等的影响，因而可以较好地反映土体的变形特性。这种增量形式的应力应变关系经大量试验结果证实，可直接应用于其他复杂应力路径的情况。

3. 沈珠江双屈服面弹塑性模型

沈珠江模型属于双屈服面弹塑性模型，弹塑性模型将应变增量分成弹性部分和塑性部分。沈珠江模型假定通过应力空间中一点有两个屈服面通过，体积屈服面和剪切屈服面。每一屈服面的屈服均对塑性应变产生一定贡献。沈珠江双屈服面模型采用体积屈服面和剪切屈服面两个屈服面来描述土体的屈服特性。

沈珠江双屈服面模型共有 ϕ_0、$\Delta\phi$、R_f、k、n、c_d、n_d、R_d 和 E_{ur} 共 9 个模型参数，它们均可由一组常规三轴压缩试验结果确定，且除 c_d、n_d 和 R_d 外，其余参数均可与邓肯-张模型共用。

沈珠江双屈服面模型既反映了堆石体的剪胀（缩）性、应力路径转折后的应力应变特性，同时又可以采用常规三轴试验确定其模型参数，使用非常方便。将采用不同堆石本构模型的计算结果与堆石坝实际观测资料对比发现，由沈珠江双屈服面模型得到的堆石坝应力和变形的结果比较符合实际，较邓肯-张模型更为合理，当坝体应力路径变化较为复杂时尤其是如此。

4. 常用堆石料本构模型的特点讨论

（1）邓肯-张 EB 模型对 q-ε_s 曲线和 $(\sigma_1-\sigma_3)$-ε_1 曲线的拟合结果比较接近试验曲线，说明该模型能反映土体应力应变关系的非线性和压硬性。而对体变曲线和 p-ε_v 曲线的拟合结果则不甚理想，在剪缩和剪胀阶段拟合曲线都与试验点相去甚远，表明邓肯-张 EB 模型不能反映土的剪胀和剪缩特性。

（2）清华非线性解耦 KG 模型对 q-ε_s 曲线和 $(\sigma_1-\sigma_3)$-ε_1 曲线的拟合结果比较接近试验曲线，说明该模型能反映土体应力应变关系的非线性和压硬性。而对体变曲线和 p-ε_v 曲线的拟合结果，同邓肯-张 EB 模型相比则有明显的改善。尤其是对 p-ε_v 曲线，由于在清华非线性解耦 KG 模型中，对 p-ε_v 关系考虑了应力比的影响，故而使得模型本身具有了反映堆石体剪缩性的能力，由清华非线性解耦 KG 模型反算的 p-ε_v 关系不再为直线，在试验的剪缩段同试验结果吻合较好。但清华非线性解耦 KG 模型尚无法反映堆石体变形的剪胀性，因而剪胀现象则无法模拟。

（3）沈珠江双屈服面模型对 q-ε_s 曲线和 $(\sigma_1-\sigma_3)$-ε_1 曲线的拟合结果比

较接近试验曲线，说明该模型能反映土体应力应变关系的非线性和压硬性。对 $p - \varepsilon_v$ 关系，沈珠江模型可统一考虑土体的剪胀和剪缩特性，在对 $p - \varepsilon_v$ 关系的拟合方面，不论是在剪缩或剪胀段，相对邓肯-张 E-B 模型和清华非线性解耦 KG 模型，沈珠江双屈服面模型均给出了较为满意的结果。但对 $\varepsilon_v - \varepsilon_1$ 体变曲线拟合结果也表明该模型使用抛物线拟合两者之间的关系使得在应力水平较高时计算的剪胀量偏大。

2.1.2 坝料本构模型选择及其适应性

由于土体变形特性的复杂性，目前在土石坝应力变形分析中常用的几个本构模型在某种程度上并不能很好地完整反映坝料的变形特性。对于高土石坝，由于坝址区地形条件多变以及坝体材料分区、施工填筑和蓄水过程非常复杂等因素，可造成坝体内部应力水平高、应力路径多变，给坝体的应力变形计算分析带来了较多的困难，其中，坝料本构模型的选择即为困难的问题之一。

邓肯-张 E-B 模型或者邓肯-张 E-V 模型是目前在我国土石坝应力变形计算分析中得到广泛应用的本构模型。尤其是邓肯-张 E-B 模型，在糯扎渡、双江口和两河口等超高土石坝的设计论证过程中，该模型均作为主算模型，因此积累了大量宝贵的经验。已有经验表明，尽管邓肯-张 E-B 模型在反映土体的剪胀特性、复杂应力路径的影响以及进行加卸载判别等方面存在一定的不足，但在合理确定模型参数的基础上，总体尚能反映土石坝整体应力和变形的规律，尤其作为方案的比较和论证是合适的。计算经验表明，邓肯-张 E-B 模型相比邓肯-张 E-V 模型具有相对较优的计算稳定性和收敛性。

在土体的本构模型方面，我国学者也提出了多个带有鲜明特点的本构模型，其中许多至今仍在土石坝工程中得到应用。例如，沈珠江双屈服面弹塑性模型、清华非线性解耦 K-G 模型、清华弹塑性模型、殷宗泽双屈服面弹塑性模型等。这些模型各具特点，相比邓肯-张模型具有更强的描述土体应力变形特性的能力，尤其是可以更好地反映复杂应力状态和复杂应力路径上土体的变形特性。因此，建议对于高土石坝，除了选取邓肯-张 E-B 模型作为基本模型进行主要方案的计算之外，应该结合具体工程的特点，选定 1～2 个其他的模型进行对比计算分析，以比较不同本构模型计算结果的差异。尤其是当需要研究和分析一些复杂应力区域坝体或结构的应力或变形性状时，选取合适的弹塑性模型进行计算是需要的。根据以往的计算经验，推荐采用沈珠江双屈服面弹塑性模型。

筑坝材料动力本构模型及计算方法

2.2.1　坝料动力本构模型及其特点

由于岩土的实际动力本构关系极为复杂，它在不同的荷载条件、土性条件及排水条件下会表现出极不相同的动本构特性，要建立一个能够适用于各种不同条件的动力本构模型普遍公式是比较困难的。目前，具体建立的动力本构模型已多达数十种，大致可以分为两大类，即非线性弹性模型和弹塑性模型。

非线性弹性模型可以分为物理类模型和经验类模型。物理类模型是用一系列具有不同屈服强度的滑块和不同初始刚度的弹簧来描述土的动力本构关系，它实质上是弹塑性模型中多屈服面模型的基础，可以较好地表达土的滞回特性，但计算得到的阻尼比实测值偏小。因物理类模型参数较多，在实际应用中很少采用。在试验数据基础上建立和发展起来的经验类模型可以分为等效线性模型和真非线性模型。等效线性黏弹性模型在目前土石坝动力反应分析中被广泛采用，此种分析方法比较简便，计算分析的稳定性好，能够合理地确定土体在地震过程中的加速度、剪应力和剪应变幅值。真非线性模型是根据不同加载条件、卸载-再加载条件直接给出动应力-应变的表达式。中国水利水电科学研究院以 Masing 准则为基础，研究了一种基于剪应力比控制的循环三轴试验的非线性粘弹塑性模型，即中国水科院真非线性模型。

弹塑性动力本构模型在理论上相对更为合理，能较好地反映土体的实际状态，并能够计算静、动力全过程的应力变形以及直接计算坝体的永久变形。Zienkiewicz 和 Mroz 提出了广义塑性力学的基本思想，随后 Pastor 和 Zienkiewicz 对其基本框架进行了扩展并基于该理论建立了适用于黏土和砂土的 Pastor - Zienkiewicz 本构模型（简称广义塑性模型）。我国学者考虑应力相关性和颗粒破碎状态相关性对砂土广义塑性模型进行了改进，发展了筑坝堆石料的改进广义塑性模型并进行了验证，可应用于面板堆石坝弹塑性静、动力分析。清华大学针对循环荷载下堆石料的力学特性进行了较为系统的研究，建立了弹塑性循环本构模型。

1. 等效线性黏弹性模型

在等效线性模型中，将土视为黏弹性体，不寻求滞回曲线的具体数学表达式，而是以等效剪切模量 G 和等效阻尼比 λ 作为动力特性指标进行计算。实际工程中一般根据试验曲线确定动剪切模量和阻尼比，然后根据试验结果给出

等效剪切模量 G 和等效阻尼比 λ 与动剪应变的关系，即可根据动剪应变确定其对应的等效剪切模量 G 及等效阻尼比 λ，进而进行坝体地震动力有限元分析。

$$\frac{G_{eq}}{G_{\max}} = \frac{1}{1 + \gamma_m / \gamma_r} \qquad (2.2-1)$$

$$\lambda_{eq} = \lambda_{\max} \frac{\gamma_m / \gamma_r}{1 + \gamma_m / \gamma_r} \qquad (2.2-2)$$

式中　G_{eq} 和 λ_{eq}——动剪切模量和阻尼比的等效值；

　　　$G_{\max}$ 和 $\lambda_{\max}$——动剪切模量和阻尼比的等效值的最大值；

　　　　　γ_m——滞回圈动应变幅值；

　　　　　γ_r——参考剪应变。

等效线性黏弹性模型由于是试验结果的归纳，形式上比较简单，因此在实际计算中得到广泛应用。但它客观上存在着多方面的不足，如不能考虑应力路径的影响，不能考虑土的各向异性，在应变较大时误差大，同时也不能直接考虑土石坝的地震永久变形。

2. 改进的堆石料广义塑性模型

广义塑性模型具有许多优点，包括：不需要定义塑性势面函数直接确定塑性流动方向，不需要定义加载面函数直接确定加载方向，不需要依据相容性条件直接确定塑性模量，可以考虑剪胀和剪缩以及循环累计残余变形。此外，广义塑性模型框架清晰，便于在有限元程序中实现，用一套参数即可完成土工建筑物的静、动力分析过程。即广义塑性模型不仅适用于土工构筑物的施工填筑过程，也适用于地震动力响应分析，且可以直接计算地震永久变形。

广义塑性模型提出时主要针对砂土的液化问题。砂土液化分析时围压的变化范围较小，而由于高土石坝坝体内部平均主应力的变化范围较大，广义塑性模型在考虑压力相关性时其参数受平均主应力的影响较大，因此，该模型在高土石坝静、动力分析方面的应用存在一定的局限性。我国学者在弹性模量、加载模量和卸载模量方面考虑了筑坝材料的应力相关性，对广义塑性模型进行了改进。

改进的广义塑性模型共有 17 个参数，G_0、m_s 为初始剪切模量参数；K_0、m_v 为初始体积模量参数；α_g、α_f、M_g、M_f 为塑性流动方向和塑性加载方向相关参数；H_0、m_l、β_0、β_1 为塑性模量中加载及再加载的相关参数；H_{u0}、m_u、γ_d、γ_{DM}、γ_u 为卸载模量的相关参数。根据紫坪铺大坝筑坝堆石料静、动力试验结果，确定了模型参数，对固结排水剪试验和循环荷载试验关系曲线的模拟见图 2.2-1 和图 2.2-2。可以看出，改进的广义塑性模型能够较好地反映堆石料的剪胀性、循环累计塑性应变、循环致密及滞回特性。结合不同岩性的筑坝材料在等 σ_1、等 σ_3、等 p 以及等应力比 K_c 应力路径下的大型三轴试验和侧限压缩试验成果，通过验证得出改进的广义塑性模型对复杂应力路径也具有很好的适应性。

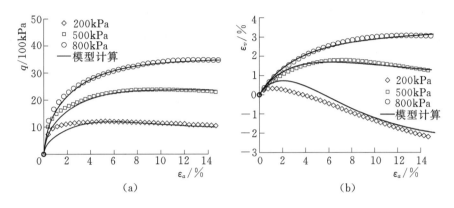

图 2.2-1　紫坪铺大坝筑坝堆石料静力试验应力-应变关系

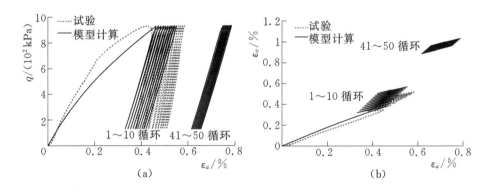

图 2.2-2　紫坪铺大坝筑坝堆石料循环荷载试验应力-应变关系

3. 堆石料循环弹塑性模型

清华大学针对堆石材料循环本构关系进行了较为系统的研究，认为剪切和压缩各引起一个剪应变和一个体应变，每个剪应变和体应变又可分为可逆和不可逆的两种情形，将应变分解为 8 个分量，建议了应变分解方法，提出了一个16 参数的弹塑性循环本构模型和对其进行简化后的 9 参数简化模型，主要针对高堆石坝材料动应力应变的基本规律及特点，做了以下几点改进：

（1）对剪切作用引起的不可逆体应变，采用了新的描述方法，主要是为了更合理地描述循环剪切荷载作用下堆石料体积累积收缩的特有规律，参数可根据常规动三轴试验得到的残余变形与荷载循环作用次数的关系整理获得。

（2）反映了反复压缩引起的残余体应变，这是以往的动本构模型所不能反映的。

（3）可以合理地描述堆石料的体积屈服特性。

（4）对模型提出了简化的方法和数值化方法，根据需要，可应用完整模型进行静动力联合计算，也可用简化模型在一定初始条件下仅进行动力计算。

采用系列化多种应力路径动三轴试验（包括常规循环、等 p 循环、等向压缩、径向同步）的成果，对本构模型的预测能力进行了验证。试验验证表明，该模型对高土石坝中常见应力路径下的循环应力应变响应具有相当好的适应性。

以古水面板堆石坝为计算实例，实现了基于该本构模型的数值积分算法，通过编制计算程序、进行验证性计算，表明了该模型及算法的有效性。古水面板堆石坝在设计地震作用下，坝体地震动力响应及残余变形分布见图 2.2-3 和图 2.2-4。

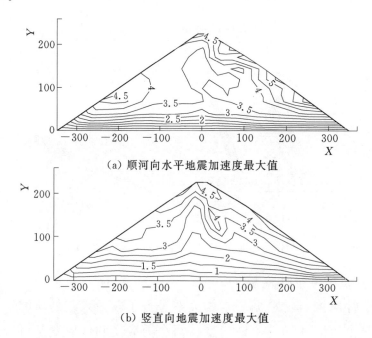

（a）顺河向水平地震加速度最大值

（b）竖直向地震加速度最大值

图 2.2-3　坝体的地震加速度响应（单位：m/s²）

4. 真非线性动力本构模型

目前土体地震反应的真非线性动力模型大都以 Masing 准则为基础进行补充和改进，其不足之处主要有：①模型中的滞回圈和骨干曲线与振动次数无关，没有反映土体应变历史的影响；②在周期荷载作用下，模型给出封闭的滞回圈，而土体的实际变形规律是不封闭的，而且模型滞回圈包围的面积比实测

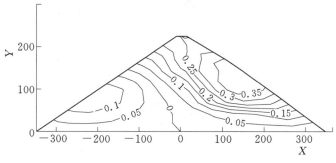

(a) 顺河向水平位移等值线图

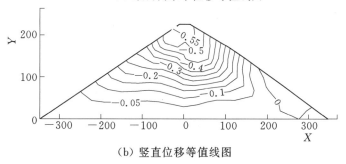

(b) 竖直位移等值线图

图 2.2-4　地震后残余变形分布（单位：m）

的面积大；③在不规则循环荷载作用下，当土体承受的剪应力比超过或等于历史上最大剪应力比时，使用骨干曲线表达土体的动力变形特性与实际情况相差很大。为此中国水科院研究了一种基于剪应力比控制的循环三轴试验的真非线性黏弹塑性模型。

该三维真非线性动力本构模型的特点为：①与等效线性黏弹性模型相比，能够较好地模拟残余应变，用于动力分析可以直接计算残余变形；在动力分析中可以随时计算切线模量并进行非线性计算，这样得到的动力响应过程能够更好地接近实际情况。②与基于 Masing 准则的非线性模型相比，增加了初始加荷曲线，对剪应力比超过屈服剪应力比时的剪应力应变关系的描述较为合理；滞回圈是开放的，能够计算残余剪应变；考虑了振动次数和初始剪应力比等对变形规律的影响。

鉴于该非线性黏弹塑性模型的特点，为了更有效地进行真非线性动力反应分析，可以采用增量法和全量法交替进行的算法以控制增量法的误差积累。根据非线性黏弹塑性模型及有限元原理，推导出结构的增量和全量方程分别为

$$[M]\{\Delta \ddot{u}\}+[C]_t\{\Delta \dot{u}\}+[K]_t\{\Delta u\}=\{\Delta F_a\}+\{\Delta F_e\} \quad (2.2-3)$$

$$[M]\{\ddot{u}\}+[C]_s\{\dot{u}\}+[K]_s\{u_e\}=\{F_a\} \quad (2.2-4)$$

式中　$\{u\}$、$\{\dot{u}\}$ 和 $\{\ddot{u}\}$ ——节点位移、速度和加速度；

$\{u_e\}$——弹性位移；

Δ——增量；

$[M]$——质量矩阵；

$[C]_t$ 和 $[C]_s$——切线和割线阻尼矩阵；

$[K]_t$ 和 $[K]_s$——切线和割线刚度矩阵；

$\{F_a\}$——地震力；

$\{F_e\}$——应力超过强度时加以修正的等价节点力（超越力）。

具体求解按增量步进行。对每一增量步，先求解式（2.2-3），然后如果为奇数增量步，则在假定 $\{\ddot{u}\}$ 不变的条件下，由式（2.2-4）计算弹性位移 $\{u_e\}$；如果为偶数增量步，则在假定 $\{u_e\}$ 不变的条件下计算加速度 $\{\ddot{u}\}$，并用此加速度校正式（2.2-3）中的 $\{\Delta\ddot{u}\}$，以减少用增量法解方程产生的误差积累。其他如孔隙水压力的消散和扩散计算等采用前述的方法。

针对一坝高超过 250m 的典型高面板堆石坝，分别采用真非线性与等效线性分析方法进行动力反应分析，对比真非线性分析与等效线性分析的差异。

（1）坝体加速度反应。图 2.2-5 和图 2.2-6 分别为采用真非线性模型与等效线性模型计算的大坝典型剖面的加速度反应等值线。

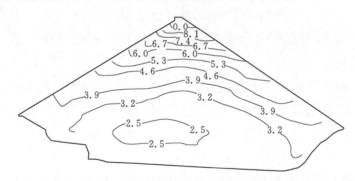

图 2.2-5　真非线性模型算得的大坝典型剖面的反应
加速度等值线（单位：m/s²）

从图中可见，采用真非线性模型与等效线性模型算得的大坝典型剖面的反应加速度在量值上较为接近，比较而言，真非线性模型算得的反应加速度要大一些，尤其是坝顶和坝坡的放大效应更为明显；而且真非线性模型算得的坝体下部的反应加速度比等效线性的反应更为"充分"，约大 5%～10%。

（2）面板动应力反应。图 2.2-7 和图 2.2-8 分别为采用真非线性模型与等效线性模型计算的面板顺坡向动应力等值线图。

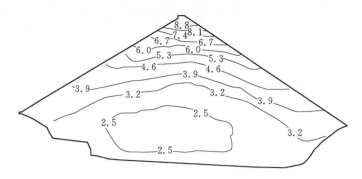

图 2.2-6　等效线性模型算得的大坝典型剖面的反应
加速度等值线（单位：m/s²）

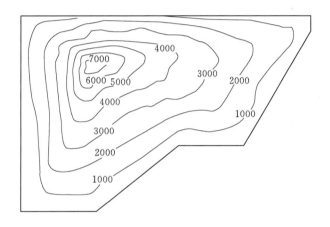

图 2.2-7　采用真非线性模型算得的面板顺
坡向动应力的等值线（单位：MPa）

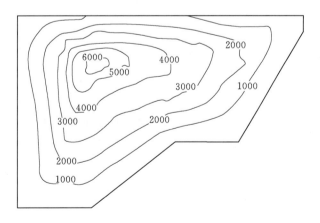

图 2.2-8　采用等效线性模型算得的面板顺
坡向动应力的等值线（单位：MPa）

从图中可见，采用真非线性模型与等效线性模型算得的面板顺坡向动应力的等值线图在分布上比较接近，但在量值上差别较大。比较而言，真非线性模型算得的面板动应力要大一些，约大 10%～15%。采用真非线性模型可以在动力分析过程中直接计算地震残余变形，可以在一定程度上体现地震过程中地震永久变形对坝体地震反应，包括对面板应力的影响，从理论上更为合理。

2.2.2　地震永久变形分析方法

永久变形分析方法主要分为两类：一类是确定性永久变形分析，包括滑体变形分析和整体变形分析等；另一类是非确定性永久变形反应分析，包括滑体位移随机反应分析和整体位移随机反应分析等。目前实际工程中主要采用整体变形分析法进行土石坝永久变形分析，其按永久变形产生的机理不同可分为简化分析法、软化模量法、等价节点力法和等价惯性力法等四种方法，其中土石料动应力和残余应变关系的研究是整体变形分析法的关键。

2.2.2.1　Newmark 滑体变形分析法

土石坝地震永久变形分析，首先是由 Newmark 基于屈服加速度的概念提出的，按刚塑性理论进行坝坡永久变形计算。认为当某一滑动体的加速度超过材料的屈服加速度时，沿破坏面就会发生滑动，向下滑的位移被认为是不可恢复的永久位移。这种方法计算出的永久位移大小与地震过程中出现短暂失稳的时间（次数）和失稳的程度有关，实质上是对坝坡动力稳定性的一种评价，没有体现土体的应力应变关系，尤其是残余体积变形的影响。该类方法只适用于孔隙水压力不会明显升高的土体，对于孔隙水压力会明显升高或强度会明显降低的土体，计算结果偏小。

2.2.2.2　整体变形分析法

这类方法是将地震前后坝体及坝基均假定为连续体，先通过室内试验得到残余应变模型，再按照连续介质的有关理论来进行计算。

（1）简化分析法。简化分析法最早是 Seed 在 1973 年提出的，该法根据坝体动力分析结果，结合筑坝材料的动应力和残余应变关系曲线，确定坝体的平均残余剪切应势，乘以坝高，近似估计坝顶的水平残留位移。简化分析法的基本流程见图 2.2-9。

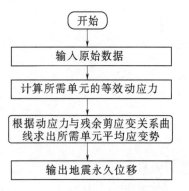

图 2.2-9　简化分析法流程示意

（2）软化模量法。软化模量法是基于"软化模型"概念提出的，该模型认为土体单元的残余应变势是由地震荷载作用引起的土料发生软化产生的，坝体永久变形等于坝体在动荷载作用前的静变形与坝体震动软化后的静变形之差，其力学模型见图 2.2-10。

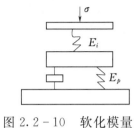

图 2.2-10 软化模量法力学模型

软化模量法根据静力试验数据确定土体的初始模量 E_i，并采用一次性加载的方法计算出土体地震前的应变 ε_i。地震前土体初始应力 σ_i 与初始应变 ε_i 之间的关系式为

$$E_i = \frac{\sigma_i}{\varepsilon_i} \tag{2.2-5}$$

由于坝体中大部分为饱和土体，故地震时可假设土的体积模量保持不变，则土体剪切模量就会降低。地震后的总变形可以采用一次加载方式根据降低后的模量 E_f 求出。两次静力计算的位移差即为土体的永久变形，具体流程见图 2.2-11。

（3）等价惯性力法。等价惯性力法由 Taniguchi、Whitman 和 Marr 提出。该方法利用地震动力反应分析得到的坝体中各节点的等效水平加速度分布，推算出坝体各节点上的地震等效水平惯性力，并将此惯性力作为静荷载施加在坝体节点上，方向分别指向坝体上游和下游，然后按循环三轴试验中动应力与残余应变在一定等效循环周数下的无量纲关系曲线进行迭代计算，将得到的两个方向的永久变形进行线性叠加，即为坝体最终永久变形，其流程见图 2.2-12。

（4）等价节点力法。等价节点力法最早由 Serff 在 1976 年提出，该方法认为地震引起的永久变形等于某种等价节点力作用下所产生的附加变形。等价节点力法根据土石料的动力试验建立应力状态、动应力幅值和循环振次与土体残余应变的关系式。又根据坝体的静动力有限元分析确定坝体各单元的围压、固

图 2.2-11 软化模量法流程图

结比、振次和动应力情况。通过上述动力试验和有限元分析，可以确定坝体各单元在地震过程中的残余应变势。将此残余应变势等效为一种静节点力施加于有限元网格节点上，作为荷载按静力法计算坝体变形，即地震引起的永久变形。等价节点力法的流程见图2.2-13。

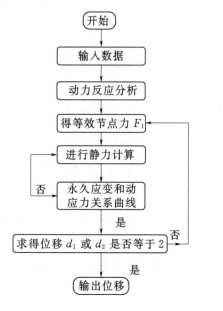

图 2.2-12　等价惯性力法流程图

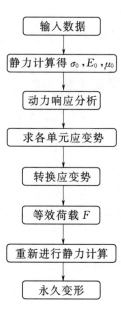

图 2.2-13　等价节点
力法流程图

在整体变形分析法中，残余应变势的确定是关键。目前已有典型的残余应变势模型有沈珠江五参数模型及其修正模型、中国水利水电科学研究院模型等。

2.3　筑坝材料流变、湿化变形特性及计算方法

2.3.1　坝料湿化变形特性及计算方法

堆石体湿化变形的机理是，堆石体在一定应力状态下浸水，其颗粒之间被水润滑、颗粒矿物发生浸水软化，而使颗粒发生相互滑移、破碎和重新排列，从而导致体积缩小的现象。水库蓄水过程中，尽管水对心墙坝上游坝壳有浮力作用，但大坝变形观测资料表明，在蓄水过程中上游坝壳在浮力的作用下并未发生上抬现象，而是出现了下沉。这是由于湿化变形的存在，不仅抵消了因浮力作用而产生的上抬变形，而且出现了不同程度的下沉现象。

在糯扎渡水电站心墙堆石坝工程中，采用单线法浸水变形试验研究了角砾岩、花岗岩和泥质砂岩 3 种坝壳料在不同应力状态下的浸水湿化变形特性。试验研究结果显示，堆石料的湿化变形与浸水前所处的应力状态以及堆石料本身的特性有关。相对泥质砂岩而言，角砾岩和花岗岩颗粒强度高，浸水不易软化，颗粒破碎量较小，所以浸水后湿化变形量较小。角砾岩和花岗岩相比，其强度稍高一些，故其浸水后的湿化变形量也略小一些。但不同堆石料在不同应力状态下浸水所表现出的湿化变形规律是一致的，可归结为以下几点：

（1）当试样浸水前处于低围压和低应力水平状态时，湿化变形主要表现为体积收缩。当试样浸水前处于低围压和高应力水平状态时，湿化变形主要表现为沉陷及侧向膨胀现象。

（2）不同应力水平下的湿化变形试验结果显示，浸水前围压较低时，湿化体应变随应力水平的增加而减小，浸水前围压较高时，湿化体应变随应力水平的增加而增加，表明在低围压下试样的剪胀是明显的。

（3）坝料浸水引起的体应变包括两部分，一部分是围压 σ_3 引起的增量，另外一部分是偏应力 q 引起的增量，前者随围压的增加而增加，后者与围压有关，引起的体应变可能增加也可能减小。

（4）浸水变形引起的广义剪应变与围压 σ_3 关系不大，主要与应力水平有关，随着应力水平的增加而增加。

国外学者在 20 世纪 70 年代初便研究土石坝湿化变形的计算方法。在国内，湿化变形的研究起步于"七五"期间，主要结合小浪底斜墙堆石坝进行。经过多年的研究，提出过多种湿化变形计算模型与方法，主要有：殷宗泽的基于双线法的增量初应力法，李广信的割线模型与弹塑性模型，沈珠江的基于单线法的湿化模型以及在此基础上的改进模型。根据糯扎渡水电站心墙堆石坝上游坝壳料湿化变形试验揭示的规律，建议的堆石体湿化变形计算数学模型为：

$$\Delta\varepsilon_v = c_w \left(\frac{\sigma_3}{P_a}\right)^{n_w} + d_w \frac{\sigma_3 - \sigma_{3d}}{P_a} S_l$$

$$\Delta\gamma = b_w \frac{S_l}{1 - S_l}$$

（2.3-1）

式中　　c_w、d_w、n_w、b_w——模型参数；

S_l——应力水平；

σ_{3d}——随着应力水平的增加湿化体积应变减少或增长的围压分界值。

2.3.2 坝料流变变形特性及计算方法

土体发生流变的根本原因是由于土体在主固结完成之后，土体中仍有微小的超静孔隙水压力存在，驱使水在颗粒间流动，即所谓的次固结现象。

堆石体与土体的粒径、粒间接触形式以及颗粒组成不同，它们发生流变的机理也不同。堆石体由于排水自由，不存在固结现象。从机理上说，在荷载作用下堆石体内石块的破碎对堆石体的流变过程有非常大的影响，这种影响在堆石流变的初期阶段尤为明显，虽然这种影响难以通过微观分析进行定量研究，但并不妨碍人们对堆石体的流变进行宏观上的把握。堆石体的流变在宏观上表现为：高接触应力—颗粒破碎和颗粒重新排列—应力释放、调整和转移的循环过程。在这种反复过程中，堆石体体变的增量逐渐减小最后趋于相对静止。

为了揭示坝料的流变特性，在糯扎渡水电站心墙堆石坝工程中，采用大型高压三轴仪对筑坝材料进行了流变试验，研究了角砾岩、花岗岩、泥质砂岩和心墙含砾土（掺砾 35%）在不同应力状态下的流变性状。试验结果表明，坝料流变与自身性质有关，心墙土流变较堆石料大，颗粒强度低的堆石料流变较颗粒强度高的堆石料大，饱和堆石料的流变较风干堆石料的流变大。虽然不同坝料的流变量有所差别，但各种坝料在不同应力状态下表现出来的流变性状基本是相同的，根据流变试验结果，可以得到以下几条规律：

（1）在较低围压下，坝料的体积流变量较小，而在高围压下坝料的体积流变量则有较为明显的增加。

（2）坝料的体积流变不仅与围压有关，而且与剪应力（应力水平）有明显关系。坝料的剪切流变主要与剪应力（应力水平）有关，围压的影响相对较小。

（3）在高围压下，坝料的体积流变明显高于剪切流变。在低围压下，当应力水平较低时，坝料的流变仍以体积流变为主，但随着应力水平的升高，剪切流变量将超过体积流变量。

（4）不同应力水平下的流变试验结果显示，当围压较低时，体积应变随应力水平的增加而减小。当围压较高时，体积应变随应力水平的增加而增加。

在土石坝应力变形计算中考虑流变的工作近年来逐渐受到重视，流变模型的确定通常有两个途径：①借鉴土体的流变理论建立模型；②根据流变试验揭示的流变特性，采用经验模型。目前，应用较多的是采用基于应力-应变速率的经验函数型流变模型，主要有双曲函数模型和指数衰减型模型等。双曲函数和指数函数都可以较好地拟合试验的流变曲线，在围压较低时双曲函数能更好

地描述堆石体的 $\varepsilon - t$ 关系，但在高围压状态下采用双曲线拟合，则使其后期
变形的发展过于平缓，过早地到达终值 ε_f。鉴于糯扎渡水电站心墙堆石坝坝
高达到 260m，坝体大都处于高应力状态，坝料流变衰减曲线选用指数函数
（沈珠江三参数和七参数流变变形计算模型）更合适些。

2.4　筑坝材料接触面特性及本构模型

在土石坝工程中，由于坝体填筑涉及多种材料，经常会遇到不同材料的接
触界面。由于接触界面两侧材料特性的差异，在界面两侧常存在较大的剪应力
并发生位移不连续现象，从而导致较为复杂的应力和变形状态。在土石坝工程
中，存在着不同散粒体之间的接触界面如心墙土料-反滤料，散粒体材料与连
续材料接触面如坝体土石料-基岩（混凝土底板）、混凝土面板-堆石体等多种
不同类型的接触界面。接触界面两侧材料由于刚度不同，会表现出不同的变形
性状；在接触面附近，还可能出现脱开、滑移和张闭等非连续变形现象。不同
材料接触界面的存在对坝体相关部位应力和变形的性状有较大影响，经常出现
不连续变形以及由此引起的拱效应现象，通常是坝体易发生事故的薄弱环节，
需要得到足够的重视。

2.4.1　坝料接触面试验特性

土与结构物接触面试验是接触面力学特性研究的基础，常用的接触面试验
类型包括直剪试验和单剪试验。接触面本构模型是描述接触面应力变形特性的
数学模型，包括刚塑性、弹塑性、非线性弹性等模型。本构模型参数的确定与
验证，必须通过室内试验和现场试验来解决。对接触面问题进行有限元数值分
析，通常需要一定的有限单元形式模拟接触面的几何和物理特征，进而结合接
触面本构关系进行数值分析。

在糯扎渡高心墙堆石坝工程中，针对心墙土料和反滤料两种散粒体坝料进
行了典型的接触面试验研究（图 2.4-1），结果如下：

（1）接触面的强度和变形特性由接触面附近材料共同作用的结果所决定。

（2）两种散粒体材料间接触面的强度包线为其单相材料强度的下包线。

（3）在两种散粒体接触界面处，其剪切变形分为两个阶段，在达到破坏强
度前，不存在变形的不连续现象；而当达到破坏强度后，会产生集中的"刚塑
性"接触面剪切变形，其位置发生在强度最低处。

（4）对散粒体的接触问题，可用"刚塑性"模型描述其切向的变形特性并忽略法向变形特性。

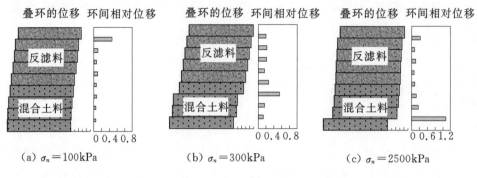

图 2.4-1　接触面试验

2.4.2　常用接触面本构模型及其适应性

描述不同材料接触面力学特性常用的本构模型包括刚塑性模型、理想弹塑性模型、Clough - Duncan 非线性模型和广义塑性接触面模型等。

1. 心墙堆石坝设置接触面单元对坝体应力变形特性的影响

对糯扎渡高心墙堆石坝进行了应力变形非线性有限元计算分析，着重研究和分析了在坝体不同材料的交界处（心墙土料和过渡料以及基岩和坝体之间）设置接触面单元对坝体应力和变形计算结果的影响。根据不同的研究目的，进行了二维和三维有限元计算分析，模拟了坝体的施工和运行过程。

二维计算的重点在于考察接触面单元的设置以及不同接触面本构模型对坝体整体和局部应力及变形状态的影响，考虑 4 种方案：①不设接触面单元；②设置刚塑性模型接触面单元；③设置理想弹塑性模型接触面单元；④设置 Clough - Duncan 非线性模型接触面单元。

二维计算结果表明，设置接触面单元以及采用何种接触面模型对坝体总体的应力和变形的分布规律并无显著影响，但对接触面附近的局部应力和变形却有相当的影响。当在两者之间采用接触面单元时，可以模拟发生在堆石体和心墙接触界面上的位移不连续现象，从而比较合理地反映堆石体对心墙拱效应的影响，并会使得心墙表面单元的竖直应力增加。接触面单元采用三种本构模型计算得到的心墙和堆石体接触面不连续的竖直沉降分布规律基本相同。

三维计算侧重于考虑在坝体和基岩面间设置接触面单元时对坝体应力和变形的影响，考虑两种方案：①不在坝体与基岩间设接触面单元；②在坝体材料与基岩间设置接触面单元，接触面本构关系采用 Clough - Duncan 非线性模型。

三维计算成果表明，在坝体材料和基岩间设置接触面单元后，接触界面部位出现了竖直沉降、横河向水平位移不连续现象，其影响范围在接触界面附近一定范围内；降低了基岩对坝体材料的约束作用，使得坝体整体位移增大，这对于横河向的水平位移影响最为显著；对坝体变形约束作用的降低同时也使得坝体材料的应力略有增加。

土石坝工程实践表明，坝体与岸坡的接触界面处是土石坝发生事故的危险部位。坝体和基岩在岸坡处的位移特性尤其是两者之间的不连续相对位移的大小，对坝体的设计工作和坝体运行期的安全状况是非常重要的，而该处两者之间所发生的不连续剪切变形和由此可能导致的坝体裂缝，通常被认为是导致大坝事故的重要原因之一。在进行高心墙堆石坝三维有限元计算分析时，在坝体和基岩间设置合适的接触面单元可以合理地反映心墙堆石坝坝体和基岩间在荷载作用下所发生的位移不连续现象。尽管对坝体总体的应力和变形分布影响不大，但对于合理地模拟坝体与岸坡基岩交界处剪切位移的不连续现象、反映岸坡基岩对坝体拱效应作用，从而合理地分析坝体与岸坡和基岩接触界面处的应力变形性状具有重要的意义。

2. 面板堆石坝设置接触面单元对坝体应力变形特性的影响

对某面板堆石坝进行了三维有限元静力、动力弹塑性分析。筑坝堆石料材料采用广义塑性模型，面板与垫层间接触面单元分别采用 Clough - Duncan 非线性模型、理想弹塑性模型和广义塑性接触面模型，比较了在施工、蓄水及地震全过程不同接触面模型计算的面板应力和挠度的差异，并分析了接触面的应力和位移的异同，计算结果表明以下几点：

（1）在施工期，3 种接触面模型计算的面板应力、接触面剪应力和剪切位移的分布规律和量值都是基本一致。蓄水期，3 种接触面模型计算得到的面板顺坡向应力差别不大，但面板坝轴向应力的大小和分布有较明显差别。蓄水过程中，广义塑性接触面模型计算的接触面的应力路径和剪切位移与 Clough - Duncan 非线性模型和理想弹塑性模型存在较大的差异。广义塑性接触面模型可以反映接触面 3 个方向（两个剪切方向和法向）的耦合，并且加卸载判断可以反映法向应力变化的影响。此外，Clough - Duncan 非线性模型和理想弹塑性模型不能较好地反映往复荷载下的接触位移。这些均是引起接触面应力路径和剪切位移差异的原因。

（2）在地震荷载条件下，采用理想弹塑性模型和广义塑性模型计算的地震后面板顺坡向应力差别不大，但面板沿坝轴向应力差别较大。采用理想弹塑性接触面模型只有当应力达到峰值强度时才产生塑性滑移，会低估较大法向应力条件下的接触面的接触位移特性，不能与坝体残余变形相协调，导致板与垫层间接触面的坝轴向剪应力计算值偏大，进而会高估坝体残余变形对面板应力的影响。广义塑性接触面模型可以更好地反映地震荷载下接触面的塑性剪切位移特性，能较好地反映接触面的剪胀、剪缩特性，并且还可以记忆面板与垫层间的张开量和剪胀（或剪缩）量，更符合实际情况。

随着面板堆石坝弹塑性有限元分析的发展，传统的 Clough - Duncan 非线性模型和理想弹塑性接触面模型已不能满足地震荷载条件下面板堆石坝弹塑性反应分析的需求。最新发展的三维广义塑性接触面模型可以较好地反映面板与垫层间接触面的复杂加载变形特性。此外，该模型也可以反映颗粒破碎的影响，可为分析高面板堆石坝面板与垫层、坝体与基岩的接触效应提供良好的理论基础。

2.5　混凝土面板及其接缝材料的本构模型

2.5.1　混凝土面板挤压破损机理及数值模拟分析

国内外超高面板堆石坝的工程实践表明，面板结构性破损问题已成为了影响超高面板堆石坝安全的核心问题。近年来，国内外建成的一批高混凝土面板堆石坝工程，其面板挤压破坏现象具有近乎一致的表现特征：①均发生在河谷部位的压性纵缝区，通常位于河谷中央两侧附近的纵缝上；②均发生在面板的顶部部位；③均发生在纵缝两侧附近一个相对较窄的宽度之内；④通常发生或首先发生在面板的表层。

目前一般认为，导致发生面板挤压破坏的影响因素有：①由于岸坡地形的作用，河床两侧岸坡处的堆石体向河谷中心方向位移，面板和垫层料间的摩擦力使得河床部位的面板产生坝轴向的挤压；②面板厚度在顶部最薄，面板承压面积的减少可能是破坏发生在面板顶部的原因；③面板纵缝设计（包括配筋）问题使得在纵缝处产生不利的受力条件；④混凝土受力状态，面板多采用单层配筋，而采用双层配筋的也多不设置钢箍，顶部面板厚度一般仅 30cm，又无水压力侧限作用或作用很小，因此面板顶部混凝土的工作条件较为不利；⑤面板运行的环境：水位变动区和水位线以上部分的面板则易受到周围环境的影响，如水温、气温、阳光、冰冻等的影响等。

　　本节依托天生桥一级水电站面板堆石坝工程，介绍了清华大学提出的面板纵缝接触转动挤压效应概念，利用基于多体非线性接触局部子结构模型的分析方法，研究了面板纵缝接触转动挤压效应的影响因素和应力集中系数的大小，发展了基于非线性接触的面板纵缝接触模型，进行了不同接缝方案的计算分析。

2.5.1.1　面板纵缝的接触转动挤压效应及作用原理

　　图 2.5-1 所示为面板纵缝的接触转动挤压效应及作用原理。混凝土面板在浇筑初期处于同一个平面之上，每块面板平面的法向均指向河谷平行的方向。在该种状态之下，混凝土面板在纵缝处处于全断面均匀接触状态，这种全断面均匀接触状态是在设计计算或一般有限元计算中所采用的接触状态。

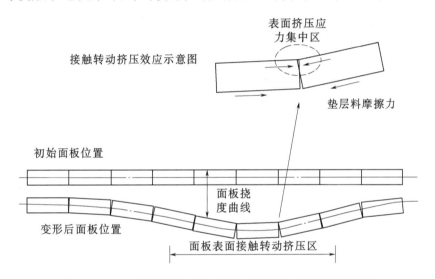

图 2.5-1　面板纵缝的接触转动挤压效应及作用原理

　　但是在面板浇筑之后，在库水压力等项荷载的作用之下，面板会随坝体发生位移。在某个高程平面上会形成图 2.5-1 中所示的挠度变形曲线，该挠度曲线的最大挠度一般发生在河谷的中央部位。为了适应该挠度变形曲线，面板会发生转动。其中，河谷左侧面板的法向向右转，河谷右侧面板的法向向左转。

　　（1）如图 2.5-1 所示，由于各面板转动方向和大小的不同，会使得面板在纵缝处不再处于全断面均匀接触的状态。在河谷中央部位，发生转动后的面板仅在纵缝的表面处发生接触；而在两岸坡部位，面板转动后其纵缝的表面部位会处于张开的状态。面板转动后，在纵缝处的这种不均匀接触状态，会严重恶化接缝处面板的受力状态。在河谷中央部位的面板轴向受压区，这种表面接触会在纵缝两侧表面产生挤压应力集中区。

（2）由于面板具有一定的厚度，面板在转动过程中，本身也会导致发生显著的挤压效应。经应力集中效应放大后，会直接产生较大的挤压应力。

综上可见，面板纵缝处的上述接触转动挤压效应是面板发生挤压破坏的主要原因。

2.5.1.2　基于多体非线性接触的接触转动挤压效应模拟分析

图 2.5-2 所示为局部子计算模型及其边界条件，为了实现图 2.5-3 示意的面板弯曲形态，在垫层料的底部另添加了一个与垫层料发生无摩擦软接触的刚性体，即垫层料底面可以在刚性体表面上自由滑动也可以贯入到刚性体中，设置垫层料底面中间位置的法向接触刚度较软，而两侧的法向接触刚度较硬。三维计算网格模型见图 2.5-4。共进行了面板接触转动＋轴向挤压和纯轴向挤压两个基准方案的计算分析。

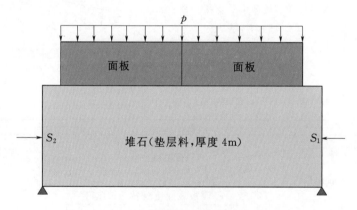

图 2.5-2　计算模型及其边界条件示意

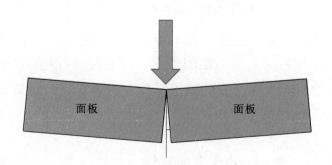

图 2.5-3　面板弯曲形态示意

（1）基准方案一：面板接触转动＋轴向挤压计算方案。图 2.5-5 给出了基准方案一的两个主要步骤：

步骤（a）：逐步增加作用在面板表面法向的分布力，此时在垫层料中发生

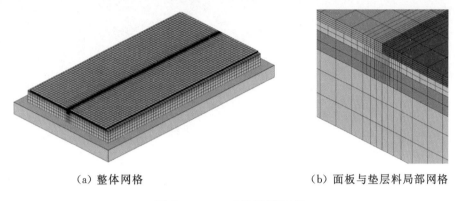

（a）整体网格 （b）面板与垫层料局部网格

图 2.5-4　三维计算网格

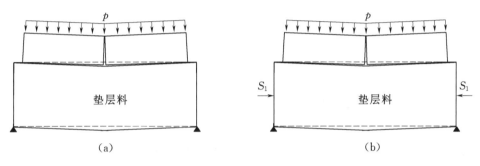

（a）　　　　　　　　　　　　　（b）

图 2.5-5　基准方案一的两个主要加载步骤

中间大、两端小的法向位移，可造成面板在接触缝处发生转动，面板表面发生挤压。

步骤（b）：在保持作用在面板表面法向分布力大小不变的情况下，在垫层料侧向施加给定的挤压位移 S_1，带动面板发生挤压。

面板的坝轴向最大挤压应力的变化过程见图 2.5-6 和图 2.5-7。由图 2.5-6 可见，在步骤（a）中，由于法向压力增加及其所引起的面板转动度数增大，最大挤压应力逐渐增长，最大挤压应力随法向应力（或弯曲角度）的增加基本呈线性增长；在步骤（b）中，垫层料坝轴向挤压位移的增加对最大挤压应力的影响不明显。研究认为，在施加法向分布力过程中，面板接触处发生转动，上表面接触后会推动面板发生向两侧的移动，而面板和垫层料之间的摩擦力会阻止面板的这种位移。当这种摩擦力达到其极限值（具体取决于法向应力和摩擦系数）之后，在面板和垫层料之间会发生滑移，此后面板挤压应力不会再继续增大，这也是继续施加坝轴向挤压位移对面板最大挤压应力影响不大的原因。

（2）基准方案二：纯轴向挤压计算方案（图 2.5-8）。为了模拟工程实际

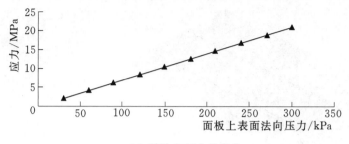

（a）随法向压力的变化

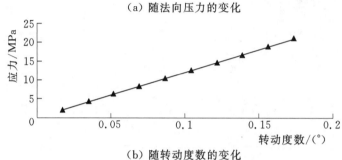

（b）随转动度数的变化

图 2.5-6　最大挤压应力的变化过程［步骤（a）］

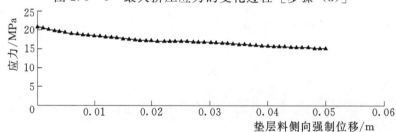

图 2.5-7　最大挤压应力随垫层料挤压位移 S_1 的变化过程［步骤（b）］

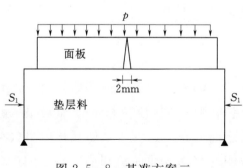

图 2.5-8　基准方案二

中可能发生的面板上表面局部接触问题，在划分三维网格时将竖直缝两侧面板的下表面拉开 2mm 的距离。具体计算步骤为：在第 1 个加载步施加法向压力，在第 2～51 个加载步以一定速率逐步增加垫层料的侧向位移，其他计算条件与基准方案一相同。

图 2.5-9 给出了面板的坝轴向最大挤压应力的变化过程。由图可见，在第 1～12 个加载步，最大挤压应力随着切向黏结应力的增加而逐渐增大到 25.0MPa，而在第 12 个加载步之后，由于大范围的切向黏结应力达到黏结状态的极限而转换为滑动摩擦应力，因而最大挤压应力几乎不再变化。

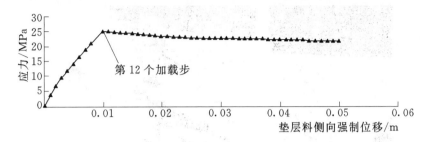

图 2.5-9　最大挤压应力的变化过程

上述两个基准方案的计算结果表明，坝体的坝轴向水平位移和顺河向水平位移均可造成面板发生较大的挤压应力。面板接缝处发生的转动可使在面板的上表面处发生显著的应力集中现象，可能是造成面板发生接缝挤压破坏的原因。

图 2.5-10 给出了实际发生面板挤压破坏的形态和计算应力集中区域分布对照，可见两者在分布特点上具有高度相似性。

2.5.1.3　面板纵缝接触转动挤压效应的影响因素和应力集中系数

影响面板纵缝的接触转动挤压效应大小的影响因素包括转角度数以及作用在面板法向应力的大小等，本节对以上两个因素进行了参数敏感性计算分析，研究了面板纵缝接触转动挤压效应的大小和应力集中系数的大小。敏感性分析中考虑的因素有面板转动度数，分别为 0.11°、0.17°、0.22°；面板上表面的法向压力，分别为 300kPa、500kPa、800kPa；不同的接缝形式，分别为全部硬缝、全部软缝、上软下硬缝。

由计算结果可知，在其他计算条件相同时，面板转动度数越大，最大挤压应力越大；法向压力越大，最大挤压应力也更大。根据面板纵缝的接触转动挤压效应作用原理，在河谷中央部位受压区，发生转动后的面板仅会在纵缝的表面处发生接触，在纵缝处的这种不均匀接触状态，会严重恶化接缝处面板的受力状态，造成在纵缝两侧表面产生挤压应力集中区，这种应力集中现象是导致发生面板挤压破坏的主要原因。在敏感性分析各方案的计算中，均反映出来了这种应力集中现象。表 2.5-1 统计了各工况条件下应力集中系数的大小，这里定义应力集中系数为某高程处最大挤压应力与相同高程处面板中部平均压应力之比。

由表 2.5-1 可见，在各方案情况下，均得到了较大数值的应力集中系数，其数值大小处于 3.4～6.5 之间。其中，面板转角大小、面板法向应力大小和面板厚度等对应力集中系数的大小均有一定的影响。

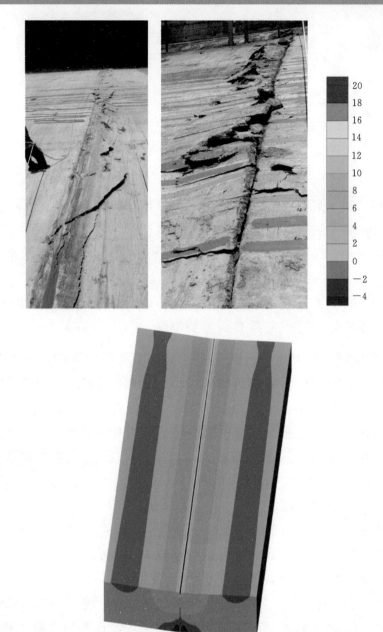

图 2.5 - 10　实际面板挤压破坏形态和计算应力集中
区域分布对照图

2.5.1.4　不同接缝方案的三维有限元对比分析

　　基于面板纵缝的接触转动挤压效应及作用原理、局部子模型的数值模拟分析、应力集中的影响因素研究等，本书依托天生桥一级面板堆石坝，进行了不同接缝方案的三维有限元分析，对比研究了不同接缝方案情况下面板轴向挤压

表 2.5 - 1　　　　　　　　子结构方法各方案的计算结果汇总表

计算方案	下部高程位置		中部高程位置		顶部高程位置	
	最大挤压应力/MPa	应力集中系数	最大挤压应力/MPa	应力集中系数	最大挤压应力/MPa	应力集中系数
$BD=0.11°$ $PN=300\text{kPa}$	15.5	3.9	14.4	3.8	13.3	3.4
$BD=0.17°$ $PN=300\text{kPa}$	21.0	4.0	19.4	3.8	18.0	3.6
$BD=0.22°$ $PN=300\text{kPa}$	24.5	5.3	22.4	5.0	20.9	4.7
$BD=0.17°$ $PN=500\text{kPa}$	25.2	4.8	23.5	4.7	21.7	4.3
$BD=0.17°$ $PN=800\text{kPa}$	28.6	6.5	26.8	6.4	24.8	5.8

注　BD 代表面板转动度数，PN 代表法向压力。

应力差别，探讨了设置不同软缝方案的效果，共进行了 3 个不同方案的对比分析：

（1）方案一：全硬缝方案。

（2）方案二：在面板坝轴向受压区布置 10 条全软缝的方案。

（3）方案三：在面板坝轴向受压区布置 5 条全软缝的方案。

其中，方案二和方案三中，全软缝是指将某条竖直缝上下全部为软缝，两个方案软缝布置的区域相同，方案三采取隔缝布置。

计算中，填缝材料考虑了在狭窄面板接触竖缝中，由于受到强位移约束条件的限制，所可能表现出的强硬化特性，采用双线性模型描述。初始压缩段的模量为 5MPa，当贯入量达到软缝宽度的 50％时，模量改为混凝土的模量即 30000MPa。软缝的宽度设为 16mm，可见软缝的极限压缩变形为 8mm。各方案均计算至天生桥一级面板坝第一次发生面板挤压破坏的时间。

图 2.5 - 11～图 2.5 - 13 分别给出了 3 个方案的计算结果。可以看出，是否设置软缝对面板轴向挤压应力的计算结果影响很大。图 2.5 - 12（a）和图 2.5 - 13（a）分别给出了方案二（10 条全软缝方案）和方案三（5 条全软缝方案）挤压缝贯入量的分布，实际上反映的是设置的软缝吸收面板轴向压缩位移的情况。可见，各软缝处的最大压缝贯入量一般都达到了 7mm 以上，基本达到了所设置的软缝的压缩极限。图 2.5 - 11（b）、图 2.5 - 12（c）和图 2.5 - 13（c）分别给出了三个方案所得面板轴向应力的分布。可见，在不设软缝的

（a）面板间法向相对位移分布（以脱开为正，单位：mm）

（b）面板的坝轴向应力分布（单位：MPa）

图 2.5-11　方案一计算结果（全硬缝方案）

情况下，面板轴向最大挤压应力约为 13MPa；设置 5 条和 10 条软缝后，面板轴向最大挤压应力分别约为 10MPa 和 7MPa，分别降低了 23％和 46％。在面板受压区设置软缝，可有效降低面板轴向的挤压应力，设置全软缝方案减小幅度更大。此外，从图 2.5-11（a）和图 2.5-12（b）可以看出，设置 10 条软缝后对两岸张拉缝张开量虽具一定的影响，最大张开量由 11mm 增大为 12mm，但影响的量级不大。天生桥一级面板堆石坝河谷宽阔，经两岸张拉缝区调整后，设置 10 条软缝后对面板周边缝的变形基本没有影响。

2.5.2　混凝土面板接缝材料的本构模型

在混凝土面板堆石坝工程中，面板接缝变形量通常较大，面板接缝止水结构也比较复杂。为避免蓄水后混凝土面板的挤压破坏，通常需要在面板压性缝的部分部位嵌填吸收面板压缩变形的材料，接缝填充材料主要有橡胶、木板等。研究表明，部分木板类材料的应力变形特性呈现理想弹塑性特性和应变软化特性，见图 2.5-14 和图 2.5-15。

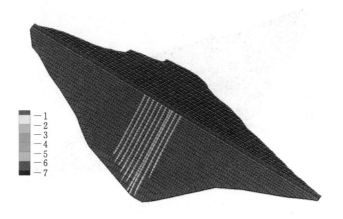

（a）挤压缝的贯入量分布（以脱开为正，单位：mm）

（b）张拉缝的拉开量分布（以脱开为正，单位：mm）

（c）面板的坝轴向应力分布（单位：MPa）

图 2.5 - 12　方案二计算结果（10 条全软缝方案）

（a）挤压缝的贯入量分布（以脱开为正，单位：mm）

（b）张拉缝的拉开量分布（以脱开为正，单位：mm）

（c）面板的坝轴向应力分布（单位：MPa）

图 2.5-13　方案三计算结果（5 条全软缝方案）

　　为模拟面板间嵌缝材料特性，在混凝土面板坝精细化仿真计算中，建议采用理想弹塑性模型和应变软化模型模拟面板垂直缝的嵌缝材料。经典的理想弹塑性模型本书这里不予赘述。应变硬化、软化模型考虑一维的应力应变曲线

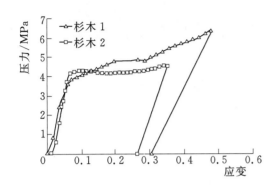

图 2.5-14　杉木应力应变曲线

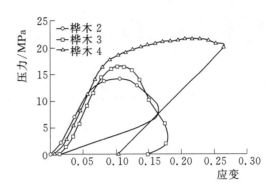

图 2.5-15　桦木应力应变曲线

$\sigma\text{-}e$（图 2.5-16），它在达到屈服时开始软化但仍保留一定的残余强度。

达到屈服点之前，曲线是线性的，在此阶段只产生弹性应变，$e=e^e$；材料屈服后，总应变由弹性应变和塑性应变两部分组成，$e=e^e+e^p$。在软化/硬化模型中，黏聚力、摩擦角、剪胀角和抗拉强度等变量是总应变中塑性应变部分 e^p 的函数，这些函数的关系曲线见图 2.5-17。

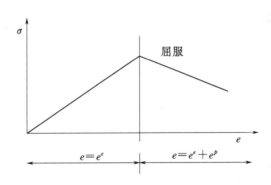

图 2.5-16　应力应变曲线示例

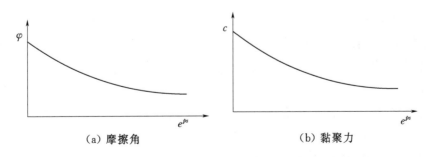

（a）摩擦角　　　　　　　　（b）黏聚力

图 2.5-17　摩擦角和黏聚力随塑性应变的变化曲线

2.6　心墙堆石坝张拉裂缝及水力劈裂计算方法

2.6.1　张拉裂缝工程实用估算方法——变形倾度有限元法

通过大量土坝变形观测资料分析表明，由于可压缩土层厚度和土料性质的不一致，坝体不同区域会产生不均匀沉降，坝体横断面因不均匀沉降，会在近于铅直方向上相互错动，当错动达到一定的限度时，坝体就沿错动方向发生破坏；同时由于坝体纵向不均匀水平位移的发展，使破坏面两侧坝体相互分离，形成一定宽度的裂缝。因此，对于一般坝体，因沉降差而造成的破坏面，一般都表现为不同宽度的裂缝，为此我国的一些学者提出了根据坝体沉降观测资料来预测坝体裂缝的变形倾度法（图 2.6-1）。

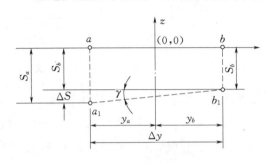

图 2.6-1　变形倾度法

对基于现场监测变形的变形倾度法进行扩展，通过在有限元计算程序中嵌入变形倾度计算模块，发展了基于有限元变形计算的变形倾度有限元法。该法简洁实用，在坝体变形有限元计算分析结果的基础上，可以得到坝体在施工期或运行期任意时刻的变形倾度，据此可以进行坝体发生裂缝可能性的判断，是一种分析和判别土石坝是否会发生表面张拉裂缝的工程实用方法。采用土工离心机模型试验验证了变形倾度有限元法的适用性，试验结果表明，目前工程中采用临界倾度值 γ_c 取 1% 是基本合适的。

2.6.2　心墙压实黏土张拉断裂特性及本构模型

压实黏土，作为一种天然材料或者经过简单人工混合的半人工材料，主要包括黏土颗粒、石子、孔隙水以及孔隙气等。压实黏土的变形特性和破坏发展过程与材料中的微裂隙、孔隙的变形等都有密切的联系。可将黏土材料的裂缝扩展过程划分为微裂、亚临界扩展和失稳扩展 3 个阶段。微裂阶段对应拉应力水平较低的情况，此时压实黏土中微孔隙刚刚开始发生扩展和连通，土体宏观变形模量降低不明显，宏观上呈现近似线弹性。亚临界扩展阶段为压实黏土极限抗拉强度两侧附近的阶段，该阶段发生了数目较多的孔隙连通、裂纹合并和交叉，在宏观上表现为承载能力的缓慢增加或者缓慢降低。当孔隙继续连通时，会逐步形成宏观连通的裂缝，此时土体的抗拉能力会发生快速地降低直至完全丧失，这一阶段称失稳扩展阶段。

压实黏土在受拉状态下裂缝的发展可以认为是微孔隙不断扩张和沿着土粒之间黏聚薄弱部位逐步扩展的过程。在扩展过程中由于石子自身的强度较高，其"镶嵌"效果往往使裂缝的发展路径绕过石子，沿着石子和黏土颗粒结合的薄弱面向前扩展。

图 2.6 - 2 给出了拉伸试验中断裂发生后试样的照片。从图 2.6 - 2 上可见，对于压实黏土，从宏观裂缝向土样内部延伸时存在着一个损伤软化的过程区，裂缝扩展过程就是损伤过程区在土体中的延伸和扩展的过程。

在糯扎渡心墙堆石坝工程中，针对心墙土料进行了抗拉抗裂单轴拉伸和三轴拉伸试验研究，分析了压实土料的张拉断裂变形特性、破坏形式及强度准则，建议了压实黏土在受拉条件下的本构模型。

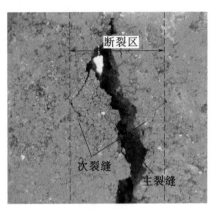

(a) 断裂区照片

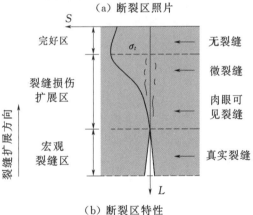

(b) 断裂特性

图 2.6 - 2　压实黏土张拉断裂区

1. 压实黏土单轴拉伸条件下的本构关系

对单轴拉伸试验，在土样达到极限抗拉强度发生断裂的过程中，断裂区土体和非断裂区土体表现出完全不同的应力变形特性。只有断裂区土体的应力应变关系才真正是土体抗拉应力应变的全过程曲线。根据由试验得到的全过程曲线的特性，建议了压实黏土在单轴受拉条件下应力应变全过程曲线的整理方法。对拉伸曲线的上升段建议了如下的数学表达式

$$\sigma = E\varepsilon \left[\mu_0 - A_1 \left(\frac{\varepsilon}{\varepsilon_f} \right)^{B_1} \right], \ 0 < \varepsilon < \varepsilon_f \qquad (2.6-1)$$

式中　E——初始拉伸变形模量；

　　　μ_0——初始切线变形模量折减系数，表示土体在承受拉应力前的初始损伤程度；

A_1 和 B_1——材料常数；

　　ε_f——峰值拉应变。

　　对拉伸曲线的软化段建议采用如下的负指数函数进行描述

$$\sigma = \sigma_t e^{-a(\varepsilon - \varepsilon_f)}, \ \varepsilon_f < \varepsilon < \varepsilon_u \tag{2.6-2}$$

式中　ε_u——极限拉应变；

　　　　α——材料参数，描述软化段曲线的倾斜程度。

　　2. 压实黏土三轴拉伸条件下的本构关系

　　对处于受压工作状态的土石结构，当研究局部土体由受压状态变化到受拉状态过程中的应力变形特性时，要求其本构模型能够综合考虑土体的拉压变形特性。根据压实黏土的常规三轴试验和三轴拉伸试验结果，将邓肯-张 EB 模型发展为能够统一考虑黏性土拉压特性的邓肯-张扩展本构模型。该模型主要包括如下的部分：

　　（1）压缩变形段，仍采用原邓肯-张模型的计算公式

$$E_t = K p_a \left(\frac{\sigma_3}{p_a} \right)^n \left[1 - \frac{R_f (1 - \sin\varphi)(\sigma_1 - \sigma_3)}{2c\cos\varphi + 2\sigma_3 \sin\varphi} \right]^2 \tag{2.6-3}$$

　　（2）直接拉伸状态下，曲线上升段采用和受压段邓肯-张模型相同的计算公式

$$E_{tt} = E_{it} \left[1 - R_{ft} \frac{\sigma_1 - \sigma_3}{(\sigma_1 - \sigma_3)_f} \right]^2 \tag{2.6-4}$$

其中，R_{ft} 为三轴拉伸条件下的破坏比；对于三轴拉伸状态，σ_1 为周围压力形成的径向应力，σ_3 为轴向应力；破坏强度 $(\sigma_1 - \sigma_3)_f$ 根据三轴拉伸破坏联合强度准则确定；E_{it} 为起始变形模量，具体形式如下

$$E_{it} = K p_a \left(\frac{\sigma_1}{p_a} \right)^n \tag{2.6-5}$$

其中，K 和 n 与式（2.6-3）中的 K 和 n 相等。

　　（3）三轴拉伸的软化段采用负指数函数形式，计算公式如下

$$\sigma_1 - \sigma_3 = [(\sigma_1 - \sigma_3)_f - \sigma_{rt}] \exp^{-a(\varepsilon - \varepsilon_f)} + \sigma_{rt} \tag{2.6-6}$$

式中　σ_{rt}——三轴拉伸试验确定的残余强度；

　　　　ε_f——拉伸强度对应的峰值拉应变；

　　　　α——材料参数，描述软化段曲线的倾斜程度。

　　（4）压缩卸载-拉伸耦合段，从压缩卸载到反向拉伸仍采用双曲线模拟应力应变关系曲线。当反向拉伸达到破坏强度时，也采用负指数函数对软化段进行模拟，压缩卸载的起始点根据加载的应力水平确定。此时，卸载初始模量为

$$E_{ur} = K_{ur} p_a \left(\frac{\sigma_3}{p_a} \right)^n \tag{2.6-7}$$

上述邓肯-张扩展模型能够统一考虑黏性土拉压特性，其对典型试验结果的拟合情况见图2.6-3和图2.6-4。

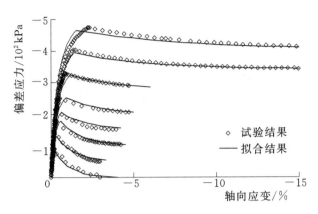

图2.6-3 糯扎渡土料三轴拉伸试验对比结果

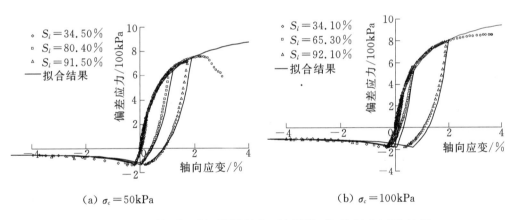

（a）$\sigma_c = 50$kPa   （b）$\sigma_c = 100$kPa

图2.6-4 掺砾土料不同围压三轴压缩-拉伸组合试验结果

2.6.3 土石坝张拉裂缝的有限元数值仿真算法

2.6.3.1 有限元法中裂缝的处理方法

目前，在岩石和混凝土等研究领域模拟裂缝的模型很多，有限元法中常用的处理方法有：①单元边界的单独裂缝，将裂缝处理为单元边界，一旦出现新的裂缝就增加新的节点，重新划分单元，使裂缝总是处于单元和单元之间的边界；②弥散裂缝，在弥散裂缝理论中，使用一条含平行、密集裂缝的断裂带来描述结构体中的宏观裂缝。裂缝带内的材料表现为脆性或应变软化的材料属性，而在裂缝带以外的材料保持该材料在承载状态下的一般拉伸特性；③单元内部的单独裂缝，该方法将裂缝的不连续变形特性引入单元的形函数和本构关系中。

压实黏土中的裂缝扩展过程就是断裂区在土体结构中延伸和发展的过程，故本书中引入弥散裂缝理论来模拟压实黏土的开裂行为。将裂缝弥散于实体单元，其扩展过程通过调整单元的刚度矩阵来实现，因而在模拟裂缝的扩展过程时，无需改变单元的拓扑关系和进行单元网格的重新划分。

2.6.3.2　张拉裂缝有限元-无单元耦合模拟计算方法

1. 基于径向基函数的点插值无单元法

近年来，无单元法作为一种新兴的数值计算方法已经成功地应用于很多领域。无单元法只需要节点信息，无需单元信息，克服了有限元计算中网格畸变和重新生成带来的困难，可以方便地在开裂或大变形区域增加节点以提高计算精度，故其在分析裂缝扩展和局部大变形等问题方面具有优势。其中，基于径向基的点插值无单元法（RPIM），其形函数具有 Delta 函数性质，便于施加本质边界条件，而且形函数及其导数形式简单，计算效率高，便于与有限元法耦合，从而发挥无单元法和有限元法各自的优势。

2. 点插值无单元法与有限元耦合法

为了发挥无单元法和有限元法各自的优势，清华大学提出了径向基点插值无单元法与有限元直接耦合的计算方法，并用数值算例验证了该耦合方法的有效性和适用性。

由于点插值无单元法的形函数 $\varphi(x)$ 具有 Kronecker δ 属性性质、单位分解属性和重构属性，使得点插值无单元法可以与有限元法直接进行耦合。耦合界面处无需进行任何处理，耦合界面上的节点既是有限元的节点，也可作为无单元法的影响节点，见图 2.6-5。在对点插值无单元法与有限元直接进行耦合时，无需保证有限元单元与无单元域的背景积分单元重合，两者可分别在各自的域内进行积分计算。为了提高耦合面处的计算精度，无单元域内节点的影响域往往延伸至有限元区域内，即有限元节点可以作为无单元法的影响节点。

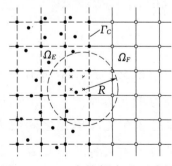

图 2.6-5　直接耦合法示意图

点插值无单元法与以往无单元法的一个本质区别就是其形函数具备插值特性。对于点插值无单元法来说，本质边界条件可以如有限元法一样直接施加。因此，点插值无单元法与有限元进行耦合的意义更主要是在于减少计算量，提高计算效率。在计算效率方面，虽然点插值无单元法较以往的无单元方法有了较大的提高，但仍不及传统的有限元法。在较大规模的计算中，例如高土石坝三维计算中，在精度要求高的区域或者需要模拟裂缝扩展的区域采用无单元法，其他区域仍采用有限元法，可以发挥两者各自的优势，从而达到较好的计算效果。

3. 基于点插值无单元法的弥散裂缝模型

在基于有限元法的弥散裂缝模型中，将裂缝弥散于整个实体单元。裂缝的扩展过程通过调整开裂单元的刚度矩阵来实现，弥散裂缝模型示意见图 2.6-6（a）。弥散裂缝模型假定开裂应变均匀分布于一定的区域材料内，通过材料应力应变关系调整来反映开裂引起的材料力学性能的变化。

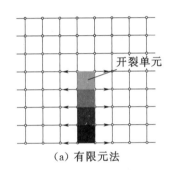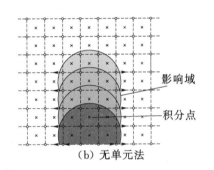

(a) 有限元法   (b) 无单元法

图 2.6-6 弥散裂缝模型示意图

清华大学发展了基于无单元法的弥散裂缝模型，其将裂缝弥散于积分点的影响域内，裂缝的扩展过程通过调整开裂积分点所在影响域的刚度矩阵来实现，无单元法弥散裂缝模型的示意图见图 2.6-6（b）。当积分点发生开裂后，开裂应变根据影响权重分布于影响域内，开裂过程释放的能量也根据影响权重作用在影响节点的裂缝面法向上。距离插值点较近的影响节点，其张开位移和释放的节点力都较大，随着与插值点距离的增大，张开位移和释放的节点力逐渐减小。具体的开裂计算原则如下：①若为首次开裂，则不仅本级的应力增量被释放，以前由逐级荷载累计的应力也被释放；②若已处于开裂状态，则在裂缝法向的任何拉应力增量将在每次迭代中被释放；③在某级荷载下，若在垂直于开裂方向产生了压应力，则裂缝将闭合。

基于无单元法的弥散裂缝模型模拟张拉断裂过程的示意见图 2.6-7。开裂前，结构体处理成各向同性材料。当最小主应力达到抗拉强度后，结构体在垂直于最小主应力的方向产生张拉裂缝。开裂后，结构体在裂缝面的法向逐渐丧失抗拉刚度，但在其他方向仍然可以承受荷载的作用，所以可将发生裂缝后的结构体处理成各向异性材料，以模拟其在裂缝法向抗拉刚度的丧失和垂直方向的承载能力。

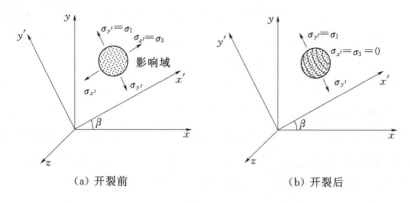

（a）开裂前　　　　　　　　　　　　（b）开裂后

图 2.6 - 7　基于无单元法的脆性断裂示意图

清华大学根据所发展的基于无单元法的弥散裂缝模型，利用上一节试验研究得出的压实黏土张拉断裂本构关系，推导了压实黏土三维脆性断裂模型和三维钝断裂带模型的无单元计算模式，并编制了相应的计算程序。该算法程序对于土石坝表面张拉裂缝问题具有较好的适用性，可用于土石坝坝体发生张拉裂缝和裂缝发生规模的计算分析。

2.6.4　土石坝水力劈裂发生过程的数值仿真算法

2.6.4.1　土石坝水力劈裂发生机制研究

1. 心墙的拱效应

在通常条件下，由于土的容重远大于水的容重，竖向土压力总是大于同样深度处的水压力，所以不会发生水力劈裂。在土石坝里存在堆石体对心墙拱效应，减少了心墙中的应力，从而使得水力劈裂的发生成为可能。心墙的拱效应被认为是心墙发生水力劈裂最重要的因素之一。

在糯扎渡心墙堆石坝工程可行性研究阶段，针对直心墙和斜心墙两种坝型拟定的坝体分区方案，进行了二维非线性有限元计算分析，研究了堆石体对心墙的拱效应。为了确定一个具体的比较标准，对两种坝型分别假想了相应的"均质坝"，其心墙单元的计算应力 σ_1 作为判定拱效应大小的基准。拱效应 G 由下式计算

$$G = \frac{\sigma_{1均} - \sigma_1}{\sigma_{1均}} \times 100\%　\qquad (2.6 - 8)$$

表 2.6 - 1 给出了总体的计算结果，可见由于堆石体对心墙拱效应的存在，

使得心墙的垂直向应力显著降低，对直心墙坝尤其如此，心墙底部、中部和上部拱效应系数 G 的大小在坝料原参数的条件下分别达到 42.7%、61% 和 56.4%。从这个角度讲，堆石体对心墙拱效应的存在确实是导致水力劈裂发生的重要条件。然而根据计算结果，尽管堆石体对心墙的拱效应十分明显，心墙的竖向应力仍近似为大主应力的作用方向，且压应力数值仍有一定的量级，所以心墙对发生水平向水力劈裂仍有较高的安全度。

表 2.6-1　　不同心墙模量时心墙上游表面典型单元的拱效应大小

方　案		均质坝	升模 10%	原参数	降模 10%	降模 20%	降模 30%
直心墙	底部	0	39.4	42.7	45.8	48.8	51.8
	中部	0	51.7	61.0	62.1	63.1	67.3
	上部	0	50.2	56.4	64.9	69.6	65.8
斜心墙	底部	0	3.0	6.3	9.1	13.1	17.2
	中部	0	28.2	31.1	33.9	37.7	40.5
	上部	0	37.2	38.1	42.2	51.8	55.2

注　升模指模量提高，降模指模量降低。

2. 渗透弱面水压楔劈效应

尽管堆石体对心墙的拱效应十分明显，但根据有限元计算经验，单凭堆石体对心墙的拱效应，不可能使得心墙在垂直方向变为小主应力方向并产生拉应力。由于在工程实践中多发生水平向的水力劈裂裂缝，联系到土石坝的水平向填筑过程可能在心墙内产生水平向渗透弱面的事实，提出了渗透弱面水压楔劈效应作用模型。认为在心墙中可能存在的渗水弱面以及在水库快速蓄水过程中所产生的弱面水压楔劈效应，应是心墙发生水力劈裂的另一个重要条件。所谓的渗透弱面是指在心墙上游面由于土料和施工不均匀、偶然掺入的堆石料、未充分压实的局部土层或者由偶然因素产生的初始细小裂缝等所造成的渗透系数相对较大的区域。由于坝体和心墙是水平向逐层填筑碾压施工的，所以出现水平向渗透弱面的可能性相对较大。

图 2.6-8 所示为水平向渗透弱面水压楔劈效应的产生过程以及其对发生水力劈裂诱导作用的机理。在水库蓄水时，水压力首先会沿这些水平渗透弱面快速渗入心

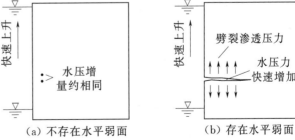

（a）不存在水平弱面　　（b）存在水平弱面

图 2.6-8　渗透弱面的水压楔劈效应

墙，使得在心墙内产生竖直方向的水压力梯度，从而产生竖直向的渗透压力。该渗透压力作用在水平渗透弱面的上下两个边壁上，使得水平渗透弱面有张开的趋势，也即会减少心墙上游面竖直方向的应力。本书称这种由渗透弱面导致的可使心墙上游面竖直应力减少的渗透压力为渗透弱面的水压楔劈效应。

堆石体对心墙的拱效应和上述水压楔劈效应综合作用的结果可使心墙在渗透弱面处产生竖直向应力局部降低的现象。当该综合效应较大时，可使得竖向应力变成小主应力，甚至拉应力，从而导致劈裂裂缝的发生。

根据工程经验，水力劈裂一般均同水库的快速蓄水过程相联系。使用渗透弱面水压楔劈效应作用模型可以很好地解释这种现象。当库水位上升速度较慢时，一部分水压力已可渗入渗透软弱面周围的土体，从而使得水压力梯度降低，水压楔劈效应减少。反之在水库快速蓄水时，水压力来不及渗入渗透软弱面周围的土体，会产生较大的水压力梯度，从而导致较大的水压楔劈效应，增加发生水力劈裂的可能性。另外，在接近坝顶附近，由于上部的坝体压重较小，初始竖向应力较小，发生水力劈裂所需要的水压楔劈效应较小，所以是通常发生水力劈裂的危险部位。

2.6.4.2　水力劈裂发生过程的计算程序系统

清华大学将弥散裂缝理论和所建立的压实黏土脆性断裂模型引入水力劈裂问题的研究中，扩展了弥散裂缝的概念并与比奥固结理论相结合，推导和建立了用于描述水力劈裂发生和扩展过程的有限元数值仿真模型和有限元-无单元耦合数值仿真算法。

在水力劈裂的数值模拟中，一个重要的问题是模拟当裂缝发生后水压力沿劈裂裂缝的快速渗入过程，也即土体在渗透特性方面的各向异性。为此本书中将弥散裂缝的概念进行了推广，将其应用于开裂土体各向异性渗透特性的描述。通过增大单元在裂缝方向的渗透系数，模拟单元开裂后水压力沿裂缝方向的渗入过程。为此，假定平行于裂缝面方向的渗透系数分量 k_t 与裂缝面的法向有效应力 σ_y' 之间存在以下的指数方程

$$k_t = k_0 e^{-a\sigma_y'} \tag{2.6-9}$$

式中　k_0——压实黏土受压状态下的渗透系数；

　　　α——耦合参数。

在计算中，一旦发现单元发生张拉裂缝，则需要计算裂缝张开方向，修改开裂单元的刚度矩阵并根据裂缝法向有效应力值，计算裂缝及其前缘单元的渗透矩阵，同时还需修正初始孔压场和外荷载，修改计算时间，进行迭代计算，

直到无单元开裂为止。图 2.6-9
给出了计算程序系统的流程。

2.6.4.3　水力劈裂破坏过程的工程实例仿真模拟

利用所建立的水力劈裂发生与扩展过程的数学模型和仿真算法，对已发生水力劈裂破坏的挪威 Hyttejuvet 坝水力劈裂的发生与扩展过程进行了仿真模拟。

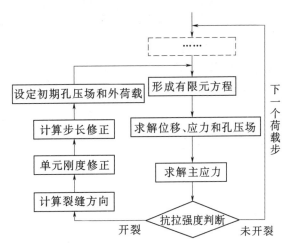

图 2.6-9　水力劈裂发生与扩展
过程仿真算法的流程图

现场观测和计算结果均表明，Hyttejuvet 坝施工期心墙内存在较高的超静孔隙水压力。由于该坝为变宽度狭窄心墙坝，且心墙土料和坝壳堆石料的模量相差较大，堆石料对心墙的拱效应较大。两者都使得该坝在初次蓄水时较容易发生水力劈裂破坏。

为了计算模拟该坝发生水力劈裂的过程，在心墙上游侧变宽度位置设置了3 处初始渗透弱面，研究了在拱效应和渗透弱面水压楔劈效应共同作用下 Hyttejuvet 坝水力劈裂发生的过程。图 2.6-10 所示为水力劈裂发生引起的裂缝张开图。计算得到的水力劈裂发生的时间和位置同监测结果基本一致。

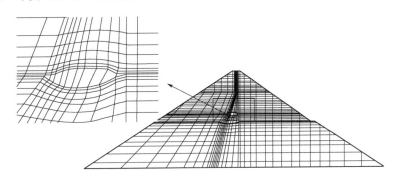

图 2.6-10　水力劈裂发生形成的张开裂缝

2.7　心墙堆石坝渗流计算理论与方法

2.7.1　渗流分析发展概况

渗流力学是流体力学的一个分支，它是多种科学和工程技术的理论基础。

1856 年，法国工程师达西（Henri Darcy）通过试验提出了线性渗透定律，为渗流理论的发展奠定了基础。1889 年，H. E. 茹可夫斯基（Н. Е. Жуковский）首先推导了渗流的微分方程。此后，许多数学家和地下水动力学科学工作者对渗流数学模型及其解析解法进行了广泛和深入的研究，并取得了一系列研究成果。但解析解毕竟仅适用于均质渗透介质和简单边界条件，在实用上受到很大限制。

随着电子计算机的迅速发展，数值方法（如有限差分法、有限单元法和边界元法等）在渗流分析中应用越来越广泛的。有限差分法是 1910 年由理查森（L. F. Richardson）首先提出的，经过长期的研究和广泛应用，目前该方法已具有较完善的理论基础和实用经验，有限单元法的基本思想早在 1913 年由柯朗（R. Courant）提出，1960 年克劳夫（R. W. Clough）最先采用"有限单元法"这个名称，以与有限差分法相区别。1965 年，津克维茨（O. C. Zionkiewiz）和张（Y. K. Cheung）提出有限单元法适用于所有可按变分原理进行计算的场问题，为该方法在渗流分析中的应用提供了理论基础。随后该方法在渗流分析中逐步推广应用。边界元法建立在经典力学理论基础上，贝蒂（Betti）互换定理及弗雷霍姆（Fredholm）积分方程早在 18 世纪末及 19 世纪初就已提出，建立在这些理论基础上的边界元法初见于 20 世纪 60 年代后期，当时被称为边界积分方程法（Boundary Integral Equation Method）。直到 1978 年，边界元法（Boundary Element Method）这个名称才被确立并得到公认。后来许多学者针对所研究问题的不同特点，研究和提出了能集合上述各数值方法优点的杂交元法（Hybrid Element Method），更合理地解决实际的工程渗流问题。

国内的渗流理论及方法的引入发展，均与国家经济建设紧密相连。20 世纪 50 年代毛泽东提出"一定要把淮河治好"，当时南京水利科学研究所（现南京水利科学研究院，以下简称南科院）开始在苏联专家帮助下，引进介绍渗流学科，并全面开展学习、建设研究。南科院以毛昶熙为首的渗流组设计建设了水电模拟试验槽等渗透试验设备并为水利水电工程的渗流控制问题进行了多项试验研究，为水利水电行业做出很大贡献。水利水电行业从"六五""七五"对 100m 级土石坝渗流控制问题已开始关注，主要是结合国家科技攻关课题开展土石坝堆石面板坝等关键技术问题的应用研究，为国家水电工程提供了技术支持。在"八五""九五""十五"国家科技攻关课题中，更进一步关注了高坝、地下洞室设计建设中遇到的各种岩体渗流问题和高坝岩基及地下洞室的渗流控制问题。从此将纯多孔介质渗流控制的理论观点拓展到裂隙岩体介质的渗流控制研究领域。80 年代原北京水利科学院（现中国水利水电科学研究院，以下简称北科院）岩土所以杜延龄、许国安为首的渗流室建设了大型电网络模型，与数值计算并肩前行相互印证，用以研究岩体裂隙各向异性渗流问题，为解决当时一些水电行业岩体工程渗流的问题提供了技术支持。北科院的刘杰在土体渗透变形和反滤层设计方面为工程做了很多有益的贡献。北科院结构所张有天引进创新了岩体渗流数值方法为地下洞室工程渗流控制问题提出了宝贵意见。80 年代初河海大学渗流实验室建成了国内最大的三维渗流水电模拟自动测试系统，配置了渗透变形、土工织物等渗透测试设备，为土石坝、尾矿坝、灰坝的渗流控制提供了技术支持。长江水利委员会长江科学院土工研究所和黄河水利委员会水科所（现黄河水利科学研究院）也先后建设了电网络模型和水电模拟试验槽，主要服务于长江三峡工程及长江流域和黄河流域水利水电工程。

国内水电行业开展数值计算起步比国外晚十余年，南科院、黄河水利委员会水科所、北科院等研究机构在 20 世纪 70 年代，率先学习引进国外渗流有限元数值计算方法。接下来的 10 年（20 世纪 70—80 年代）是数值计算方法推广发展的时期，这个时期电模拟技术和有限元数值计算并存，在解决工程渗流问题上两种方法同台共舞。在这期间南科院渗流室同行们，为推广、普及渗流有限单元法做了很多有益教育宣传工作。渗流界（包括科学院所、高等院校、设计工程界）定期联合召开全国水利水电工程渗流学术会议，帮助更多的人去关注学习渗流力学，渗流对水工建筑物安全影响的重要性认识大大提高。90年代，是水电行业开始快速发展的时期，也是渗流数值计算发展完善和进一步推广的重要时期。这时，解决工程渗流问题已开始逐渐依靠初步完善的三维渗流有限元计算方法。

在岩体渗流问题研究方面，国外起步于 20 世纪 50 年代，国内起步于 70年代，由于各种原因国内进展十分缓慢。90 年代开始由于国家水电建设大发展需要解决高坝岩基地下洞室中大量岩体渗流问题，各科学院、高校于 80 年代末、90 年代初连续申请有关岩体渗流问题的国家自然科学基金、省部级开发基金、博士点基金。河海大学在国内率先建设了高压（31.5MPa）多功能渗透仪及渗流应力耦合测试系统、岩体渗流模型试验系统。在此基础上又积极参加了国家科技攻关课题中关于岩体渗流特性、运动基本规律、渗流应力耦合、泄洪雾化雨在岩体岸坡中入渗的非饱和渗流等基础理论问题开展了大量物理模型试验和计算分析研究，得到许多有益成果和启示，发表了一系列论文。河海大学渗流实验室针对国家重大工程，如长江三峡船闸高边坡等工程中的渗流场及渗流控制分析的需要，首次以变分不等式原理为理论基础，研究提出了新的不变网格渗流有限元计算方法，将生产建设的需求和理论紧密结合，以后又紧密结合小湾、溪洛渡、龙滩、锦屏、糯扎渡等重大工程的需求逐步完善开发出大型专业的稳定-非稳定渗流、饱和-非饱和及渗流应力耦合有限元三维计算程序。为了配合设计快速发展的需求，又自主开发了密集排水孔的解析法与渗流有限元相互耦合的快速算法，以满足工程设计中防渗排水多方案优化布置的需要，为复杂岩基上高坝、地下多条洞室的复杂水工枢纽的整体渗流分析及整体防渗排水的优化布置提供了有效的技术支持，取得良好的工程效果。

20 世纪 50 年代以来，越来越多的量测信息可资利用，这成为反分析发展的一个触发点。自 1960 年 Philip 提出了一种求解一维非线性渗流反问题的精确解法，国内外众多学者对岩土工程渗流反问题进行了大量的研究。内容涉及各类参数的计算方法、优化方法及适用性研究。我国关于位移反分析的研究开始于 20 世纪 70 年代末，基本上与国际同步。冯康院士早在 80 年代初就大力提倡开展反问题数值解法的研究。此后，反分析方法被拓广应用于岩土工程的各个方面，并发展出各类计算方法。近年来，随着科学技术水平的提高，各种交叉学科、前沿学科不断被引入到岩土力学反分析中，推动了反分析的发展。随着人工智能技术的引入，渗流反分析出现了智能化的趋势。目前，各种渗流反演分析基本方法可概括为以下 6 种方法：试错法、解析法、脉冲谱法、数值优化算法、随机反演法、人工神经网络法。其中，人工神经网络法自 20 世纪 80 年代中后期以来，迅速发展为一个前沿研究领域，被广泛用于各个学科领域。目前，国内外基于人工神经网络的参数反分析研究成果多处可见。与传统的方法相比，若有可能覆盖整个计算域的充足的训练样本对，神经网络反演结果更接近于真实值，而且人工神经网络具有较强的非线性动态处理能力，无需知道状态变量和系统参数之间的关系，可实现相同或不同维数向量之间的高度非线性映射。目前应用较多的是 BP 网络，在神经网络中需要大量的历史及现存的实测资料对网络进行训练，且需要较长的训练时间，这是该方法在实际应用中的一大障碍。另外神经网络方法还易陷入局部最优，无法达到全局最优值。可采用改进的遗传算法、模拟退火法、牛顿-高斯全局优化算法、交替迭代全局优化算法等和神经网络相结合来寻找全局最优点。

2.7.2　高土石坝坝体坝基系统渗流控制分析计算理论及方法研究

2.7.2.1　渗流有限元基本方程及有限元分析方法

渗流计算是在已知定解条件下求解渗流微分方程，以求得渗流场水头分布、渗流量、渗透梯度等渗流要素，它是工程设计的重要依据。由于无压渗流有渗流自由面（浸润线），且非稳定渗流自由面随库水位升降而变动，加之一般渗流场有不同程度的非均质和各向异性，几何形状和边界条件较复杂，解析求解在数学上存在不少困难，仅能对一些简单流动情况获得解析解。20 世纪 60 年代，电子计算机的普及和数值计算方法的发展，特别是有限单元法的推广应用，促进了渗流数值模型的发展，为渗流计算提供了有效的方法。

有限单元法是把研究区域离散化为有限个单元体的集合来进行研究的。引用变分原理或伽辽金法，针对研究问题建立模型，推导建立求近似解的线性方程组，从而求解出渗流场的分布等渗流要素，供设计使用。

1. 渗流有限元基本方程

众所周知，对于饱和稳定-非稳定渗流基本方程为

$$\frac{\partial}{\partial x}\left(K_x \frac{\partial H}{\partial x}\right)+\frac{\partial}{\partial y}\left(K_y \frac{\partial H}{\partial y}\right)+\frac{\partial}{\partial z}\left(K_z \frac{\partial H}{\partial z}\right)=\rho g(\alpha+n\beta)\frac{\partial H}{\partial t}=S_s \frac{\partial H}{\partial t}$$

$$(2.7-1)$$

式中　　　$(x,\ y,\ z)$——渗透主方向；

$H=H(x,\ y,\ z,\ t)$——待求水头函数；

K_x、K_y、K_z——主向渗透系数；

S_s——单位储水量或储存率。

当在稳定，渗流状态是均质的条件下，式（2.7-1）退化为

$$K_x \frac{\partial^2 H}{\partial x^2}+K_y \frac{\partial^2 H}{\partial y^2}+K_z \frac{\partial^2 H}{\partial z^2}=0 \qquad (2.7-2)$$

式（2.7-2）为饱和稳定渗流的基本方程。

2. 渗流有限元分析基本方法

取 8 节点等参单元离散渗流场，则单元内的水头分布为

$$H(x,y,z)=\sum_{i=1}^{8} N_i H_i \qquad (2.7-3)$$

应用 Galerkin 方法将式（2.7-2）离散，经推导整理得到

$$\sum_e \iiint_{\Omega_e}\left(K_x \frac{\partial N_i}{\partial x}\frac{\partial H}{\partial x}+K_y \frac{\partial N_i}{\partial y}\frac{\partial H}{\partial y}+K_z \frac{\partial N_i}{\partial z}\frac{\partial H}{\partial z}\right)\mathrm{d}x\mathrm{d}y\mathrm{d}z$$

$$=\sum_{\Gamma_e}\iint_{\Gamma_e}\left[K_x \overline{\frac{\partial H}{\partial x}}\cos(n,x)+K_y \overline{\frac{\partial H}{\partial y}}\cos(n,y)+K_z \overline{\frac{\partial H}{\partial z}}\cos(n,z)\right]\mathrm{d}\Gamma$$

$$(2.7-4)$$

显然，当整个区域全部处于承压状态（如混凝土坝坝基渗流），便可直接依式（2.7-4）建立代数方程组，进行求解即得到所要求的渗流水头场。然而，对于具有自由面的渗流问题，其实际渗流区域，往往小于整个渗透介质的区域。由于自由水面正是渗流分析所需要求解的问题，因而，实际渗流域是未

知的。这一点便是渗流分析较固体力学问题求解复杂的根本点，从而也决定了具有自由面渗流场不可能一次性直接解出，而必须反复迭代计算获得逼近于真解的数值解。另外，渗流计算问题是典型的边值问题，边界条件对计算结果影响极大。为了得到较准确的渗流场，计算中尽量选用明确可靠的边界条件，如河流边界、分水岭等。这也导致渗流场计算区域比结构计算截取的范围大得多，使计算的前期准备工作量也大大增加。

具有自由面渗流场的数值分析计算，由于在计算中自由面边界是未知的，使得渗流计算变得复杂和困难，通常用迭代逼近的方法来求其近似解。河海大学渗流实验室研究了改进的初流量法和基于不等式求解渗流自由面，并开发了相应的数值程序。

2.7.2.2　裂隙岩体渗流应力耦合分析基本方法

岩体经过长期地质作用一般都发育有裂隙、孔隙和溶隙等不连续结构面和断层等空隙。这些空隙是地下水赋存场所和运移通道，其分布形状、大小、连通性以及空隙的类型都将影响岩体的力学性质和岩体的渗流特性。裂隙是岩体渗流的主要通道，它对岩体的水力行为起控制作用。高坝必然伴随高水头的作用，坝体本身渗透性可人为通过分区设计并加强施工监管进行控制，但基岩断层和裂隙渗透性是天然形成的，往往不以人的意志为转移，在土石坝失事案例中，有相当比例是由于对地质条件认识不够，渗流通道处理不当造成的。因此人们对岩体裂隙的渗流特性给予了很大的关注。

岩体渗流有以下特点：①岩体渗透性大小取决于岩体中结构面的性质及岩块的岩性；②岩体渗流以裂隙导水、微裂隙和岩石孔隙储水为其特色；③岩体裂隙网络渗流具有定向性；④岩体的渗流一般看作非连续介质（对密集裂隙可看作等效连续介质）；⑤岩体的渗流具有高度的非均质性和各向异性；⑥一般裂隙发育岩体中的渗流符合达西线性定律；⑦岩体渗流受应力场影响明显；⑧复杂裂隙系统中的渗流，在裂隙交叉处具有"偏流效应"，即裂隙水流经大小不等的裂隙交叉处时，水流偏向宽大裂隙一侧流动。

1. 裂隙岩体渗流分析的等效连续介质模型

（1）达西定律。认为岩体中水流运动为层流，仍服从线性达西定律。

$$v_i = -k_{ij}J_j = -k_{ij}h_{,j} \quad (i,j=1,2,3) \tag{2.7-5}$$

式中　v_i——流速分量；

　　　k_{ij}——渗透张量；

　　　J——水力坡降；

　　　h——水头。

（2）等效渗透张量 k_{ij}。根据 Snow 的理论有：假定岩体内的裂隙可以概化为 N 组，其中第 k 组裂隙的单位法向量为 $\vec{n}^{(k)}$，平均张开度为 b_k。当各组裂隙均为无限延伸时，Snow 以立方定律为基础给出等效连续介质的渗透张量为

$$k_{ij} = \sum_{k=1}^{N} \frac{\rho_k g \overline{b}_k^3}{12\mu} [\delta_{ij} - n_i^{(k)} n_j^{(k)}] \qquad (2.7-6)$$

式中　ρ_k——第 k 组裂隙的平均体密度；

　　　$\overline{b}_k$——该组裂隙的平均等效水力隙宽。

$$\overline{b}_k^3 = \sum_{s=1}^{m} [b_k^{(s)}]^3 / m_{(k)}$$

式中　$m_{(k)}$——该组裂隙总条数；

　　　$b_k^{(s)}$——第 s 条裂隙的等效水力隙宽。

实际裂隙并非无限延伸，为考虑非贯通裂隙，假设裂隙为圆盘形，其平均半径为 $r_{(k)}$。以式（2.7-6）为基础，渗透张量近似表示为

$$k_{ij} = \sum_{k=1}^{N} \frac{g}{\nu} \pi r_{(k)}^2 \lambda_{(k)} \rho_{(k)} b_{(k)}^3 [\delta_{ij} - n_{(k)i} n_{(k)j}] \qquad (2.7-7)$$

式中　g——重力加速度；

　　　ν——运动黏性系数；

　　　r——裂隙圆盘半径；

　　　λ——反映裂隙连通性及不同组裂隙相交次数的一个无量纲系数，$0 \leqslant \lambda \leqslant 1/12$，当裂隙无限贯通时，$\lambda = 1/12$；

　　　ρ——第 k 组裂隙的体密度，$\rho = m_{(k)} / V$。

2. 基于等效连续介质的裂隙岩体渗流-应力耦合模型

（1）稳定渗流基本微分方程。将式（2.7-5）代入渗流连续方程 $v_{i,i} = 0$ 可得：

$$(k_{ij} h_{,j})_{,i} = w \qquad (i, j = 1, 2, 3) \qquad (2.7-8)$$

式中　w——恒定降雨入渗或蒸发量。

（2）根据有效应力原理，裂隙岩体的力学平衡方程为

$$\sigma_{ij} + p_{,i} - X_i = 0 \qquad (i, j = 1, 2, 3) \qquad (2.7-9)$$

式中　　σ_{ij}——有效应力；

　　　　X_i——体积力；

$p = \gamma_w (h - z)$——渗流水压力。

（3）裂隙岩体渗透张量与应力的耦合关系。

裂隙的弹塑性本构关系

$$\left\{\begin{array}{c} \mathrm{d}\sigma \\ \mathrm{d}\tau_s \\ \mathrm{d}\tau_t \end{array}\right\} = \left[K^{ep}\right] \left\{\begin{array}{c} \mathrm{d}v \\ \mathrm{d}u_s \\ \mathrm{d}u_t \end{array}\right\} \qquad (2.7-10)$$

裂隙面上应力增量与岩体平均应力增量的关系

$$\left\{\begin{array}{c} \Delta\bar{\sigma}_{33}^{J'} \\ \Delta\bar{\sigma}_{23}^{J'} \\ \Delta\bar{\sigma}_{31}^{J'} \end{array}\right\} = (\left[F_{ij}\right]_k')_{3\times 3} \left\{\begin{array}{c} \Delta\bar{\sigma}_{33}' \\ \Delta\bar{\sigma}_{23}' \\ \Delta\bar{\sigma}_{31}' \end{array}\right\} \qquad (2.7-11)$$

式中　　　　　$\left[F_{ij}\right]_k'$——裂隙的应力集中张量；

$\Delta\bar{\sigma}_{33}'$、$\Delta\bar{\sigma}_{23}'$、$\Delta\bar{\sigma}_{31}'$——REV 上的平均应力增量在裂隙局部坐标系中的投影。

Barton（1985）通过大量的试验，得到机械隙宽 b_m、等效水力隙宽 b_h 与 JRC 之间的经验关系式

$$b_h = JRC^{2.5}/(b_m/b_h)^2, \ b_m > b_h \qquad (2.7-12)$$

其中，b_h、b_m 的单位为 μm。

裂隙岩体渗透性与应力的关系是通过裂隙隙宽在应力作用下的改变来实现的。因此下面需讨论一下裂隙等效水力隙宽 b_h 的计算。当单元的应力 $\{\sigma_{ij}\}$ 计算出来以后，将其转换到裂隙面局部坐标系上得出 $\{\sigma_{ij}'\}$，再由式（2.7-11）计算裂隙面上的应力状态 $\{\sigma_{ij}^J\}$，然后按式（2.7-10）计算裂隙机械隙宽的改变量，最后根据机械隙宽与水力隙宽之间的关系式（2.7-12）求出裂隙等效水力隙宽的大小。最后由式（2.7-6）或式（2.7-7）计算岩体的渗透张量。

2.7.2.3　渗流场反演分析基本方法

渗流反演分析法属大坝安全评价范畴，该方法利用高心墙堆石坝渗流场中各测点水位、渗压等的实测值与计算值的最优化拟合准则，开展工程渗流场的反演和反馈分析，以便对工程渗透安全作出正确评价和提出进一步保证工程安全的措施。

土石坝渗流参数反演分析方法，是现代规划理论、数值分析和观测技术的综合运用。它为较为精确地确定土石坝的土体参数提供了有效的手段，因而得到了越来越多的设计和研究人员的重视并开始了这个领域的研究工作。目前发展起来的众多反演方法有其各自的使用范围，而且由于反问题固有的不适定性以及实测资料的多样性，使得不同的反演方法在解决同一问题时应用效果大相径庭。为此，有必要在充分了解各类反演方法的基础上，认真选择适合具体问题的方法，以得到更加可靠的反演结果。

根据渗流观测资料，开展渗流场反演拟合分析，原先的方法之一是把目标

函数在设计点处作线性化，但是，求解时往往会出现设计点跳动，收敛较困难。目前改进的主要方法有：①把目标函数序列二次化，引入序列二次规划方法来进行渗流场的反演；②有选择地确定了反演变量类型；③提出更方便的水头函数对反演变量的一阶、二阶导数计算方法，使问题的求解效果好，速度快。

下面简要介绍离散-优化方法的主要求解思路。

1. 目标函数

反求渗流参数一般是根据研究的渗流区域内若干已知坐标位置的水头观测值与计算值之间的误差，应用最小二乘法建立目标函数。

$$F(K_{ij}) = \sum_{k=1}^{n} \omega_k \sqrt{(H_k^c - H_k^o)^2} \qquad (2.7-13)$$

式中　K_{ij}——第 i 区中的第 j 个渗流参数；

　　　ω_k——第 k 个观测点的权函数；

　　　H_k^c——第 k 个观测点的水头计算值；

　　　H_k^o——第 k 个观测点的水头观测值。

数学上已经证明式（2.7-13）必存在极小值。显然，求解的目标是寻求一组渗流参数，使得式（2.7-13）定义的目标函数值达到最小，这是需要直接解决的问题。应当指出，由式（2.7-13）定义的目标函数中的待求解变量，即地层及断层的渗透参数，还必须满足相应的工程意义。因此，提出以下约束条件。

2. 约束条件

反分析渗流参数应在已知渗流参数附近。

$$0.2 \leqslant \alpha_i \leqslant 5.0 \qquad (2.7-14)$$

这里，α_i 为反分析渗流参数与已知的渗流参数的倍比，即反分析渗流参数最多只在已知的参数基础上缩小 5 被或扩大 5 倍。

3. 反分析变量的正交搜索法

如前所述，由于实际工程问题反分析的极端复杂性，只能采用离散-优化方法来求解式（2.7-13）目标函数在约束式（2.7-14）条件下的极小值问题。尽管如此，原则上可采用诸如单纯形或最速下降等方法求解，但由于偏导数的计算，不仅同样增加正分析计算量，尤其是实际问题的自身复杂性，包括大型数值问题计算自身产生的误差等因素，常常使得偏导数不再单调，产生伪多值情况。为保证反分析的有效性和正确性，提出正交搜索法。实际计算表明，尽管此方法非常原始，但却非常有效。其基本思路是按约束区间作等距划分，从第一个变量开始搜索，根据目标函数值的大小，搜索出第一个变量的相对最优解。在第一个变量最优解搜索完成后，即固定该变量。如此依次对每个变量单独搜索，犹如正交模型实验一样，故称之为正交搜索法。通过与单纯形法比较，不仅最终优化结果相近，而且分析次数减少 20% 左右。

2.7.2.4　SPGCR-3.FOR 计算分析程序介绍

根据上述理论，河海大学渗流实验室编制了大型的三维渗流及渗流应力耦合分析程序 SPGCR-3.FOR。该程序应用在大量实际工程中并不断修改完善，用以计算复杂稳定、非稳定三维渗流场以及渗流应力耦合计算，使用效果良好。其功能有：①模拟水利工程的天然渗流场和建坝后的渗流场，进一步对水电站坝体、坝基及地下厂房、洞室群进行三维渗流控制优化分析研究（例如小湾电站坝体、坝基及地下厂房洞室群三维渗流控制优化分析研究）。②在渗流场精细模拟方面，根据地下厂房洞室及主要通道布置，可以模拟地形、地质条件，考虑不同围岩的渗流特性，建立地下厂区的精细模型（网格密度要充分考虑渗流场的水力梯度），还可以进一步用于提出地下厂房防渗排水系统的优化布置方案（例如溪洛渡水电站地下厂区三维精细模型渗流及防排系统分析研究）。③排水孔因尺寸小、排列密集、数量众多导致模拟困难。该程序可以求解密集排水孔的渗控影响问题，它能将排水孔的空间位置、走向及其边界性质的有关集合参量加以描述，从而更适用于许多大型水电工程的复杂渗控系统的优化分析研究。图 2.7-1 为 SPGCR-3.FOR 流程图。

2.7.3　渗流计算分析工程实例

工程计算实例对糯扎渡工程区建坝后的渗流场模拟分析，主要包括设计初拟渗控情况、防渗排水系统多组合的渗控优化分析、最大剖面坝段精细模型的计算分析以及溢洪道消力池排水布置渗控计算分析等。以下简单介绍糯扎渡工程区建坝后的整体三维网络模型和部分主要部位的网络模型，以及以大坝精细模型的计算分析为例简略介绍，并给出此例工程计算重要结论的一部分。

2.7.3.1　糯扎渡高心墙坝基本资料

糯扎渡水电站三维渗控分析研究。糯扎渡水电站坝址区地质条件复杂，河床部位基岩面绝大部分为弱风化下部及微风化-新鲜的花岗岩。左岸坝基分布的基岩大部分为花岗岩，高程约 815.00m 以上为忙怀组沉积岩，左岸节理与断层发育，以 F_9、F_{15} 断层规模较大。右岸冲沟发育，顺水流方向地形起伏较大，山坡不平整。右岸坝基分布的基岩均为花岗岩，断层发育，岩体蚀变较为

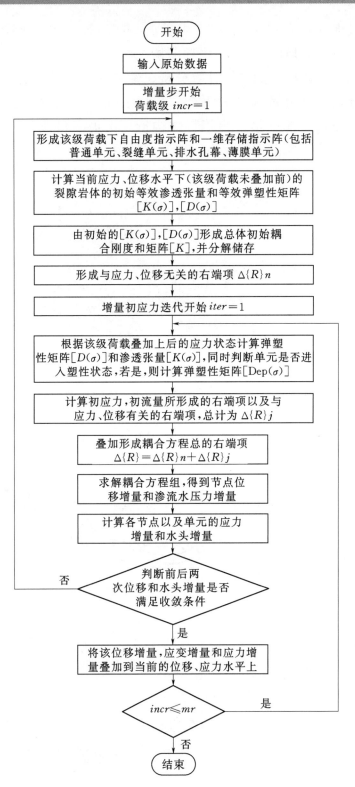

图 2.7-1 渗流及渗流应力耦合程序 SPGCR-3.FOR 流程图

强烈，影响较大的有 F_{12}、F_{13}、F_{14}、F_5、F_{11} 及 F_{16} 等。在本次渗流控制分析建模工作中，考虑三大地层和 12 条主要断层。

　　糯扎渡工程区建坝后的渗控计算分析，经三维有限元离散，共剖分单元总数为 32176 个，节点总数为 30881 个。断层、帷幕、坝体、心墙、高塑性黏土、混凝土垫板及防渗排水结构等特殊构造均考虑了过渡、衔接与连续性要求。整体网格模型和各主要部分的网格模型见图 2.7-2～图 2.7-4。

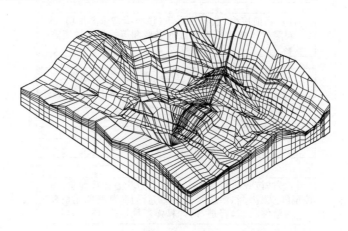

图 2.7-2　糯扎渡工程区整体三维网格模型图

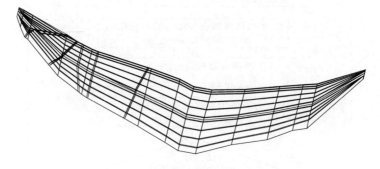

图 2.7-3　心墙混凝土垫板网格模型

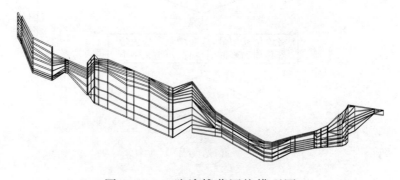

图 2.7-4　防渗帷幕网格模型图

2.7.3.2 糯扎渡高心墙坝精细模型渗流场

在全面考虑工程细部结构，如坝体心墙、反滤层、过渡层、堆石体、地基各地层、防渗帷幕、固结灌浆、混凝土垫板等的基础上，经过细致的有限元网格划分，最终形成了宽 32m、单元 10140 个、节点 12254 个的精细网格模型，见图 2.7-5。

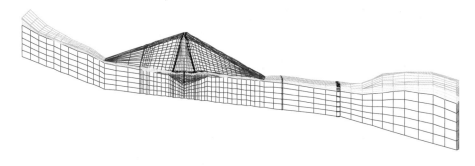

图 2.7-5　糯扎渡最大剖面坝段精细模型网格图

糯扎渡高心墙坝精细模型坝段各材料渗流梯度见表 2.7-1。

表 2.7-1　　　糯扎渡高心墙坝精细模型坝段各材料渗流梯度

材料名称	材料编号	局部渗流梯度	统计渗流梯度
微新岩体	1	1.621	0.466
弱透水岩体	2	1.916	0.328
强透水岩体	4	1.167	0.095
粗堆石料Ⅰ、Ⅱ区	5	0.232	0.023
细堆石料	6	0.225	0.020
反滤料	7	0.401	0.024
心墙料	8	5.676	1.562
高缩性黏土	9	4.095	2.418
固结灌浆体	10	1.121	0.788
坝体第一排帷幕	11	8.019	6.302
坝体第二排帷幕	14	7.450	6.546
断层 F_5	23	0.054	0.037
断层 F_3	27	0.037	0.015
断层 F_1	28	0.001	0.001
混凝土塞	35	0.011	0.008
混凝土垫层	37	9.450	3.900

糯扎渡高心墙坝精细模型渗流量计算：通过对该坝段（32m）的等效节点渗流量计算分析，得到其坝体坝基渗流量为 $Q=395\text{m}^3/\text{d}$，单宽渗流量为 $12.35\text{m}^3/\text{d}$。和总体模型比较知，最大断面单宽渗流量约为总平均单宽渗流量的 $3\sim4$ 倍。计算分析表明，对于糯扎渡高达 261m 的高坝，在设计渗控布置条件下的渗流量尚较小，满足工程控制要求。

2.7.3.3　糯扎渡工程渗流分析主要成果

应用 SPGCR-3.FOR 程序针对糯扎渡工程区建坝后设计初拟渗控情况下的渗流分析，得出坝体坝基和边坡的渗流规律，并提出相应的建议。

通过针对糯扎渡工程区防渗排水系统多组合的渗控优化分析，其基本结论如下：

（1）坝基防渗帷幕渗透性。以帷幕渗透系数 0.5Lu 时的水头势等值线分布最稀疏。单从地下水位控制来看，要求帷幕透水率达到 0.5Lu 也是未尝不可，为达到这个目标，应该对灌浆材料及灌浆技术做进一步研究。

（2）关于坝基防渗帷幕排数与深度，当时课题组的结论是对于糯扎渡心墙土石坝设计初拟的二排帷幕及其深度是合适的。

（3）两岸防渗帷幕平面延伸长度：①建议帷幕布置按设计初拟方案，即右坝头及右岸帷幕布置为一排，深度为深入微透水岩体；平面长度为设计拟定长度 100m。溢洪道左侧帷幕长度 83m，斜向山里偏下游转折帷幕 120m，防渗帷幕深度为深入微透水岩体。②当两岸按渗控组合表中适当延长后渗流场改变很小，而且渗流量减小均在 10% 以内。故此，不必延长和加深。

（4）心墙混凝土垫板开裂的敏感性：①当心墙垫板在顺河方向发生开裂最危险。②顺坝轴线局部开裂的具体特性，对工程影响最密切的是高塑性黏土，为此，专门计算分析了此时高塑性黏土的渗流梯度。从关于顺坝轴线方向垫板开裂后其顶面高塑性黏土的渗流梯度分析看，如高塑性黏土可能出现渗透变形，则应当注意采取保护措施。

（5）通过库水位骤降非稳定渗流计算分析，大坝坝基防渗帷幕渗流梯度约为 13.0，高塑性黏土渗流梯度约为 11.0。对于岸坡区域，渗流梯度均较小，断层的平均渗流梯度也较小约 0.3，满足渗控要求。

（6）糯扎渡最大剖面坝段精细模型渗控计算分析表明，在坝体坝基防渗心墙及防渗帷幕作用下，其坝体防渗心墙下游侧相对较低，消剎水头 180m 左右，坝体中的地下水位总体较低。同时，从渗流场分布可知，防渗系统的效果明显，验证设计布置方案可满足其控制要求。通过对该坝段（32m）的等效节点渗流量计算分析，得到其坝体坝基渗流量为 $Q = 395\mathrm{m^3/d}$，单宽渗流量为 $12.35\mathrm{m^3/d}$。

2.8　高土石坝坝坡抗滑稳定计算分析方法

2.8.1　坝坡静力抗滑稳定分析方法

目前研究坝坡静力稳定分析方法主要有极限平衡法、极限分析法和有限元法等。

1. 极限平衡法

1776 年，法国工程师库仑提出了计算挡土墙土压力的方法，标志着土力学雏形的产生。1857 年，朗肯在假设墙后土体各点处于极限平衡状态的基础上，建立了计算主动和被动土压力的方法。库仑和朗肯在分析土压力时采用的方法后来推广到地基承载力和边坡稳定分析中，形成了一个体系，这就是极限平衡法。极限平衡法具有模型简单、公式简洁、便于理解等优点，而且工程实践中设计师往往习惯于以安全度（安全系数）或极限荷载来确定所设计建造工程的稳定性，故该法得到了广泛应用，并被写入现行规范。

极限平衡法首先假定一个扰动因素，使土体从目前的稳定状态进入极限平衡状态。此时滑体内出现一假想的滑裂面，在该滑裂面上，每一点的法向应力和切向应力都满足 Mohr - Coulomb 强度准则。当滑裂面为一特定的形状时，则可通过求解静力平衡方法唯一地确定相应滑裂面的上述扰动因素的量值。若滑裂面为任意形状，为确定滑裂面的应力分布，需要将滑体分为若干土条，通过分析土条上的力来建立平衡方程。为使问题静定可解，还需要对土条间作用力作一些假定，最终获得使该滑裂面处于极限平衡状态所需要的扰动因素的量值。

目前，被广泛使用的极限平衡法有瑞典条分法（Fellenius，1936）、简化毕肖普法（Bishop，1955）、简布法（Janbu，1957，1968）、摩根斯坦-普赖斯法（Morgenstern 和 Price，1965）、斯宾塞法（Spencer，1967）、美国陆军工程师团法（U.S. Army, Corps of Engineers，1967）、沙尔玛法（Sarma，1973）、弗雷德隆德-克朗法（Fredlund 和 Krahn，1977）等。一般将部分满足力和力矩平衡的方法称为简化（或非严格）条分法，同时满足力和力矩平衡的方法称为通用（或严格）条分法。表 2.8 - 1 列出了几种不同假定条件下的条分法。学者们通过研究给出了各种条分法条间力满足合理性条件情况，见表2.8-2。学者们还对边坡稳定分析条分法条间力假设的合理性进行了研究，并对工程应用提出了建议，见表2.8-3。

表 2.8-1 各种极限平衡法的比较

极限平衡条分法	多余变量的假定	严格/非严格	作者及时间
瑞典条分法	假定条块间无任何作用力	非严格	Fellenius（1936）
简化毕肖普法	假定条块间只有水平力	非严格	Bishop（1955）
简化简布法	假定条块间只有水平力	非严格	Janbu（1954）
传递系数法	假定了条间力方向	非严格	潘家铮（1980）
分块极限平衡法	条块间满足极限平衡	非严格	潘家铮（1980）
不平衡推力法	假定了条间力方向	非严格	建筑地基基础设计规范
沙尔玛法	条块间满足极限平衡	非严格	Sarma（1973，1979）
严格简布法	假定土条间作用力的位置	严格	Janbu（1973）
斯宾塞法	假定条块间水平与垂直作用力之比为常数	严格	Spencer（1967）
摩根斯坦-普赖斯法	条间切向力和法向力之比与水平向坐标间存在函数关系	严格	Morgenstern-Price（1965）

表 2.8-2 各种条分法条间力满足合理性条件情况

方 法	条间抗剪稳定系数大于滑面上抗滑稳定系数	条间有效法向力大于0	条底倾角逐渐减小，条间切向力后条向下、前条向上	条底倾角逐渐增大，条间切向力后条向上、前条向下	外侧有水，若土条分界面到外侧面趋于0，条间力合力与条间法向力的夹角趋于0	
					外侧垂直	外侧倾斜
瑞典条分法	满足	每个条间力均不满足	不适应	不适应	不满足	不满足
简化毕肖普法	满足	可能有个别条间力不满足	不适应	不适应	满足	不满足
简化简布法	满足	满足	各条间力均不满足	各条间力均不满足	满足	不满足
美国陆军工程师团法	有可能满足	满足	满足	每个条间力均不满足	不满足	不满足
罗厄-卡拉菲尔斯法	部分条间力有可能不满足	满足	反倾部分条间力有可能不满足	每个条间力均不满足	不满足	不满足
传递系数法	部分条间力有可能不满足	满足	反倾部分不满足	每个条间力均不满足	不满足	不满足

续表

方　法	条间抗剪稳定系数大于滑面上抗滑稳定系数	条间有效法向力大于0	条底倾角逐渐减小，条间切向力后条向下、前条向上	条底倾角逐渐增大，条间切向力后条向上、前条向下	外侧有水，若土条分界面到外侧面趋于0，条间力合力与条间法向力的夹角趋于0	
					外侧垂直	外侧倾斜
沙尔玛法①	每个条间力均不满足	满足	满足	每个条间力均不满足	不满足	不满足
简布法	土条极窄时每个条间力均可能不满足	满足	部分条间力有可能不满足	部分条间力有可能不满足	不满足	不满足
沙尔玛法②	计算前难确定，尚未见不满足	满足	满足	每个条间力均不满足	不满足	不满足
沙尔玛法③	计算前难确定，尚未见不满足	满足	满足	每个条间力均不满足	满足	满足
斯宾塞法	计算前难确定，尚未见不满足	满足	满足	每个条间力均不满足	不满足	不满足
摩根斯坦-普赖斯法	计算前难确定，尚未见不满足	满足	满足	每个条间力均不满足	满足	不满足

注　沙尔玛法①～③是对条间切向力的不同假定而衍生出的三种极限平衡法，下同。

表 2.8-3　　　**各种条分法条间力合理性评价及工程应用建议**

方　法	条间力合理性评价	工程应用建议
瑞典条分法	合理性较低	不宜采用
简化毕肖普法	合理性较高	滑面为圆弧时可采用
简化简布法	对折线滑动面合理性较低，对圆弧滑动面合理性较高	滑面为圆弧时可采用
美国陆军工程师团法	坡度较大或滑面有上凸段或端部土条外侧有水压力时合理性较低，无这些情况合理性较高	坡度较小，滑面无上凸段且端部土条外侧无水压力时可以采用
罗厄-卡拉菲尔斯法	滑面倾角较大或有反倾段或有上凸段或端部土条外侧有水压力时合理性较低，无这些情况合理性较高	滑面倾角较小、无反倾段、无上凸段且端部土条外侧无水压力时可以采用
传递系数法	滑面倾角较大或有反倾段或有上凸段或端部土条外侧有水压力时合理性较低，无这些情况合理性较高	滑面倾角较小、无反倾段、无上凸段且端部土条外侧无水压力时可以采用
沙尔玛法①	合理性较低	不宜采用
简布法	合理性较低	不宜采用

续表

方　　法	条间力合理性评价	工程应用建议
沙尔玛法②	滑面有上凸段或端部土条外侧有水压力时合理性较低，滑面无上凸段或端部土条外侧无水压力时合理性较高	滑面无上凸段且端部土条外侧无水压力时可以采用
沙尔玛法③	滑面有上凸段时合理性较低，滑面无上凸段时合理性较高	滑面无上凸段时可以采用
斯宾塞法	滑面有上凸段或端部土条外侧有水压力时合理性较低，滑面无上凸段或端部土条外侧无水压力时合理性较高	滑面无上凸段且端部土条外侧无水压力时可以采用
摩根斯坦-普赖斯法	滑面有上凸段时合理性较低，滑面无上凸段时合理性较高	滑面无上凸段时可以采用

大量计算资料表明，对于各种基于极限平衡理论的稳定分析方法，当采用的滑动面为圆柱面时，虽然求出的最小安全系数各不相同，但最危险滑弧的位置却很接近，而且在最危险滑弧附近，安全系数的变化很小。因此，可以采用较为简单的分析方法确定最危险滑弧的位置，然后采用其他严格复杂的方法加以验证，这样可以减少不必要的计算工作。

极限平衡条分法简单易用并积累了丰富的工程使用经验，对于简单边坡计算精度比较高，通过一些假定也能处理比较复杂的边坡，容易被工程人员理解和掌握。但是该方法仍存在以下缺陷：①它假设土体沿着一个潜在的滑动面发生刚性滑动或转动，滑动土体是理想的刚塑性体，完全不考虑土的应力-应变关系，不能给出边坡的应力场和位移场，不能考虑边坡岩土体的变形以及开挖、填筑等施工活动对边坡的影响，因而其适用范围受到一定限制；②对于均质边坡比较容易假定出可能的滑动面，而对于成层土、土层性质差异较大的非均质地层，以及存在节理裂隙的岩体边坡，其潜在滑动面并非圆弧形，很难通过假设确定；③极限平衡法认为沿滑动面各点上的强度发挥程度及抗剪强度折减安全系数相同，其安全系数的表述与滑坡体所在区域的变形特点和滑坡体外区域的地质情况、受力条件等完全无关；④实际应用中会遇到数值分析困难及迭代不收敛现象，同时滑动面的假定及最危险滑动面的搜索依赖于计算者的经验，安全系数的各种表述时常不具有明确的物理意义；⑤不能反映边坡失稳的渐变过程，模拟失稳过程及其滑移面的形状。综上所述，极限平衡法仍需不断完善。

2. 极限分析法

塑性力学中的极限分析法很早就用于结构稳定性分析，运用塑性力学中的上、下限定理来求解边坡稳定问题。华裔学者陈惠发教授系统地将其应用于土体稳定性研究，丰富了岩土塑性力学的内容，使极限分析法成为独立的土体稳定性分析方法。

土力学极限分析法是建立在材料为理想刚塑性体、微小变形及材料遵守相关联流动法则 3 个基本假定上。利用连续介质中的虚功原理可证明两个极限分析定理，即下限定理与上限定理。上限法也称能量法，通常需要假设一个滑裂面，并将土体分成若干块，土体视作刚塑性体，然后构筑一个协调位移场。为此需要假设滑裂面为对数螺线或直线，根据虚功原理求解滑体处于极限状态时的极限荷载或稳定安全系数。极限分析下限法的理论基础是下限定理，它在计算过程中需要构造一个合适的静力许可的应力分布，在通常情况下可用应力柱法或者应力不连续法等来求得问题的下限解，其解偏于安全，可以实用。下限定理的应用是有限的，因为很难找到合适的静力许可的应力分布，只有极少数情况下可用应力柱方法构造这种平衡静力场，获取下限解。极限分析法中最常用的是上限定理，因此，极限分析法在多数情况下实际上是上限解法。

用塑性力学上、下限定理分析土体稳定问题，就是从下限和上限两个方向逼近真实解。在计算机技术飞速发展的今天，它已经成为现实。这一求解方法最大的好处是回避了在工程中最不易弄清的本构关系，而同样获得了理论上十分严格的计算结果。

3. 有限元法

有限元法于 20 世纪 60 年代开始应用于边坡稳定分析中，通过建立计算范围内单元的本构方程、几何方程和平衡方程来求解边坡问题，计算出各个单元的应力、位移、应变及破坏情况。有限单元法不但满足力的平衡条件，而且考虑了材料的应力应变关系，使得计算结果更加精确合理。

目前，随着计算机软硬件及非线性弹塑性有限元计算技术的发展，有限元边坡稳定分析方法逐渐发展成为两类：①将极限平衡原理与有限元结构计算相结合，称之为基于滑面应力分析的有限元法。该方法以有限元应力分析为基础，按潜在滑动面上土体整体或局部的应力条件，应用不同的优化方法确定最危险滑动面，该方法直接从极限平衡法演变而来，物理意义明确，滑动面上的应力更加真实符合实际，可以得到确定的最危险滑动面，易于推广和工程应用。②将强度折减技术与有限元方法结合，称之为强度折减有限元分析方法。早在 1975 年，Zienkiewice 就用此方法分析边坡稳定，只是由于需要花费大量的机时而在具体应用中受到限制。现在随着微机的发展和有限元计算技术的提高，强度折减有限元法正成为边坡稳定分析研究的新趋势。Griffiths D V 和

Lane P A 也使用有限元强度折减法对均质、带有垫层、带软弱夹层等不同类型的边坡进行稳定分析，认为有限元法满足计算机辅助分析高效准则，是极限平衡法之外的另一种较实用的方法。尤其在处理三维边坡稳定问题时，有限元强度折减法要方便很多。

2.8.2 坝坡动力抗滑稳定分析方法

目前常用的土石坝动力稳定分析方法主要有拟静力法、Newmark 滑块分析法、动力有限元法和有限元强度折减法等。

拟静力法是将地震力作为等效静力来计算坝坡的抗滑稳定安全系数以衡量坝体的抗震安全性，这种方法计算简便，并且有比较长期的应用经验。对用黏性土填筑的土坝和堆石坝等，当材料强度在地震过程中不发生明显的变化、地震强度不大的情况下，该法具有一定的适用性。不足之处在于：不能说明地震中一些土石坝的破坏现象；安全系数并不完全反映土石坝在地震中的安全或损伤程度；当坝体存在可液化土层时，更不能对坝的抗震稳定性作出可靠的评价。

Newmark 滑块分析法设想如果作用在潜在滑移质量块上的惯性力在一定程度上超过屈服抵抗力，滑移震害就会出现。滑移运动也就开始，而当惯性力反向时运动则停止。通过计算当惯性力足够大从而使屈服现象出现时的加速度，同时将滑块超过屈服加速度的有效加速度作为时间的函数，滑块的速度和位移就可以计算出来，地震永久滑移量计算见图 2.8-1。根据计算得到的滑块永久位移判断坝坡的稳定性，Newmark 滑块分析方法不仅为客观评价坝堤在地震中表现方面推进了一步，而且在应用方面建议了一种分析方法。对于特定的土类（在地震中强度不发生明显降低的土），如压实黏性土、紧密的饱和砂和砂砾石、非饱和土等，这一分析方法可以给出合理的评价结果。这种分析方法的缺点是屈服加速度不易确定，另外，永久位移的限值标准确定一般是根据经验而定，因此不同研究者可能得出不同的结论。

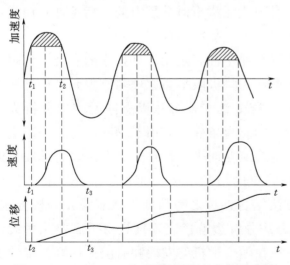

图 2.8-1 Newmark 滑体变形法求解示意图

因此，对于屈服加速度如何确定以及永久变形安全控制标准均还需要进一步深入研究。

动力有限元法中常用的动力分析方法主要有剪切楔法、集中质量法和数值分析法（包括有限单元法、有限差分法和边界元法）等，其中前两种方法还可区分为总应力法和有效应力法。有限单元法可计算二维问题和三维问题，可以按坝的分区考虑不同材料的容重、剪切模量和阻尼比。动力分析有限单元法的总体思路和静力情况基本一样，也是首先将计算域划分为有限个有限大小的单元，单元之间在节点处互相连接，各个单元的质量平均分配在该单元的节点上，然后分别求出各个单元节点的力与位移的关系，最后根据各单元节点力的平衡条件求出所有节点的力与位移的关系，进而形成整个振动体系的动力方程。不过由于动力荷载与时间有关，相应的位移、应变和应力都是时间的函数，因此在建立单元体的力学特性时，除静力作用外还需要考虑动荷载以及惯性力和阻尼力的作用。在引入这些量的影响之后，就可以类似静力有限单元分析过程建立单元体和连续体的动力方程，然后采用适当的动力计算方法进行求解。

采用有限元法进行土石坝动力稳定分析具有以下优点：①采用有限元法求出的滑动面上的应力状态较为真实，不仅能够反映土石料应力应变关系，而且能够更为准确地反映静力荷载和地震荷载对土石坝稳定性的影响。②有限元法在进行应力应变分析过程中能够更为全面地考虑土体剪胀性、湿化作用等其他各种因素的影响。③有限元法不仅能够对滑动面进行强度方面的稳定分析，而且可以对滑动土体的位移发展进行预测，将稳定分析和位移的发展联系起来，为施工中监测和控制土坡的稳定性提供了依据。虽然采用有限元法进行土石坝稳定分析具有一定的优点，但现行规范中还未制定与之相适应的规范要求。

强度折减法先利用有限元法或者有限差分法，考虑土体的非线性应力应变关系，求得边坡内部每一计算点的应力应变以及变形，通过逐渐降低土体材料的抗剪强度参数，直至边坡达到临界破坏状态，从而得到边坡的安全系数。大部分边坡失稳都是由于土体材料的抗剪强度降低所致，这与利用强度折减法进行边坡稳定分析的思路基本吻合。这样不仅可以了解土工结构物随抗剪强度劣化而呈现出的渐近失稳过程，还可以得到极限状态下边坡的失效形式。随着计算机技术的发展和数值计算技术的提高，强度折减分析方法正成为边坡稳定分析研究的新趋势。但是目前该法在如何描述土体临界状态上尚不统一，边坡安全系数的控制值也需要在总结工程实践经验的基础上制定。

综上所述，虽然高土石坝坝坡动力稳定分析的研究取得了一定的成果，但许多方面还存在着认识上的模糊，难以达成较统一和完善的理论。土石坝坝型发展前景良好，应用越来越广泛，在强震条件下的高土石坝坝坡稳定问题仍有待进行更深入的研究。

2.8.3　坝料非线性强度指标适用性

坝料的强度参数是坝料工程力学特性的一个重要指标，强度参数的大小直接影响到大坝设计的多个方面。传统设计中普遍采用线性指标进行分析，积累了大量的工程经验。随着坝工技术的发展，我国高土石坝迅速发展，采用粗粒料修建的高土石坝日益增多。为了满足高土石坝设计要求，目前，各种坝料的强度参数多采用高压力、大试件的大型三轴仪获取。然而，根据三轴试验结果可知，堆石等多种坝料的抗剪强度均具有非线性特征，这就给如何进行线性取值带来困难，同时，土石料强度参数采用非线性指标也逐渐被工程界所认可。本书从坝料三轴试验成果和坝坡稳定分析两个方面论证了坝料强度参数采用非线性指标的合理性和必要性。

2.8.3.1　非线性指标的试验论证

不仅堆石等粗粒料的抗剪强度具有非线性特征，反滤料、防渗土料（含粗粒）的强度参数也表现出明显的非线性，其变化规律一般可用 $\phi=\phi_0-\Delta\phi\lg(\sigma_3/p_a)$ 进行表达。在糯扎渡心墙堆石坝工程中，对防渗土料、反滤料和坝壳料采取多个试坑取样，并进行三轴剪切试验，整理得到坝料的强度规律。结果发现，3 种坝料大部分三轴剪切试验的强度包线均表现出非线性，只不过非线性的程度有所不同。

糯扎渡心墙堆石坝的坝壳料分为两大区，按照岩性不同，主要分为Ⅰ区角砾岩、Ⅰ区花岗岩、Ⅱ区 $T_{2m}-1$ 粗堆石料、Ⅱ区 $T_{2m}-2$ 粗堆石料、Ⅱ区 $T_{2m}-3$ 粗堆石料和Ⅱ区花岗岩等 6 种堆石料。以Ⅰ区花岗岩为例，一组三轴试验的摩尔强度包线见图 2.8-2，其他堆石料的强度规律与之类似。

图 2.8-2 中强度包线采用分段线性描述，围压 900kPa 以下为低围压，900kPa 以上为高围压。强度包线的分段线性较为明显，在低围压下 c 较小、φ 较大，在高围压下 c 较大、φ 较小。在这种情况下，用传统的线性强度指标进行描述就显得不合适了，势必会对摩尔强度包线造成一定的误差，而采用分段线性或者非线性指标的做法更为合适。

糯扎渡心墙堆石坝设置了两层反滤料，室内试验中两种反滤料分别按照两个制样干密度进行了 4 种级配的大三轴试验，反Ⅰ料的相对密度分别为 $D_r=$

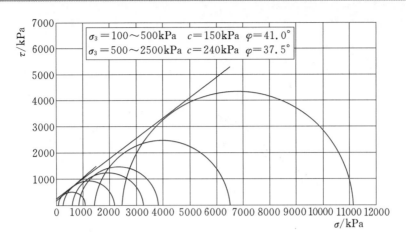

图 2.8-2　Ⅰ区花岗岩 CD 剪 τ-σ 关系曲线

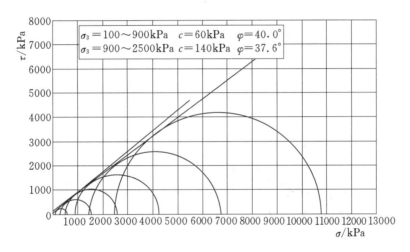

图 2.8-3　反Ⅰ料（$D_r = 0.80$）CD 剪 τ-σ 关系曲线

0.80、$D_r = 0.90$，反Ⅱ料的相对密度分别为 $D_r = 0.85$、$D_r = 0.95$。以某一级配和制样干密度为例，两种反滤料的摩尔强度包线见图 2.8-3 和图 2.8-4。与堆石料的情况类似，反Ⅰ料、反Ⅱ料的摩尔强度包线也表现出了明显的非线性。采用分段线性指标描述时可以看到，高、低围压下的强度参数 c、φ 值相差较大，因此，采用非线性指标进行描述会更为合适一些。

在防渗土料的室内试验中，对 6 个混合料试坑、6 个掺砾料试坑分别取样，并进行不同击实功能下的三轴剪切试验。以某一击实功能为例，掺砾料、混合料的摩尔强度包线见图 2.8-5 和图 2.8-6。与堆石料和反滤料的试验结果得到一致的结论，防渗土料（含粗粒）的摩尔强度包线也具有明显的非线性，可以用强度分段线性或非线性指标来描述。采用强度的非线性指标可以考虑粗料在高应力状态下 φ 值降低的特性，能够更好地反映粗料的力学机制，因

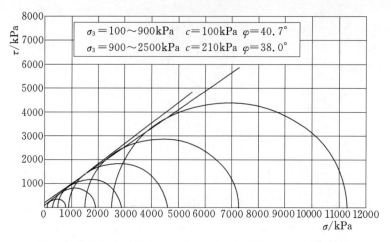

图 2.8-4　反 Ⅱ 料（$D_r=0.85$）CD 剪 τ-σ 关系曲线

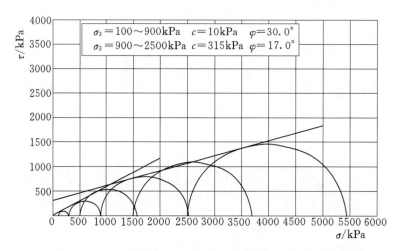

图 2.8-5　掺砾料 2690kJ/m³ CD 剪 τ-σ 关系曲线

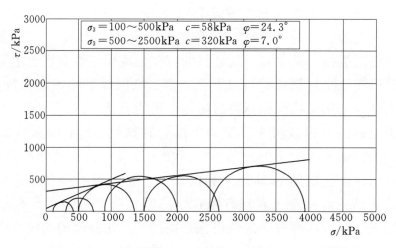

图 2.8-6　混合料 2690kJ/m³ CD 剪 τ-σ 关系曲线

而具有更好的适用性。

通过对糯扎渡心墙坝堆石料、反滤料和防渗土料大型三轴试验结果的研究可以得到，强度参数的非线性不仅存在于堆石等坝壳料中，反滤料和防渗土料（含粗粒）的强度参数也表现出明显的非线性特征。因此，坝料强度参数采用非线性指标是非常有必要的，而采用线性指标的传统做法由于已经使用多年、积累了丰富的工程实践经验，在高坝设计和相关计算中两种参数指标均有必要予以采用，通过两者计算结果的对比分析，可以得出更为合理的结论。

2.8.3.2　高坝坝坡稳定非线性分析

由上述三轴试验结果可知，糯扎渡多种坝料的抗剪强度都具有明显的非线性特征；《碾压式土石坝设计规范》（SL 274—2001）也正式规定，粗粒料抗剪强度指标应采用非线性准则计算，由此可见，粗粒料强度参数采用非线性指标的必要性已得到确认。但是在进行非线性稳定分析时，规范中关于各等级大坝的允许安全系数标准是否要作适当的调整，这是一个值得研究讨论的问题。本书针对坝料强度参数采用非线性指标的合理性等相关问题进行了论述。

图 2.8 - 7 为小浪底大坝下游坝坡的稳定分析成果。采用圆弧滑裂面和 Bishop 法，使用单形法搜索临界滑裂面。可见，采用线性指标所获得的最小安全系数 $F_m = 1.113$ 是一个很浅的弧。同时，很多人也开始注意堆石料抗剪强度非线性指标的问题。堆石料的内摩擦角 φ 值在低应力条件下较大，可以超过 50°，而在高应力条件下较小，可能低于 40°，强度包线是弯曲型。一般来说，上覆土体每增加 50m，其内摩擦角即降低 8°～10°。

图 2.8 - 7 所示浅弧的内摩擦角 φ 值实际上比作为平均值赋予坝壳的强度指标大，因此不应该是相应安全系数最小的临界滑裂面。在稳定分析时，如果根据滑裂面上不同的法向应力确定相应的 φ 值，可以合理地确定真正发挥的抗剪能力，也不会出现上述无法找到具有物理意义的临界滑裂面的问题。从图 2.8 - 7 可见，如果采用非线性指标，则可获得一个

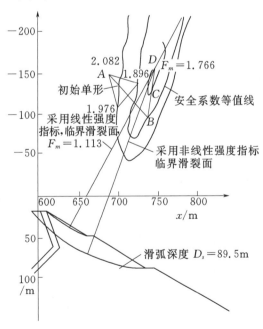

图 2.8 - 7　小浪底大坝下游坡采用线性和非线性强度指标分析成果

相应 $F_m = 1.766$ 的有一定深度的临界滑裂面。因此，对堆石等粗粒料使用非线性强度指标进行坝坡稳定分析，可以更为合理地反映坝坡的实际安全状态。

对堆石料抗剪强度指标的认识存在线性无黏聚力、线性有"咬合力"和非线性 3 种观点。第一种观点认为，传统上进行土石坝稳定计算时均采用摩尔库仑抗剪强度理论，一般认为堆石料是粗粒土，无黏聚力。但是在进行边坡稳定分析时通常会发现，对于 $c = 0$ 这样一类无黏聚土，相应最小安全系数的临界滑裂面是一个非常浅的浅弧。换而言之，稳定分析通常不能发现安全系数的极值，也不能发现一个具有物理意义的临界滑裂面。

第二种观点认为，虽然堆石没有黏聚力，但是存在"咬合力"，此"咬合力"类似于黏性土的黏聚力。因此可以用式（2.8-1）描述，按一般黏性土抗剪强度指标计算的方法即可求解堆石的线性抗剪强度指标。用这种线性指标分析边坡稳定，可以得到近似的临界滑裂面。

$$\tau_f = c + \sigma_n \tan\varphi \tag{2.8-1}$$

式中　c——堆石料的咬合力；

　　　φ——内摩擦角。

第三种观点认为，根据颗粒分析试验结果，即使软岩堆石料，小于 0.005mm 黏粒含量所占比例也极少，因此软岩堆石料的强度特性与硬岩堆石料相同，即在荷重作用下只有摩擦阻力，不存在黏聚力。许多研究表明，堆石料随着围压的升高会发生颗粒的破碎现象，颗粒破碎引起粒间应力重新分布、粒间连接力变弱、颗粒容易移动，从而引起内摩擦角降低，其摩尔强度包线是向下弯曲的，即在比较大的应力范围内堆石的抗剪强度（内摩擦角 φ 值）与法向应力之间的比例关系并不是常数，而是随法向应力的增加而降低，呈非线性特征。因此，粗粒料采用非线性抗剪强度理论进行描述更为合理，这也是《碾压式土石坝设计规范》（SL 274—2001）中规定粗粒料抗剪强度应采用非线性准则的原因。

通常土石料抗剪强度有下面两种描述其非线性关系的模式。

1. 指数模式

德迈洛（1977）建议，堆石料的抗剪强度 τ_t 和破坏面上的法向有效应力 σ_n 存在如下关系

$$\tau_t = A(\sigma_n)^b \tag{2.8-2}$$

式中：A、b 为材料参数，b 无量纲，A 具有量纲 $[\sigma]^{(1-b)}$。

2. 对数模式

邓肯等（1984）在提出的双曲线应力应变模式时，对无黏聚性土的弯曲强

度包线提出以下关系式

$$\varphi = \varphi_0 - \Delta\varphi \lg(\sigma_3/p_a) \qquad (2.8-3)$$

式中，σ_3 为小主应力，即在进行三轴试验时的周围压力。从原点向相应某一 σ_3 的摩尔圆作切线，即得到按式（2.8-3）确定的 φ_0，故采用式（2.8-3）时，取黏聚力 $c=0$，φ_0 和 $\Delta\varphi$ 为材料参数。

糯扎渡工程研究中共收集了 37 个水利工程大坝堆石料的三轴固结排水试验资料。采用矩法和改进的线性回归方法统计了这些水利工程中硬岩堆石（主堆石、次堆石）和软岩堆石抗剪强度的线性指标、邓肯非线性对数指标和德迈洛非线性指数指标的均值与标准差。得到以下结论：

（1）硬岩堆石的邓肯对数抗剪强度指标 φ_0 和 $\Delta\varphi$ 的均值一般可取 53.8° 和 10°，而标准差一般可取 1.5° 和 1.0°。两个参数比较符合正态分布。φ_0 基本在 50°～56° 之间，而 $\Delta\varphi$ 在 8°～12° 之间。

（2）硬岩堆石的线性抗剪强度指标，内摩擦角 φ 绝大部分在 38°～42° 之间，咬合力 c 一般在 150～180kPa 之间。

（3）硬岩堆石的德迈洛非线性抗剪强度指标，系数 b 几乎都在 0.84～0.87 之间，系数 A 一般在 2.5～3.5 之间。

（4）次堆石的强度参数略低于主堆石的强度参数，φ_0 和 $\Delta\varphi$ 的均值一般可取 50.7° 和 8.8°，标准差可取 1.5° 和 1.3°。

（5）软岩的 φ_0 和 $\Delta\varphi$ 的均值原则上应通过试验确定，在没有试验成果的情况下，可参考以下标准：均值分别为 44° 和 6°，标准差分别为 1.8° 和 1.5°。

陈祖煜院士的研究表明，根据试验确定的邓肯非线性参数的变异性要小于德迈洛非线性参数，且邓肯双曲线应力-应变模型在我国使用广泛，因此，使用邓肯非线性参数进行大坝非线性分析具有明显的优势。

根据以上研究成果，本书分析了一个具有典型意义的面板坝坝坡的稳定安全系数。坝高为 150m，坝坡坡比分别为 1:1.3 和 1:1.4。在确定性模型分析中，φ_0 和 $\Delta\varphi$ 的小值平均按均值减去一倍标准差取值，分别为 51° 和 11°，使用规范规定的毕肖普法。最小安全系数见表 2.8-4，临界滑裂面见图 2.8-8 和图 2.8-9。

表 2.8-4　　　　典型面板坝剖面稳定分析成果

坝　坡	确定性模型安全系数 F	可靠度和风险分析	
		可靠指标 β	失效概率
1:1.3	1.513	4.72	1.21×10^{-6}
1:1.4	1.597	5.03	2.52×10^{-7}

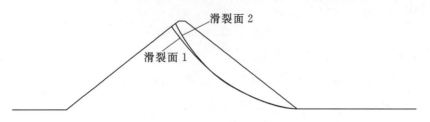

滑裂面 1，确定性模型，$F=1.513$；滑裂面 2，可靠度分析，$\beta=4.72$

图 2.8-8 坝坡为 1∶1.3 的面板坝剖面稳定分析的临界滑裂面

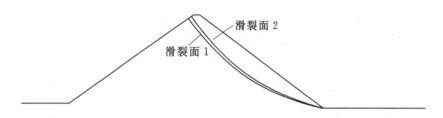

滑裂面 1，确定性模型，$F=1.597$；滑裂面 2，可靠度分析，$\beta=5.03$

图 2.8-9 坝坡为 1∶1.4 的面板坝剖面稳定分析的临界滑裂面

计算结果表明，如果对硬岩堆石料非线性强度指标采用具有代表意义的小值平均值，目前行业普遍采用的面板坝的标准坡度（1∶1.3 和 1∶1.4）所对应的安全系数分别为 1.513 和 1.597，此值并不比规范对一级坝的要求 1.5 大很多。

根据糯扎渡坝料基本物理性指标和抗剪强度指标等计算参数，分别采用线性指标、分段线性指标和非线性指标（小值平均值）计算了糯扎渡直心墙堆石坝 7 种工况的坝坡稳定安全系数，3 种指标的各工况最危险滑裂面见图 2.8-10～图 2.8-12，计算安全系数结果见表 2.8-5。

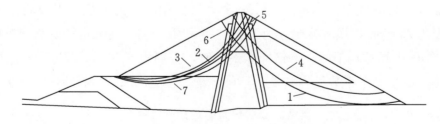

图 2.8-10 各工况最危险滑裂面示意图（线性指标）

1，2，…，7—线性指标参数，表示滑裂面

从计算结果可以看出，各种工况下安全系数均满足规范相应的要求。正常蓄水期安全系数大于 1.5，竣工期和库水位骤降时大于 1.3，地震时安全系数

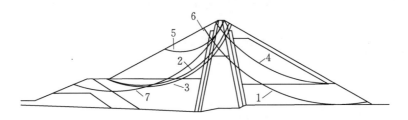

图 2.8-11 各工况最危险滑裂面示意图（分段线性指标）

1，2，…，7—分段线性指标参数，表示滑裂面

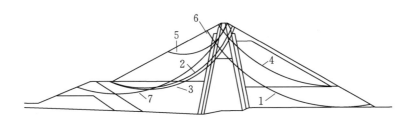

图 2.8-12 各工况最危险滑裂面示意图（非线性指标）

1，2，…，7—非线性指标参数，表示滑裂面

表 2.8-5　　　　　糯扎渡心墙坝坝坡各种工况的安全系数

运行条件	计算工况		计算安全系数			允许安全系数
	编号	工况说明	线性指标	分段线性指标	非线性指标	
正常	①	稳定渗流期下游坝坡，上下游正常水位	1.86	1.876	1.85	1.50
	②	稳定渗流期上游坝坡（最不利库水位，下游正常水位）	2.167	2.15	2.13	
非常Ⅰ	③	竣工期上游坝坡，上、下游无水作用	2.441	2.483	2.436	1.30
	④	竣工期下游坝坡，上、下游无水作用	1.939	1.977	1.97	
	⑤	库水位由正常水位骤降至死水位的上游坝坡	2.129	1.83	1.831	
非常Ⅱ	⑥	工况①遭遇 0.283g 地震	1.524	1.524	1.523	1.20
	⑦	工况②遭遇 0.283g 地震（最不利库水位，下游正常水位）	1.548	1.55	1.544	

大于 1.2。线性、分段线性和邓肯非线性这 3 种不同抗剪强度指标计算得到的安全系数均比较接近，这也证明了非线性指标（小值平均值）可采用与线性指标相同的安全系数控制标准。

2.9 高土石坝变形反演分析方法

2.9.1 基于神经网络的高坝变形反演分析方法

由于问题的复杂性，土石坝位移反演分析通常采用数值计算的方法进行，也即采用正分析的过程，利用最小误差函数通过迭代逐次逼近待定参数的最优值。传统的最优化方法需多次反复调用有限元计算程序，计算时间长，收敛速度慢，计算结果受给定初值的影响，易陷入局部极小值，解的稳定性差，使得其在土石坝位移反演分析中的应用受到限制。

人工神经网络模型近年来发展迅速，在岩土工程的反演分析中得到了广泛的应用。对于复杂的强非线性岩土工程问题，充分利用人工神经网络模型的映射能力，近似代替结构有限元分析计算，可以克服寻优过程中需要大量有限元正分析的缺点。演化算法仿效生物学中进化和遗传的过程，从随机生成的初始群体出发，逐步逼近所研究问题的最优解，是一种具有自适应调节功能的搜索寻优技术。在岩土工程位移反分析中，采用演化算法代替常规的优化方法，可以避免陷入局部极小值，得到全局最优解。

使用具有强非线性映射能力的人工神经网络模型代替有限元计算，采用全局优化的演化算法和快速算法同时优化神经网络的结构和权值，并使用演化算法代替传统优化算法进行参数的反演分析，可建立适用于高土石坝工程的位移反演分析方法。该法主要包括 4 个计算流程：①替代有限元计算的模拟神经网络模型的形成和优化；②模拟神经网络模型的误差检验；③应用建立的神经网络模型进行坝料模型计算参数的反演计算；④应用反演获得的坝料参数进行坝体应力变形的计算分析。

（1）模拟神经网络模型的形成和优化。在有限元网格确定的情况下，有限元计算的目的即为求解方程式 $u = u(\varphi)$，式中，φ 为模型参数；u 为节点位移值。由于在反演分析过程中需要反复进行结构的正分析即调用有限元程序，其计算工作量一般较大，对于大型的非线性问题尤其如此，有时可使得反演分析无法进行。利用神经网络建立一种模型参数与位移之间的映射关系，代替有限元计算，计算效率将大为提高。

所建立的基于神经网络和演化算法的土石坝位移反演分析方法的第 1 个流程为生成和优化替代有限元计算的模拟神经网络模型。为此，需要首先形成训练样本，然后使用所生成的训练样本对初始设定的神经网络模型进行结构优化和训练。

（2）模拟神经网络模型的校验。对采用训练样本优化得到的神经网络模型，需要测试将其应用于非训练样本时的计算情况，以估计神经网络可能的计算误差。测试样本的输入参数组采用随机的方法进行构造，对各输入参数组分别进行有限元的正分析计算，其结果作为判断神经网络计算精度的标准。当神经网络输出的模拟结果与有限元计算的结果误差较大时，需增加训练样本的数量和密度，并重新对神经网络进行优化和训练。

（3）模型计算参数的反演计算和坝体的应力变形分析。用优化好的神经网络代替有限元计算，采用演化算法对模型参数进行优化。种群中的个体（实数数组）代表模型参数，具体的优化过程与优化神经网络的过程基本相同，只是减少了对神经网络训练的过程。

由于反演分析的不唯一性，一般给出几组较好的模型参数，用户根据经验选取合理的模型参数组。

当根据反演分析的结果取得坝料的模型计算参数后，则可使用所得参数进行坝体应力变形的计算分析，根据计算结果分析坝体的应力变形特性（图 2.9-1）。

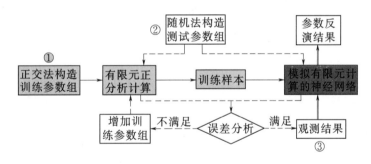

图 2.9-1　反演分析流程

2.9.2　高坝工程实例变形反演分析

针对糯扎渡高心墙堆石坝开展了变形反演分析研究（图 2.9-2）。由于实际工程中坝料特性及施工条件复杂，且试验室条件也有一定局限性，因此试验参数与坝料真实参数之间常常有一定差异。通过实测数据进行反演分析，可以得到更为真实的坝料参数，有利于更准确地分析和预测坝体应力变形特性，并为大坝安全评价和安全预警提供具体的基础数据支撑。

针对已经取得的坝体变形实测资料，进行系统的分析和整理，结合现场施工情况及气候变化等因素，对实测数据进行筛选、处理及评价。应用人工神经

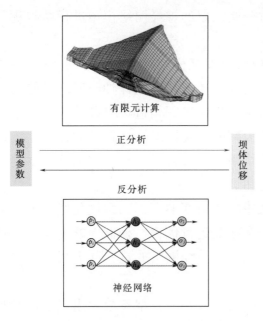

图 2.9-2　高土石坝变形反演分析

网络和演化算法对糯扎渡高心墙堆石坝粗堆石料和心墙料的邓肯-张 E-B 模型参数、流变变形参数和湿化变形参数进行反演分析，得到和坝体实测变形相适应的坝料参数。通过对比变形增量实测结果和计算结果的分布，验证反演参数的准确性和反演方法的可行性。同时，利用坝料反演参数进行有限元计算，能够分析和预测坝体在不同工况下的应力和变形特性。

对于邓肯-张 E-B 模型中的 7 个参数，坝体内部沉降对 K 和 K_b 较为敏感，主要考虑 K 值和 K_b 值的影响，而对 n 和 m 值，则综合考虑室内试验参数值、各个设计阶段参数值和前几次反演情况取固定值。对流变变形参数反演，采用沈珠江七参数流变模型。对湿化变形参数反演，采用改进的沈珠江湿化模型，含有 A_w、B_w、W_J 共 3 个参数。

针对糯扎渡高心墙堆石坝的变形反演分析，可以得到以下主要结论：

（1）对粗堆石料 I 和粗堆石料 II，反演得到的 E-B 模型参数 K 和 K_b 相比室内试验参数稍有增加，使得计算的加载变形稍有减小；但另一方面，反演得到的流变参数则使相应的计算流变变形稍有增大。

（2）水管式沉降仪各测点沉降的计算值与实测值的时程曲线总体符合较好。这说明，反演参数可以较好地反映下游堆石体的变形特性。

（3）弦式沉降仪各测点计算值能够与实测值大致相符，但是实测值有一定波动。计算值与实测值分布形式相似，越靠近心墙，堆石体沉降越大。

（4）心墙电磁沉降环测点数目较多，沉降反演计算值与实测值的时程曲线及沉降分布规律总体符合较好，可以相互印证，说明反演得到的参数能较好地反映心墙的实际填筑和变形状况。

（5）引张线式水平位移计各测点的监测值与根据反演参数计算得到的计算值发展规律能较好的符合。

（6）反演得到的粗堆石料 I 和粗堆石料 II 的湿化变形参数总体可较好地反映蓄水后上游堆石区的变形情况。

（7）大坝表面视准线三向位移的实测值与计算值的分布规律和发展趋势大体可以较好的相符。其中，顺河向水平位移和竖直向位移的计算值均小于实测值。横河向位移监测值波动性较大，但与计算值较为接近。

（8）由反演参数计算得到的完工期坝体最大沉降为 3.22m，略小于实测最大沉降。从坝体变形控制的角度看，心墙总体填筑质量达到了设计的预期效果。

2.10 小结

本章较全面地介绍了高土石坝领域所涉及的计算理论与方法，包括筑坝材料静动力本构模型及计算方法、流变和湿化变形特性及本构模型、坝料接触面特性及本构模型、混凝土面板挤压破损机理及接缝材料本构模型、心墙张拉裂缝及水力劈裂计算方法、土石坝渗流计算方法、坝坡抗滑稳定计算方法、土石坝变形反演分析算法等，讨论了筑坝材料多种变形特性及本构模型的优缺点，研究了多种计算方法的适用性，介绍了较为前沿的科研成果。

本章依托糯扎渡、天生桥一级等高土石坝工程，应用以上计算理论与方法，得出一系列可为其他土石坝工程参考借鉴的推荐研究结论，主要内容总结如下：

（1）在筑坝材料静力本构模型方面，邓肯-张非线性弹性 E-B 模型、清华非线性解耦 KG 模型、沈珠江双屈服面弹塑性模型和殷宗泽双屈服面弹塑性模型等在土石坝工程中应用广泛，这些模型各具特点，建议对于高土石坝除了选取邓肯-张 E-B 模型作为基本模型进行主要方案的计算之外，还应结合具体工程的特点，选定 1～2 个其他模型进行对比计算分析，本书推荐采用沈珠江双屈服面弹塑性模型。

（2）在模拟坝料动力本构关系方面，目前普遍采用经验类的等效线性黏弹性模型，应用 Newmark 滑体变形法或整体变形法计算地震永久变形，残余应变势模型有沈珠江五参数模型及其修正模型、中国水利水电科学研究院模型等，以上可作为土石坝动力反应及永久变形计算分析的基本模型。真非线性模型、弹塑性模型和广义塑性模型等在理论上相对更为合理，能较好地反映土体的实际状态，并能够计算静动力全过程的应力变形以及直接计算坝体的永久变形，是将来坝料动力本构模型研究和应用的一个发展方向。目前应用广泛的有大连理工大学改进的广义塑性模型、中国水利水电科学研究院真非线性模型等。

（3）在土石坝应力变形计算中考虑湿化和流变的工作近年来逐渐受到重视，国内学者经过多年研究，提出了多种湿化变形计算模型与方法，主要有基于双线法的增量初应力法、割线模型与弹塑性模型、基于单线法的湿化模型及其改进模型等，本书根据糯扎渡水电站心墙堆石坝上游坝壳料湿化变形试验揭示的规律，建议了堆石体湿化变形计算数学模型。在坝料流变变形研究方面，目前应用较多的是采用基于应力-应变速率的经验函数型流变模型，主要有双曲函数模型和指数衰减型模型。对于高土石坝工程，坝体大都处于高应力状态，建议坝料流变模型选用指数衰减型函数（沈珠江三参数和七参数模型）更为合适。

（4）通常的土石坝坝料接触面试验类型包括直剪试验和单剪试验，描述接触面应力变形特性的数学模型主要包括刚塑性模型、理想弹塑性模型、Clough - Duncan 非线性模型和广义塑性接触面模型等。心墙堆石坝在堆石体和心墙间、坝体材料和基岩间设置接触面单元后，可以模拟接触界面上的位移不连续现象，比较合理地反映堆石体对心墙拱效应、岸坡基岩对坝体拱效应的影响，接触面本构关系通常采用 Clough - Duncan 非线性模型。面板堆石坝在面板与垫层间设置接触面单元后，采用广义塑性接触面模型具有更大的优势，可以反映应力路径、加卸载方向、接触面剪胀（缩）特性的影响。

（5）本书介绍了面板纵缝接触转动挤压效应及作用原理，该挤压效应会在接缝两侧附近的面板表面处产生应力集中效应，是导致面板发生挤压破坏的主要原因。利用基于多体非线性接触局部子结构模型的分析方法，研究了面板纵缝接触转动挤压效应的影响因素和应力集中系数的大小。计算结果表明，各方案的应力集中系数处于 $3.4 \sim 6.5$ 之间。其中，面板转角大小、面板法向应力大小和面板厚度等对应力集中系数的大小均有一定的影响。依托天生桥一级面板堆石坝，介绍了三维整体模型的软接缝效果计算分析，探讨了全部硬缝、全部软缝和间隔软缝等接缝形式对面板挤压应力的影响。结果表明，软缝材料可吸收相应的挤压位移，从而使面板的挤压应力显著降低。目前工程中接缝填充材料主要有橡胶、木板等，其应力应变特性一般采用理想弹塑性模型或应变软化模型描述。

（6）目前工程中采用临界倾度值 γ_c 取 1% 是基本合适的。本书对糯扎渡心墙土料进行了单轴和三轴抗拉特性试验研究，介绍了清华大学所发展的土石坝张拉裂缝的有限元-无单元耦合计算方法，提出了渗水弱面水压楔劈效应作用模型。将弥散裂缝理论和所建立的压实黏土脆性断裂模型引入水力劈裂问题的研究中，扩展了弥散裂缝的概念并与比奥固结理论相结合，推导和建立了用于描述水力劈裂发生和扩展过程的有限元数值仿真模型，发展了可综合进行土石坝二维和三维应力变形分析、裂缝分析和水力劈裂分析的有限元-无单元耦合分析软件系统。

（7）渗流控制计算理论与方法是土石坝工程设计研究的一项重要内容。随着电子计算机的迅速发展，有限单元法等数值方法在渗流分析中的应用越来越广泛。本书介绍了河海大学渗流实验室提出的基于等效连续介质的裂隙岩体渗流应力耦合模型及其研发的稳定、非稳定三维渗流及渗流应力耦合分析程序。依托糯扎渡高心墙堆石坝工程，进行了坝址区整体及精细模型的渗控计算分析，取得了丰富的研究成果。建议了基于正交搜索法的三维渗流场反演分析方法。介绍了渗流控制安全评价内容，提出了资料分析法、试验分析法、反演分析法和经验类比法等安全评价方法及评价原则。

（8）本书对坝坡稳定静动力分析方法进行了综述，各种方法具有各自的优缺点。极限平衡法较为简便，应用范围最广，积累了丰富的工程经验。有限元法、强度折减法、Newmark 滑块位移法在国内外已有所应用，积累了一定的工程经验，但均缺少相应的安全控制标准。通过对糯扎渡心墙堆石坝多种坝料的大型三轴试验，证实了堆石等粗粒料随着围压的升高，内摩擦角降低，摩尔强度包线向下弯曲，呈现明显的非线性特征。采用坝料强度非线性指标的小值平均值计算得到的坝坡稳定安全系数与线性指标、分段线性指标的比较接近，现行规范对坝坡允许安全系数规定的标准可以直接使用，不需要调整。

（9）人工神经网络模型近年来发展迅速，在岩土工程的反演分析中得到了广泛的应用。使用具有强非线性映射能力的人工神经网络模型代替有限元计算，采用全局优化的演化算法和快速算法同时优化神经网络的结构和权值，并使用演化算法代替传统优化算法进行参数的反演分析，可建立适用于高土石坝工程的位移反演分析方法。本书简要介绍了糯扎渡高心墙堆石坝的变形反演分析成果，结果表明，按反演参数进行计算分析的结果与实测值吻合较好。

第3章
高面板堆石坝设计指南

3.1 综述

我国从 20 世纪 80 年代开始用现代技术修建混凝土面板堆石坝，至今已有近 30 年的实践，通过引进、消化、吸收、再创新，面板坝已在我国水利水电工程中得到广泛应用。据不完全统计，截至 2011 年 9 月，世界上已建、在建或已规划的高度大于 30m 的混凝土面板堆石坝有 500 余座，而我国至今已建和在建混凝土面板堆石坝有 292 座。大量面板堆石坝的建设实践，我国的面板堆石坝建设水平有了较大的促进和提升，在筑坝技术上获得了较多的创新性研究成果。随着重型振动碾压技术、堆石料开采爆破控制坝料级配技术、趾板面板混凝土材料研究运用、新型接缝止水结构和材料等方面新技术、新工艺、新材料的发展与运用，面板堆石坝的最大坝高有了较大提升，高度 150m 以下的面板堆石坝运行良好。

近年来我国已经建成一大批 100m 级混凝土面板坝和多座 200m 级混凝土面板坝，其数量之多已居世界前列。我国已建的 200m 级混凝土面板坝代表性工程有水布垭（坝高 233m）、三板溪（坝高 186m）、洪家渡（坝高 179.5m）、天生桥一级（坝高 178m）等，其坝体断面分区见图 3.1-1～图 3.1-4，筑坝材料特性见表 3.1-1，初期运行状况见表 3.1-2。在建的 200m 以上混凝土面

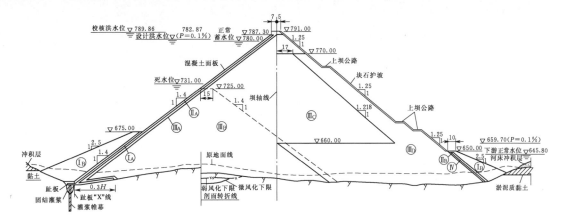

图 3.1-1　天生桥一级面板堆石坝断面分区图

Ⓘₐ—黏土；Ⓘ_B—任意料；ⅢₐA—过渡料；Ⅲ_C—软岩料区；Ⅳ—黏土料；
ⅡB—过渡垫层；ⅡₐA—垫层料；Ⅲ_B—主堆石区；Ⅲ_D—次堆石区

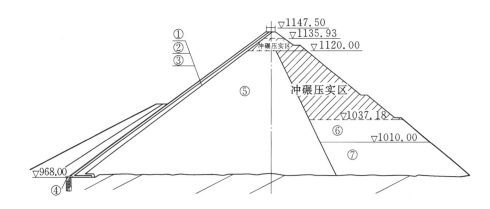

图 3.1-2　洪家渡面板堆石坝断面分区图

①—面板；②—垫层料；③—过渡料；④—趾板；⑤—主堆石料；⑥—次堆石料；⑦—排水堆石料

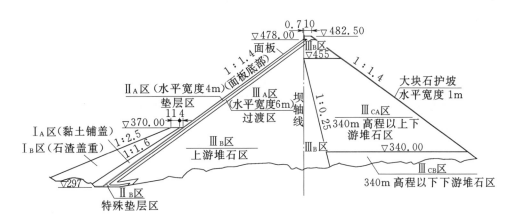

图 3.1-3　三板溪面板堆石坝断面分区图

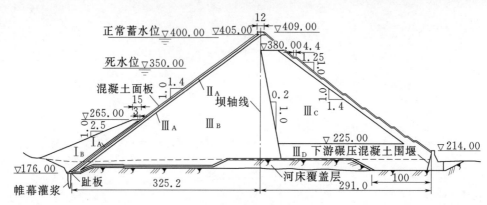

图 3.1-4　水布垭面板堆石坝断面分区图

I_B—盖重区；Ⅱ_A—垫层区；Ⅲ_A—过渡区；Ⅲ_B 区—主堆石区；Ⅲ_C—次堆石区；Ⅲ_D—下游堆石区

表 3.1-1　　　　　　典型高面板堆石坝筑坝堆石料特性表

工程名称		天生桥一级	洪家渡	三板溪	水布垭
主堆石	岩性	灰岩	灰岩	凝灰岩、砂岩	灰岩
	孔隙率/%	22	20.02	19.33	19.6
	D_{max}/mm	800	500~800	600~800	800
次堆石	岩性	砂泥岩料	灰岩	凝灰岩、粉砂岩	灰岩
	孔隙率/%	22	22.26/20.02	19.48	20.7
	D_{max}/mm	800	1600	600~800	800
排水堆石区	岩性	灰岩	灰岩	凝灰岩、砂岩	灰岩
	孔隙率/%	24	22.26	20.07	20.7
	D_{max}/mm	1600	1600	600~800	600~1200

表 3.1-2　　　　　　典型高面板堆石坝初期运行特性表

工程名称		天生桥一级	洪家渡	三板溪	水布垭
最大坝高/m		178	179.5	185.5	233
监测截止时间		2006 年 8 月	2007 年 12 月	2008 年 8 月	2008 年 2 月
变形 /cm	最大沉降	354	135.6	175.1	247.3
	水平位移	106	25.6	7.19	23.5
	面板挠度	81	35	16.8	57.3
周边缝 /mm	沉降	28.48	3.5	35	45.7
	剪切	20.81	9.4	15	43.7
	张开	20.92	6	10	13
渗漏量/(L/s)		80~140	7~20	62.6~131.2	23.43~40

板坝有猴子岩（223m，预计 2016 年建成）、江坪河（219m），随着水电战略的实施，在水能资源丰富、地震烈度较高的西南、西北地区，一大批 200m 以上超高混凝土面板坝待建或正在设计中，如古水（坝高 240m）、茨哈峡（坝高 257m）、大石峡（坝高 256m）、玛尔挡（坝高 211m）、滚哈布奇勒（坝高 210m）等，高面板坝的建设前景值得期待。

200m 级高面板堆石坝在取得成功及宝贵经验的同时，部分工程出现坝体变形比预计的偏大、面板发生挤压破损或渗漏量较大等问题，为应对 200m 以上超高面板堆石坝的技术挑战，我国水电建设的行业主管、设计、科研、施工、建设业主等各参与方积极开展相应的经验总结、对关键技术问题进行专项研究，取得了丰富的成果，为 200m 以上高面板堆石坝的设计、建设提供了重要的技术指导。我国现行的《混凝土面板堆石坝设计规范》（DL/T 5016—2011、SL 228—2013）仅适用于高度小于 200m 的大坝，并明确要求 200m 以上的高坝设计应进行专门研究，因此，基于超高面板堆石坝的迫切技术需求，本章在总结国内高面板堆石坝建设实践经验、最新科研研究成果的基础上，参照设计规范的条文目录，提出了 200m 以上超高面板堆石坝设计指南。

3.2 坝的布置和坝体分区

3.2.1 坝的布置

高混凝土面板堆石坝枢纽泄洪、引水发电建筑物均布置于两岸，相对而言，坝体对坝基适应性强，而泄洪和引水发电系统对地质地形条件要求更高，故坝轴线选择应有利于泄洪建筑物流道布置减小掺气减蚀难度，便于泄洪水流归槽、消能防冲设计，有利于地下洞室围岩稳定，有利于降低各建筑边坡开挖高度和处理难度。对于面板堆石坝，因坝基渗控线位于趾板部位，而岸坡趾板下游为临空面，趾板宽度相对较小，地基承受的水力梯度较大，因而坝体布置还应重点考虑趾板的要求。故此，高面板堆石坝坝轴线应根据坝址的地形地质条件，按有利于趾板及枢纽中其他建筑物布置、方便施工的原则，经技术经济比较后确定。

在枢纽布置中确定建筑物型式和尺寸时，宜结合建筑物岩石开挖量和坝体填筑量的平衡进行综合比较。利用建筑物开挖石料筑坝，比用料场开挖石料经济，可减少对环境的破坏，在进行枢纽布置方案比较时，应将土石方平衡考虑在内。当建筑物开挖岩石料可用时，加大电站进水口或溢洪道尺寸，增加建筑物开挖料而减少料场开挖石料，同时减小输（泄）水建筑物流速或单宽流量，常是安全且经济的选择。天生桥一级大坝填筑的 90％的坝料来自溢洪道开挖石料就是一例。

高面板堆石坝设计的重点和难点之一是坝体变形控制，由于高面板堆石坝自身坝体变形已经难于准确预测，而河床覆盖层组成物质更为复杂，全面、准确地把握其物理力学特性有难度，故 200m 以上级高面板堆石坝趾板基础不应置于覆盖层上；经对覆盖层详细勘察、试验，并结合坝体及覆盖层静、动力稳定、渗流和变形分析，经技术可行性、工程安全性和经济合理性论证后，可以将下游堆石坝体建在密实的河床覆盖层上。

高面板堆石坝枢纽布置应特别重视泄洪建筑和降低库水位的放空建筑设计。从工程运行实践经验看，由于高坝泄洪隧洞运行水头较高，闸门、启闭设备及流道结构风险相对较大，为减少因泄洪建筑物自身原因而导致泄水不畅的概率，因此高面板堆石坝枢纽布置时，泄洪建筑物应以能自由敞泄的表孔为主，泄洪隧洞为辅助，即泄水建筑物优先采用开敞式溢洪道，对于狭窄河谷无有利地形布置开敞式溢洪道时，也可采用开敞式表孔与无压隧洞相结合的溢洪洞，一般表孔的泄流能力应达到总泄流能力的 80％以上；为应对极端情况下坝体出现异常需降低库水位，减小溃坝风险或溃坝洪水危害，高面板堆石坝枢纽应结合后期导流、运行调度的灵活性及应急放空和检修要求布置放空泄水建筑物；同时为确保在地震等极端工况下泄水建筑物闸门启闭，泄洪建筑物应设置应急启闭电源，并适当布置远程控制设施，有条件者按无闸泄水建筑物设计。

3.2.2　坝顶

坝顶安全超高的确定应充分考虑各种运行工况，地震工况预留合理的地震涌浪超高和地震沉陷超高，坝前有滑坡堆积体分布时应考虑滑坡涌浪，同时针对不同泄水建筑物的运行风险，将风险较大的泄洪建筑物作为安全储备而不考虑其泄洪能力再调洪确定防洪水位和安全超高。如古水电站由于近坝库段分布有规模较大的梅里石滑坡群，虽初步分析无高速滑坡的可能性，但由于其规模较大，结合工程的重要性考虑，坝顶高程计算工况增加滑坡涌浪超高计算工况；考虑到 3 条溢洪洞在遭遇 PMF 校核洪水时，如有一条溢洪洞不能投入运行（即不计入其泄量），枢纽区的泄洪设施为两条溢洪洞和一条泄洪洞，闸门全开，宣泄 PMF 校核洪水，经调洪复核，当遭遇校核洪水、一条溢洪洞不能参与泄洪的非常工况时，其水位比校核洪水位抬高 5m，距坝顶高程尚有 5.15m 的高差。最终确定的坝顶高程比正常蓄水位高 20m。

根据洪家渡、三板溪、水布垭几座 200m 级面板坝坝顶沉降实测资料，建立永久视准线后坝顶沉降仅为最大坝高的 0.2% 左右；今后建设的高面板堆石坝通过选用品质较高筑坝材料、精细化坝料分区、严格坝料压实密度、并采取施工期预沉降时间等坝体变形控制措施，坝顶后期沉降将会更小，根据古水和马吉坝考虑流变的变形预测分析，竣工期与蓄水期预测最大沉降值古水坝仅差 0.05m、马吉坝相差 0.41m，按马吉坝差值仅约为坝高的 0.15%。因此，在考虑一定的安全余度后，高面板坝坝顶预留沉降超高建议按坝高的 0.4% 确定。

为增强坝顶刚度，提高地震作用下坝顶安全，高面板堆石坝坝顶宽度应不小于 10m；防浪墙与混凝土面板顶部的水平接缝高程，宜高于水库设计洪水位；强震区防浪墙高度不宜过大。

3.2.3 坝坡

高面板堆石坝坝坡应根据坝址地形地质条件、筑坝材料特性，参考类似工程经验拟定，初拟上下游坝坡不宜陡于 1:1.5，对于砂砾料或含软岩的筑坝材料，初拟坝坡还应适当放缓，最终坝坡应通过静动力坝坡稳定分析确定。

3.2.4 坝体分区

高面板堆石坝应根据河谷地形条件、料源及其变形性质、坝高、施工方便和经济等因素对坝体进行分区。坝体分区应尽量利用建筑物开挖料和近坝区可用的料源，堆石坝体各区的透水性宜从上游向下游增加，应有利于变形控制。河谷地形条件既决定作用在坝体上的水推力，又影响坝体变形和变形过程；坝料的变形性质主要取决于母岩的强度和压实后的孔隙率；坝体变形与坝高和颗粒承受的接触应力大小有关，堆石料的流变对高坝的影响更为突出，所以，确定坝体分区时要考虑这些因素。料源是决定分区的首要因素，要根据建筑物开挖料和近坝区料源设计，不宜放弃开挖料的使用，这不仅是经济问题，而且是环境保护的问题。坝体材料分区及填筑程序应综合考虑材料特性、料源及施工期防洪度汛等要求；选择高功能的碾压设备，提高坝料填筑密度；坝料使用中应充分考虑物料湿化、蠕变及物料在存储、倒运过程中性质的变化，坝体材料分区与填筑分区统一考虑，以尽可能减小各时期坝体的不均匀变形。整个坝体堆石在碾压后具有较高密实度和压缩模量，并要求上下游堆石料模量尽量接近。

前期研究成果表明：主堆石区变化对坝体变形的影响可延续到上游坝坡的中上部，从而对面板的应力和变形形状产生影响，主堆石-下游堆石区坡度以采用倾向下游的坡度为宜，具体分界线的位置应根据工程和坝料的具体情况，通过对比计算分析确定，当分界线坡比缓于 1：0.2 后，下游堆石料区对上游坝体及面板的变形影响相对较小；下游坝坡附近堆石料保护区的对坝体变形影响区域主要位于下游坝坡附近，对上游坝坡和面板的影响较小；下游堆石料模量变化对坝体位移具有较大影响，其影响区域主要集中在下游堆石区至下游坝坡处，对上游坝坡顶部则稍有影响，提高下游堆石区模量可以适度减小中上部面板的挠度，虽然挠度减小的比例不大，但对于控制面板脱空规模，改善面板应力条件还是可以起到一定的效果，从避免坝体的不均匀变形角度出发，上下游堆石区模量比应尽可能相当；下游堆石料底部模量变化，对坝体变形的影响区域相对较大，但幅度相对较小，当下游底部 1/4 坝高堆石料模量降低 40％时，坝体沉降、面板挠度变幅值小于 5％；坝顶增模区对坝体变形的影响仅局限在坝顶的自身区域，且对坝体变形影响的数量也很小，可增加坝体坝顶部分的刚度，蓄水和地震工况下对三期面板较为有利。

根据上述研究结果，对于高面板堆石坝，由于坝体填筑规模较大，坝料差异客观存在，综合考虑安全与经济，为充分利用不同品质的筑坝料并控制因材料差异带来的坝体不均匀变形，提出以下分区要求：

（1）为减小坝体顺河方向的不均匀变形，应将较好的坝料置于上游区，上下游堆石分区坡度以采用倾向于下游、坡比缓于 1：0.4 为宜；通过调整料源或压实指标，控制上下游堆石区的模量比应小于 1.5。

（2）为减小坝轴线方向的不均匀变形，在地形突变对岸坡进行整形或设置增模区。

具体而言，高面板堆石坝应根据坝高、坝料特性、施工要求等针对性进行材料分区。如筑坝材料特性差异不大，整个堆石坝体可不做分区；如材料特性有差异，应将品质差的材料置于下游坝体，在控制其设置位置、范围的同时，适当提高其压实指标，以减小坝体不均匀变形和对面板应力变形的不利影响；如下游堆石区存在不满足自由排水或存在浸水后性质劣化严重问题，应将其置于干燥区，并在底部设置料源品质好的排水堆石区；在陡岸坡或与岸边建筑物连接部位，为避免变形性质差异过大，可通过较薄的铺层厚度、较多碾压遍数的施工方式设置高压实密度增模区；坝体建基于覆盖层上，为维持坝体稳定，在不放缓整体坝坡的情况下可在坝脚设置压重平台；为避免地基渗流破坏，可在坝体底部增加反滤排水区，根据地基土特性，可采用垫层区和过渡区作为反滤排水区。

为达到渗透稳定，坝体按照"上堵下排"的原则进行分区设计；各分区坝料间满足水力过渡的要求，自上游向下游坝料的渗透系数递增，相邻区下游坝料对上游区应具有反滤保护作用；同时，各分区应有合适的结构尺寸，材料内部水力梯度应小于容许水力梯度。垫层区的水平宽度应由坝高、地形、施工工艺确定，有过渡料反滤保护的情况下，垫层区的宽度可按水力梯度 50 确定，即无面板条件下垫层料挡水也不应出现渗透破坏问题，对于 200m 的高面板堆石坝，垫层料宽度不宜小于 4m；硬质岩堆石料作上游堆石区时，其与垫层区之间应设过渡区，过渡区的水平宽度不应小于垫层宽度。

用砂砾石填筑的坝体，应设置可靠的竖向和水平向排水区，竖向排水区的顶部高程宜高于水库正常蓄水位，排水区的排水能力应满足自由排水要求；垫层区与砂砾料区之间设置过渡区的必要性依砂砾石料的级配而定；下游应设护坡，或用堆石料作下游堆石区。

上游铺盖区顶部高程应综合考虑坝高及满足放空检修条件确定，上游铺盖以上的面板、趾板、接缝止水等应具备降低水位检修（水上或水下）的条件，故其顶高程应与泄水设施降低水位的能力相适应，一般达到 1/3 坝高附近。

3.3 筑坝材料及填筑标准

3.3.1 坝料勘察与试验、料场规划

高面板堆石坝应采用软化系数大的硬质岩填筑，料源可来自专门料场，也可利用枢纽中建筑物的开挖石料，各料源均应符合 DL/T 5388 的料场勘察规定，并开展相应的勘探和试验工作。

高面板堆石坝的筑坝石料室内岩石试验项目应包括容重、密度、吸水率、抗压强度、弹性模量、岩石矿物成分和化学分析；筑坝料室内试验项目应包括坝料的颗粒分析试验、三轴剪切试验、三轴应力应变参数试验、固结试验等物理力学试验，提出应力应变参数，垫层料、砂砾石料和软岩料应增加渗透和渗透变形试验。砂砾石料、垫层料还应增加相对密度试验。各试验项目的试验料样应和试验方法应能反应坝料的力学特性，试验组数应满足统计分析要求。

有条件的工程应在可行性研究设计阶段对堆石料开展现场爆破试验和碾压试验研究，并采用爆破试验开采堆石料进行室内物理力学试验。

3.3.2　垫层料与过渡料

随着高坝建设的发展，面板在施工和运行过程中出现一些缺陷是不可避免的。为了保持坝体渗流控制的有效性，必须发挥垫层料在渗流控制中的作用。垫层料可采用人工轧制砂石料、天然砂砾石料，或两者的掺配料，母岩料应坚硬、抗风化力强。垫层料应具有良好的级配、内部结构稳定或自反滤稳定要求，最大粒径为 $80\sim100\mathrm{mm}$，小于 $5\mathrm{mm}$ 的颗粒含量宜为 $35\%\sim55\%$，小于 $0.075\mathrm{mm}$ 的颗粒含量宜为 $4\%\sim8\%$，渗透系数宜为 $i\times10^{-3}\sim i\times10^{-4}\mathrm{cm/s}$；寒冷地区及抽水蓄能电站的垫层料级配适当减少 $5\mathrm{mm}$ 以下细颗粒含量，渗透系数宜为 $i\times10^{-2}\sim i\times10^{-3}\mathrm{cm/s}$。垫层料对面板上游辅助防渗料、接缝顶粉煤灰、粉细砂等覆盖料有反滤料保护作用。

过渡料可用洞室开挖石料或采用专门开采的细堆石料、经筛分加工的天然砂砾石料。要求级配连续、最大粒径宜为 $300\mathrm{mm}$，对垫层料具有反滤保护作用。

3.3.3　堆石料

高面板堆石坝应采用硬质岩、软化系数高的堆石料填筑，压实后应有良好的颗粒级配，最大粒径小于压实层厚度，小于 $5\mathrm{mm}$ 的颗粒含量不宜超过 20%，小于 $0.075\mathrm{mm}$ 的颗粒含量不宜超过 5%；用砂砾石料填筑时，应做好砂砾料区的反滤和排水保护，砂砾石料中小于 $0.075\mathrm{mm}$ 颗粒含量不宜超过 8%。

3.3.4　填筑标准

高面板堆石坝填筑标准根据经验初步选定，设计应同时规定孔隙率或相对密度、坝料的碾压参数，并充分加水碾压，碾压参数、孔隙率和加水量等通过碾压试验复核、修正确定。垫层料孔隙率一般要求不大于 17%、砂砾料相对密度不小于 0.85，堆石料孔隙率不大于 20%。

3.4　趾板

高混凝土坝趾板应置于坚硬、不冲蚀和可灌浆的弱风化至新鲜基岩上。一般采用平趾板的布置型式，当岸坡很陡时，趾板的基础开挖的工程量很大，根据工程特点可采用等宽窄趾板（不通过下游防渗板灌浆）或采用斜趾板（垂直于趾板基准线的趾板剖面有倾斜底面或适应开挖后的岩面）布置方式。

趾板的宽度可根据趾板下基岩的允许水力梯度和地基处理措施确定，微风化及其以下的基岩允许水力梯度为 20，弱风化岩基允许水力梯度为 10～20；趾板宽度在满足灌浆孔布置后，可以通过在趾板下游设置防渗板（钢筋混凝土板或钢筋网喷混凝土板）延长渗径满足水力梯度要求，并用反滤料覆盖在防渗板的上面及其下游部分岩面上。

趾板混凝土的要求与面板混凝土相同，按单层双向配筋，每向配筋率可采用 0.3%～0.4%，钢筋的保护层厚度为 10～15cm。趾板应用锚筋与基岩连接，锚筋参数应根据稳定性要求和抵抗灌浆压力确定。

3.5　混凝土面板

面板的厚度应使面板承受的水力梯度不超过 200，高坝面板顶部厚度宜不小于 0.4m，面板厚度从顶部向底部逐渐增加；面板分缝应根据河谷形状、坝体变形及施工条件进行，垂直缝的间距可为 12m 左右；分期浇筑的面板，其顶高程与坝体填筑高程之差宜不小于 15m。

面板混凝土应具有较高的耐久性、抗渗性、抗裂性及施工和易性，高混凝土面板坝混凝土强度等级不应低于 C30，抗渗等级不应低于 W10，抗冻等级不低于 F100；混凝土中宜掺粉煤灰或其他优质掺合料，掺量一般为 15%～20%；面板混凝土水灰比应小于 0.45，坍落度宜控制在 3～7cm，含气量应控制在 4%～6%。在设计阶段应开展面板混凝土配合比、极限拉伸、徐变等材料试验项目。

高混凝土面板坝面板宜采用双层双向配筋，每向配筋率为 0.3%～0.4%，钢筋的保护层厚度宜为 10cm，并在压性垂直缝、周边缝以及临近周边缝的垂直缝两侧配置抗挤压钢筋，并形成箍筋形式。

3.6　接缝和止水

高面板堆石坝止水材料选择应充分考虑材料的耐久性和适应变形的能力，

可选用铜止水片、不锈钢止水片、无黏性填料和塑性填料等。其中止水片延伸率不小于 30%；覆盖接缝表面的无黏性材料的最大粒径应小于 1mm，其渗透系数至少应比特殊垫层区的渗透系数小一个数量级；塑性填料应具备足够的流动止水能力。

高面板坝周边缝应设底部铜止水片，并在缝顶部设塑性填料止水系统，同时在表面设无黏性填料自愈防渗措施。底部铜止水片和顶部塑性填料应自成封闭的止水系统，周边缝顶部塑性填料应与垂直缝的顶部塑性填料连接，或与垂直缝的铜止水片连接。铜止水片的底部应设置垫片，如 PVC、橡胶片或土工织物，周边缝内应设置一定强度的填充板，施工期间周边缝止水片应有保护设施。

根据坝址地形条件，参照三维有限元应力应变计算成果，并结合工程经验，确定高面板堆石坝两坝肩附近的张性垂直缝和河床部位压性垂直缝的范围。垂直缝的缝面应涂刷沥青乳剂或其他防黏结材料，应设底部铜止水片，并和周边缝底部的铜止水片连接，形成封闭的止水系统。张性垂直缝缝顶部设塑性填料止水系统，同时在表面设无黏性填料自愈防渗措施；为防止河床垂直缝挤压破坏，高坝应间隔设置能吸收坝轴向变形的压性垂直缝，缝内设置一定强度的填充板，填充板可压缩变形率需综合三维应力变形分析，兼顾防止挤压和协调周边缝位移确定。

水库蓄水后，防浪墙和面板都会发生位移，防浪墙和面板之间的接缝容易破坏，为确保该缝的止水效果，宜在缝内设置填充板；由于坝顶沉降，防浪墙分缝部位容易挤压破坏，缝内也应设置一定强度的填充板。

3.7　坝基处理

为减小坝体不均匀变形，高面板堆石坝应特别重视坝基岸坡的整形处理。趾板的基础开挖面应平顺，避免陡坎和反坡，当有妨碍垫层料碾压的反坡和陡坎，应作削坡或回填混凝土处理，或重新调整趾板位置；为避免周边缝附近面板出现较大的变形梯度，当趾板布置在冲沟上游侧或趾板下游岩石风化或地形突变，趾板下游地形坡度在垂直于趾板基准线方向陡于 1∶0.5，堆石体厚度变化较大，面板的变形梯度大，可能会在周边缝附近出现平行于周边缝方向的面板结构性裂缝，应设置低压缩堆石区或回填混凝土整形，如存在影响灌浆效果和质量时，应采用回填混凝土或喷混凝土后设置增模区处理；趾板下游约0.3～0.5 倍坝高范围内的堆石体地基宜具备低压缩性，开挖后，不应有妨碍堆石碾压的反坡和陡于 1：0.25 的陡坎，必要时应设置增模区，以减小堆石坝体的局部变形梯度。岸坡很陡时，堆石体厚度变化快，岸坡附近变形梯度较大，放缓开挖坡度或设堆石体的低压缩区都是为减小变形梯度的有效措施，可用有限元法分析确定开挖坡度和堆石体低压缩区的范围。

高面板坝趾板承受的水力梯度大，补强灌浆困难，应加强防渗和防止渗透破坏的措施。除做好趾板下基岩的灌浆外，灌浆帷幕的耐久性尤其重要，应有专门措施提高灌浆帷幕的耐久性和对表层基岩的灌浆压力；同时对趾板地基及其下游坝体基础一定范围内的断层、破碎带和软弱夹层等地质缺陷精心处理，根据它们的产状、规模和组成物质，研究其渗透、渗透变形和溶蚀后对坝基的影响，确定趾板下基岩允许的水力梯度、防渗处理和渗流控制措施，如混凝土塞、截水墙、扩大趾板宽度或设下游防渗板，并在其上和下游用反滤料保护等。

高面板坝趾板下的基岩应进行固结灌浆和帷幕灌浆处理。固结灌浆孔至少在帷幕上下游各布置一排深度应不小于 5m；帷幕宜布置在趾板中部，水头超过 100m 的基础，帷幕灌浆不宜少于 2 排，帷幕深度可按深入岩体透水率为 3Lu 区域内 5m，并不小于坝高 1/3，两岸坝肩应与相对不透水层或地下水位线衔接。

3.8　计算分析

3.8.1　渗流计算

高面板堆石坝应按反滤准则核算料间渗流过渡关系，重点核算垫层料和过渡料的关系，核算坝前铺盖料与特殊垫层区的关系，核算底层填筑料与地基土的关系，必要时核算不同坝料间的层间过渡关系；存在坝体内反向水压时，应核算垫层料和面板的反向渗透稳定性。

高面板堆石坝还应采用有限元进行坝体坝基三维渗流分析，分析各运行工况下坝体坝基各土层的渗透坡降及其渗透稳定性、计算渗漏量。计算工况除需考虑施工、运行中可能出现的典型代表性设计工况外，还应结合工程特点，假定防渗系统薄弱部位损坏，分析评估其对大坝安全的影响。

3.8.2　抗滑稳定计算

高面板堆石坝坝坡抗滑稳定分析应先采用规范规定的刚体极限平衡分析方

法，计算参数采用非线性强度指标，并用有限元法（强度折减）进行复核，必要时也可采用可靠度分析方法。

高面板堆石坝坝坡抗滑稳定分析重点进行地震工况下的抗滑稳定分析，包括设计地震、校核地震和极限抗震能力分析。根据规范，抗震稳定性分析主要是以拟静力极限平衡法为主，对高面板堆石坝还应采用动力有限元时程线法，计算出每一时刻坝坡的抗滑稳定安全系数，分析地震过程中坝坡抗滑稳定安全系数随时间的动态变化过程，结合最危险滑弧滑移变形量，综合评价坝坡的抗震安全性。

3.8.3　应力和变形分析

高面板堆石坝在设计阶段应采用三维有限元法进行静动力应力和变形计算分析，预测坝体和防渗体系在静力和动力作用下的变形、应力、位移，计算参数应由试验测定，并可参照已有工程经验适当修正。在应力和变形分析中，应能反映坝体界面的力学特性，并按照施工填筑和蓄水过程，模拟坝体分期加载的条件。在施工过程中还应及时分析现场条件变化，结合施工质量检测资料及安全监测资料，复核设计的合理性，必要时修改设计。

高面板堆石坝三维有限元计算，对面板、接缝等应采用精细化网格或子结构计算模型，重点分析坝体变形、面板应力变形、接缝位移，计算模型应能考虑坝料的流变和湿化影响、能反应面板脱空。

3.9　高面板堆石坝主要安全指标

高面板堆石坝安全控制指标包括坝体变形、面板应力、渗流、稳定等安全指标，重点是坝体变形控制和渗流控制安全指标。变形控制安全指标包括坝体最大位移、面板变形、接缝位移、面板浇筑前坝体位移速率等指标；应力控制标准主要为防渗主体面板的应力或应变控制标准；渗流控制指标包括坝基、坝体各区材料渗透系数、允许水力梯度、反滤准则等；稳定控制标准主要为不同工况下坝坡抗滑稳定安全系数。

3.9.1　渗流控制安全指标

面板坝的渗流控制系统包括混凝土面板、趾板、接缝止水、基础防渗帷幕及垫层料、过渡料、堆石料等形成的坝体综合体系。渗流控制的关键是确保坝

体和坝基的渗透稳定、防止渗透破坏，并控制坝体坝基的总渗漏量。影响面板
坝渗流安全的因素包括各区坝料的渗透系数、允许渗透坡降、层间反滤以及地
基渗透特性等。

1. 渗透系数

面板：$1 \times 10^{-9} \sim 1 \times 10^{-7}\, cm/s$。

垫层料：$i \times 10^{-3} \sim i \times 10^{-4}\, cm/s$。

过渡料：$i \times 10^{-2} \sim i \times 10^{-1}\, cm/s$。

堆石料：$i \times 10^{-1} \sim i \times 100\, cm/s$。

防渗帷幕：$1 \sim 3Lu$，相应渗透系数为 $2 \times 10^{-5} \sim 6 \times 10^{-5}\, cm/s$。

2. 水力梯度

混凝土面板堆石坝是以混凝土面板作为防渗体的一种土石坝坝型，面板作
为不透水材料，渗流安全性相对较高，但对于无面板坝体挡水度汛，以及混凝
土面板发生破坏情况，如接缝止水失效、面板发生挤压破坏或产生大量裂缝，
渗流安全将成为工程的突出问题。面板堆石坝的渗流安全，应实现面板防渗作
用失效时也是安全的，这就要求各坝体材料在不同工况下均能保证渗透稳定，
其内部水力梯度均不超过临界水力坡降。同时，坝基岩体也应具有足够的抗渗
水力梯度，防止坝基发生渗透破坏。允许水力梯度（或水力坡降）是面板堆石
坝渗透稳定性评估的重要指标，其控制指标包括固结灌浆岩体、面板、垫层
料、过渡料及堆石料等。

（1）面板水力梯度。根据混凝土材料特性及已建坝工程经验，对面板允许
水力梯度值取混凝土的允许水力梯度200。

（2）垫层料水力梯度。垫层料作为第二道防渗防线，当面板发生开裂或
破损，垫层料将承担大部分水头。垫层料如果发生渗透破坏，库水将通过渗
透破坏部位发生较大的渗漏量，导致下游坝体渗透破坏，危及坝体整体安
全。因此，垫层料的渗透稳定性尤为重要。决定垫层料允许渗透坡降的因素
主要为垫层料及其后过渡料的级配和压实度，对于理想级配与压实度的垫层
料在过渡料保护下具有较高的抗渗稳定性，允许水力梯度可取 $50 \sim 55$。

（3）过渡料及堆石料水力梯度。正常情况下，面板堆石坝水头几乎全部由
面板承担，当防渗面板或接缝止水损坏渗漏后，则由上游的垫层挡水限渗。过
渡料和堆石料渗透系数般均可达到比垫层料大100倍，认为可以自由排水，一
般其内部水力坡降均较缓。过渡料和堆石料本身粒径较大，抗渗破坏性能较
高，但由于块体间空隙较大，其内部细料易在空隙间流动，从而临界比降一般
较低，虽然存在细料流失，但骨架可以维持稳定，破坏比降较高，张家发等对

水布垭面板堆石坝过渡料渗透稳定研究表明，过渡料渗透坡降可以达到 7 以上。计算分析和实测资料也表明，面板和接缝止水完好的情况下，过渡料和堆石料内的水力坡降最大值仅为 0.5～1。

对于过渡料，要求能对垫层料形成反滤排水保护，其下游有堆石料保护，过渡料容许水力梯度取为 10；一般堆石料细颗粒含量较少，透水性能较好、渗透系数较大，渗流条件下即使内部细颗粒移动也不会影响堆石体的骨架作用，故可不对其提出容许水力梯度要求；对于细料含量较高的砂砾石料堆石体宜根据渗流特性参照垫层料反滤排水要求设计过渡保护料。

（4）坝基岩体及防渗帷幕。根据工程实践经验，新鲜、坚硬岩基几乎不会被冲蚀，允许水力梯度可在 20 以上，弱风化岩基水力梯度 10～20；强风化岩石的允许水力梯度在 5～10 之间。国内高面板堆石坝趾板基础一般均置于弱风化以下岩基，故坝基岩体经固结灌浆后容许水力梯度可按 15 控制。

对于防渗帷幕，已有研究成果表明，对于灌浆质量好的较完整的岩体内灌浆帷幕容许水力梯度可按 30 控制。

（5）层间反滤准则。无黏性土层间反滤准则在理论研究、试验验证的基础上，多位学者提出了不同的经验公式，最常见的有太沙基法、伯勒姆（Bertram）滤层准则、美国工程师兵团水道试验站提出的反滤准则、谢拉德（Sherard）反滤准则、中国水利水电科学研究院滤层准则（刘杰）、朱建华等提出的宽级配砾质土抗冲蚀破坏的极限反滤标准，以及《碾压式土石坝设计规范》（DL/T 5395—2007）建议准则。

面板堆石坝要求垫层区具有半透水性，小于 5mm 的颗粒含量为 35%～55%，小于 0.074mm 细粒含量为 4%～8%，这种级配料满足内部结构稳定或自反滤稳定的要求。从上述反滤准则实用性分析看，对垫层料保护的反滤准则太沙基、谢拉德和碾压土石坝设计规范基本一致，即可采用 $D_{15}/d_{85} \leqslant 4～5$、$D_{15}/d_{15} \geqslant 5$ 进行设计。

（6）坝体渗流量。渗流量是反应面板堆石坝防渗体系效果的一个综合指标，从有限元计算结果看，在坝体防渗系统完好的情况下，坝基渗漏量占总渗漏量的比值可高达 70% 以上，渗漏量大并不表明坝体安全存在问题。结合已建工程监测成果，高面板坝渗漏量建议按不大于 200L/s 控制。

3.9.2　坝体变形安全标准

从 200m 级高面板堆石坝的建设经验看，坝体变形控制是建设高面板堆石坝的关键问题，其重点是减小面板浇筑后的堆石体变形以及堆石体分区间的不均匀变形，减小面板脱空，避免挤压破坏。

面板堆石坝的坝体变形控制量化指标主要包括坝体最大沉降、顺河向最大水平位移、横河向水平位移、面板浇筑前下部坝体沉降速率。

1. 坝顶最大沉降

天生桥一级大坝 1999 年 3 月填筑至防浪墙底后设置坝顶临时视准线，至 2001 年 4 月，坝顶上游侧沉降累计最大值为 1165mm；浇筑防浪墙后在坝顶下游设置视准线，至 2013 年，沉降累计最大值为 308mm，则天生桥大坝填筑到顶后的后期沉降累计值达 1473mm，占最大坝高 0.82%。

通过对后期建设的洪家渡、三板溪、水布垭几座 200m 级面板坝坝顶沉降实测资料统计，建立永久视准线后坝顶沉降最大的三板溪为 38.67cm（2007 年），占最大坝高的 0.21%，几座坝运行性态均较好。经分析，竣工后的坝顶沉降实质上是后期填筑堆石体流变的结果，三板溪为超硬岩筑坝，后期变形明显，坝体达到变形稳定所需要的时间相对较长，考虑到以后建设的高面板堆石坝安全要求更高，坝料压实密度、施工期预沉降时间等控制更严格，故面板堆石坝坝顶最大沉降控制指标可为坝高的 0.2% 左右。

2. 坝体最大沉降

根据三板溪、洪家渡、水布垭等 200m 级面板坝沉降实测资料分析，坝体沉降总体变形规律为沉降随堆石填筑高度的增加而增大，沉降趋势随时间的延续而减缓，沉降极值与库水相关不显著，大部分沉降在施工期完成，约占总沉降值的 80%～90%，从实测值反演坝体最大沉降分析结果看，运行期最大沉降主要集中在坝体中部偏下游堆石区，除天生桥一级坝达到坝高的 2.08%～2.19%（蓄水后沉降增量为坝高的 0.56%）外，其余高面板坝最大沉降基本不超过最大坝高的 1.5%，蓄水后沉降增量不超过坝高的 0.2%。另外，采用软岩筑坝的董箐面板坝（坝高 150m）坝体最大沉降变形 205cm（2012 年 6 月），占最大坝高的 1.37%，蓄水前坝体变形 87%（180cm），蓄水运行 4 年后变形增量 25cm，为坝高的 0.17%，面板未产生结构性裂缝。阿里亚（Areia）坝高 160m，竣工期最大沉降为 356cm，约为坝高的 2.2%，是沉降量值最大的，但蓄水后最大沉降增量仅 30cm，约为坝高的 0.19%，坝顶运行 4 年后最大沉降为最大坝高的 0.18%，阿里亚坝虽然坝体最大沉降值较大，但因后期变形较小，故面板未出现挤压问题。因此，沉降变形除控制最大量值外，还应控制后期变形增量。

建议高面板堆石坝最大沉降根据筑坝材料特性按最大坝高的 1.0%～1.5% 控制，蓄水后沉降增量不超过坝高的 0.2%。

3. 坝体最大顺河向水平位移

坝体在自重和施工碾压荷载作用下，施工期中下部坝体呈现向上下游方向的鼓胀位移，即上游中下部坝体向上游位移，下游中下部坝体向下游位移，而上部坝体则呈现向坝轴线的向心位移，即上游坝体向下游位移，下游坝体向上游位移；蓄水后坝体主要受上游库水压力的作用，坝体整体呈现向下游的位移增量。一般情况下，水平位移的量值与坝料特性、坝体断面（坝坡坡比）有关，坝体模量越低，数值越大，坝坡越陡，施工期向上下游鼓胀位移越大，蓄水期向下游位移增量越大，由于下游向鼓胀位移与蓄水期位移叠加，故向下游位移的量值相对较大，坝体最大顺河向水平位移控制指标以下游向水平位移为目标。根据天生桥、洪家渡、三板溪、水布垭等 200m 级面板坝顺河向下游位移实测及反演成果，最大顺河向水平位移均不超过最大坝高的 0.3%（天生桥一级坝达到坝高的 0.53%～1.1% 除外）。

由于坝体对面板起支撑作用，面板堆石坝顺河向水平位移过大，一定程度上将会加剧面板与垫层料脱空，恶化面板受力条件，导致裂缝发生，已建天生桥一级下游向水平位移较大，出现的面板裂缝、面板脱空问题较其他几座坝明显。因此，结合已建工程经验，高面板坝坝体顺向水平位移建议按 0.3% 控制。

4. 坝体横河向水平位移

坝体横河向水平位移是由于河床坝体模量较岸坡基岩小，且河床坝段较高，可压缩变形体大，岸坡堆石体在自重及泊松效应的影响下，向可变形约束较小的方向位移，呈现两岸坡堆石体向河谷方向的变位，位移大小与坝高、河谷形状、坝料特性、填筑指标等因素密切相关，蓄水作用对其影响不大。坝体横河向位移使垫层料随坝体堆石向河床位移，因混凝土面板斜卧于垫层料上，故面板也有向河床位移的趋势，在受压区面板间接缝相对紧密后，继续变形将由面板混凝土本身的压缩变形承担，而面板混凝土的压缩模量远大于堆石，故变形较坝体堆石小，两者变形不相协调，从而在接触界面上产生一定的摩擦力，该力使河床部位面板混凝土内产生相应的压应力，如横河向位移较大，将导致面板挤压破坏，故需对坝体横河向水平位移也提出相应的控制指标。

天生桥一级面板坝 2003 年面板挤压破损前（2003 年 7 月 10 测量成果），破损部位（0+686）两侧 L3 视准线（面板顶部）向河床位移最大值分别为向左岸 7.2mm（0+578）、向右岸 13.8mm（0+978），在 400m 长度范围变形约 21mm，压缩应变约为 0.00525%；而 L4 视准线（坝顶下游侧堆石）向河床位移最大值分别为向左岸 15.4mm（0+534）、向右岸 33.1mm（0+978），在

444m 长度范围变形约 48.5mm，压缩应变约为 0.01092%。从上述测量数值看，两岸坝体堆石向河床位移量约为混凝土面板向河床位移量的两倍，面板底部因基础（堆石坝体）的向心位移必将在河床中部导致面板水平向受压。2013 年坝顶 L4 视准线轴向最大位移向左岸 48mm（0+534）、向右岸 83mm（0+978），在 444m 长度范围变形约 131mm，压缩应变约为 0.0295%，约为 2003 年压缩应变的 3 倍，从而造成天生桥一级河床面板多年来持续出现局部挤压破损。

清华大学根据截至 2013 年 5 月的天生桥一级大坝监测数据反演计算表明，2013 年 5 月坝体轴向位移左岸向右岸最大值为 404mm，右岸向左岸最大值为 518mm，约完成位移总量 98%，河床堆石体轴向压缩应变约为 0.23%；坝顶轴向位移左岸向右岸最大值为 109mm，右岸向左岸最大值为 134mm，约完成位移总量 89%，坝顶河床堆石体轴向压缩应变约为 0.05%。反演计算至 2003 年 7 月面板发生挤压破损使坝体变形结果，内部最大沉降为 3.68m，约为最终变形量的 94%，即面板发生挤压破损时，坝体内部最大轴向压缩应变已大部分完成。

结合天生桥一级面板发生挤压破损时顶部坝体压缩变形率和后期反演计算分析结果，为减小面板挤压破损发生几率，建议坝体横河向（坝轴向）两岸向河床水平位移在面板浇筑后相对变形率按 0.01% 控制，也可按坝顶 0.05% 控制，由于坝体内部最大轴向位移在坝体填筑期发生，且大部分在面板浇筑前完成，对面板的水平向压应力影响不大，故此时坝体内部两岸向河床水平位移相对变形率可按 0.1% 控制。

5. 面板浇筑前下部坝体沉降速率

根据已有面板坝监测成果可知，面板堆石坝的变形大部分在施工期完成，后期变形与坝料压实密度、母岩特性有关。有研究资料表明坝体堆石体填筑后前期 3 个月内沉降变形速率最大且收敛较快（在没有后期填筑影响情况下），填筑过程及第一个月的沉降可完成总沉降变形的 7%～8%，剩余的变形则在蓄水期及运行期较长时间完成，如天生桥一级后期沉降约占总沉降 20%，水布垭和洪家渡为 10% 左右。因此，面板施工时相应填筑分期的坝体应预留一定的沉降期，使面板浇筑时避开堆石体沉降的高峰期，以使坝体和面板的变形协调，尽量减小面板的脱空率。水布垭面板浇筑前预留沉降期为 3～6 个月，洪家渡为 3.7～7 个月，三板溪为 3～8 个月。

洪家渡面板坝建设中提出的沉降速率收敛指标：每期面板施工前，面板下部堆石的沉降变形率已趋于收敛，即监测显示的沉降曲线已过拐点，趋于平缓，月沉降变形值不大于 2～5mm。洪家渡的成功实践表明，200m 级高面板堆石坝的预沉降速率指标基本合适。

根据古水静力和流变参数计算的各期面板顶部垫层特征点沉降过程线表明，堆石体填筑到特征点高程后的较短时间内，特征点沉降值明显增大，随后沉降速率逐渐减小，在蓄水之后，由于水压力的作用，在一段时间内特征点的沉降也有增大。通过分析各特征点在变形初期的沉降过程及其收敛程度，如建议的三期面板的预沉降周期分别为 6 个月、5 个月和 5 个月下，其月沉降变形值均不大于 3mm/月。

结合上述工程经验，面板浇筑前，高面板堆石坝月沉降变形值可按不大于 5mm 控制。

3.9.3 面板变形与应力安全标准

面板作为面板坝防渗主体，其变形与应力性状直接影响大坝挡水防渗性能。天生桥一级、三板溪、水布垭等 200m 级面板坝运行期间，面板均出现不同程度的裂缝或挤压破坏，但不影响大坝整体运行安全。

1. 面板挠度

从天生桥一级、洪家渡、三板溪及水布垭等几座面板坝挠度监测结果看，200m 级面板坝面板挠度最大值在 16.8～62.5cm 之间，面板弦长比（面板挠度与面板长度比值）在 0.05%～0.26% 之间，其中以天生桥最大，挠度 81cm，弦长比达到 0.26%，以三板溪最小，挠度仅有 16.8cm，弦长比 0.05%。表 3.9-1 为几座高坝面板挠度反演结果，几座 200m 级高面板坝挠度最大值在 40.3～120cm 之间，面板弦长比 0.13%～0.65%。从面板运行安全来看，若以实测面板弦长比来作为面板坝挠度控制指标，高面板堆石坝弦长比控制在 0.2% 左右较合适的。

表 3.9-1　　　　　　　200m 级面板坝反演的面板挠度统计表

序号	项目	面板挠度最大值 /cm	面板弦长比（挠度与面板长度比值）	截止时间	工况	计算单位
1	天生桥一级	69.0	0.39	2002 年 1 月	运行期	南科院
		115	0.65	1999 年 8 月	运行期	清华大学
2	洪家渡	40.3	0.13	2007 年 5 月	满蓄后 2 年	南科院
3	三板溪	63.1	0.20	—	运行期	河海大学
4	水布垭	65.9	0.17	2011 年	运行 3 年	河海大学
		100.32	0.43	2012 年	竣工 6 年	武汉大学
5	巴贡	120	0.59	2009 年 7 月	满蓄期	南科院

2. 面板应力 (应变)

根据面板堆石坝观测成果及有限元计算分析结果，混凝土面板面板水平向应力表现为河床中间部位受压，两岸部位受拉，压应力较大的分布区域为河床中间部位中上部面板；混凝土面板顺坡应应力表现为面板中低部位受压、坝顶部位受拉，顺坡向压应力最大值均位于先期浇筑的面板中下部，最大拉应力位于河床中间部位面板顶部高程。

表 3.9－2 为 5 座 200m 级面板坝面板设计及运行情况统计表。从表可见，面板混凝土强度等级一般取 C25 或 C30，纵向配筋率均为 0.4%，横向配筋率为 0.3%～0.4%，运行期间均出现了不同程度的面板裂缝或挤压破坏问题，其中以天生桥最为严重。

表 3.9－2　　　　　　　200m 级面板坝面板设计及运行情况统计表

序号	项目	混凝土强度等级	配筋形式	配筋率/%	破 坏 情 况
1	天生桥一级	C25	一期、二期单层双向/三期双层双向	纵向 0.4 横向 0.3	面板裂缝 1296 条，发现 37 条垫层料裂缝，面板 L3、L4 分缝处发生挤压破坏
2	洪家渡	C30	双层双向	纵向 0.4 横向 0.3	面板裂缝 32 条，施工期发生垫层料坡面开裂
3	三板溪	C30	双层双向	纵向 0.4 横向 0.3	裂缝 77 条，分期面板间施工缝折断
4	水布垭	C30（一期）C30（二期）C25（三期）	单层双向/双层双向	纵向 0.4 横向 0.4	裂缝 886 条，施工期发生垫层料坡面开裂
5	巴贡	C30	单层双向/二期面板中部双层双向	纵向 0.4 横向 0.4	发生面板挤压破坏、趾板受面板作用后剪切破坏

表 3.9－3 为 5 座 200m 级面板坝面板混凝土顺坡向和水平向应变监测成果。从实测资料看，天生桥、三板溪、水布垭面板坝的顺坡向最大压应变均大于 $800×10^{-6}$，最大拉应变大于 $500×10^{-6}$，其中，天生桥最大压应变值达 $1061×10^{-6}$、三板溪最大拉应变 $724×10^{-6}$；天生桥、水布垭面板坝水平向最大压应变分别为达 $948×10^{-6}$ 和 $680×10^{-6}$，三板溪水平向最大拉应变 $994×10^{-6}$。实测拉应变较大的面板坝面板裂缝较多，水平向压应变较大的坝出现了面板挤压破损。

表 3.9－4 和表 3.9－5 为 3 座 200m 级面板坝面板混凝土顺坡向和水平向应力反演计算成果。从反演计算成果看，洪家渡、三板溪、水布垭面板坝的顺

表 3.9－3　　　　　　　面板顺坡向应变监测成果统计表

序号	项目	顺坡向最大拉应变值/10^{-6}	顺坡向最大压应变值/10^{-6}	水平向最大拉应变值/10^{-6}	水平向最大压应变值/10^{-6}
1	天生桥一级	＞500	1061	105	948
2	洪家渡	187	303	45	32
3	三板溪	724	800	994	154
4	水布垭	542.6	799	222.8	680
5	巴贡	123.7	480.2	140.5	361.6

表 3.9－4　　　　　200m 级面板坝反演的顺坡向应力统计表

序号	项目	顺坡向压应力/MPa	顺坡向拉应力/MPa	截止时间	工况	计算单位
1	洪家渡	8.3	5.5	2007 年 5 月	满蓄后 2 年	南京水利科学研究院
2	三板溪	12.91	3.38	—	运行期	河海大学
3	水布垭	22.32	3.24	2012 年	竣工 6 年	武汉大学

表 3.9－5　　　　200m 级高面板堆石坝反演的坝轴向应力统计表

序号	项目	坝轴向压应力/MPa	坝轴向拉应力/MPa	截止时间	工况	计算单位
1	洪家渡	3.2	3.0	2007 年 5 月	满蓄后 2 年	南京水利科学研究院
2	三板溪	10.92	1.57	—	满蓄期	河海大学
3	水布垭	7.12	2.95	2012 年	竣工 6 年	武汉大学

坡向最大压应力为 8～22MPa，最大拉应力 3～5MPa，三座坝水平向最大压应力 3～11MPa，水平向最大拉应力 1.5～3MPa。清华大学对 2013 年天生桥一级面板坝反演计算表明，混凝土顺坡向最大压应变 350×10^{-6}、水平向最大压应变 500×10^{-6}，面板水平向最大压应力约 12MPa。

从实测成果及计算分析看，面板堆石坝混凝土应力应变计算与实测结果虽然在应力应变分布规律上相近，但量值上仍有一定差距。已建高混凝土面板堆石坝混凝土设计指标为 C25～C30，水工混凝土结构设计规范规定混凝土的轴心抗压强度标准值为 16.7～20.1MPa、轴心抗拉强度标准值为 1.78～2.01MPa，混凝土的弹性模量为 28～30GPa，换算的轴心抗压弹性应变标准值为 596×10^{-6}～670×10^{-6}，轴心抗拉弹性应变标准值为 63×10^{-6}～67×10^{-6}，几座坝实测和计算的面板混凝土应变（力）已超过上述标准值，特别是拉应变（力）超出较多。

混凝土面板堆石坝面板为斜卧于堆石坝体上的窄条形薄板结构，目前设计理论和计算分析方法尚不成熟，面板混凝土应力应变安全控制指标难于完全按材料强度标准值或设计值控制。结合面板结构特点，要求面板混凝土在各种工况下不会被压坏，即抗压强度应满足要求，由于薄板结构抗拉能力较差，故可容许拉应力超过材料强度，但应配置钢筋限制裂缝开展。

已有试验研究成果表明，混凝土的极限压应变约 0.0033（即 3300 × 10^{-6}），结合实际监测成果和有限元计算分析结果，为确保混凝土不会压坏，面板混凝土压应变按 1000×10^{-6} 控制，如混凝土强度等级按 C30 考虑，则抗压强度为 30MPa，根据试验及经验，混凝土相应拉应变约 100×10^{-6}，面板承受的拉应力按 3.0MPa 控制，预测面板拉应力超过 3.0MPa 时应专门配置抗拉钢筋限制裂缝发展。

3.9.4　接缝变形安全标准

面板堆石坝接缝止水系统主要包括周边缝和垂直缝，周边缝连接面板与趾板，垂直缝连接相邻面板，接缝止水的位移变形能力应适应各接缝之间的变形，包括沉陷、剪切、张拉变形。

1. 周边缝位移

根据天生桥一级、洪家渡、三板溪、水布垭、巴贡 5 座 200m 级面板堆石坝周边缝变形监测成果，周边缝最大沉降值 3.5～45.7mm、最大剪切值 9.4～43.7mm、最大张开值 6.0～36.7mm，三向变位均较小，水布垭变位偏大。洪家渡、三板溪、水布垭反演的周边缝变位也较小，最大沉陷位移 33～49.4mm，最大法向位移 16～38.5mm，最大切向位移 18～50mm。

水布垭止水研究结果表明，铜止水的鼻宽 $d = 30mm$、鼻高 $H = 105mm$、铜片厚 $t = 1.0mm$，在张开 50mm、沉陷 100mm 和剪切 50mm 接缝位移作用下不会破坏；中国水利水电科学研究院研究成果表明，铜止水采用鼻子高 150mm、宽 30mm，并在翼板上单面复合 85mm 宽、3mm 厚的 GB 止水板，可以满足 300m 级面板堆石坝的接缝止水承受 80～100mm 的沉陷变形、80～100mm 的张开变形和 60～80mm 的剪切变形，以及 350m 的水头作用。

高面板堆石坝接缝位移安全指标应在止水结构所能适应的变形范围内，可按沉降 80mm、剪切 60mm、张开 80mm 控制。

2. 垂直缝位移

由实测资料看，垂直缝变形主要为张开变形，天生桥一级、洪家渡、三板溪、水布垭、巴贡 5 座 200m 级面板堆石坝垂直缝张开值为 11.4～35mm，总体量值较小，洪家渡、三板溪、水布垭反演的垂直缝最大沉陷为 11～26mm，最大法向位移为 9～30mm，最大切向位移为 29～50mm。

依据上述工程类比，高面板坝垂直缝位移安全指标可按沉降 40mm、剪切 40mm、张开 50mm 控制。

3.9.5　坝坡稳定安全标准

国内外已建面板堆石坝坝坡统计结果看（表 3.9-6 和表 3.9-7），坝壳采用堆石料的混凝土面板堆石坝上、下游坝坡大部分为 1:1.3～1:1.4，下游坡总体上略缓于上游坝坡，对于坝高大于 150m 的高坝，其上下游坝坡大多采用 1:1.4；坝壳完全或部分采用砂砾料的混凝土面板堆石坝上下游坝坡总体上缓于采用堆石料填筑的混凝土面板堆石坝，大部分上下游坝坡 1:1.5～1:1.6。

表 3.9-6　　　　　253 座面板堆石坝坝坡按坝高和坡度统计表

坝　高		各段坝坡占统计样本数的百分比/%			
		$m<1.3$	$1.3{\leqslant}m{\leqslant}1.4$	$1.4<m{\leqslant}1.5$	$1.5<m$
$H<100$m （样本数 170）	上游坡	7.6（13 座）	77.7（132 座）	8.8（15 座）	5.9（10 座）
	下游坡	0.6（1 座）	71.7（122 座）	15.9（27 座）	11.8（20 座）
$100{\leqslant}H<150$ （样本数 58）	上游坡	3.4（2 座）	81.0（47 座）	12.1（7 座）	3.5（2 座）
	下游坡	0	58.6（34 座）	29.3（17 座）	12.1（7 座）
$150{\leqslant}H<200$ （样本数 18）	上游坡	0	88.9（16 座）	5.6（1 座）	5.5（1 座）
	下游坡	0	77.8（14 座）	16.7（3 座）	5.5（1 座）
$200{\leqslant}H$ （样本数 7）	上游坡	0	100.0（7 座）	0	0
	下游坡	0	71.4（5 座）	28.6（2 座）	0
总计 （样本数 253）	上游坡	5.9（15 座）	79.8（202 座）	9.2（23 座）	5.1（13 座）
	下游坡	0.4（1 座）	69.2（175 座）	19.3（49 座）	11.1（28 座）

表 3.9-7　　　　　64 座砂砾石面板堆石坝坝坡统计表

坝　高		各段坝坡占统计样本数的百分比/%		
		$m{\leqslant}1.3$	$1.3<m<1.5$	$1.5{\leqslant}m$
$H<100$m （样本数 37）	上游坡	8.1（3 座）	24.3（9 座）	67.6（25 座）
	下游坡	5.4（2 座）	37.8（14 座）	56.8（21 座）
$100{\leqslant}H<150$ （样本数 19）	上游坡	0	21.1（4 座）	78.9（15 座）
	下游坡	5.3（1 座）	15.8（3 座）	78.9（15 座）

续表

坝　　高		各段坝坡占统计样本数的百分比/%		
		$m \leqslant 1.3$	$1.3 < m < 1.5$	$1.5 \leqslant m$
$150 \leqslant H < 200$ （样本数 8）	上游坡	0	25.0（2座）	75.0（6座）
	下游坡	0	62.5（5座）	37.5（3座）
总计 （样本数 64）	上游坡	4.7（3座）	23.4（15座）	71.9（46座）
	下游坡	4.7（3座）	34.4（22座）	60.9（39座）

　　从统计结果看，坝壳采用堆石料的混凝土面板堆石坝上游坝坡大部分为
1.3～1.5，下游坝坡也大部分为 1.3～1.5，但下游坡总体上略缓于上游坝坡。
随着坝高的增加，坝坡具有逐渐变缓的趋势，但对于坝高大于 150m 的高坝其
上下游坝坡大多采用 1：1.4。已修建的面板堆石坝都已经安全运行多年，均
未发生坝坡滑动问题，特别是坝高 156m 的紫坪铺大坝按Ⅷ度抗震设计烈度设
计（设计地震加速度峰值 0.26g），下游坝坡设成上缓下陡的坡度，约最大坝
高 1/4 的坝顶部位坝坡 1：1.5，以下为 1：1.4，经受了 2008 年汶川特大地
震，仅下游坝坡的部分护坡堆石有震松滑移，并未发生坝坡失稳情况。由此可
见，混凝土面板堆石坝能承受强震作用，坝体整体抗滑安全有保证。

　　针对 50～300m 不同坝高混凝土面板堆石坝，上下游坝坡分别为 1：1.3、
1：1.4、1：1.5 和 1：1.6，采用传统的极限平衡方法——毕肖普法逐一计算
坝坡稳定安全系数。计算参数采用国内外 37 个重要水利工程坝体硬岩堆石的
三轴固结排水试验资料，并用矩法和线性回归方法统计推荐的非线性指数指标
的参数（$\varphi_0 = 51°$，$\Delta\varphi = 11°$），计算成果见表 3.9 - 8。从计算结果可以看出，
随着坝坡的变陡、地震烈度的提高和坝高的增加，坝坡安全系数逐渐降低。

表 3.9 - 8　　　　　　　典型坝坝坡稳定分析（硬岩坝壳）

序号	坝高 /m	坝顶宽度 /m	上下游坝坡 1：1.3				上下游坝坡 1：1.4			
			地震烈度				地震烈度			
			无	Ⅶ度	Ⅷ度	Ⅸ度	无	Ⅶ度	Ⅷ度	Ⅸ度
1	100	8	1.542	1.376	1.251	1.068	1.645	1.519	1.384	1.180
2	150	10	1.482	1.325	1.243	1.065	1.576	1.409	1.321	1.143
3	200	12	1.384	1.285	1.207	1.064	1.470	1.362	1.281	1.144
4	250	15	1.346	1.249	1.176	1.052	1.429	1.324	1.245	1.114
5	300	20	1.313	1.220	1.148	1.029	1.394	1.292	1.215	1.088

续表

序号	坝高/m	坝顶宽度/m	上下游坝坡 1:1.5				上下游坝坡 1:1.6			
			地震烈度				地震烈度			
			无	Ⅶ度	Ⅷ度	Ⅸ度	无	Ⅶ度	Ⅷ度	Ⅸ度
1	100	8	1.744	1.608	1.477	1.258	1.842	1.639	1.517	1.293
2	150	10	1.668	1.489	1.397	1.217	1.760	1.568	1.469	1.290
3	200	12	1.555	1.439	1.351	1.206	1.640	1.514	1.419	1.265
4	250	15	1.511	1.398	1.313	1.172	1.592	1.470	1.379	1.229
5	300	20	1.474	1.363	1.280	1.145	1.551	1.433	1.344	1.200

现行规范规定的坝坡抗滑稳定最小安全系数，对于 1 级坝，要求正常运用情况下最小安全系数不小于 1.5，设计地震工况下最小安全系数不小于 1.2。由于高面板堆石坝工程多为高坝大库，失事后损失巨大、后果严重，对其抗滑稳定安全应特别重视，从不同运行工况下的稳定安全系数变化看，安全系数最低、可能造成坝坡失稳的主要是地震工况，故建议 200m 以上级高面板堆石坝坝坡抗滑稳定安全系数按正常运用情况下最小安全系数不小于 1.5、设计地震工况下最小安全系数不小于 1.2、校核地震工况下最小安全系数不小于 1.1、施工期最小安全系数不小于 1.3 控制。

对于地震工况，鉴于目前动力法计算坝坡稳定仍处于发展阶段，难以给出严格的定量标准，应根据滑动面的深度、范围及稳定指标超限持续时间和程度，以及具体分析方法的特点等，参考拟静力法标准，结合动力反应结果，综合评判坝坡的抗滑稳定性及其对大坝整体安全性的影响。

在动力法分析中，如果不控制滑动面的位置和规模，常常会出现最危险活动面是坝坡上局部的浅小滑弧。这类浅小滑弧其实体现的只是坝坡的局部稳定性，不宜作为评价坝坡是否整体稳定的滑动面的。

为此，建议有效滑动面的界定为滑动面应通过坝顶、且深度大于 5m；对于有效滑动面，其安全评价标准如下：

（1）对于动力等效值法，最小安全系数 $F_s < 1.0$，则认为坝坡存在失稳的可能性。

（2）对于动力时程线法，如果地震过程中，最小安全系数 $F_s < 1.0$ 的累积时间大于 1s，则认为坝坡存在失稳的可能性。

3.9.6 小结

综上所述，高面板堆石坝主要安全控制指标按成熟度分类为推荐性、建议性和参考类 3 种，见表 3.9-9。

表 3.9-9　　　　　　　　高面板堆石坝安全控制指标表

项　目	分　项　名　称	指标类别	指　标　或　原　则
渗流安全控制指标	面板水力梯度	建议性	200
	垫层料水力梯度（正向/反向）	推荐性	50/0.5
	层间反滤准则	推荐性	$D_{15}/d_{85} \leqslant 4$；$D_{15}/d_{15} \geqslant 5$
	最大渗漏量	参考类	200L/s
坝体变形安全控制指标	坝顶最大沉降（占坝高比值）	推荐性	0.2%
	坝体最大沉降（占坝高比值）	推荐性	1.0%～1.5%
	最大顺河向水平位移（占坝高比值）	参考类	0.3%
	面板浇筑前下部坝体沉降速率	推荐性	小于 5mm/月
	坝体预沉降时间	建议性	大于 5 个月
面板及接缝应力变形安全控制指标	面板挠度弦长比	建议性	0.25%
	面板裂缝宽度	推荐性	0.2mm
	面板混凝土压应变	参考类	1000×10^{-6}
	周边缝最大沉降/法向/切向位移	推荐性	80mm/80mm/60mm
	垂直缝最大沉降/法向/切向位移	建议性	40mm/50mm/40mm
坝坡稳定安全系数控制指标	正常运行下游坝坡	推荐性	1.5
	地震工况下游坝坡（拟静力法）	推荐性	1.2 校核地震应大于 1.1
	地震工况下游坝坡（动力法）	建议性	滑动面应通过坝顶、且深度大于 5m，对于动力等效值法最小安全系数 $F_s > 1.0$，对于动力时程线法，最小安全系数 $F_s < 1.0$ 的累积时间小于 1s
	施工期上下游坝坡	推荐性	1.3

3.10　高面板堆石坝设计工程措施研究

混凝土面板堆石坝支撑坝体的主要材料是散粒体结构，对土石坝因安全问题造成危害最大的风险是溃坝，造成溃坝原因主要包括洪水漫坝、渗流破坏、坝体上下游坝坡失稳滑坡等。其中渗流破坏、坝坡失稳属于坝体自身安全问题，通过加强坝体渗流控制、变形控制等措施可以避免其发生；而造成洪水漫顶的原因很多，包括遭遇超标准洪水或因计泄洪能力不足造成库水漫顶，库区因库岸滑坡或地震等形成涌浪翻越坝顶，因泄洪建筑物运行调度闸门不能开启或其他原因泄洪建筑物不能正常过流导致洪水蓄积库内、库水抬升而漫顶，故高面板堆石坝安全除需要关注坝体自身安全，还需有从设计标准、枢纽泄洪建筑和应急放空建筑物布置、坝顶超高等提高枢纽整体安全方面的工程措施。

3.10.1　枢纽整体性安全措施

枢纽整体性安全措施主要以防止库水漫顶为目的，从设计标准、枢纽建筑物布置、坝顶超高、风险分析 4 个方面考虑。

1. 较高的设计安全标准

根据《水电枢纽工程等级划分及设计安全标准》（DL 5180—2003）的规定，水电水利工程为一等大（1）型的建筑物级别为 1 级建筑物，相应的结构安全级别为Ⅰ级，为规范规定的最高安全级别，高混凝土面板堆石坝对应的工程规模是否为一等大（1）型，均应按 1 级建筑物的结构安全级别、洪水标准、抗震标准设计。

由于土石坝失事后溃坝速度很快，对下游相当大范围内会造成严重灾害，为避免因出现超标准洪水而漫顶溃坝，高面板堆石坝校核洪水标准应采用规范上限值，即采用可能最大洪水（PMF）或 10000 年一遇洪水标准，由于可能最大洪水（PMF）与频率分析法在计算理论和方法上都不相同，在选择采用频率法的重现期 10000 年一遇洪水还是采用 PMF 时，应根据计算成果的合理性来确定。当用水文气象法求得的 PMF 较为合理时（不论其所相当的重现期是多少），则采用 PMF；当用频率分析法求得的重现期 10000 年洪水较为合理时，则采用重现期 10000 年洪水；当两者可靠程度相同时，为安全起见，应采用其中较大者。

另外，为减小因强震造成高面板堆石坝坝坡失稳滑坡溃坝的发生几率，应采用概率水准为 100 年超越概率 1‰的地震动参数对大坝抗震安全进行校核，且校核工况下坝坡抗滑稳定安全系数不小于 1.1。

2. 枢纽建筑布置

高面板堆石坝枢纽布置因特别重视泄洪建筑和降低库水位的放空建筑。从工程运行实践经验看，由于高坝泄洪隧洞运行水头较高，闸门、启闭设备及流道结构风险相对较大，为减少因泄洪建筑物自身原因而导致泄水不畅的几率，因此高面板堆石坝枢纽布置时，泄洪建筑物应以能自由敞泄的表孔为主，泄洪隧洞为辅助，即泄水建筑物优先采用开敞式溢洪道，对于狭窄河谷无有利地形布置开敞式溢洪道时，也可采用开敞式表孔与无压隧洞相结合的溢洪洞，一般表孔的泄流能力应达到总泄流能力的 80％以上；并在确定泄流能力时，将部分泄洪建筑物作为安全储备，不参与调洪分析。

为应对极端情况下坝体出现异常需降低库水位，减小溃坝风险或溃坝洪水危害，高面板堆石坝枢纽应结合后期导流、运行调度的灵活性以及应急放空要求布置放空泄水建筑物。

同时，为确保在地震等极端工况下泄水建筑物闸门启闭，泄洪建筑物应设置应急启闭电源，并适当布置远程控制设施，有条件者按无闸泄水建筑物设计。

3. 适当富裕度的安全超高

坝顶安全超高的确定充分考虑各种运行工况，地震工况预留合理的地震涌浪超高和地震沉陷超高，坝前有滑坡堆积体分布时应考虑滑坡涌浪，同时针对不同泄水建筑物的运行风险，将风险较大的泄洪建筑物作为安全储备而不考虑其泄洪能力再调洪确定防洪水位和安全超高。

如古水水电站由于近坝库段分布有规模较大的梅里石滑坡群，虽初步分析无高速滑坡的可能性，但由于其规模较大，结合工程的重要性考虑，坝顶高程计算工况增加滑坡涌浪超高计算工况；考虑到 3 条溢洪洞在遭遇 PMF 校核洪水时，如有 1 条溢洪洞不能投入运行（即不计入其泄量），枢纽区的泄洪设施为两条溢洪洞和 1 条泄洪洞，闸门全开，宣泄 PMF 校核洪水，经调洪复核，当遭遇校核洪水、一条溢洪洞不能参与泄洪的非常工况时，其水位比校核洪水位抬高 5m，距坝顶高程尚有 5.15m 的高差。最终确定的坝顶高程比正常蓄水位高 20m。

4. 做好风险分析、预留高坝结构安全余度

建立水电站高坝大库的风险因子识别，并建立风险数据库，针对不同的风险进行分析、组合和风险评估。对一般的风险因子进行过程检查和巡视控制等手段，并对其中产生较严重后果的风险因子应建立应急预案，并制定措施，以便在工程建设和运行过程针对性处理突发事件。

由于土石坝筑坝材料的不均一性、高坝坝体受力及工作状态的复杂性以及坝体应力变形计算预测的精度不足等问题客观存在，目前土石坝变形计算中存

在"高坝算小，低坝算大"的情况，为提高面板堆石坝变形控制的安全裕度，在整理坝料模型参数时，可将不同组的平行试验所得数据绘制于同一图形中，求取相对偏低的坝料参数平均值后，根据已建工程反演参数成果，对试验参数折减后应用于坝体变形数值计算中，再按预测结果确定设计工程措施。

如古水坝料计算参数采用邓肯推荐方法（75%和95%两点）、70%～95%数据范围法、平行试验点集法 3 种方法（分别简称两点法、范围法、点集法）求取了相关坝料的模型参数，并进行了对比分析后，采用点集法以小值平均值的方式求取试验参数；结合工程安全考虑，3B、3C 堆石区虽然初拟孔隙率为 18%，参数选取时仍以 20%孔隙率试验值为参考，结合已建其他工程坝料反演参数与试验参数的差异统计结果，对邓肯-张模型参数 K、K_b 值折减 20%～30%后作为设计参数进行应力变形分析，以此确定坝体、面板、接缝等在各阶段的变形应力指标和工程措施。

3.10.2 渗流控制措施

面板堆石坝的防渗系统主要由面板、趾板、接缝止水和防渗帷幕构成，其中面板和接缝止水的设计更是关键。同时伴随面板堆石坝的发展，在建设中研究发现，高面板堆石坝发生渗透破坏主要是由于面板或者接缝止水局部破坏，形成渗漏通道，然后通过垫层破坏坝体，倘若坝体分区之间不满足反滤准则要求，就可能发生坝体渗透破坏。所以面板堆石坝渗流控制的目的一方面是确保坝体不出现过大的渗漏；另一方面是在出现过大的渗漏情况下，保证坝体的渗透稳定，即避免堆石中细料的大量流失，从而导致堆石体的附加变形，并进一步导致面板的破坏。

1. 合理的坝体分区

为达到渗透稳定，坝体按照"上堵下排"的原则进行分区设计；各分区坝料间满足水力过渡的要求，自上游向下游坝料的渗透系数递增，相邻区下游坝料对上游区应具有反滤保护作用；同时，各分区应有合适的结构尺寸，材料内部水力梯度应小于允许水力梯度。

2. 严格的坝料间反滤保护

为保证面板堆石坝坝体渗流稳定，需优选垫层料级配，实现其对面板上游铺盖料的反滤保护和渗流条件下内部结构自稳，施工中又不产生分离，垫层料应起到限制渗漏作用，又可为面板或接缝止水局部损坏时进行水下堵漏创造条件。应确保垫层料与上游防渗铺盖、自愈型接缝止水防渗材料有良好的反滤过渡关系，同时，垫层料与过渡料间也应满足反滤过渡要求。

面板堆石坝规范明确规定垫层料中小于 5mm 的颗粒含量为 $35\%\sim55\%$，小于 0.074mm 细粒含量为 $4\%\sim8\%$，这种级配料满足内部结构稳定或自反滤稳定的要求。

从已有研究成果看，面板堆石坝各料区之间的反滤过渡多针对无黏性材料的保护与排水（面板上游采用黏土铺盖辅助防渗除外），反滤准则可采用 $D_{15}/d_{85}\leqslant4\sim5$、$D_{15}/d_{15}\geqslant5$ 进行核算。

3. 适应大变形的防渗与自愈相结合的周边缝结构

已有试验成果表明，通过增加铜止水片的鼻子尺寸大小（即活动部分）来适应止水片更大的变形能力。水布垭止水研究结果表明，铜止水的鼻宽 $d=30mm$、鼻高 $H=105mm$、铜片厚 $t=1.0mm$，在张开 50mm、沉陷 100mm 和剪切 50mm 接缝位移作用下不会破坏；水科院试验成果也表明，铜止水采用鼻子高 150mm、宽 30mm，并在翼板上单面复合 85mm 宽、3mm 厚的 GB 止水板，可以满足 300m 级面板堆石坝的接缝止水承受 $80\sim100mm$ 的沉陷变形、$80\sim100mm$ 的张开变形和 $60\sim80mm$ 的剪切变形，以及 350m 的水头作用。对于按沉降 80mm、剪切 60mm、张开 80mm 控制的 300m 级周边缝位移量，铜片止水已可完全适应。

周边缝顶用无黏性填料进行仿真模型试验证明：粉细砂、粉煤灰等无黏性材料在周边缝变形、下部铜片止水损坏时，水流将带动这些材料进入缝中，经缝底沥青砂、垫层料的反滤作用而将缝充填，达到止水效果，堵漏效果好，且这类材料没有老化问题。

根据上述研究结果，高面板坝接缝设计原则如下：止水片和混凝土的黏结力应大于库水压力；止水片的尺寸应适应接缝的位移；高坝应有自愈系统，即缝顶有无黏性材料，缝底有反滤料，无黏性材料的渗透系数应比反滤料的渗透系数小一个数量级。

4. 提高坝基抗渗稳定性

由于高面板堆石坝水头较高，除保证坝体的渗流稳定外，对坝基岩体也要求满足渗透稳定，提高坝基岩体的防渗能力和渗流稳定性，可采用对趾板地基进行固结灌浆、帷幕灌浆，并对趾板下游坝基覆盖反滤料保护的工程措施。

5. 加强面板结构设计及防裂处理

根据已建面板堆石坝的经验教训，目前高面板堆石坝面板结构上出现较多的问题是面板裂缝和挤压破损。工程上一般将面板裂缝分为结构性裂缝和混凝土收缩性裂缝。

（1）面板混凝土收缩性裂缝处理措施。面板混凝土收缩性裂缝主要是由于施工过程及运行初期混凝土水化热温升和降温及外部气温升降引起的内外温差、混凝土自身体积变形引起的收缩、湿度变化引起的干缩、周边约束引起的应力和应变等导致的荷载作用引起。面板混凝土收缩性裂缝处理措施如下：

1）根据工程区气候特点，面板浇筑宜选择空气湿润的季节浇筑。

2）优选混凝土原材料及优化混凝土配合比。采用高效减水剂和优质引气剂、掺加粉煤灰、采用较低的水胶比、选用水化热较低的水泥、选用弹模适中、线膨胀系数小的骨料。

3）面板混凝土中掺用聚丙烯等纤维、氧化镁等减缩剂，以起到补偿收敛的作用。

4）面板混凝土强度不低于 30MPa，适当提高抗渗、抗冻等级，增加混凝土抗裂性能指标要求。

5）加强混凝土养护。采用铺薄膜进行保温，上覆盖麻袋进行保湿面板混凝土表面保湿、保温措施，适当延长养护时间，一般要求面板养护应到初期蓄水时期。

6）混凝土表面涂刷水泥基等防护涂层，以防止混凝土裂缝、冻胀，同时提高面板的耐久性。

7）采取综合措施尽量减少对面板的约束。如挤压边墙混凝土要求具有低强度、低弹模性能，表面喷涂乳化沥青，并沿面板垂直缝割断；也可采用掺粉煤灰的低标号砂浆固坡，表面喷涂乳化沥青。同时，尽量减少插入垫层的面板架立钢筋，插入深度不大于 30cm，混凝土浇筑前将其割断。

（2）面板混凝土结构性裂缝处理措施研究。面板结构性裂缝是指沉降变形、位移、脱空及遭到强震而发生的裂缝，其中面板水平向结构性裂缝主要发生在施工期或水库初蓄期，堆石体下部经过较长时间的变形已趋于收敛，或水库初次蓄水对面板下部产生挤压作用，面板紧贴坝体向下游变形，而面板中上部由于堆石体的继续填筑或变形不收敛，向上游有较大的变形，从而导致面板出现水平向结构性裂缝，甚至发生错台和折断，多发生在水库储蓄期面板顶部以及面板分期界线部位。而平行于岸坡的结构性裂缝，多因趾板后面的堆石体填筑过快或紧临趾板槽的堆石体基础起伏较大引起面板的不均匀沉降而产生，如天生桥一级面板坝两岸出现斜向裂缝，巴西 Xingo 坝左坝肩垫层料出现平行于趾板方向裂缝，蓄水后面板在靠近岸坡部位发生结构性裂缝，天荒坪下库面板发生了平行于趾板方向的结构性裂缝。

综合以上工程经验和教训，结构性裂缝的预防及控制措施拟从面板结构设计、堆石体填筑过程、堆石填筑标准、蓄水过程等方面控制，主要如下：

1）面板厚度适当增大，配筋采用双层双向，岸坡附近和河床中部面板缝周边设加强筋。

2）各期面板浇筑前，在垫层料表面埋设 PVC 花管，当面板出现脱空后采用水泥净浆或水泥粉煤灰浆液等进行灌注处理。

3）按照坝体均匀变形的原则进行坝体分区和填筑过程控制，同时提高坝体顶部堆石的压实度，减小顶部堆石的后期变形。

4）选择合适的面板浇筑时间，避开堆石的高峰沉降流变期。

5）选择合适的蓄水时间，并控制库水位涨落速率。

（3）面板垂直缝挤压破损防止措施。近年来，一些高面板堆石坝工程相继出现了河床段面板挤压破坏现象，如我国的天生桥一级面板坝、三板溪面板坝、巴西的 Barra Grande 面板坝和 Campos Novos 面板坝、莱索托的 Mohale 面板坝等。其主要原因是堆石体的变形，除此之外，还有其他影响因素，如河谷形状、坝高、面板厚度、面板分缝设计、混凝土受力状态、面板钢筋、面板的运行环境、地震等。面板垂直缝挤压破坏一般发生在河床中部坝顶，从面板的顶部一直向下延伸；面板水平挤压破坏且常处于中下部面板及面板分期分界线部位，水平挤压破坏不易发现和定位；斜向挤压破坏主要是堆石变形导致面板发生转动，由于底部受到约束，面板应力发生改变导致的。

面板垂直缝混凝土挤压破损主要是由于面板下游堆石坝体在面板浇筑之后进一步沉降变形，因河床部位和左岸偏河床部位坝体沉降增量大于两岸，在堆石体变形调整过程中，沉降较小的两岸坡堆石坝体向沉降较大的中部坝段位移，而面板在自重及水压力作用下贴于坝体垫层料上，在垫层料随坝体堆石向河床位移过程中，两岸坡面板也有向河床位移的趋势，而面板混凝土的压缩模量远大于堆石，故变形较坝体堆石小，两者变形不相协调，从而在面板底部与垫层料接触界面上产生相应的摩擦力，该力使河床部位面板混凝土内产生相应的压应力。另外由于面板结构及变形特性，面板在纵向接缝处存在接触转动挤压效应，该挤压效应会在接缝两侧附近的面板表面处产生应力集中效应，是导致面板发生挤压破坏的主要原因。

根据天生桥一级河床面板垂直缝设置为全硬缝方案、受压区预设 10 条柔性缝（缝宽 16mm，缝内填塞橡胶板，极限压缩变形为 8mm）方案、受压区布置 5 条柔性缝方案的仿真计算表明，设置 5 条和 10 条柔性缝后，面板轴向最大挤压应力比全硬缝方案分别降低了 23% 和 46%，可见在面板受压区设置软缝，可有效减低面板轴向的挤压应力；此外，设置 10 条柔性缝后对两岸张拉缝张开量虽具一定的影响，但影响的量级不大，最大张开量由 11mm 增大为 12mm。

综上所述，在河床中部面板垂直缝设置橡胶板或沥青木板等有一定弹性模量且可压缩回弹的板材，对吸收面板纵向累积变形、改善缝面顶部应力集中状态、防止面板挤压破损有显著作用。

3.10.3　坝体变形控制措施

研究成果表明，堆石体的变形包括主压缩变形、次压缩变形和蠕变变形（流变变形）。主压缩变形主要通过降低堆石孔隙率来实现，在堆石碾压过程中很快就完成；次压缩变形主要由堆石上覆压重来完成，发生在主压缩变形后，变形速率较主压缩阶段小；而堆石体的蠕变变形则在堆石填筑完成后还要延续相当长的一段时间，要在很长一段时间内才能完成。堆石体各阶段的变形特性主要与母岩特性和压实密度有关。

坝体变形控制目标包括大坝总体变形量、面板浇筑后的坝体变形增量和变形梯度，变形梯度控制主要是控制不均匀变形。总体变形量控制可通过选择优质硬岩堆石料，提高坝料压实密度的措施实现；面板浇筑后的坝体变形增量可通过优选后期变形小的坝料和压实参数，同时采用面板浇筑前超高填筑堆石坝体、延长面板浇筑前坝体预沉降时间或选取较小的沉降速率等施工控制措施；不均匀变形可通过优化坝体分区（期）、控制不同区域坝料模量差、施工时采取平衡上升的填筑方式、分期蓄水预压等措施。

1. 减小坝体变形总量的工程措施

坝料特性试验成果及工程实践经验表明，坝料填筑密度对坝体变形有直接影响，坝料密实度越高，压缩模量越大，在后期荷载作用下的压缩变形越小。如古水电站玄武岩堆石料，平均饱和状态压缩模量孔隙率 22% 时为 120MPa，而孔隙率 18% 的坝料则可达 165MPa；以该坝料压缩试验曲线按分层法计算 300m 高坝体最大沉降分别为 5.89m 和 4.40m，坝体压实至 22% 孔隙率比压实至 18% 孔隙率高 1.49m，总体沉降变形增加 33.86%；以两种坝料三轴剪切试验确定的应力应变参数采用平面有限元计算 300m 高坝体最大沉降变形分别为 3.02m 和 1.71m，即坝料压实至 22% 孔隙率比压实至 18% 孔隙率有限元预测坝体最大沉降变形多 1.31m，增幅达 76.6%。因此，对于 300m 级高坝，筑坝材料应采用较高的密实度、较小的孔隙率指标设计，采用重型碾、薄层厚、足量加水的施工碾压措施，使筑坝材料尽量压密。

同时，岩性对坝体变形的影响也较大，对于相同孔隙率的填筑密实度，含软弱岩石坝体的沉降变形远大于硬岩料。以糯扎渡花岗岩和沉积岩为例，花岗岩饱和抗压强度一般大于 60MPa，为硬岩，而沉积岩包含泥质软岩和砂质中硬岩，软岩含量约为 20%～40%。对孔隙率 19%、24%的两种坝料进行压缩试验后三轴剪切试验，用所得参数分别进行 300m 级坝沉降计算分析，19%孔隙率按分层法计算所得坝体最大沉降分别为 1.082m 和 3.053m，平面有限元计算所得坝体最大沉降分别为 1.47m 和 4.17m，硬岩料坝体最大变形仅为软质岩坝体变形的 1/3；24%孔隙率按分层法计算所得坝体最大沉降分别为 2.363m 和 5.355m，平面有限元计算所得坝体最大沉降分别为 3.56m 和 7.34m，硬岩料坝体最大变形约为软质岩坝体变形的 1/2。

国内 150～200m 级面板堆石坝上、下游堆石区筑坝材料主要特点见表 3.10－1。与 100m 级高坝和 2000 年以前已建坝相比，大坝坝料的孔隙率和干密度提出了更高的要求，上游堆石料孔隙率一般为 20%左右，下游堆石料孔隙率一般为 21%左右。

表 3.10－1　　国内 150～200m 级面板堆石坝上、下游堆石区筑坝材料主要特点

序号	工程名称	上 游 堆 石 区			下 游 堆 石 区		
		堆石料	抗压强度/MPa	孔隙率/%	堆石料	抗压强度/MPa	孔隙率/%
1	天生桥一级	灰岩	>60	22	砂泥岩	>30	24
2	洪家渡	灰岩	>60	20.02	泥质灰岩	>30	22.26/20.02
3	紫坪铺	灰岩	>30	22	灰岩、河床砂卵石	>30	22
4	吉林台一级	凝灰岩砂砾石	>90	22～24	凝灰岩砂砾石	>90	22～26
5	三板溪	凝灰质砂岩、板岩	>84	19.33	泥质粉砂岩夹板岩	>15	19.48
6	水布垭	灰岩	>70	19.6	灰岩、泥灰岩	>30	20.7
7	滩坑	火山集块岩、砂砾石	>60	18～20	火山集块岩、砂砾石	>60	22
8	董箐	砂岩夹泥岩	>60	19.41	砂岩夹泥岩	>20	19.41
9	马鹿塘二期	花岗岩	>60	—	花岗岩	>60	—
10	江坪河	砂砾石、冰碛砾岩	>60	17.6～19.7	冰碛砾岩、灰岩	>50	19.7

针对高面板坝最大沉降变形约为坝高 1%的总体变形控制指标，建议筑坝材料采用硬质岩，压实孔隙率不大于 19%；含软质岩的筑坝材料经论证后只能用于下游坝体，并限制软岩含量，压实孔隙率不大于 18%。

2. 减小面板浇筑后坝体变形增量的工程措施

后期变形对混凝土面板堆石坝面板的运行性状有着重大影响，国内外已建的一些 200m 级高面板坝工程在运行过程中发生的面板压碎、拉裂等破坏现象基本都与坝体后期变形有关。如天生桥一级面板坝，在运行期间由于后期变形大，混凝土面板发生了局部挤压破损。国外高 185m 的 Barra Grande 面板坝和高 202m 的 Campos Novos 面板坝，运行期由于坝体后期变形大，都出现了面板压碎破坏现象。

堆石体的后期变形包括湿化、流变等变形。湿化变形的机理是，堆石体在一定应力状态下浸水，其颗粒之间被水润滑，颗粒矿物发生浸水软化，颗粒发生相互滑移、破碎和重新排列，从而导致体积缩小的现象；堆石体的流变在宏观上表现为：高接触应力—颗粒破碎和颗粒重新排列—应力释放、调整和转移的循环过程，在这种反复过程中，堆石体的变形逐渐完成。因此，堆石料后期变形是由于堆石体颗粒材料在一定的应力状态下，发生破碎、滑移和重新排列，导致堆石体发生体积变形的现象，面板堆石坝计算分析中大多统称为流变变形。

面板坝数值分析中，如不考虑流变可能导致计算结果偏小，同时，考虑流变后计算所得的面板应力变形规律也不一样。针对公伯峡水电站面板坝（高 134m）和两河口水电站面板坝（高 310m）方案三维有限元计算结果显示：考虑坝料的流变特性后，坝体沉降增加较为明显，坝体水平位移变化相对较小；与不考虑流变相比，考虑流变因素后，面板挠度和轴向位移都有所增加，面板轴向应力表现为拉、压应力均有所增加，面板顺坡向应力表现为压应力增加，拉应力有所减小。根据考虑流变情况下面板应力分布推断：如果堆石料流变过大，可能引起面板应力较大，河床中部面板压性垂直缝可能压碎，两端可能拉裂。而面板中下部可能因顺坡向压应力超标产生裂缝。因此高面板坝设计中应考虑后期变形对混凝土面板的危害，一方面要考虑减小后期变形的措施；另一方面要从结构上化解后期变形不利影响。减小后期变形具体工程措施如下：

（1）优选筑坝材料。堆石体颗粒破碎主要受母岩强度、水理特性等影响，也与施工期间（碾压荷载）、运行期间的应力状况、环境等有关。已有研究成果及天生桥一级的实践经验表明，硬质岩后期变形较软质岩小得多，软化系数小的堆石料湿化和流变较大，密实度低的坝料比密实度高的坝料流变大，故高面板堆石坝应采用软化系数大的硬质岩填筑。

（2）重型碾、足量加水施工碾压。通过高功率碾压设备，并加水使坝料软化，使大部分筑坝材料颗粒在施工期间破损、滑移调整，从而减小后期变形。

（3）优选施工程序和面板浇筑时间。

1）面板浇筑前坝体断面填筑超高。实践经验和前期研究成果表明，超填高度对面板脱空的影响较大。在不进行超高填筑的情况下，前期浇筑的面板在后续坝体填筑上升过程中会出现明显的面板脱空现象。但通过增加面板浇筑前后部坝体的超填高度，面板的脱空逐步减小。

在分期面板开始浇筑时，除面板施工作业场地外，其后部坝体可尽量填高，一般情况下在分期面板浇筑前，后部坝体顶部采取 $10\sim20m$ 的超填措施可明显减小面板的脱空规模，在超填高度一定的情况下增加超高填筑体的宽度也有助于减小面板脱空，即平起填筑方案面板脱空相对较小。

2）预沉降时间和控制预沉降速率。通过对已有高坝的分析和沉降控制的分析和实践，堆石坝体在填筑后 6 个月内和第一个雨季是后期变形发展的快速阶段，为此针对高面板堆石坝提出了坝体预沉降量化控制两项指标：①预沉降收敛控制指标；②预沉降时间控制指标。预沉降收敛指标：即每期面板施工前，面板下堆石体的沉降变形率已趋于收敛，即监测显示的沉降曲线已过拐点，趋于平缓，月沉降变形值不大于 $2\sim5mm$；预沉降时间指标：即每期面板施工前，面板下部堆石体应有 3～7 个月预沉降期。重点控制预沉降收敛指标。

3. 减小坝体不均匀变形的工程措施

（1）坝体精细化分区。面板堆石坝的坝料分区具有重要意义，因堆石体的变形直接影响到混凝土面板和其他防渗结构体的工作可靠性，所以堆石体的变形应是防渗结构所允许的；另外，从渗流角度看，要求堆石坝体在施工期能够挡水度汛，运行期渗透水能通畅往下游排除，总体上遵循"上截下排"的原则，以利于坝体稳定。为此，坝体材料分区的原则是：各区坝料之间应满足水力过渡的要求，从上游向下游，坝料的渗透系数递增，相邻区下游坝料对上游区有反滤保护作用，防止内部管涌和冲蚀；从上游到下游坝料变形模量可递减，以保证蓄水后坝体变形尽可能小，从而减小面板和止水系统遭到破坏的可能性；充分利用枢纽开挖石渣，以达到经济的目的。

坝体材料分区及填筑程序应综合考虑材料特性、料源及施工期防洪度汛等要求；选择高功能的碾压设备，提高坝料填筑密度；坝料使用中应充分考虑物料湿化、蠕变及物料在存储、倒运过程中性质的变化，坝体材料分区与填筑分区统一考虑，以尽可能减小各时期坝体的不均匀变形。整个坝体堆石在碾压后具有较高密实度和压缩模量，并要求上下游堆石料模量尽量接近。

前期研究成果表明：主堆石区大小变化对坝体变形的影响一直可延续到上游边坡的中上部，从而对面板的应力和变形形状产生影响，主堆石-次堆分区坡度以采用倾向于下游的坡度为宜，具体分界线的位置应根据工程和坝料的具体情况，通过对比计算分析确定，当分界线坡比缓于 1：0.2 后，下游堆石料区对上游坝体及面板的变形影响相对较小；下游坝坡处次堆石料保护区的影响区域主要位于下游坝坡附近，对上游坝坡和面板的影响较小；下游堆石料模量变化对坝体位移具有较大影响，其影响区域主要集中在下游堆石区至下游坝坡处，对上游坝坡顶部则稍有影响，提高下游堆石区模量可以适度减小中上部面板的挠度，虽然挠度减小的比例不大，但对于控制面板脱空规模，改善面板应力条件还是可以起到一定的效果，从避免坝体的不均匀变形角度出发，上下游堆石区模量比应小于 1.5；下游堆石料底部模量变化，对坝体变形的影响区域相对较大，但幅度相对较小，当下游底部 1/4 坝高堆石料模量降低 40% 时，坝体沉降、面板挠度变幅值小于 5%；坝顶增模区对坝体变形的影响仅局限在坝顶的自身区域，且对坝体变形影响的数量也很小，可增加坝体坝顶部分的刚度，蓄水和地震工况下对三期面板较为有利。

根据上述研究结果，对于高面板堆石坝，由于坝体填筑规模较大，坝料差异客观存在，综合考虑安全与经济，为充分利用不同品质的筑坝料并控制因材料差异带来的坝体不均匀变形，提出以下分区要求：

1）为减小坝体顺河方向的不均应变形，应将较好的坝料置于上游区，上下游堆石分区坡度以采用倾向于下游、坡比缓于 1:0.4 为宜；通过调整料源或压实指标，控制上下游堆石区的模量比应尽可能相当。

2）为减小坝轴线方向的不均匀变形，在地形突变对岸坡进行整形或设置增模区。

（2）坝体填筑均衡上升。天生桥一级大坝施工期在左岸和河床坝体的上游坡面出现裂缝以及分期浇筑的面板顶部出现脱空和结构性裂缝等问题，且出现左岸坝体较坝高最大的河床坝体问题多的情况。根据对施工情况和观测资料分析认为，主要原因是坝体采用上游高、下游低的多期次度汛断面、经济断面，这些断面上下游在短期内填筑高差过大，填筑强度不均匀造成了堆石坝体在上游与下游的不均匀沉降；另外，为运输左岸上游堆存的Ⅲc 料，在左岸坝体高程 725.00m 预留临时上坝施工道路，由此在左岸坝体内形成纵向台阶和几道施工缝，后期为满足度汛要求，加快了该部位坝体的填筑速度，实测表明左岸坝体沉降偏大，在纵向上也出现了不均匀变形。

清华大学依托天生桥一级对实际施工方案和坝体上下游均衡上升的施工方案模拟计算表明：实际天生桥施工方案由于存在坝体临时断面填筑高差较大等不利因素，计算的面板脱空较大；均衡平起施工方案计算的面板脱空通常约为实际天生桥施工方案的 42.6%～52.7%。

因此，优化坝体填筑施工方案是减小和避免面板脱空的有效手段。高面板堆石坝坝体填筑施工时要求尽量均衡上升，基本做到坝体纵向和上下游方向均平起上升，因施工组织需要不能平起上升时，需控制相邻区域填筑高差小于25m，但面板浇筑前应确保上下游坝体在同一高程或下游略高。

（3）加强施工质量控制。为使坝体获得更高密实度和均应施工质量，高坝填筑质量的过程控制尤为重要，应采用多种坝料质量检测控制措施，除常规挖坑检测外，采用附加质量法、核子密度仪等检测手段检测各区坝料压实密度，同时采用数字化、可视化大坝施工质量监控系统控制各项施工参数，确保坝料压实质量，减小后期变形和应施工原因造成的不均匀变形。

（4）分期蓄水与坝体临时断面充水预压。在满足工程安全度汛的前提下，应合理规划分期蓄水，不仅有效地发挥电站经济效益，同时可以利用分期蓄水，有序地对坝体进行预压作用，便于坝体应力和变形调整，降低坝体变形对面板的产生脱空或者破损的几率。

3.10.4 抗震措施

地震可能引起面板堆石坝发生严重震损。在地震荷载作用下，堆石坝坝坡通常不会发生深层滑动，最常见的破坏形式是护坡破坏、坝体上部坝坡附近堆石松动、滚落或者浅层滑动。坝体横、纵向裂缝是土石坝最常见的震害形式。坝体横向裂缝主要发生在两岸附近或者坝体与岸边建筑物接触部位，主要由不均匀震陷引起；纵向裂缝常发生于河床中部，向两岸延伸，可能由于坝壳与心墙不均匀震陷引起，也可能由于顺河向动拉应力造成。大坝防浪墙是地震过程中容易破坏的结构，其破坏形式包括压碎、拉裂、与坝体脱空、倾斜等。混凝土面板堆石坝的面板在地震过程中易发生拉裂破坏，但拉裂区通常位于面板上部两岸附近，易于修复。在强地震作用下，河床中部附近面板垂直缝两侧混凝土的压碎也是一种可能的破坏形式。

针对上述面板堆石坝的地震震害形式制定相应的工程抗震措施，根据国内外土石坝工程的经验总结，面板堆石坝最基本的抗震加固措施主要包括地基的选择和处理、优化坝体的结构布置、加强填筑质量和采取加筋锚固技术等。①在坝址的选择上要避开断裂带，选择坚实的坝基；②在坝体断面设计上，坝高要考虑留有足够的余度。重视坝料的选择和大坝压实填筑质量，重点研究面板坝坝顶区堆石体的稳定。抗震措施以坝体上部为重，以坝坡防护为主，采用减缓坝坡、适应放宽坝顶宽度等有效手段来提高坝坡稳定性，同时，采用土工格栅、抗震钢筋、混凝土框架梁、胶凝材料胶结等抗震加固技术。

1. 合理的坝体布置及坝基处理

面板堆石坝工程布置一般结合地形地质条件，因势利导，在保证安全的条件下满足挡水及泄水功能要求，枢纽布置宜相对紧凑。从工程抗震的角度考虑，面板堆石坝对地质条件的要求主要是选择合适的坝轴线，一般坝轴线采用直线型式对工程抗震较为有利。在坝基处理方面，覆盖层较少或较浅的工程，堆石体基础一般全部挖除坝体轮廓范围的覆盖层，没有覆盖层的地方需清除表面松动石块凹槽内积土和突出的岩石；覆盖层较深的工程，经勘察论证不存在连续沙层或可能液化沙层时，堆石体基础一般挖除趾板下游、坝轴线上游一定范围内的覆盖层，对保留的下游覆盖层，清除表层松软层，进行压实和反滤处理，然后直接填筑堆石体。

2. 考虑抗震安全的坝体结构及坝料设计

（1）坝顶高程确定。在确定坝顶高程中需考虑地震工况：正常蓄水位＋非常运用条件的墙顶超高＋地震安全超高，其中地震安全超高包括涌浪高程及坝体在地震作用下的附加沉陷，预留足够的坝顶超高防止地震引起漫顶。

（2）加强渗控设计。强地震期间，面板可能被破坏，严重时坝体可能开裂，加大垫层区的宽度，可使垫层区不被错开，保持挡水前缘的连续性，减少通过坝体的渗透流量。在岸坡较陡条件下，为避免坝体与岸坡间发生裂缝，在与岸坡相邻处，需要用细垫层料填筑，加宽垫层区的尺寸。

（3）坝料的选择及压实填筑标准。提高堆石密度，减小堆石孔隙率，可以减小地震作用下堆石料的剪缩，从而提高坝坡抗滑稳定性、减小震后坝体变形及面板震损程度。

3. 增强坝顶区抗震能力的加固措施

（1）增加坝顶宽度及放缓上下游坝坡。混凝土面板堆石坝震害观察和振动台动力模型试验表明，面板坝地震破坏始于下游坡面顶部的岩块松动、滚落，以至坝顶坍塌、面板悬空、断裂。坝顶的地震反应最为强烈，为增强坝体抗震能力，应从阻止坝顶堆石滚落着手，如采取增加坝顶宽度、放缓上下游坝坡、下游坝坡顶部用干砌大块石、混凝土板或加筋加固堆石等措施。

已有研究成果表明，放缓上部坝坡有助于提高堆石体稳定性，增强坝体抗震能力。为节省工程量，下部坝坡可以较陡，上缓下陡的下游坝坡是强地震区坝坡的特点。在坝坡改变的地方设一马道，更有利于坝坡稳定。根据一些动力模型试验资料，只需将坝体上部 $0.2 \sim 0.25$ 倍坝高的坝坡放缓即可。

（2）加强护坡。对地震作用下易遭受破坏的坝顶部位采取必要的抗震加固措施，这是目前高面板堆石坝抗震设计的主要研究内容。目前工程中广泛采用的抗震加固措施主要有土工格栅、抗震钢筋、混凝土框架梁、胶凝材料胶结等。土工格栅作为特种土工合成材料，由于其良好的结构稳定性、耐冲击性及便于施工等显著特点而被广泛应用于土石坝坝顶加固，以提高坝体的整体性和坝顶的抗震稳定性。与土工格栅加筋属于柔性加筋不同，钢筋加筋则属于刚性加筋，二者的弹性模量和极限拉伸相差悬殊，其复合体的力学性能也各具特点。抗震钢筋目前也广泛地应用于土石坝抗震加固工程中。混凝土框架梁是随着预应力锚筋在工程中的大量应用而发展起来的一种新型边坡支挡加固结构，框架梁作为预应力锚筋的锚固端，将其锚固力传递到坡内岩土体中而起到主动加固作用。

4. 合理的面板结构及接缝止水设计

（1）面板结构设计。地震后坝体观测资料和有限元计算表明，地震期间坝体会沿纵向挤压，随着坝高的增加，面板沿坝轴向压应力逐渐增大；对于超过200m的高面板堆石坝，面板可能会发生挤压破坏。采用挤压边墙施工、降低面板与边墙的摩擦、面板垂直缝内填充易压缩材料等措施后，面板的坝轴向应力大幅降低，有效地减少了面板混凝土被压碎的危险和范围，是合理的面板综合抗震措施。同时研究表明，在 0.75～0.8 倍坝高附近面板动应力最大，坝顶堆石松动、滚落引起面板悬空，面板可能开裂甚至断裂，增加这部分面板的配筋率，特别是顺坡向的配筋率，可以抵抗水压力产生的弯矩，以减少面板开裂的危险和范围。

（2）接缝止水结构。震害调查表明，地震过程中坝体将产生较为明显的动位移，面板接缝的动位移如果超过止水结构的允许值，可导致止水结构破坏。

第4章
高心墙堆石坝设计指南

4.1　说明

本章设计对象主要是黏土心墙堆石坝，沥青混凝土或土工膜等材料作为防渗心墙的堆石坝，可参考除心墙材料外的其他内容。本指南参考《碾压式土石坝设计规范》（DL/T 5395—2007）篇章结构进行编写，以便对比使用。该规范界定："高度100m及以上为高坝"，由于100～200m的高心墙堆石坝已有若干建设，且在已有规范指导范围内，而"200m以上的高坝应进行专门研究"，故除特别说明外，本指南设计对象均指200m以上的高坝。高心墙堆石坝的级别根据《水电枢纽工程等级划分及设计安全标准》（DL/T 5180）中的有关规定确定；设计条件划分同《碾压式土石坝设计规范》（DL/T 5395）；设计参数除参考本书结论及建议外，尚应符合国家和行业现行有关标准的规定。

4.2　筑坝材料

4.2.1　料场勘察要求

高心墙堆石坝土料和石料勘察应遵循的基本规程规范为：《水电水利工程

天然建筑材料勘察规程》（DL/T 5388—2007）、《水力发电工程地质勘察规范》（GB 50287—2006）。土料、石料、接触黏土、反滤料、细石过渡料等均应依照不同阶段（规划、预可研、可研、招标）要求，且一般情况下应按一定作业顺序进行勘察。对拟作为坝料使用的建筑物开挖料，在拟使用范围应按料场要求进行勘察。

（1）土料各阶段勘察要求如下：

1）规划阶段：进行普查。在 DL/T 5388 的基础上作稍高一些的要求。距坝址 3～20km 由近及远调查；测绘比例尺为 1∶10000～1∶5000；可布置少量探坑和试验。

2）预可研阶段：进行初查。勘察储量应占设计需用量的 2 倍；确定 2 个料场进行比选；比例尺为 1∶5000～1∶2000；勘探按 DL/T 5388 建议值的下限（间距小）要求布置；常规实验除天然含水率试验取样坑要求占探坑总数的 40%，每个坑每 1m 取 1 组样品，以及天然密度的试验坑占天然含水率取样坑的一半之外，均按 DL/T 5388 之要求进行；勘探资料收集、编录和整理按 DL/T 5388 进行。

3）可研阶段：进行详查。勘察储量应占设计需用量的 1.5～2 倍；对推荐料场进行；比例尺为 1∶2000～1∶1000；常规实验除遵循预可研阶段的要求外，还应对土料含水率随时间、深度的变化规律进行详查；勘探要求、资料收集、编录和整理与预可阶段相同。

4）招标阶段：勘察根据需要而定，这种需要如前期勘察不能完全说明土料特性的变化情况，以及专题研究等。

（2）石料各阶段勘察要求如下：

1）规划阶段：进行普查。在 DL/T 5388 的基础上作稍高一些的要求。调查范围、测绘比例尺与同阶段土料要求相同；也可布置少量探坑和试验。

2）预可研阶段：进行初查。勘察储量、比选料场、测绘比例尺与同阶段土料要求相同；勘探对象分天然砂砾料和天然基岩料，分别按 DL/T 5388 要求布置；常规试验、勘探资料收集、编录和整理按 DL/T 5388 进行，其中，常规试验的基岩料各类岩性的试验组数均不应少于 5 组。

3）可研阶段：进行详查。勘察储量、测绘比例尺与同阶段土料要求相同；勘探对象分天然砂砾料、天然基岩料和建筑开挖料，分别按 DL/T 5388 要求布置；原岩试验项目同规划阶段要求，且应对代表性的岩石进行取样，各岩性的试验组数均不应少于 7 组；勘探资料收集、编录和整理同预可研要求，但精度应更高一些。

4) 招标阶段：勘察根据需要而定。这种需要如前期勘察不能完全说明土料特性的变化情况，以及专题研究等；勘察内容和精度应符合详查级别要求。

接触土料勘察结合防渗土料的勘察进行，且需满足 DL/T 5388 相关要求。一般情况下，防渗土料上部含细粒料较多的细粒土可满足接触土料的技术要求。

反滤料、细堆石料勘察工作结合堆石料的勘察进行，且需满足 DL/T 5388 相关要求。

4.2.2 坝料试验内容及合理组数

心墙料、接触黏土料所需进行的试验项目：含水率试验、比重及界限含水率试验、颗粒级配分析试验、击实试验、胀缩性试验、渗透及渗透变形试验、固结试验和三轴剪切试验，建议组数为 12 组。

反滤料所需进行的试验项目：相对密度试验、渗透试验、固结试验和三轴剪切试验，建议组数为 8 组。

堆石料所需进行的试验项目：渗透试验、固结试验和三轴剪切试验，试验组数按堆石料不同岩性、不同试验状态均进行 11 组。

（1）坝料动参数试验建议。

1）鉴于 200m 级心墙堆石坝抗震问题的重要性，坝料动力弹性模量及阻尼比试验建议进行 2 组以上试验，并与以往试验结果进行比较，以确定土石坝料的动力特性参数。坝料试验的固结压力及固结比要与坝体的实际情况相适应，并足以涵盖坝料实际承受的固结应力及固结比。提供的试验成果应当包括试验曲线、表达式及参数。

2）在重视室内堆石料动力试验参数取得的同时，对完建坝，加强高土石坝地震观测，特别是平时小震观测。并进行坝体小震记录分析，验证现行参数试验、动力计算方法之合理性。对在建坝，加强碾压施工期间坝体动力参数的测试工作。对设计科研阶段的坝，加强筑坝堆石料动力特性室内研究。改进实验室内仪器设备，提高坝体动力参数的精度。

3）高心墙堆石坝的坝料动强度试验建议每种坝料至少进行 3 组平行试验，以准确把握上游反滤料及心墙料的动强度指标。动强度试验需涵盖可能出现动强度不足区域实际土体单元的固结应力及固结比。

4）土石坝料动强度试验的固结应力可安排低围压阶段，一般在 1MPa 内分 3~5 级变化即可满足要求。固结比则需要考虑心墙及上游反滤料实际固结比，一般在 1.5~2.5 范围之内。

5）土石料动强度试验需要整理的成果主要包括：不同固结比、不同固结应力条件下，动剪应力与破坏振次的关系曲线以及动孔隙压力比与振次的关系曲线。或是进一步整理成为动强度指标参数摩擦角及凝聚力表达式。

6）地震残余变形试验的固结应力及固结比参考坝料动弹性模量及阻尼比试验，固结比与围压最好各选 3 个以利于插值计算。最大固结应力不应小于 2.0MPa，固结比的范围一般采用 1.5～2.5。围压分布应适当偏向低围压。

7）建议整理的试验成果包括不同固结应力条件（固结比与固结应力）以及不同动剪应力情况下的残余体积应变、残余剪切应变随振次的变化试验曲线，以便使用单位根据不同模型整理不同的参数。试验成果还应包括试验单位选定的残余变形计算模型的公式及参数。

（2）施工期坝料特性复核试验，各种坝料所需进行的项目及组数。

1）心墙料、接触黏土料：现场密度及含水率试验、比重及颗粒级配分析试验、渗透及渗透变形试验、固结试验和三轴剪切试验，建议组数为 8 组。

2）堆石料：现场密度及孔隙率试验、颗粒级配分析试验、渗透试验、固结试验和三轴剪切试验，建议组数为 10 组。

3）反滤料：现场密度试验、比重及颗粒级配分析试验、相对密度试验、渗透试验、固结试验和三轴剪切试验，建议组数为 10 组。

4.2.3 坝料试验参数的整理与选用

1. 采用非线性指标的必要性

采用无黏聚力的线性指标进行稳定分析不能发现安全系数的极值，也不能发现一个具有物理意义的临界滑裂面。在进行非线性坝坡稳定分析时，应注意使用 φ_0 和 $\Delta\varphi$ 的小值平均值而不是均值。一般情况下，对于硬岩堆石料，邓肯对数非线性指标 $\varphi_0 = 53.0° \pm 2.0°$ 和 $\Delta\varphi = 10° \pm 1.0°$，$\varphi_0$ 的概率分布接近正态分布。线性指标 $c = 150 \pm 40\text{kPa}$ 和 $\varphi = 40° \pm 1.5°$。通过邓肯非线性指标、分段线性指标以及线性指标计算得到的坝坡稳定安全系数非常接近，可以直接使用现有规范对坝坡稳定允许安全系数规定的标准，不需要对其进行调整。

2. 邓肯-张 E-B 模型参数整理方法

邓肯-张 E-B 模型的参数是具有"不唯一性"的，其两对不独立参数 $(K，n)$、$(K_b，m)$ 在各自的参数平面上有一条半对数直线的"等价点集"。邓肯-张模型的参数是一个整体，综合地反映了"试验点"描述的 $(\sigma_1 - \sigma_3)$ 和 ε_1 关系、ε_v 和 ε_1 关系的主要特征。建议了模型参数的整理方法及步骤如下：

（1）作剪切强度的拟合分析，求：线性剪切强度 c、φ；分段线性剪切强

度 c_1、φ_1、c_2、φ_2；非线性剪切强度 φ_0、$\Delta\varphi$。

（2）采用不同的选点方案，作 E 切线弹性模量和 B 切线体积模量的拟合分析。对每一种选点方案的不合理点和线作筛选，也可对不合理的线作平移。

（3）求 K、n 参数平面上的"等价点集"，确定其代表点及参数的变化范围。考虑到同类试样的比较分析，宜对同类试样选取统一的 R_f 值，对试样的代表点选取统一的 n 值。

（4）求 K_b、m 参数平面上的"等价点集"，确定其代表点及参数的变化范围。对试样的代表点宜选取相近的 m 值。

4.3　坝体结构

4.3.1　坝体分区

坝体分区在遵照 DL/T 5395 标准的基础上，重点为心墙分区和坝壳堆石料分区。

（1）心墙分区。对于可全部采用天然土料填筑的心墙，应结合土料场的开采规划，将级配较粗、力学指标较高的土料用于心墙下部，将级配较细、力学指标较低的土料用于心墙上部，以尽量减小心墙的沉降变形；对于需采用人工掺砾石土料填筑的心墙，应通过比较研究确定一个分区界线，以下采用人工掺砾石土料，以上可采用天然土料，以尽量降低工程造价。一般来说，心墙上部 $100\sim$150m 坝高范围可采用不掺砾天然土料。由于各具体工程的坝料参数有所差异，心墙分区界线应通过具体分析比较来确定。心墙分区设计需考虑的主要因素如下：

1）采用分层总和法计算的心墙后期沉降应小于坝高的 1%。

2）满足坝坡稳定要求。

3）满足心墙抗水力劈裂要求。

4）满足心墙抗震要求。

（2）坝壳堆石料分区。坝顶部位、坝壳外部及下游坝壳底部、上游坝壳死水位以上，是坝体抗震、坝坡稳定、坝体抗风化、坝体透水性要求较高的关键部位，设置为堆石料Ⅰ区，采用具有较高强度指标、透水性好的优质堆石料，其他部位对石料强度指标及透水性要求可适当降低，设置为堆石料Ⅱ区，采用强度指标稍低的次堆石料；堆石料Ⅱ区的范围尽可能扩大，以充分利用开挖料，但以满足坝坡稳定、坝壳透水、坝体应力应变及坝体抗震等要求为准。各主要因素对坝壳堆石料分区的影响如下：

1）坝坡稳定因素对坝料分区有一定影响，但不是制约性的，可通过提高次堆石料的碾压密实度及适当放缓坝坡来保证坝坡的稳定性。

2）一般情况，坝体应力及变形因素对坝料分区影响不大。但不同工程由于坝体结构、坝料特性不尽相同，需通过具体的有限元计算分析并结合料源情况来确定具体合适的分区界限。

3）一般情况，坝体次堆石料分区的大小和位置对坝体动力反应计算结果的影响很小，而且也没有明显的规律可循。相对而言，采用不同地震波输入作用对坝体动力反应的影响更大。但由于算例较少，且不同工程坝料的特性可能相差很大，确定分区方案后，仍需通过有限元动力分析来论证。

4）施工规划及工程造价是影响分区的最重要因素。各个工程应根据自身开挖料性质、开挖料位置、开挖料数量、运输道路布置、存渣场布置以及料物调运方案等方面的具体情况，通过详细的料物平衡分析以最经济的原则确定最合适的分区方案。

凡围堰能与坝体结合的，应予以结合。

4.3.2　坝坡

由于坝料强度指标的非线性特性，随着坝高的增加，最危险滑裂面深度增加，沿滑裂面坝料的总体强度指标降低，从而坝坡稳定安全系数均不同程度地降低。因此，随着坝高的增加，应适当放缓坝坡坡度。

4.3.3　坝顶超高

坝顶超高计算遵照 DL/T 5395 执行。

4.3.4　坝顶构造

对地震作用下易遭受破坏的坝顶部位采取必要的抗震加固措施，这是目前高土石坝抗震设计的主要研究内容。目前工程中广泛采用的抗震加固措施主要有：土工格栅、抗震钢筋、混凝土框架梁、胶凝材料胶结等。土工格栅作为特种土工合成材料，由于其良好的结构稳定性、耐冲击性及便于施工等显著特点而被广泛应用于土石坝坝顶加固，以提高坝体的整体性和坝顶的抗震稳定性。与土工格栅加筋属于柔性加筋不同，钢筋加筋则属于刚性加筋，二者的弹性模量和极限拉伸相差悬殊，其复合体的力学性能也各具特点。抗震钢筋目前也广泛地应用于土石坝抗震加固工程中。

坝顶宽度应在高坝基础上再放宽，200m 以上超高坝宜为 15～25m。坝顶盖面、顶面放坡以及防浪墙等结构应遵照 DL/T 5395 执行。

4.3.5　心墙

一般而言，直心墙堆石坝在坝坡稳定、基础处理难度以及工程造价方面优于斜心墙堆石坝，而斜心墙堆石坝仅心墙拱效应比直心墙堆石坝略小一些。因此只要地形、地质条件不限制以及抗水力劈裂能满足要求，应尽量采用直心墙型式。

初次确定大坝心墙轮廓尺寸时，选用心墙土料平均水力梯度控制在 2.5 左右，若有先进技术支持并经过专门论证亦可提高到 3.5 左右。

对具体的工程所用土料或掺合土料的设计参数都应通过多种方法试验检验最终选定。宜在预可行设计阶段中就充分发挥和利用渗流分析技术获得阶段性分析成果（坝体坝基的渗控初步方案），再匹配相应的试验来确定，而试验方案中必须包含防渗体出现裂缝的情况并通过试验选择能使心墙裂缝自行愈合的反滤层来保障心墙的抗渗稳定。

在高土石坝心墙的施工过程中，尽量减少产生渗透弱面。形成心墙渗透弱面的一些可能情况包括，偶然局部掺入的堆石料、未充分压实的局部土层、由偶然因素产生的初裂缝、掺砾石不均形成局部架空以及雨后碾压表面的处理不当等。

在高土石坝的设计和施工过程中，应当采取适当措施控制心墙土料和坝体堆石体的模量比（变形差），或提高心墙土料的变形模量，使其值不应过低，以降低坝壳堆石料对心墙的拱效应。建议一般情况下应控制心墙土料变形模量的中值平均值 $K>350$ 为宜。此外，设计合适的反滤料和过渡细堆石料的变形参数，也可起到一定的降低心墙拱效应的作用。

不宜采用降低坝壳堆石料压实度的方法来减少坝壳堆石料对心墙的拱效应。

从防止心墙发生水力劈裂的角度看，应控制心墙堆石坝的蓄水速度。

4.3.6　混凝土垫层

垫层和廊道混凝土在顺河向的裂缝对渗流控制影响是最敏感的，但局部顺河向裂缝并不对坝体坝基的渗控构成严重的不利影响，其引起的渗流量增加总体也不大；垫层和廊道混凝土最不利的影响是加大了廊道上游侧的渗流入口端和廊道顶部高塑性黏土的渗流梯度，影响高塑性黏土的渗透稳定。

1. 混凝土垫层拉应力产生机理

在顺坝轴线方向，由于坝体总体从两岸向河床变形，受坝体变形的挤压和剪切作用，混凝土垫层在该方向总体处于压应力状态，基本不会出现拉应力。

在垂直于坝轴线方向（顺河向），由于坝体自重作用，引起坝壳、心墙以坝轴线为界分别向上、下游位移，从而带动混凝土垫层向外张拉，引起顺河向拉应力。当心墙基础岩体出现中间硬、上下游两侧软的情况时，更会加剧这种作用。同时，由于坝体拱效应，心墙自重会不同程度传递到反滤层、过渡层，使得混凝土垫层上的竖向应力分布不均，边缘处较大，使得边缘处的上层单元受轻微弯拉作用。这两方面的原因导致垫层边缘出现顺河向拉应力。

2. 坝基岩体对混凝土垫层拉应力影响

坝基岩体对混凝土垫层拉应力存在很大的影响。坝基岩体刚度越大，其对混凝土垫层的约束就越大，混凝土垫层与基岩整体性就越强，就更能一起抵抗坝体自重作用对混凝土垫层向上、下游方向的推力，从而降低混凝土垫层的拉应力值。

坝基岩体的不均匀性特别是突变会使混凝土垫层产生较大的拉应力，特别是在突变处，应尽量避免这种情况发生。

因此当坝基岩体变形模量较低特别是不均匀时，应采取局部挖出置换、加强固结灌浆等措施提高坝基岩体刚度特别是坝基岩体均匀性。

3. 混凝土垫层宽度

从混凝土垫层拉应力产生机理看，混凝土垫层在上、下游方向越宽，坝体自重作用对混凝土垫层向上、下游方向的推力就越明显，混凝土垫层产生拉应力的范围及拉应力值就会越大。因此仅从这点来说，混凝土垫层应该越窄越好。

但混凝土垫层作为坝基固结灌浆的压重，其宽度应覆盖整个坝基固结灌浆的范围。

4. 混凝土垫层厚度

根据混凝土垫层的受力机理，当坝体体型确定时，坝体自重作用对混凝土垫层向上、下游方向的推力也已经确定。因此混凝土垫层越厚，其承受的拉应力也就越小。在坝基岩体质量较差的部位可考虑局部适当增加垫层的厚度。

但混凝土垫层的厚度应从其功能要求、防裂要求以及经济性等方面综合考虑确定。混凝土垫层应配适当的钢筋以限制裂缝的开展。

5. 混凝土垫层分缝设计

分缝应有针对性地在垂直于拉应力的方向设置，才能起到释放拉应力的作用。以往常规的"豆腐块"式分块分缝方式对降低垫层拉应力起不了多少作用。

根据混凝土垫层拉应力产生机理，在反滤层与心墙交界部位及在顺坝轴线方向设置结构纵缝，可以较大幅度地降低垫层的拉应力。

4.3.7　防渗帷幕

心墙岩基防渗帷幕设计必须紧密针对坝基水文地质条件进行。防渗帷幕透水率控制在不大于 $1\sim3$Lu。灌浆孔、排距控制在 $1\sim3$m（最终的孔、排距控制应在现场灌浆试验基础上确定）。灌浆岩体的抗渗强度建议采用 30 左右。

4.3.8　反滤料

对于 $C_u>5\sim8$ 的宽级配料，应重点注意考虑保护细粒土。建议采用缩窄宽级配土的级配曲线的办法，取 $C_u\leqslant5\sim8$ 的细粒部分的级配曲线，再应用太沙基准则设计反滤层。设计的反滤层必须经过试验验证。必须考虑心墙开裂的情况，设计选用的反滤层必须能保护开裂的心墙，且能使心墙裂缝自行愈合。

反滤料不但设在渗流下游出口部位，还应设计在内部所有可能存在的渗流"出口"部位。反滤层的层数应根据实际需要来设计，而不是层数越多越好，一般反滤层层数不超过 3 层。反滤层的厚度应按人工施工和机械化施工进行区分。

4.3.9　排水

坝基岸坡地下水位较高时，应设排水孔以降低地下水位。排水孔距初定时可选择为 $3\sim6$m；排水孔方向应选择尽可能多地串通透水裂隙结构面，提高排水孔功效，具体工程仍应紧密结合水文地质情况、进行防排设施优化配合的渗流分析计算，才能最终选定排水设计参数。

4.3.10　软岩堆石料的利用

（1）软岩堆石料对大坝应力变形的影响如下：

1）堆石料风化程度加剧会使其压缩模量、渗透系数和变形模量降低，使其湿化变形和流变变形增大。

2）由于堆石料变形模量降低造成坝壳变形增大以及其湿化变形和流变变形增大，带来了坝体总体变形量增加，特别是心墙沉降量增加较多。

3）堆石料变形模量的降低，使得其对心墙的拱效应的作用有所减少，心墙上、下游面的竖向应力及主应力均有所增加，这对于防止心墙发生水平裂缝是有利的。

4）虽然由于拱效应减少使得心墙上、下游面的主应力均有所增加，大主应力增加较多，小主应力增加较少，从而使得心墙上游面的应力水平有所增加，但不会出现塑性极限状态。例如糯扎渡心墙堆石坝Ⅱ区堆石料中的泥岩、粉砂质泥岩以及泥质粉砂岩均已完全风化（对比方案），计算出心墙应力水平最大值也只有 0.84。其他工程需具体分析其不利影响。

（2）含有部分软岩的堆石料是可以利用的，无论是用在上游坝壳还是下游坝壳。但必须注意以下两点：

1）劣化后渗透系数必须满足其所利用部位的设计要求，其首先宜利用于下游坝壳干燥区，其次是上游坝壳死水位以下部位（最好是低高程部位），若用在透水性要求较高的部位要慎重。

2）由于不同工程的坝料特性、坝体结构不尽相同，具体工程应具体分析论证，应保证心墙上游面的应力水平在安全范围，并保证大坝的抗震安全。

4.4 坝基处理

4.4.1 建基面设计

由于即使是强风化岩体，其变形模量仍远大于坝体材料，坝基岩体的变形量相当于坝体来说很小（厘米级），其对坝体变形及应力的影响也就很小。即使坝基岩体模量发生突变，其造成坝基位移的突变只是毫米级，其对于坝体的变形来说微乎其微，完全可以被坝体吸收，而不会对坝体变形及应力产生明显的影响。因此仅就坝体本身的变形和应力而言，坝基岩体刚度对其影响很小，即使坝基岩体发生突变也是如此。

但坝基岩体对混凝土垫层拉应力存在较大的影响。坝基岩体刚度越大，其对混凝土垫层的约束就越大，混凝土垫层与基岩整体性就越强，就更能一起抵抗坝体自重作用对混凝土垫层向上、下游方向的推力，从而降低混凝土垫层的拉应力值。坝基岩体的不均匀性特别是突变会使混凝土垫层产生较大的拉应力，特别是在突变处。混凝土垫层拉应力超过容许值之后会产生开裂，通过裂缝的渗水可能会冲蚀心墙土料，从而危及大坝的安全。

因此，大坝心墙建基面设计主要从混凝土垫层应力状态及坝基渗流控制方面考虑，对于坝高大于 200m 的范围，宜置于新鲜或微风化基岩上，坝高小于 200m 的范围仍可按现行土石坝设计规范执行。

大坝反滤层建基面设计宜采用与心墙相同的标准。

坝壳堆石料对建基面的要求不高，置于强风化顶部基岩或密实的全风化基岩上即可。

4.4.2　基础缺陷处理

心墙及反滤层区开挖后，对出露的断层及其两侧的蚀变带、张开节理裂隙逐条进行开挖清理，并用 C15 混凝土塞进行回填封堵，对其中规模较大的断层采用梯形断面挖槽并回填混凝土处理。

对心墙基础开挖后仍存在的地质钻孔，采用水泥砂浆回填封堵，对探碉采用 C15 混凝土进行回填，并在顶拱部位作回填灌浆。对开挖后坝壳基础范围内的探碉，在洞口约 30m 范围采用干砌石回填。

对局部软弱岩带，进行加强固结灌浆处理，以降低岩体的透水率及改善岩体的完整程度和均匀性。

下游坝壳基础面上约 1/3 水头范围内铺设反滤，与心墙下游反滤相连，以提高坝基的渗透稳定性。

对坝基中砂层、软弱土层等可液化土层进行处理，防止其液化。主要的处理方式有，对可液化土层进行振冲压实、在土层中布置碎石桩，增强排水，提高承载力。

4.5　计算分析

4.5.1　渗流计算

渗流计算的内容、水位组合工况以及渗透系数的取值应遵循 DL/T 5395 有关条款。各水位组合工况下，坝体渗流场、岸边绕坝渗流应按三维数值分析法计算。

渗流三维数值计算应首先满足以下两类边界条件：①水头边界；②流量边界。

对特殊情况，还应满足混合边界条件，即含水层边界内外水头差与交换的流量存在线性关系的边界条件。对非稳定渗流，还应满足初始条件要求。

从满足设计要求的角度出发，对裂隙发育的基岩，可考虑按"等效"原则，将有限范围内的基岩视为连续渗透介质进行计算。对不能看做"等效连续介质"的基岩，应进行专门研究。

复杂地基上大型枢纽渗流控制优化设计布置必须有正确的工程地质水文地质参数，正确的渗透系数及边界条件的合理截取，是渗流有限元计算成果是否有价值的前提。为此，计算分析工作应贯穿于整个工程设计的各个阶段，但各个时期的分析重点不同，随着工程开展，对坝区的地质条件的不断深入、揭示和认识，将这种最接近工程实际的条件纳入渗流场分析，渗流控制的优化布局才更具客观实效性。

渗流控制效果会在工程运行中逐渐反映出来，这要依靠优良的原型观测系统的设计布置和施工，运行管理中强化资料分析，这项工作必须重视，它不但为工程安全提供确切保障，而且反过来也促进渗流分析理论及有关技术的发展。因此，对高心墙堆石坝，应重视在其关键部位布置渗流监测仪器，并根据监测数据开展渗流场的反演和反馈分析，做出工程渗流安全评价和提出进一步保证工程安全的措施。

大坝渗流控制中的三大关键设施为：防渗、反滤、排水，应将它们视作一个系统，按"三位一体、有机结合、优化配置"的设计指导思想进行设计，再配合少量必要的试验检验，以便提出既安全、经济又切实可行的优化成果。

4.5.2 抗滑稳定计算

抗滑稳定计算内容、计算工况，土体、粗颗粒料的抗剪强度指标以及空隙压力值的确定应遵循 DL/T 5395 有关条款。地震工况是高土石坝抗滑稳定计算的关键工况，但由于抗震分析除坝坡稳定外，还包括沉降、永久变形、裂缝开展、砂层液化等内容，且考虑高土石坝对抗震具有特殊重要的综合性要求，故除坝坡抗震稳定（Newmark 滑块位移法）在本节有所探讨外，抗震计算单独列出（见 4.5.4 节）。

抗滑稳定计算可采用以下 3 种方法共同验算：①刚体极限平衡法；②弹塑性有限元法；③可靠度分析方法。对这 3 种方法，应该了解它们各自的特点，有区别地加以应用。

目前常用的坝坡稳定分析方法各有优缺点：

刚体极限平衡法较为简便，应用范围较广，积累了丰富的工程经验。

有限元法对坝坡的应力状态描述准确，对坝坡稳定性的反映也更接近实际。但是，该方法在实际工程中的应用时间短，缺少一定的经验积累，现行的

《水工建筑物抗震设计规范》还没有规定与之相适应的设计控制标准。

强度折减法的稳定分析结果不仅能计算出坝坡抗震稳定安全系数，而且还可以了解坝坡失效的演变过程。但是目前强度折减法的土坡临界状态破坏标准以及安全系数控制值仍有待深入研究。

采用地震滑移量大小进行土石坝抗震安全评价的 Newmark 滑块位移法是目前国外常用的方法，能够反映各种因素对坝坡稳定的影响，国外也提出了相应于低坝的控制标准，但对高坝而言地震滑移变形的控制标准尚需深入研究。也有国内学者认为 Newmark 滑块位移法不适合具有散粒体特征的土石坝抗震评价分析，因为 Newmark 滑块位移法假定滑动体为刚体，与散粒体堆石材料的特性不同。

总之，拟静力的极限平衡法是目前进行土石坝工程抗震稳定分析的主要算法，而有限元法、强度折减法、Newmark 滑块位移法在国内外已有所应用，积累了一定的工程经验，但均缺少相应的安全控制标准研究成果，尚需进行深入研究，这些方法也是今后土石坝抗震稳定分析的主流方法。

由于能够反映水工结构特性的统计资料不足、研究对象千变万化，人为影响因素错综复杂，有些水工建筑物极限状态复杂、不确定性因素多等原因，研究水工结构可靠度问题要比研究其他领域的问题困难得多。这使得可靠度理论在水工结构方面的应用远远落后于结构可靠度理论的发展，对于像土石坝坝坡稳定等岩土工程问题，由于坝体材料变异性大，荷载、结构抗力和运行情况复杂，经验成分较多，相关研究成果很少。因此，暂不推荐对高堆石坝采用可靠度分析方法。

4.5.3　应力和变形计算

高心墙堆石坝应力变形计算分析本构模型，建议仍以邓肯-张模型（包括 EB、E_μ 模型）作为主算模型，尤其是作为方案的比较和论证时。此外，还应结合具体工程的特点，选定 1～2 个其他的模型（沈珠江双屈服面弹塑性模型、清华非线性解耦 KG 模型、清华弹塑性模型、殷宗泽双屈服面弹塑性模型等）进行对比计算分析，以对比不同本构模型计算结果的差异。尤其是当需要研究和分析一些复杂应力区域坝体或结构的应力或变形性状时。

坝料的模型计算参数一般可根据室内常规三轴试验确定。确定模型参数后应进行相应的反算，以检查模型参数和试验结果的符合程度。建议应用相同级配和压实密度条件下压缩试验和其他复杂应力路径三轴试验的结果对确定的模型参数进行复核计算，以分析不同应力路径的影响。

进行坝体的应力变形分析时，应参照多组室内试验确定的模型参数和工程类比经验，针对不同的研究目标（如坝体变形规律、心墙拱效应、不均匀沉降变形等），确定不同的坝料模型参数组合进行计算分析。

坝顶后期沉降建议以土力学分层总和法进行计算。

在高心墙堆石坝工程中，建议对坝料设置初始应力状态变量，考虑土石料初始超固结特性进行大坝变形计算的方法。

土石坝张拉裂缝发生和扩展过程的计算分析可采用基于有限元-无单元耦合方法的压实黏土张拉裂缝三维模拟计算程序系统。例如，在对糯扎渡高心墙堆石坝坝体发生横向张拉裂缝的可能性进行三维计算分析时，在整体上采用三维有限元计算网格，在可能的开裂区域布置无单元节点并进行适当加密。计算分析了糯扎渡坝顶在不同后期变形条件下发生横向张拉裂缝的过程和规模。结果表明，该模拟计算方法对于土石坝表面张拉裂缝问题具有较好的适用性，可用于土石坝坝体发生张拉裂缝和裂缝发生规模的计算分析。

三轴拉伸条件下，拉伸曲线分压缩变形段、曲线上升段、软化段以及压缩卸载-拉伸耦合段 4 段，分别采用不同的公式予以表达，具体见高土石坝计算理论与方法一章。

4.5.4　抗震计算

国内外土石坝震害调查显示：裂缝、渗漏、滑坡及沉降为土石坝的主要震害形式，特别是地震裂缝最为常见。以平行坝轴线的纵缝居多，大多分布于坝顶中部及坝顶近坝坡两侧。地震滑坡是裂缝发展的结果，多与坝坡材料的超静孔隙水压力升高甚至液化有关。地震沉降变形特别是不均匀地震变形是裂缝产生的前提，应该作为设计控制的主要指标。

堆石坝为散粒材料集合体，在地震作用下的另一类破坏形式是坝坡堆石料震松丧失结构性，颗粒滚落与滑动，坍塌震陷。汶川地震紫坪铺面板堆石坝经受了烈度为 Ⅹ 度的地震检验，下游坝坡堆石料出现了震松丧失结构性现象，但并没有形成大规模颗粒滚落及坍塌等严重破坏。当然这与紫坪铺受震方向有利有关，但也说明现代施工方法修建的堆石坝坡具有较好的抗震性能。

因此，高心墙堆石坝抗震设计应重点关注坝体地震变形、坝坡地震稳定以及坝基与坝料的超静孔隙水压力升高甚至液化等问题。相应抗震计算分析应该包括以下内容：①地震动力反应分析；②地震永久变形分析；③坝坡抗震稳定分析；④坝基砂层及反滤料液化判别，心墙动强度验算。

输入地震波的峰值加速度采用 DL 5073 及水电水利规划设计总院水电规

计〔2008〕24 号文件的规定执行。对校核工况输入地震加速度峰值按水电规计〔2008〕24 号文规定执行。输入地震波建议采用 1 条场地谱人工模拟地震波、1 条规范谱人工模拟地震波以及 1 条实测地震波，但采用的目标场地谱建议按照陈厚群院士提出的基于设定地震的重大工程场地设计反应谱的确定方法进行。

建议高土石坝设计地震反应谱仍然采用 DL 5073 所规定的形状，对坐落在基岩上的土坝和堆石坝，其最大地震加速度反应谱值 $\beta_{max} = 1.60 \sim 1.80$。并结合高土石坝动力特性，考虑近、远震影响，合理确定设计规范反应谱。

4.6　高心墙堆石坝主要安全指标

高心墙堆石坝安全控制指标除坝体自身安全指标，如坝体变形、渗流、稳定等之外，还包括水文气象、地理地质、枢纽布置、泄洪建筑类别及规模等综合安全指标。为便于论述，本书除泄洪安全指标外，其余综合指标不做讨论。

坝体自身安全指标重点是坝体变形、渗流及稳定控制安全指标。变形控制安全指标包括坝顶沉降、坝体最大位移、反映不均匀变形斜率的变形倾度、不同分区间的模量比、应力水平、坝体填筑速率等；渗流控制指标包括坝体坝基各区材料渗透系数、容许水力梯度、渗漏量、反滤料级配等；稳定控制标准主要为坝料强度参数、不同工况（尤其是地震工况）下的坝坡抗滑稳定安全系数以及坝基不良地层的处理要求等。

4.6.1　洪水标准与安全超高

土石坝泄洪安全控制关键是防止漫顶，除要求泄水建筑物有足够的超泄能力外，还应保证坝顶留有相适应的安全超高。目前我国实施的洪水标准规范以等级划分为主，将水库库容、装机容量、防洪作用等作为枢纽工程分等指标，按不同坝型确定洪水标准和安全标准。这个标准结合我国实际情况逐步制订并完善，比较符合我国国情，以后还将长期使用。具体到高土石坝的洪水标准，因为其工程的重要性及失事后产生的危害性都很大，因此在选择洪水标准时一般取其上限值，即采用可能最大洪水（PMF），洪水指标采用水文气象法与频率分析法的较大者；在确定泄洪建筑物规模和挡水建筑物安全超高时，应适当留有余地，将部分泄水建筑物的泄水能力作为安全储备，或增设紧急（自溃）泄洪建筑物，确保库水不会漫过主坝坝顶。

4.6.2 坝料特性设计指标

1. 土料

（1）合适的砾石含量范围。从压实特性角度考虑，土料掺砾量在30%～40%范围内较为合适；从压缩变形的角度来分析，掺砾量在20%以下时，对心墙料的压缩模量影响不大，掺砾量为50%应是上限值；从渗透系数和抗渗角度考虑，掺砾量宜低于40%～50%；而抗剪强度及变形参数随掺砾量的增加而有所提高。综合而言，对于高心墙堆石坝，土料合适的砾石含量范围宜为30%～40%，极限掺砾量不超过50%。

（2）合适的压实功能标准。从不同级配土料2690kJ/m³击实功能和1470kJ/m³击实功能下的试验成果看，提高击实功能，对提高混合土料、掺砾土料的干密度和细料的压实密度效果明显，压缩变形明显减小，渗透系数减少约一个数量级，抗剪强度和变形参数亦有显著提高。故不论是混合料还是掺砾料，对于200m级以上高心墙堆石坝而言，均宜采用2690kJ/m³击实功能作为土料的压实功能标准。

（3）压实度控制标准。防渗体施工的填筑压实质量直接关系到防渗体实际能达到的防渗、抗渗性能，因此土料的填筑压实标准很重要。

碾压式土石坝施工的关键工序是对坝体土石料的分层填筑压实，压实效果最初是用测得的干密度反映，但实践表明，由于土石坝的土石料一般是取自一个至数个料场，不同料场甚至同一料场的不同部位、不同深度的土石料，其压实性能并不相同，甚至差别很大。因此，若以一个最大干密度乘以压实度计算出的干密度作为填筑控制标准，必然出现此种情况：对于易于压实的土石料，干密度容易达到要求，但压实度可能不满足要求；而对于不易压实的土石料，压实度易满足要求，但干密度可能达不到要求。因此应采用压实度作为控制指标，而压实干密度随土料的压实性能不同而浮动。实践发现土料的含水率与施工压实有密切的关系，在工程中多以最优含水率上下一定范围，且能满足压实度要求的含水率作为填筑控制标准。

中国《碾压式土石坝设计规范》（DL/T 5395—2007）中规定含砾和不含砾的黏性土的填筑压实标准以压实度和最优含水率作为设计控制指标。设计干密度应以击实试验的最大干密度乘以压实度求得。对于200m级高堆石坝，其心墙为黏性土时，若采用轻型击实试验，则压实度应不小于98%～100%，如采用重型击实试验，压实度可适当降低，但不低于95%。黏性土的最大干密度和最优含水率应按照DL/T 5355及DL/T 5356规定的击实试验方法求取。对于砾石土应按全料压实度作为控制指标，并复核细料压实度。表4.6-1列出了一些150m级以上高堆石坝的心墙填筑参数资料。统计其中防渗土料为宽级配土料的堆石坝，可得70%以上堆石坝的心墙干密度在1.87g/cm^{3}以上。

推荐现场检测采用小于20mm细粒595kJ/m^{3}击实功能进行三点快速击实的细料压实度控制方法，细料压实度应与全料压实度标准相匹配。

（4）关键级配指标。土石坝无论高低，防渗土质心墙在其中的核心地位都是毋庸置疑的。美国在1941年建成的有标志性意义的尼山心墙堆石坝（高130m）就因细料较少，土料级配不太合理，从而导致许多部位的心墙细料被冲蚀而空，使大坝产生严重险情，后来在防渗心墙中设混凝土防渗墙达125m深，可见，防渗性能的好坏对土石坝的安全是至关重要的，对高土石坝而言就更是如此。在高土石坝更高水头的作用下，细颗粒将被迫迁移，防渗土料的渗透稳定性问题将更为突出，因而要求防渗体土料级配必须连续，且小于0.075mm的细颗粒含量应比中低坝提出更高要求，即不宜小于15%~25%。

2. 反滤料

（1）级配指标。谢拉德等人的研究成果、美国垦务局的反滤准则、我国规范要求以及国内的试验研究成果表明：采用"开裂-自愈"假设，将土分为"骨架粗料"和"填充细料"两部分。"骨架粗料"是土体的承载骨架，不存在单纯渗透力作用下的渗透变形稳定问题，渗透变形稳定问题只对"填充细料"提出。用反滤料的"填充细料"来保护基土的"填充细料"是反滤料设计的本质，而"填充细料"刚好填满"骨架粗料"的孔隙，并与其共同发挥承载和防渗作用的临界含量 η_f 以及它们的分界粒径 d_f 是反滤料设计的核心概念。对级配连续的土料，一般取5mm为分界粒径，如级配不十分连续，则取"间断"区间下限粒径作为分界粒径，并以分界粒径以下"填充细料"作为保护对象进行反滤料级配设计。

反滤料级配设计指标具体如下：

1）用5mm作为防渗料的"骨架粗料"和"填充细料"的分界粒径。美国垦务局的反滤准则用"填充细料"的 $\eta_{0.075}$ 百分数对被保护的基土的4个分类及各类的反滤关系同样适用，但得到的反滤料的 D_{15} 应视为反滤料的"填充细料"的 D_{15}。

2）鉴于对反滤料临界状态的试验研究都是建立在均匀级配基础上的，因此，反滤料的"骨架粗料"和"填充细料"都应满足不均匀系数 $C_u \leqslant 5$ 的要求。

表 4.6－1　150m 级以上高心墙堆石坝心墙筑实压实参数表

序号	坝名	国家	坝高/m	防渗体型式	防渗材料	天然含水量/%	最优含水量/%	最大干密度/(g/cm³)	实际干密度/(g/cm³)	压实度	最大粒径/mm	建成时间
1	努列克(Nurek)	塔吉克斯坦	300	心墙堆石坝	含砾亚黏土（为砂壤土和含砾石的壤土组成）	8	16~18	1.60~2.00	1.70~1.80	约90%	200	1962—1979年
2	糯扎渡(Nuozhadu)	中国	262	心墙堆石坝	掺砾石土料和不掺砾的混合土料		12.78	1.92	1.90	99%		2007年
3	麦加(Mica)	加拿大	244	斜心墙土石坝	冰碛土		9.4	2.15	2.10	97.7%	20	1963—1973年
4	奥罗维尔(Oroville)	美国	234	斜心墙堆石坝	黏土、粉土、砂、砾石、卵石混合料	8~14			2.20		76	1968年
5	高濑(Takase)	日本	176	心墙堆石坝	黏土			2.15			200	1971—1979年
6	特里尼蒂坝(Trinity)	美国	164	心墙堆石坝	风化岩石（黏土、砂土、砂和砾石等）	13	15~17.1	1.80	1.76	97.8%		1962年
7	库嘎(Cougar)	美国	158	斜心墙堆石坝	滑石风化岩	15	14~23.1	1.89	1.47~1.89	约90%	150	1964年
8	斯威夫特(Swift)	美国	156	心墙土坝	含细粒的砾石土	10	12	1.90	1.87	98.4%		1956—1958年
9	格帕奇(Gepatsch)	奥地利	153	心墙堆石坝	黏土、砂卵石混合料	8~14	6.5~7	2.35	2.10	89.4%	80	1965年

3）为保证反滤料的半透水性，鉴于细粒组的含量 $\eta_{0.075}<5\%$ 将对粗粒土的性能不产生影响，可对反滤料的级配提出 $\eta_{0.075}<5\%$、塑性指数 $I_P=0$ 的原则要求。若反滤料的细粒组中不含有黏粒，那么也可突破这一要求。

4）反滤料的"骨架粗料"的 D_{15} 应不大于"填充细料"的 d_{85} 的 4 倍，以保证其内部的颗粒结构是稳定的。

5）对反滤料，用式 $d_f=\sqrt{d_{70}d_{10}}$ 确定"骨架粗料"和"填充细料"的分界粒径，而"填充细料"的临界含量 η_f 按 $25\%\sim35\%$ 选取，可取 30%。

6）将反滤料的"骨架粗料"的级配曲线和"填充细料"的级配曲线合成为反滤料的全料的级配曲线时，要求全料的级配曲线连续，且大体上光滑，满足良好级配曲线的曲率系数 $C_C=1\sim3$ 的要求。

7）同一层反滤的 d_{15} 间满足关系式 $D_{15}/d_{15}<5$。

8）不同土层的 d_{15} 间满足关系式 $D_{15}/d_{15}>5$。

（2）合适的相对密度标准。在糯扎渡工程中大坝反滤料的压实要求为：反Ⅰ料相对密度 $D_r>0.80$，参考干密度平均为 1.80g/cm^3；反Ⅱ料相对密度 $D_r>0.85$，参考干密度平均为 1.89g/cm^3。从强度指标来看，Ⅰ、Ⅱ反滤料都具有较高的强度指标，这对高心墙堆石坝坝坡稳定是有利的。在反Ⅰ料相对密度为 0.8、反Ⅱ料相对密度为 0.85 时变形参数较为协调，有利于从心墙到坝壳的应力应变过渡。此外，渗透系数反Ⅰ料比心墙防渗料大两个量级，反Ⅱ料又比反Ⅰ料大两个量级，坝壳堆石料比反Ⅱ料大一个量级，坝料间的排水条件能够完全满足。因此，以糯扎渡工程为典型实例，可以得出结论：高心墙堆石坝反滤料的压实要求，反Ⅰ料的相对密度取 $D_r>0.80$，反Ⅱ料的相对密度取 $D_r>0.85$ 是合适的。

（3）堆石料。堆石料设计指标主要是孔隙率控制标准。由于不同高坝堆石料的岩性有所不同，其孔隙率控制标准也不尽相同。在糯扎渡水电站工程中建议坝体Ⅰ区堆石料的孔隙率 $n<24\%$，Ⅱ区堆石料的孔隙率 $n<22\%$，细堆石料的孔隙率可与Ⅰ区堆石料的相同或稍微偏大。堆石料的孔隙率应考虑堆石料的渗透性、强度指标和变形参数在上下游各坝料间的过渡性和协调性最终确定。对高心墙堆石坝而言，不论从控制总体沉降还是不均匀沉降来讲，均应对软岩堆石料的孔隙率标准提出更高的要求，如 $n<21\%$。

4.6.3　坝体坝基防渗指标

（1）心墙渗透性能指标。

1）渗透系数。防渗体的防渗性能关系到坝体渗漏量的大小，直接影响到坝的经济效益，渗漏量大意味着大量的库水将白白流失而不能产生效益，极大地降低了坝的运行效益。根据一般经验，当防渗体的渗透系数达到 10^{-5} cm/s 数量级时，渗漏量一般不大，在水量较丰富的地区，一般是可以接受的。根据国内外已建的 150m 级以上高心墙堆石坝的防渗体渗透系数资料（表 4.6 - 2）统计，约 32% 的堆石坝防渗体渗透系数在 10^{-5} cm/s 数量级水平，约 68% 的堆石坝的防渗体渗透系数在 10^{-6} cm/s，少数坝渗透系数更小。建议对于 200m 级以上的高心墙堆石坝，防渗体渗透系数建议控制在 10^{-6} cm/s 数量级。

试验表明，砾石土的渗透系数与小于 0.075mm 的颗粒含量密切相关，一般情况下，当砾石土小于 0.075mm 的颗粒含量小于 10% 时，渗透系数就会大于 10^{-5} cm/s，不适于作防渗材料。根据有关资料统计，当防渗土料的渗透系数在 10^{-6} cm/s 数量级以内时，防渗土料中小于 0.075mm 的细颗粒含量在 20% 以上的堆石坝占 80% 左右。国内鲁布革心墙堆石坝，其防渗体土料选用黏土掺白云岩风化砂砾料，小于 0.075mm 的细颗粒含量为 40% 左右，大于 5mm 的粗粒含量为 40%，试验表明其渗透系数与细料渗透系数相近，达到 4×10^{-7} cm/s。糯扎渡心墙堆石坝，其防渗土料采用掺砾石土料，小于 0.075mm 的细颗粒含量为 40% 左右，大于 5mm 的粗粒含量为 25% 左右，其渗透系数为 5×10^{-6} cm/s。

建议当渗透系数控制在 10^{-6} cm/s 数量级以内时，防渗土料中小于 0.075mm 颗粒的含量不宜小于 15%～20%。具体工程不同土料及级配情况都应通过室内外不同的试验方法研究确定。有关 150m 级以上高堆石坝防渗体渗透系数控制情况见表 4.6 - 2。

2) 抗渗梯度。据邱加也夫统计，20 世纪 60 年代以前防渗体的平均允许渗透比降为 0.7～1.3，即心墙底宽约为坝高的 0.8～1.4 倍。随着对土体渗透破坏机理的深入研究，太沙基提出了反滤设计准则，反滤层具有滤土和排水的作用，由此使得防渗体的"抗渗"功能得到保障。在 20 世纪 60 年代之后，反滤层得到了大力推广，在反滤层的保护下，防渗体的抗渗性能得到了提高。当防渗体出现裂缝时，无反滤层的情况下防渗体的抗渗强度将急剧下降并可能导致失事；而在有合适反滤层保护的情况下防渗体裂缝将可能自愈，由此大大提高了防渗体的抗渗强度。据统计，60 年代之后，在反滤层的保护下防渗体的平均允许渗透比降为 2.5 左右，有些坝甚至更高，比 60 年代之前允许抗渗比降有了较大提高，如希腊的克瑞乌斯克心墙堆石坝，心墙土料为粉质黏土，其平均允许渗透比降为 2.5；日本御母衣堆石坝，心墙土料为黏土及花岗岩风化

表 4.6－2 部分 150m 级以上高堆石坝防渗体渗透系数控制情况表

序号	坝名	国家	坝高/m	防渗体型式	防渗材料	<0.075mm 颗粒含量/%	渗透系数试验值/(cm/s)	渗漏量	建成时间
1	努列克(Nurek)	塔吉克斯坦	300	心墙堆石坝	含砾亚黏土（为砂壤土和含砾砾石的壤土组成）	20～25	1×10^{-6}	实测：心墙单宽渗水量为 0.173～4.32m³/(m·d)	1962—1979年
2	糯扎渡(Nuozhadu)	中国	261.5	心墙堆石坝	掺砾石土料和不掺砾的混合土料	40	5×10^{-6}（计算值）	坝体坝基总渗漏量为 21.5L/s，其中坝体渗流量约为 10.2L/s。心墙单宽渗流量约为 1.61m³/(m·d)	2012年
3	奇科森(Chicoasen)	墨西哥	261	心墙堆石坝	含砾黏土砂			蓄水后心墙渗水量由下游渗流比降分析为 300L/s，但在高程195m处实测为 150L/s，对应坝体单宽渗流量为 13m³/(m·d)	1980年
4	瓜维奥(Guavio)	哥伦比亚	247	斜心墙堆石坝	砾石、黏土混合料				1990年
5	麦加(Mica)	加拿大	244	斜心墙土石坝	冰碛土	45	1×10^{-7}		1963—1973年
6	瀑布沟	中国	188	心墙堆石坝	以宽级配砾石土为主	大于 15%	4×10^{-6}	实测：总渗水量 100L/s，即坝体渗流量为 10L/s，心墙单宽渗流量约为 2.16m³/(m·d)	2006年
7	高濑(Takase)	日本	176	心墙堆石坝	黏土	43	1.7×10^{-6}	坝体渗流量约为 3.13L/s，坝体单宽渗流量约为 0.432m³/(m·d)	1971—1979年
8	菲尔泽(Fiezes)	阿尔巴尼亚	165.6	心墙堆石坝	黏土砂卵石混合料		1×10^{-7}		1978年
9	克瑞乌斯克	希腊	163	心墙堆石坝	粉质黏土	75	5×10^{-6}（设计值）		1962年
10	库嘎(Cougar)	美国	158	斜心墙堆石坝	滑石风化岩		1×10^{-7}		1964年

混合物，其平均允许渗透比降为 2.6；瓜维奥坝，坝高 247m，心墙厚度在任何高程均为相应水头的 0.3 倍，即平均允许渗透比降为 3.33；奇科森坝，坝高 240m，心墙底厚 98m，坝高与心墙底厚之比为 2.42；凯班坝，坝高 207m，心墙底宽 70m，坝高与心墙底厚之比为 2.96；英菲尔尼罗土石坝，是当前世界最薄的心墙堆石坝，坝高 148m，其允许平均水力比降为 4.1；我国糯扎渡坝，坝高 261.5m，心墙底宽 111.8m，坝高与心墙底厚之比为 2.34；我国正在设计阶段的双江口堆石坝，心墙土料采用砾质土，渗流计算分析中其心墙平均允许渗透比降采用 4.0；我国 1974 年建成的坝高 54m 的柴河土坝，其最大平均水力比降高达 8.4，中央心墙的坡比为 1∶0.064，心墙底宽只有 5m。

对于 200m 级以上高心墙堆石坝而言，在设计中，防渗心墙的平均允许渗透比降可以控制在 2.5 左右，若有先进技术支持并经过专门论证亦可提高到 3.5 左右。具体平均允许渗透比降应该根据试验确定，而试验方案中必须包含防渗土体出现裂缝情况的专门试验。同时在设计和试验中要包含保证心墙裂缝自愈的保护措施的相应试验。

（2）防渗帷幕透水率控制指标。据有关文献记载，已建的小浪底和瀑布沟两座高心墙坝的渗漏量主要通过坝基产生。此外，瓜维奥斜心墙堆石坝实测总渗水量 100L/s，其中通过坝体的为 10%，通过左右岸的为 90%；对双江口的渗流计算中，当心墙渗透系数为 7×10^{-6} cm/s 时，计算得到通过坝体的平均单宽渗流量为 0.75m³/(m·d)，通过坝基的为 2.81m³/(m·d)，分别占总单宽渗流量的 21% 和 79%，同样也可见渗流量主要通过坝基产生。因此坝基渗流控制是渗流量控制的主要对象。

200m 级以上高心墙堆石坝防渗心墙绝大多数是坐落在岩石基础上，为达到渗流控制的目标，除了防渗心墙自身要达到各种控制要求，保质保量之外，对与其紧密相接的岩石基础也必须做好渗流控制，才能构成大坝完整防渗系统。岩体中要建设一道有效的灌浆帷幕应满足的基本功能是：灌浆后的岩体透水率全面达到设计的控制指标，灌浆岩体能承受高坝下的大渗流梯度，保持坝基的渗透稳定安全，防渗功效显著，投资合理。

开展灌浆帷幕设计，必须弄清掌握坝址基岩工程水文地质资料，特别是坝址岩体特性、强度高低、透水性的强弱以及主要结构面产状，如透水裂隙产状、开度、分布、连通度及裂隙内表面状况、填充情况等与灌浆有关的岩体特性（透水性好不等于可灌性好）。

首先，必须回答对于 200m 级以上高心墙堆石坝坝址是否需要设灌浆帷幕。接下来，设计灌浆帷幕最重要的控制指标是灌浆后帷幕岩体单位透水率，确定这个指标定多少是安全合理的，技术上又是先进可行的。因为，这个指标极为重要，它不但关系到防渗帷幕的功效，是否能协同防渗心墙控制好该水库允许的最大渗水量，达到水库蓄水效益；同时也关系着大坝基岩的抗渗稳定安全性；它还直接决定了灌浆帷幕垂直深度（目前我国灌浆的先进水平能在170m 深以内）、平面延伸度，影响到帷幕的总工程量、工期和投资。当透水率指标控制设计得很低时（如小于 1Lu），意味着帷幕灌浆必须对岩体深部裂隙不发育（低吕荣值区）的岩层段进行灌浆。据资料统计认为 3～5Lu 的岩层段，虽然它能走水，但不一定通浆，实践认为小于 0.15mm 的裂隙水泥浆一般是灌不进去的。现在虽有超细水泥、化学灌浆但必须控制好灌浆压力不能超过岩体临界压力，各种岩体的临界压力都不同，否则反而可能破坏灌浆岩体，得不偿失。

对于超级高坝基岩防渗处理，首先要确定防渗帷幕应满足的主要功能，归纳岩基渗流的特性（帷幕是在岩基中建成），分析影响灌浆效果的因素。要建成工程质量有保证的有效帷幕，需综合考虑技术可行性、先进性和投资合理性，再结合国内外建设实践及理论研究，参考有关规范，最后结合自己研究实践的认识判断。考虑苏联努列克大坝帷幕透水率为 1Lu，美国、欧盟、澳大利亚基岩帷幕透水率控制标准为 3～7Lu，国内 2007 年发布规定，对 100m 以上土石坝控制标准为 3～5Lu，高混凝土坝控制标准为 1～3Lu。我国目前还在设计在建的糯扎渡、双江口防渗帷幕透水率控制标准是 1Lu，对 200m 级高心墙堆石坝岩基上建防渗帷幕，灌浆岩体透水率控制指标建议为不大于 1～3Lu。

国内外 200m 以上的高心墙堆石坝防渗帷幕参数见表 4.6-3。

（3）有关灌浆岩体的抗渗强度，可采用 30 左右。

（4）坝基岸坡地下水位较高时，应设排水孔以降低地下水位。排水孔方向应选择尽可能多地串通透水裂隙结构面，提高排水孔功效，具体工程仍应紧密结合水文地质情况进行防排设施优化配合的渗流分析计算，才能最终选定排水设计参数。

（5）坝壳区渗透性要求：过渡区应级配连续，最大粒径不宜超过 300mm，顶部宽度宜不小于 3m，渗透系数一般应大于 1×10^{-3} cm/s；包括工程开挖料区在内的堆石区渗透系数宜不小于最外一层反滤或过渡层的渗透系数，一般宜大于 1×10^{-2} cm/s，以保证浸润线快速下降；排水区则要用强度高、抗风化的中到大块石为主的石料填筑，在各分区中渗透系数最大要求在 1cm/s 附近；上游护坡既要能防止库水掏蚀，又要能快速排水，下游护坡要能防止雨水冲刷。

表 4.6－3　　国内外高心墙堆石坝防渗帷幕表

序号	坝名	坝高/m	坝体防渗型式	帷幕深度 S/m	承压水头 H_1/m	排数	排距/m	孔距/m	$\alpha=S/H_1$(或 S/H)	防渗标准/Lu	灌浆压力/MPa	备注	建造时间
1	罗贡(Rogun)	335	斜心墙堆石坝	80		2			0.24			覆盖层深6~7m,坝基下有盐岩层,心墙放在砂岩上。	1976年
2	努列克(Nurek)	300	心墙堆石坝	100		1~3	2.5	4	0.33	1	4	覆盖层深20m。在单位吸水率高(>1Lu)的坝基内需做全面帷幕灌浆。伸入两岸各40~140m,左岸帷幕最大深度达120m,右岸帷幕最大深度为105m。帷幕的厚度,在右岸水头为60m的区段,岩土胶结良好,仅设单排帷幕。在右岸胶结较差、水头较大区段,则设双排帷幕,排距2.5m,孔距4m,为强风化并有裂隙的岩层,帷幕采用3排。其下部用双排。帷幕灌浆总长7.3万m。最大灌浆压力为4MPa。在深切河槽部位做好钢筋混凝土垫座,将心墙地基垫平。	1962—1979年
3	特里(Tehri)	260	心墙堆石坝	0.3倍水头		3		第一排孔距12m	0.3			覆盖层深10~15m。心墙部位要挖到坚硬岩石。帷幕灌浆第一排深为0.3倍水头。第2、3排孔深分别为第一排的1/3和2/3,可根据吸水量进行调整	1997年

续表

序号	坝名	坝高/m	坝体防渗型式	帷幕深度 S/m	承压水头 H₁/m	排数	排距/m	孔距/m	α=S/H₁（或 S/H）	防渗标准/Lu	灌浆压力/MPa	备 注	建造时间
4	瓜维奥（Guavio）	247	斜心墙堆石坝	1/3 水头		1~3			1/3	5		一般孔深为 80m，两岸上部最小为 25m。在右岸一处开挖未发现有地下水，该处帷幕深度增大到 120m。防渗帷幕在下部 2/3 只设 1 排孔。上部 1/3 设 3 排孔。另在岸坡帷幕下游坝体中各设置 2 个排水洞，其支洞平行于坝轴线，形成垂直于下流向的排水幕	1990 年
5	麦加（Mica）	244	斜心墙堆石坝	1/2 水头	179.8	1		12.2、3.1	1/2	1.8	0.07	固结灌浆布置呈 6m×6m 的网格形，心墙穿过 45.7m 厚的覆盖层置于基岩上。基岩为花岗片麻岩，干基岩为花岗片麻岩。主要采取低压灌浆，对张开裂隙灌注泥浆或混凝土。帷幕灌浆首先沿帷幕线每隔 12.2m 打一孔，深 90m（约为 1/2 全水头），了解地质情况。做压水试验，并进行灌浆。在漏水率超过 1.8Lu 的部位，插补二序孔，孔深注到邻孔孔隙水率合格的最低部位，一般不超过 61m。最后再选择重点部位打检查孔进行补灌，除在原帷幕线上打检查孔外，在帷幕线上、下游各 9m 左右，也打检查孔	1973 年
6	契伏（Chivor）	237	斜心墙堆石坝	1/3 水头					1/3				1975 年

续表

序号	坝名	坝高/m	坝体防渗型式	帷幕深度 S/m	承压水头 H_1/m	排数	排距/m	孔距/m	$\alpha=S/H_1$(或 S/H)	防渗标准/Lu	灌浆压力/MPa	备注	建造时间
7	凯班(Keban)	207	心墙堆石坝	350		2		1.5	1.69		1.4	防渗面积20.4万m²，覆盖层深50m。帷幕底嵌入坝基内不透水页岩内3m，之后加厚加长帷幕改为双排，单排帷幕改为单排灌浆，对连接段改为沿平洞拱顶成放射状布置的3排孔灌浆	1978年
8	双江口	312	心墙堆石坝									河床覆盖层最大厚度约68m。心墙下部覆盖层全部挖除	在建
9	糯扎渡	261.5	心墙堆石坝	0.5H		2	1.5	1.5~2	1/2	1		右岸以岩体q≤1Lu作为相对不透水层边界其埋藏深度大约70m。共设2排帷幕，第一排帷幕深入相对不透水层不小于5.0m。第二排帷幕灌浆主要起加强作用，第三排灌浆孔深为第一排深度的2/3。右岸风化侵蚀变软弱岩带的孔距一般均为2.0m，右岸风化部位坝基加密至及强风化弱带加密至1.5m，排距为1.5m，并采用超细水泥灌浆	2007年
10	长河坝	240	心墙堆石坝	117		2	14		0.488	1			设计阶段

（6）大坝渗流量应不超过多年平均来水量的 5％；并且在满足该基本要求下，大坝总的平均单宽渗流量大约控制在 $15.0 \sim 20.0 \mathrm{m}^3/(\mathrm{m} \cdot \mathrm{d})$。有关这方面的控制值应继续关注高坝工程成功运行的实测资料并进行总结分析，以便提出更全面合理的控制值。

4.6.4　变形控制指标

顾淦臣统计整理了国内外 55 座土石坝的水平位移、竖向位移和裂缝资料。得到这样的认识：竣工后坝顶最大竖向位移为坝高的 1％ 以下的坝都没有裂缝，坝顶最大竖向位移为坝高的 3％ 以上的坝都有裂缝，坝顶最大竖向位移大于坝高的 1％、小于坝高的 3％ 时，有的坝有裂缝，有的坝无裂缝，要看土料的性质和其他因素而定。因此，竣工后坝顶最大竖向位移应按小于坝高的 1％ 控制（分层总和法计算成果）。

在调查国内外多座土石坝的不均匀沉降后认为，若坝体不均匀沉降的斜率（倾度）大于 1％，坝体就将产生裂缝；小于 1％，坝体一般不出现裂缝。因此可用变形倾度有限元法分析法判别土石坝是否会发生表面张拉裂缝，临界倾度 γ_c 值可取 1％。

4.6.5　坝坡稳定安全指标

通过对糯扎渡心墙坝多种坝料的大型三轴试验，证实了堆石等粗粒料随着围压的升高会发生颗粒的破碎现象，内摩擦角降低，其摩尔强度包线是向下弯曲的。即在比较大的应力范围内堆石的抗剪强度（内摩擦角 φ 值）与法向应力之间的比例关系并不是常数，而是随法向应力的增加而降低，呈现明显的非线性特征。因此，采用非线性抗剪强度理论进行描述更为合理，我国《碾压式土石坝设计规范》（SL 274—2001）中也对此进行了规定，坝料强度参数采用非线性指标的必要性已得到确认。

糯扎渡研究报告中共收集了 37 个水利工程大坝堆石料的三轴固结排水试验资料。采用矩法和改进的线性回归方法统计了这些水利工程中硬岩堆石（主堆石、次堆石）和软岩堆石抗剪强度的线性指标、邓肯非线性对数指标的均值与标准差，得到以下结论：

（1）硬岩堆石的邓肯对数抗剪强度指标 φ_0 和 $\Delta\varphi$ 的均值一般可取 53.8° 和 10°，而标准差一般可取 1.5° 和 1.0°。两个参数比较符合正态分布。φ_0 基本在 50°～56° 之间，而 $\Delta\varphi$ 在 8°～12° 之间。

（2）硬岩堆石的线性抗剪强度指标，内摩擦角 φ 绝大部分在 38°～42° 之间，咬合力 c 一般在 $150\sim180\mathrm{kPa}$ 之间。

（3）次堆石的强度参数略低于主堆石的抗剪强度，φ_0 和 $\Delta\varphi$ 的均值一般可取 $50.7°$ 和 $8.8°$，标准差可取 $1.5°$ 和 $1.3°$。

（4）软岩的 φ_0 和 $\Delta\varphi$ 的均值原则上应通过试验确定，在没有试验成果的情况下，可参考以下标准：均值分别为 $44°$ 和 $6°$，标准差分别为 $1.8°$ 和 $1.5°$。

通过对典型土石坝的坝坡稳定分析得出，采用坝料强度非线性指标的小值平均值计算得到的坝坡稳定安全系数与线性指标、分段线性指标的比较接近，现行规范对坝坡允许安全系数规定的标准可以直接使用，不需要调整。

传统的基于极限平衡法的安全系数评价标准因在工程实践中得到了广泛应用，人们在这方面积累了丰富的经验与教训。因安全系数是利用滑面上的抗剪强度参数，并在莫尔-库仑屈服准则的基础上求解的，故其允许标准与滑面上的抗剪强度参数的取值有关。关于这一点，水工设计规范中对此有明确的说明，即设计强度指标并不是该强度试验成果的均值。以相对成熟的土石坝设计为例，我国规范规定强度指标应采用小值平均，在《水利水电工程地质勘察规范》（GB 50487—2008）中则规定取 0.1 分位数。美国陆军工程师团对土石坝设计强度指标的规定为 $2/3$ 以上的试验数据大于采用值。如果假定强度参数按正态分布，取强度指标值为 $\mu-k\sigma$，则此 3 个文件规定的分位数 0.25、0.1 和 0.33 分别相当于 $k=0.675$、1.28 和 0.43。其中 μ 和 σ 为其均值和标准差（图 $4.6-1$）。目前有关分位数标准的研究还不多，总体来讲。在没有明确规定时，建议可用均值（期望值）减 1.0 倍的标准差作为强度指标的设计值。

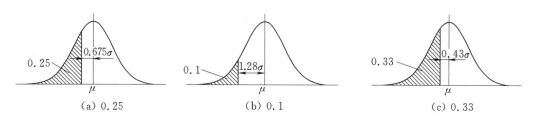

（a）0.25　　　　　（b）0.1　　　　　（c）0.33

图 4.6-1　相应不同分位数的强度参数取值

关于允许安全系数标准，我国《碾压式土石坝设计规范》（SL 274—2001）作了以下规定：

"8.3.9 静力稳定计算应采用刚体极限平衡法。对于均质坝、厚斜墙坝和厚心墙坝，宜采用计及条块间作用力的简化毕肖普（Simplified Bishop）法，对于无黏性土以及有软弱夹层、薄斜墙、薄心墙坝的坝坡稳定分析及任何坝型，可采用满足条块间作用力和力矩平衡的摩根斯顿-普赖斯（Morgenstern -

Price）法等方法，计算坝坡抗滑稳定安全系数。"

相应计算条间力的计算方法，土石坝设计规范对允许安全系数作了见表 4.6-4 的规定（8.3.10 条）。

表 4.6-4　　　　　　　　　坝坡抗滑稳定最小安全系数

运用条件	工　程　等　级			
	1	2	3	4，5
正常运用条件	1.50	1.35	1.30	1.25
非常运用条件Ⅰ	1.30	1.25	1.20	1.15
非常运用条件Ⅱ	1.20	1.15	1.15	1.10

采用不计及条间力的瑞典圆弧法，其允许安全系数对 1 级坝正常运用条件为 1.3。其余情况在表 4.6-4 基础上降低 8%。

4.6.6　抗震安全指标

1. 地震永久变形标准

"八五"期间，我国学者提出的地震永久变形的控制标准为：坝高 100m 以下的坝，允许震陷量可取坝高的 2%，对 100m 以上的坝，可适当降低到 1.5%。当时土石坝坝高较低，坝高不超过 200m。我们采用强度折减技术，对坝体施加了《水工建筑物抗震设计规范》（DL 5073—2000）规定的拟静力地震荷载，讨论了糯扎渡心墙堆石坝破坏状态的最大塑性位移，得到了坝坡破坏时的塑性位移为坝高的 1.2009%～1.2785%。要使坝坡不发生塑性破坏，则抗震地震永久变形在坝高的 1.2% 即可。考虑到地震永久变形的梯度沿坝高的分布是不同的，坝顶部地震残余变形等值线密集，也是地震裂缝较为集中的部位。因此，对 200m 级高土石坝地震残余变形控制标准，也可以以上部坝体的地震变形占该部分坝高的比值进行控制，即以上部 1/2（或 1/3）坝高的坝体为研究对象，若这部分坝体的震陷率小于 1.5%，则认为坝体可以承受。

不均匀震陷是地震裂缝产生原因，也需要进行控制。初步建议不均匀震陷的倾度控制标准为 1.2%。

2. 坝坡抗震稳定标准

高心墙堆石坝坝坡抗震稳定分析以现行规范规定的拟静力极限平衡法和 Newmark 滑块位移法为主。现行《水工建筑物抗震设计规范》（DL 5073—2000）中，土石坝坝坡抗震稳定分析以拟静力的瑞典圆弧法为主，并辅以简化的毕肖普法，并规定了简化毕肖普法结构系数的选取规定。建议增加摩根斯顿

—普赖斯法以及可靠度分析方法进行坝坡抗震稳定分析等有关内容，以便与《碾压式土石坝设计规范》（DL/T 5395—2007）相适应。坝坡抗震稳定安全系数的控制标准仍按相关规范执行，但地震输入荷载则参照水电规计〔2008〕24号文规定执行。即一般取基准期50年超越概率10%的地震动参数作为设计地震；大型水电工程中，一级挡水建筑物取基准期100年超越概率2%的地震动参数作为设计地震；校核地震工况对1级挡水建筑物可取基准期100年超越概率1%或最大可信地震（MCE）的动参数。

值得注意的是震后坝坡稳定分析。地震可触发上游反滤及坝基砂孔隙水压力上升甚至液化，非液化土地震作用下也可能存在强度降低等现象，地震甚至导致坝体裂缝，这些均削弱了坝体稳定性，因此需要进行震后上下游坝坡的静力稳定验算。此时坝体材料强度应采用残余强度的下限值。按震后条件得出的抗滑安全系数大于1.0，则整体失稳可预期不会发生。然而，由于计算中所包含较大的不确定性，抗滑安全系数要求不低于1.2~1.3为宜。但对以"不溃坝"为功能目标的校核地震工况，抗滑安全系数可控制不小于1.0。

当坝体和坝基中存在可液化土类时，采用拟静力法分析坝坡抗震稳定则不能做出正确评价。为此可采用Newmark滑块位移法分析坝坡抗震稳定性。在预可研及可研阶段，可以采用Makdisi-Seed的简化方法估计地震滑移变形，评价坝坡的抗震稳定性；在抗震专题审查报告中，可采用相对精细的Newmark滑块位移法分析地震滑移变形，评价坝坡抗震稳定性，并根据变形的严重程度判断坝在地震中的表现。目前，国际上不同单位衡量变形是否安全的定量标准各不相同，美国一些单位取为0.6m，印度标准取为1.0m。美国工程师兵团建议地震滑移变形的上限为1.0m，并指出尽管如此变形很严重，但大多数坝均能够承受。Hyness Griffin和Franklin也建议地震滑移变形控制标准为1.0m。值得注意的是，上述滑移变形控制标准是针对已建的遭遇地震的土石坝统计得到，即较低的土石坝提出的滑移变形标准。对于200m级以上心墙土石坝，若采用1m的滑移变形控制标准则很多坝难以满足要求。建议以滑动体相对变形的角度控制滑移变形，即滑移变形量与滑动体最大外形尺寸之比小于2%~3%为滑移变形的控制指标。

3. 反滤料、坝基砂抗液化能力及心墙动强度验算

心墙堆石坝上游浸水反滤料和坝基砂层的地震液化验算可按剪应力对比的总应力法和有效应力法进行。将有限元地震动力计算得到的反滤料和坝基等效动剪切应力与动强度三轴试验测得的对应振次、固结比和固结应力下的循环抗剪强度进行比较，凡前者大于后者的区域为液化区，反之为非液化区。或采用

有效应力法进行振动孔隙水压力的计算，定义孔压比为孔隙水压力与有效小主应力之比，若孔压比等于 1 则发生液化，反之若孔压比小于 1 则不发生液化。上述方法没有考虑计算及参数确定的不确定性以及任何安全裕度，可应用于 200m 以上心墙堆石坝校核地震工况的验算。

对设计地震工况，可将液化度定义为单元孔压值与静竖向有效应力之比来评价单元孔压相对值，并将液化度 $D_L > 0.9$ 的区域定为液化区，把 $0.5 < D_L < 0.9$ 的区域定为破坏区。Seed 定义抗液化安全系数为相应固结条件及振次下土体动强度与单元等效动剪应力之比。并规定安全系数 $F < 1.3$ 的区域定为液化区，$1.3 < F < 1.5$ 的区域定为破坏区。

心墙动强度验算可采用剪应力对比法进行，也就是将有限元地震动力计算得到的心墙等效动剪切应力与动强度三轴试验测得的对应振次、固结比和固结应力下的循环抗剪强度进行比较，凡前者大于后者的区域为破坏区，反之为安全区。

4.7 高心墙堆石坝设计工程措施研究

4.7.1 泄洪控制措施

泄洪控制是确保高心墙堆石坝安全的重要措施。除了选择合适的洪水标准外，泄洪建筑物的布置、掺气减蚀、消能防冲以及降低雾化影响等则是泄洪控制措施应当考虑的主要内容，它们决定着泄洪建筑能否按设计标准安全泄洪。

1. 泄洪建筑物布置

高土石坝泄洪建筑物布置时应优选采用超泄能力强的溢流表孔为主，并结合后期导流、运行调度的灵活性及应急放空要求布置泄洪隧洞为辅助泄洪建筑物或放空泄水建筑物，泄水建筑物启闭设备应考虑地震等极端工况下的应急开启措施。

由于高土石坝泄洪隧洞运行水头较高，闸门、启闭设备及流道结构风险相对较大，为减少因泄洪建筑物自身原因而导致泄水不畅的概率，高土石坝泄洪建筑物应以能自由敞泄的表孔为主，即高土石坝泄水建筑物宜优先采用开敞式溢洪道，对于狭窄河谷无有利地形布置开敞式溢洪道时，也可采用开敞式表孔与无压隧洞相结合的溢洪洞，并结合后期导流、运行调度的灵活性及应急放空要求布置泄洪隧洞为辅助泄洪建筑物或放空泄水建筑物。

为确保在地震等极端工况下泄水建筑物闸门启闭，泄洪建筑物应设置应急启闭电源，并适当布置远程控制设施。

高土石坝的泄洪建筑物布置时要结合当地的地形地质条件和枢纽整体布置要求，综合考虑合适的体型和下游水流衔接要求，并经整体水工模型试验验证。挡水大坝、厂区枢纽及交通要道布置时需考虑雾化影响因素。

2. 泄洪建筑物掺气减蚀

高土石坝泄洪建筑物由于流速高，掺气减蚀研究非常重要，掺气减蚀措施研究方法以组合法为优，即在经验设计体型基础上，先采用数值模拟优化体型，得到合理的体型后，再进行物理模型试验验证，以缩减试验时间，节约试验成本；掺气减蚀措施应以流道体型（含掺气设施体型）控制为主，抗冲耐磨材料为辅。高土石坝泄洪建筑掺气减蚀应注意以下几点：

（1）流速大于 30m/s 时应布置掺气减蚀设施。掺气减蚀设施保护范围一般可取 100~120m；掺气设施以底部强行掺气为主，可采用挑坎式或槽式掺气组合，为保证掺气设施的有效，应做到掺气空腔内无回水。

（2）泄洪隧洞有压流、无压流过渡段可采用突扩突跌型式布置，通过侧空腔及底空腔同时掺气。工作门室通气洞需设计合理，通气充分。

（3）为保证隧洞通气充分，泄洪洞无压隧洞洞顶余幅应不小于 25%。沿程洞顶需布置通气井。

（4）应加强流道边壁的保护及施工质量，高流速流道采用材质致密、强度高的材料，如高强混凝土（砂浆）、钢板、纤维混凝土、聚合物混凝土（砂浆）等，并严格控制过流面的不平整度，降低初生空化数，提高边壁的抗蚀能力。

3. 消能防冲

高土石坝泄洪建筑物由于流量大、流速高，一般采用挑流消能，消能防冲研究重点是挑坎布置及防止消力塘和下游河道的冲刷破坏。通过优化挑流鼻坎布置，可分散水流入水的能量，提高消能率，减少动水荷载，挑流鼻坎可采用大差动挑坎、窄缝式挑坎、挑流水股碰撞等型式，在横向或纵向上实现分散入水水舌、分散入水能量。

防冲设计根据基岩允许抗冲流速，通过开挖消力塘加大水垫深度，并增设河岸防护结构，提高河岸防冲刷的抗力。在条件允许的情况下，土石坝可尽量利用消力塘开挖料作为坝体填筑料，因此在适量深挖及拓宽消力塘尺寸的情况下，可采用护岸不护底的防护型式，节约工程量及降低施工难度。

4. 泄洪雾化

通过多年的泄洪雾化相关研究，对于雾源、雾化分级和分区都有了比较明确的界定和认识，在对泄洪雾化的观测、模拟、理论分析的基础上，提出了一些雾化扩散及雨区范围的经验公式及数学计算方法，以及采用人工神经网络模型预报的办法，为雾化防治提供依据。降低泄洪雾化造成的危害措施主要在建筑物布置及雾化区边坡防护等方面：雾化影响较大的建筑物尽量远离雾化区；雾化区边坡应从边坡表面及内部同时加强排水，以保证边坡稳定；同时加强边坡表面防护，减少水土流失。

综合而言，对于超高土石坝泄洪安全的研究，应将枢纽布置、泄水建筑物流道体型、掺气减蚀措施、消能防冲措施及雾化预测与防治等研究工作统一考虑，采用工程经验类比、原型观测与反馈、物理模型、数值模拟等研究方法相结合，实现系统、全面的综合优化效果与工程整体安全、经济。

4.7.2　变形控制措施

变形控制的首要措施是采用较高的压实指标，尽量将坝体碾压密实。

堆石料风化程度加剧会使其压缩模量、渗透系数和变形模量降低，使其湿化变形和流变变形增大；由于堆石料变形模量降低造成坝壳变形增大以及湿化变形和流变变形增大，带来了坝体总体变形量增加，特别是心墙沉降量增加较多；堆石料变形模量的降低，使得其对心墙的拱效应的作用有所减少，心墙上、下游面的竖向应力及主应力均有所增加，这对于防止心墙发生水力劈裂是有利的；虽然由于拱效应减少使得心墙上、下游面的主应力均有所增加，但大主应力增加较多，小主应力增加较少，从而使得心墙上游面的应力水平有所增加。

在土石坝的设计和施工过程中，采取适当措施控制心墙土料和坝体堆石体的模量比（变形差）是必要的，以利于协调变形，降低坝壳堆石料对心墙的拱效应，但不宜采用降低堆石区模量来降低堆石与心墙模量比的做法。因为降低堆石料的压实度，会增加坝体施工期和后期变形，增大坝体发生张拉裂缝的风险。根据分析结果，控制高心墙堆石坝心墙拱效应更为合理的方法是提高心墙土料的变形模量，使其值不应过低。此外，设计合适的反滤料和过渡细堆石料的变形参数，也可起到一定的降低心墙拱效应的作用。

当存在渗透弱面时，心墙前缘单元垂直应力会发生明显的降低，表明渗透弱面水压楔劈效应是诱发心墙发生水力劈裂的重要因素。在所给定的模型计算参数组合和蓄水速度的情况下，由于渗透弱面水压楔劈效应的存在，糯扎渡心墙上部垂直应力可降低约 24.5%。因此，在土石坝心墙的施工过程中，尽量避免渗透弱面的产生是非常重要的。形成心墙渗透弱面的一些可能情况包括：偶然局部掺入的透水料、未充分压实的局部土层、由偶然因素产生的初裂缝、掺砾石不均形成局部架空以及雨后碾压表面的处理不当等。

按水位高低，分时段采用随水位升高逐渐降低的方式控制水库蓄水速度。

严格执行压实设备型号、振动频率及激振力、行驶速度、碾压遍数、铺筑层厚、加水量等坝料压实施工参数。

4.7.3 渗流控制措施

高心墙堆石坝渗流控制的关键设施包括坝体防渗、坝基岸坡防渗、在渗流出口部位的反滤设施以及排水，对此可简单概括成以下五句话：深入理解工程勘测所提供的工程地质水文地质资料，这是做好高心墙堆石坝渗流控制系统的前提条件；做好坝体坝基的防渗设施是大坝发挥效益的基本保证；做好反滤排水是保证防渗设施和基础岸坡稳定的关键；做好大坝工程的跟踪监测系统，为工程管理者建立一双警觉而明亮的眼睛；建立定期的工程安全评价的制度，是工程长治久安的重要保证。具体有关高土石坝渗流控制关键技术阐述如下：①获取准确可靠的水文地质资料；②精心选择防渗主体（心墙、帷幕）的设计参数；③在坝体和坝基渗流出口铺设反滤料，并针对性地设计反滤料级配；④完善安全监测布置，提高监测仪器成活率、使用寿命和测值精度。

1. 防渗主体设计与施工

对不满足级配连续性和分布稳定性的土料应采取改性措施，常用的改性措施包括掺砾和筛分，掺砾的目的是提高心墙模量，降低坝体沉降量，同时减小心墙与堆石体的模量差，例如糯扎渡和双江口大坝；而筛分的目的主要是降低较大颗粒在土体中的比重，提高细、黏粒比重，优化土料级配以提高土料防渗性能，例如如美和长河坝大坝。

对具体的工程所用土料或掺合土料都应通过多种方法试验检验最终选定。宜通过试验选择能使心墙裂缝自行愈合的反滤层来保障心墙的抗渗稳定。

2. 反滤料设计与施工

反滤层的应用是土石坝在设计理念上的一次重大革命，它对保证心墙堆石坝的安全运行有着至关重要的作用。例如，美国于 1976 年建设的最大坝高 126m 的提堂（Teton）坝，导致其在仅仅两个小时内溃决的重要原因，除基岩节理未作细致处理以及截水槏槽形状和坡度引起心墙土产生拱作用外，还有未在心墙下游土料和砂砾料间设置合适的反滤料。现代土石坝设计中，反滤层已被普遍认为是心墙坝安全的一道重要防线，因此，应严格按照反滤准则进行设计，尤其是针对细料部分的设计，料源需具备更强的硬度、更高的软化系数、更强的抗风化能力，以减小在高应力作用下颗粒破碎数量，保持级配稳定，这样，反滤层才能持续发挥作用。

（1）在设计反滤层时，因目前设计方法准则较多，所以应清楚认识各个设计准则的适用范围，根据防渗体土料性质和级配、反滤料的性质和级配等选取合适的准则对反滤料进行特征粒径、级配、层数及各层厚度的设计。对于被保护土为 $C_u \leqslant 5$ 的非黏性土，建议采用太沙基滤层准则，对于 $C_u > 5 \sim 8$ 的非黏性土，建议采用缩窄宽级配土的级配曲线的办法，取 $C_u \leqslant 5 \sim 8$ 的细粒部分的级配曲线，再应用太沙基准则设计反滤层。对于被保护土为黏性土的，建议选用《碾压式土石坝设计规范》（DL/T 5395—2007）中推荐的谢拉德滤层准则进行反滤设计。

（2）对于被保护土为宽级配土料或黏性土料的情况除了应用相应的滤层准则进行反滤设计外，还应对设计的反滤料进行反滤试验，验证反滤料的可靠性。特别对于 200m 级以上高堆石坝，应对通过采用反滤设计准则设计出来的反滤料进行专门的试验验证，对于土质心墙，必须通过试验保证反滤层能在心墙出现裂缝的情况下阻止冲蚀土颗粒的通过并使心墙裂缝能够自愈。

（3）反滤层的层数应根据实际需要来设计。判断第一层反滤层料与过渡层料或大坝坝壳料之间是否满足反滤排水要求，如满足则可不设第二层反滤，如不满足则需设第二层反滤。同理，可判断是否需要设其他的反滤层，但一般不超过 3 层。

（4）反滤层的厚度应按人工施工和机械化施工进行区分。人工施工时最小厚度为 30cm（水平反滤层）和 50cm（垂直或倾斜反滤层）；机械化施工因机械施工方法不同其厚度也不同，采用推土机平料时最小宽度宜不小于 3.0m，采用其他机械施工时，根据所采用工艺可以适当变动。

国内外 200m 以上堆石坝反滤层资料见表 4.7-1。

3. 渗流监测设计与仪器安装

在《土石坝安全监测技术规范》（DL/T 5259—2010）中，对 1 级心墙堆石坝规定了 16 项应测项目，其中 5 项为渗流监测项目，约占总监测项目的 1/3，而《碾压式土石坝设计规范》（DL/T 5395—2007）对 1 级土石坝必须进行的 12 项监测项目中，更是有 6 项为渗流监测要求，占总监测项目的一半，足以表明渗流监测在土石坝安全评价中的重要作用，对超高土石坝则更是如此。因此，渗流监测系统设计必然是超高土石坝建设中一项重要手段。

渗流监测设计和施工要考虑的事项同其他应力变形、环境量监测一样，包括监测目的的明确、项目的确定、典型剖面的选取、仪器的安装、数据的采集、资料的整编等，相关内容见规范（DL/T 5259—2010 和 DL/T 5395—

表 4.7-1

国内外 200m 以上堆石坝反滤层资料汇总表

序号	坝名	国名	坝高/m	坝体防渗型式	心墙材料	反滤层	建造时间
1	日冕	中国	346	心墙堆石坝	砾石土	心墙上下游各设两道反滤层和一道过渡层。过渡层顶部宽度10m	预可研阶段
2	罗贡(Rogun)	塔吉克斯坦	335	斜心墙堆石坝	亚黏土、砾石混合料	反滤层每层宽度4.5m。下游侧两层，上游侧在死水位以上两层，以下一层，第一层厚5～6m，为人工砂；第二层厚8～12m，为砂砾石	1976年—
3	塔城	中国	315	心墙堆石坝	砾石土	心墙上下游各设两道等厚反滤层。上游反滤层每层宽度4m，下游反滤层每层宽度6m	预可研阶段
4	双江口	中国	312	心墙堆石坝	砾石	上下游均设两层反滤料。上游两层反滤水平厚度均为4m，下游两层反滤水平厚度均为6m。第一层反滤以保护心墙料小于5mm的细粒土为目的，第二层反滤以保护第一层反滤为目的。第一层反滤料最大粒径为20mm，$D_{15}=0.5～0.15$mm，粒径小于0.075mm的颗粒含量不超过5%。第二层反滤料的最大粒径为80mm，$D_{15}=2.5～0.9$mm，粒径小于0.075mm的颗粒含量不超过5%	设计阶段
5	古水	中国	305	心墙	黏土	上、下游侧各设两层反滤料，考虑施工机械设备施工需要的宽度，拟定反滤层水平宽度均为6.0m	设计阶段
6	努列克(Nurek)	塔吉克斯坦	300	心墙堆石坝	含砾亚黏土	下游侧两层，第一层 $D_{15}=0.5$mm，粒径为0.05～40mm，单层粒径为0.01～40mm，每层厚5～6m；第二层 $D_{15}=0.05～10$mm，粒径为0.05～40mm，每层厚5～6m	1962—1979年
7	糯扎渡	中国	261.5	心墙堆石坝	掺砾石土料，掺砾量为35%	上下游各两层，上游侧两层宽度均为4m，下游两层宽度均为6m。Ⅰ层反滤料 $D_{15}≤0.7$mm，最大粒径20mm，大于5mm含量为17%～55%，小于0.075mm的粒径不超过5%；Ⅱ层反滤料 $D_{15}=5～17$mm，最大粒径100mm，小于2mm的粒径不超过5%	2008—2012年

续表

序号	坝名	国名	坝高/m	坝体防渗型式	心墙材料	反滤层	建造时间
8	奇科森 (Chicoasen)	墨西哥	261	心墙堆石坝	含砾黏土砂	上游侧反滤料用粒径 76mm 的河床冲积料层过筛的材料；下游侧用人工破碎石灰岩过筛的材料；过渡层料采用最大粒径为 150mm 的人工破碎石灰岩过筛材料	1980 年
9	特里 (Tehri)	印度	260	心墙堆石坝	黏土、砂砾石混合料	设计时，假设心墙开裂，因而心墙会被冲蚀出颗粒来，故要求与心墙直接接触的反滤料能阻止任在这些颗粒（分离颗粒不超过心墙总量的 5%），使心墙裂缝自愈。该坝采用的反滤料级配为 $D_{15}=0.3mm$。在试验室内通过高水力梯度的验证，可以满足要求，建成后运行良好	1997 年
10	瓜维奥 (Guavio)	哥伦比亚	247	斜心墙堆石坝	砾石、黏土混合料	下游两层，上游两层，采用 $D_{15} \leqslant (4\sim5)d_{85}$ 设计；人工砂和碎石料紧贴心墙的反滤料要求经过 50 号筛的颗粒不大于 50%，且压实前要降低心墙材料的天然含水率	1990 年
11	长河坝	中国	240	心墙堆石坝	砾石土	心墙上游设一层反滤层厚 8m，下游设两层反滤层各厚 6m。心墙上下游各设一层过渡层各厚 20m	在建
12	契伏 (Chivor)	哥伦比亚	237	斜心墙堆石坝	砾质土	$D_{15} \leqslant (4\sim5)d_{85}$。为保证心墙的整体性，防止不均匀沉降或水力劈裂造成集中渗流，在斜心墙下游侧设置双反滤层，在心墙下游地基连接处设置砂质反滤层，防止可能发生的管涌	1975 年
13	凯班 (Keban)	土耳其	207	心墙堆石坝	黏土	反滤料用砂砾料	1975 年

2007）所述，但对超高土石坝而言，需重点强调和补充的设计要求如下：

（1）对渗流监测项目种类、数量和测次要求一般应不小于规范（DL/T 5259—2010 和 DL/T 5395—2007）对1级土石坝的要求。其中坝体和坝基渗流量、心墙和坝基渗透压力、坝体浸润线、绕坝渗流为监测的重点和必需项目。

（2）典型断面的选取应抓住关键断面，这些关键断面如最大坝高处、地形突变处，基岩破碎或有断层通过的地质条件复杂处以及与刚性建筑物连接处等，且同一断面监测仪器应完备，以便保证数据采集和分析计算的匹配性。

（3）由于渗透破坏通常与其他破坏形式相生相伴，如心墙下游坝壳内浸润线突然抬高，很可能是心墙产生裂缝所致，因此，渗流监测设计断面应同时布置裂缝计、剪变形计以及多点位移计等；心墙内渗压力与土压力密切相关，渗压计与土压计应当成对相邻布置，以便相互校验。

（4）超高土石坝壅水很高，近坝区渗流场发生的变化很大，水库蓄水后造成近坝区地下水位抬高的可能性和抬高范围和程度都较大，从而有可能造成天然状况下尚且稳定的滑坡体或高边坡的失稳，故也应当重视近坝区滑坡体或高边坡地下水位的监测。

（5）在渗透系数较小的心墙内，由于测压管的滞后时间较长，故不宜选用测压管作为渗流压力的测量装置；水头变化较剧烈的上、下游反滤区内，同一铅垂线上不同高程部位的水头值不相等，用测压管量测水头不便于区分不同高程的水头值，故也不能采用测压管，此时，应使用渗压计进行量测。

（6）由于超高土石坝防渗范围大，通常会在两岸不同高程设置排水灌浆廊道，此时，宜根据渗流量的可观测性对整个枢纽防渗区进行分区分段设置量水设施，以便对各区渗流状况做具体分析，并能重点监控坝基较破碎、渗漏量较大的薄弱环节。由于坝基渗流量大部分由下游河床地表出逸，故应在坝趾下游适当位置设量水设施。对超高土石坝，为尽可能全面收集坝基渗流量，并灵敏地跟踪渗流量的变化，通常是打设封闭全河床断面的截渗墙，并在其上设量水堰。应当注意的是截渗墙应当有效封闭主要河床的潜水渗流断面，并不留较大渗流通道，以保证绝大部分坝基渗漏量由量水堰测得。

（7）超高土石坝一般都需要进行全面的科研试验和建立完善的监测管理系统，因此，渗流监测仪器布置应与相关科研课题现场实施进行配合，与大坝建设及监测管理系统协调，以便研究和管理的数据与实际情况相匹配。

4.7.4 抗震措施

合理预留坝顶超高防止地震引起漫顶。

鉴于高心墙堆石坝坝体顶部 1/4～1/5 坝高部分的地震反应较大的特点，建议加筋坝顶堆石体，提高坝顶堆石体的整体性，增强其抗震性能。采用的加筋材料有土工格栅或钢筋网格等。加筋范围：竖向为 1/4～1/5 坝高的坝顶部分，加筋每 2～3m 设置 1 层，筋材长度不插入心墙，以包络最危险滑弧并留有足够的抗拔长度为宜。此外，还可采用胶凝材料胶结坝顶填筑体，如 300m 高的努列克坝即是在距坝顶 1/5 坝高范围内加入了混凝土胶凝材料。

土工格栅作为特种土工合成材料，由于其良好的结构稳定性、耐冲击性及便于施工等显著特点而被广泛应用于土石坝坝顶加固，以提高坝体的整体性和坝顶的抗震稳定性，其结构形状见图 4.7-1。

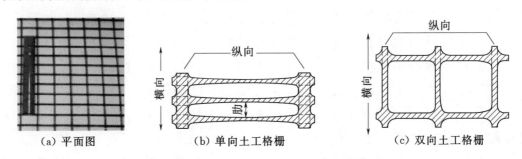

(a) 平面图　　　　(b) 单向土工格栅　　　　(c) 双向土工格栅

图 4.7-1　土工格栅的结构形状

自 1986 年首次在 Cascade 土石坝上铺设土工格栅进行坝顶抗震加固以来，采用土工格栅加筋坝顶堆石已成为目前高土石坝抗震加固设计的主要方法之一。近年来，160m 高的青峰岭水库主坝加固工程、124.5m 高的冶勒沥青混凝土心墙堆石坝、186m 高的瀑布沟心墙堆石坝和在建的 240m 高的长河坝心墙堆石坝等均已采用或拟采用土工格栅堆石加筋技术进行坝顶抗震加固。

苏联努列克土石坝位于Ⅸ度地震区，该坝为碾压砾卵石坝壳。其抗震措施为：在上游坝壳内 235.00m、256.00m、274.00m 三个高程各设加筋结构一层，在 292.00m 高程设一层加筋结构连接上下游坝壳，中间有观测廊道与加筋结构相接，由长条形钢筋混凝土板和⊥形钢筋混凝土梁组成。长条板垂直坝轴线铺设，间距 9m。⊥形梁平行坝轴线铺设，嵌搁在长条板上。梁间距 9m，高 3m。梁板间填筑堆石，堆石填至梁顶以上 1m 左右，见图 4.7-2。

对坝基中砂层、软弱土层等可液化土层进行处理，防止其液化。主要的处理方式包括：对可液化土层进行振冲压实，在土层中布置碎石桩，增强排水，提高承载力。

适当提高上游反滤料及心墙顶部的填筑密度，防止上游反滤料出现液化及心墙动强度不足。也可加大垫层区、过渡区宽度，增加大坝反滤排水的能力，

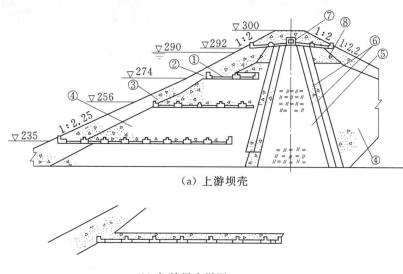

（a）上游坝壳

（b）加筋梁大样图

图 4.7-2　努列克土石坝上游坝壳抗震加筋措施

①、②—钢筋混凝土梁板结构；③—堆石外坝壳；④—砂砾石坝壳；
⑤—砂质壤土心墙；⑥—反滤层；⑦—廊道；⑧—卵石碎石料

降低地震引起的超孔隙水压力。

提高坝体顶部坝坡的抗震稳定性。采用块石砌护或用钢筋笼加固，以增强其整体性，增设或加宽马道等。

根据以往工程设计经验及成果，结合依托工程糯扎渡心墙堆石坝的实际情况，在坝基选择和处理、坝体结构布置、坝料分区设计方面均进行了抗震设计，同时重点对坝顶区域坝内加筋的抗震加固措施进行计算分析，验证其抗震效果，并统筹考虑工程的安全性和经济性，得出适用于超高心墙堆石坝的工程抗震措施，成果可供借鉴。

（1）糯扎渡大坝常规工程抗震措施如下：

1）采用直线的坝轴线，大坝建于岩基上，坝基覆盖层全部清除，防渗体采用砾质黏土，坝壳料采用级配良好的块石料，抗震性能良好。防渗体与垫层基础间设置接触黏土，并在防渗体上、下游面各设置两层反滤层及一层细堆石过渡层。

2）坝顶宽度适当加大，以避免堆石滚落而造成坝体局部失稳。坝顶宽度设计为18m，大于规范对高坝10~15m的要求。心墙顶宽度设计为10m。

3）在确定坝顶高程时，考虑了地震涌浪及地震沉陷量，预留足够的坝顶超高。在地震工况时，考虑地震涌浪及地震沉陷量，但地震工况不是确定坝顶高程的控制工况。

4）在进行坝料分区设计时，坝顶1/5坝高范围内为抗震的关键部位，采用块度大、强度高的优质堆石料。上游 750.00m 高程以上、下游 760.00m 高程以上全部采用优质的 I 区堆石料。

（2）糯扎渡大坝专门工程抗震措施如下：

1）为提高坝体顶部的抗震稳定性，上游 805.00m 高程以上、下游 800.00m 高程以上采用 1m 厚的 M10 浆砌块石护坡。

2）770.00m 高程以上（坝高 1/5 范围内）的上、下游坝壳堆石中埋入不锈钢锚筋 $\phi20$，锚筋每隔 2m 高程布置一层（原则上每两层坝料铺设一层钢筋网），沿坝轴线方向水平间距为 2.5m，埋入坝壳堆石中的长度约 18m，并要求不伸入反滤料 I 中。同一高程锚筋布设顺坝轴线方向不锈钢钢筋 $\phi16$ 将其连为整体，间距 5m。加筋示意图见图 4.7 - 3。

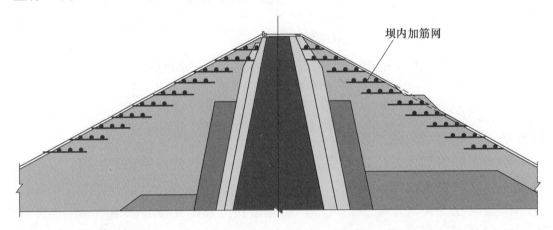

图 4.7 - 3　糯扎渡心墙堆石坝坝顶加筋示意图

3）在 820.50m 高程的心墙顶面上布设贯通上、下游的不锈钢钢筋 $\phi20$，间距 1.25m，并分别嵌入上游的防浪墙及下游的混凝土路沿石中，以使坝顶部位成为整体，提高抗震稳定性，减小坝坡面的浅层（表层）滑动破坏概率。

4）在 770.00m 高程以上的上、下游坝面布设扁钢网，高差 1m，间距为 1.25m，并与埋入坝壳内的不锈钢锚筋焊接，扁钢为不锈钢，规格为厚 12mm，宽 100mm。

5）由于坝体上部动力反应较强，心墙料采用混合料时可能会动强度不足，从而出现心墙变形偏大、发生裂缝等不利现象，故心墙 720.00m 高程以上也采用掺砾料进行填筑。心墙全部采用掺砾料进行填筑，提高心墙土料的动强度，避免出现心墙发生剪切变形而产生裂缝等不利现象。

第5章
高土石坝工程建设

5.1 高土石坝工程建设发展概况

　　土石坝具有可充分利用当地材料、施工方便、节省投资以及安全性、经济性、适应性好等特点，在我国建设历史悠久。20 世纪 50 年代，我国先后修建了一批土坝，坝高一般都在 50m 以下，坝型绝大多数为均质土坝或土质心墙砂砾坝。1958 年以后，各地建坝数量直线上升。进入 70 年代中期，我国在学习国外先进经验的基础上，重视了大型施工机械的引进、开发及科学研究工作。随着综合国力的增强，重型土石方机械及其配套设备装备了众多施工企业，随之开始了土石坝发展的新时期。

　　改革开放以来，土石坝施工技术得以快速发展，以重型土石方机械及振动碾等大型施工设备的成功实践为主要标志，堆石坝高度向 100m、200m 级发展。心墙堆石坝方面，1982 年完成了石头河土石坝（114m），20 世纪 80 年代中后期完成了黄泥河鲁布革风化料心墙坝（104m），在施工技术的发展中起着承前启后的作用。20 世纪最后几年建设的黄河小浪底斜心墙堆石坝（坝高 160m）、黑河金盆心墙砂砾坝（坝高 128m），极大地丰富了心墙坝施工的实践经验，全面提高了我国高心墙坝的施工技术水平。混凝土面板堆石坝作为水利水电工程的主导坝型之一，由于其安全性、经济性、适应性好，施工方便而得到迅速发展。我国自 20 世纪 80 年代中期开始用现代技术修建混凝土面板堆石坝，进入 90 年代，这一坝型更是得到了迅速的发展，面板堆石坝填筑施工、地基处理、水流控制、沉降控制、高原寒区施工等施工技术取得显著进步，并积累了丰富的经验。截至 2000 年，完建的混凝土面板堆石坝超过 40 座，其中坝高超过 100m 的有 9 座。

进入 21 世纪，我国的高土石坝建设成就更加令人瞩目。大渡河瀑布沟（坝高 186m）、澜沧江糯扎渡（坝高 261.5m，已建世界第三、亚洲第一高心墙坝）、大渡河长河坝（坝高 240m）等一批高心墙坝建成，澜沧江如美（坝高 315m）、雅砻江两河口（坝高 295m）、大渡河双江口（坝高 312m）等超高心墙坝已开始前期施工。高混凝土面板堆石坝方面，2000 年建成的南盘江天生桥一级面板坝坝高 178m，居当时世界第二，其后相继建成清水江三板溪（坝高 185.5m）、六冲河洪家渡（坝高 179.5m）面板坝工程。2009 年建成的清江水布垭面板坝坝高 233m，为目前世界已建最高面板堆石坝。坝高 245m 的澜沧江古水面板坝已开始前期施工。这些高、超高土石坝的开发建设，标志着我国土石坝施工向 300m 级迈进，高土石坝建设已进入世界先进水平的行列。

我国高面板堆石坝、心墙堆石坝典型工程施工技术特性见表 5.1－1。

表 5.1－1　国内高面板堆石坝、心墙堆石坝典型工程施工技术特性

工程名称	坝型	坝高 /m	填筑总量 /万 m³	填筑历时 /月	平均强度 /（万 m³/月）	高峰月强度 /（万 m³/月）
水布垭	面板堆石坝	233	1526	44	34.68	61.85
三板溪		185.5	828	21.5	38.51	60.00
洪家渡		179.5	883.66	34	25.99	34.30
天生桥一级		178	1770	38	46.58	62（最高 118）
紫坪铺		158	1116			69
吉林台一级		157	836			
梨园		155	778	22	35	
糯扎渡	心墙堆石坝	261.5	3400	39	87.18	124
瀑布沟		186	2372.5	41	53.66	167
小浪底		160	5012	一期 26/ 二期 32	一期 86/ 二期 106	158
石头河		114	835			202（万 m³/a）
碧口		101.8	400			150（万 m³/a）

5.2 施工分期规划及水流控制技术

坝体填筑分期规划需与坝体度汛和下闸蓄水规划相适应，保证坝体施工各期目标能按时完成，确保大坝施工期拦洪度汛安全。

土石坝施工进度应根据工程施工导流、坝体安全度汛及下闸蓄水规划要求，综合分析料物供应、上坝运输条件及施工机械配套等因素，论证上坝强度，确定大坝填筑分期、混凝土面板分期浇筑等计划安排。

施工水流控制设计需充分掌握基本资料，全面分析各种因素，选择技术可行、经济合理、安全可靠并能使工程尽早发挥效益的导流方案。

施工导流设计应妥善解决从初期导流到后期导流施工全过程中的挡水、泄水、蓄水、供水问题。对各期导流特点和相互关系，应进行系统分析，全面规划，统筹安排。

对大型工程和水力条件复杂的中型工程，需根据水工模型试验成果完善导流设计。

5.2.1 导流方式与导流标准

（1）施工导流方式选择应遵循以下原则：

1）适应河流水文特性和地形、地质、水工枢纽布置和施工条件。

2）施工安全、方便、灵活，工期短，投资省，发挥工程效益快。

3）合理利用永久建筑物，减少导流工程量和投资。

4）适应施工期通航、排冰、供水等要求。

5）截流、度汛、封堵、蓄水和发电等关键施工环节衔接合理。

（2）土石坝工程导流宜采用围堰一次拦断河床、隧洞导流方式，结合坝址的地形、地质、水文条件和水工枢纽布置等特点，进行以下导流方式的研究、比较：

1）初期导流采用围堰全年挡水，中、后期采用坝体或坝体临时度汛断面挡水度汛的导流方式。

2）初期导流枯水期采用围堰挡水，中、后期坝体或坝体临时度汛断面挡水度汛的导流方式。

3）初期导流枯水期采用围堰挡水、汛期枯期围堰和未完建的坝面联合泄流，中、后期采用坝体或坝体临时度汛断面挡水度汛的导流方式。

（3）有向下游供水要求时，应研究导流隧洞闸门下闸起至其他泄水建筑物满足供水流量期间的供水方案。

（4）导流建筑物包括枢纽工程施工期所使用的临时性挡水和泄水建筑物。导流建筑物的级别应根据其保护对象、失事后果、使用年限和围堰工程规模划分为 3 级、4 级和 5 级，导流建筑物级别按表 5.2-1 确定。

表 5.2-1　　　　　　　　　导流建筑物级别划分

建筑物级别	保护对象	失事后果	使用年限 /年	围堰工程规模	
				高度 /m	库容 /亿 m³
3 级	有特殊要求的 1 级永久建筑物	淹没重要城镇、工矿企业、交通干线，或推迟总工期及第一台（批）机组发电工期，造成重大灾害和损失	>3	>50	>1.0
4 级	1 级、2 级永久建筑物	淹没一般城镇、工矿企业，或影响总工期及第一台（批）机组发电工期，造成较大损失	2～3	15～50	0.1～1.0
5 级	3 级、4 级永久建筑物	淹没基坑，但对总工期及第一台（批）机组发电工期影响不大，经济损失较小	<2	<15	<0.1

注　1. 导流建筑物中的挡水建筑物和泄水建筑物，两者级别相同。
　　2. 表列 4 项指标均按导流分期划分，保护对象一栏中所列永久建筑物级别系按现行行业标准《水电枢纽工程等级划分及设计安全标准》（DL 5180）的规定划分。
　　3. 有特殊要求的 1 级永久建筑物系指施工期不允许过水的土石坝及其他有特殊要求的永久建筑物。
　　4. 使用年限系指导流建筑物每一施工阶段的工作年限。两个或两个以上施工阶段共用的导流建筑物，如一期、二期共用的纵向围堰，其使用年限不能叠加计算。
　　5. 围堰工程规模一栏中，高度指挡水围堰的最大高度，库容指堰前设计水位拦蓄在河槽内的水量，二者必须同时满足。

（5）当导流建筑物根据本规范表 5.2-1 指标分属不同级别时，应以其中最高级别为准。但列为 3 级建筑物时，应至少有两项指标满足要求。

（6）导流泄水建筑物的进出口施工围堰，包括预留岩坎，其建筑物级别可按 5 级设计。

（7）导流建筑物级别可按现行行业标准《水电工程施工组织设计规范》（DL/T 5397）中的相关规定适当调整。

（8）导流建筑物洪水设计标准应根据建筑物的类型和级别在表 5.2-2 规定的范围内选择。

（9）当坝体填筑高度超过围堰顶部高程时，应根据坝前拦蓄库容按表 5.2-3 的规定，确定坝体施工期临时度汛洪水设计标准。

表 5.2-2 导流建筑物洪水设计标准（重现期：年）

导流建筑物结构类型	导流建筑物级别		
	3 级	4 级	5 级
土石	50～20	20～10	10～5
混凝土、浆砌石	20～10	10～5	5～3

表 5.2-3 坝体施工期临时度汛洪水设计标准（重现期：年）

坝 型	拦 蓄 库 容			
	>10.0 亿 m³	10.0 亿～1.0 亿 m³	1.0 亿～0.1 亿 m³	<0.1 亿 m³
土坝、堆石坝	≥200	200～100	100～50	50～20

（10）导流泄水建筑物封堵后，若永久泄水建筑物尚未具备设计泄洪能力，应分析坝体施工和运行要求，按表 5.2-4 规定确定坝体度汛洪水设计标准，汛前坝体高程应满足拦洪要求。

表 5.2-4 导流泄水建筑物封堵后坝体度汛洪水设计标准（重现期：年）

坝 型		大 坝 级 别		
		1 级	2 级	3 级
土石坝	正常运用洪水	500～200	200～100	100～50
	非常运用洪水	1000～500	500～200	200～100

注 在机组具备发电条件前、导流泄水建筑物尚未全部封堵完成时，坝体度汛可不考虑非常运用洪水工况。

（11）导流泄水建筑物封堵工程施工期，其进出口的临时挡水标准应根据工程重要性、失事后果等因素，在该时段 5～20 年重现期范围内选定，封堵施工期临近或跨入汛期时应适当提高标准。

5.2.2 导流建筑物设计及施工技术

5.2.2.1 导流隧洞设计及施工

（1）土石坝工程导流泄水建筑物宜采用导流隧洞。导流泄水建筑物设计应满足《水电工程施工组织设计规范》（DL/T 5397）和其他相关规范的有关规定。

（2）导流隧洞的布置应符合《水工隧洞设计规范》（DL/T 5195）的有关规定。导流隧洞选线应根据地形、地质条件和上下游围堰的位置确定，当条件具备时宜与永久隧洞结合布置，其结合部分的洞轴线、断面型式和衬砌结构等应同时满足永久运行和施工导流要求。对于高坝工程宜分层布置多条导流隧洞，以满足施工期导流及下闸蓄水时水库向下游供水的需要。

（3）导流隧洞的横断面型式应根据地质条件、与永久建筑物的结合要求、施工方便等因素，经综合比较后确定。进出口高程宜兼顾导流、截流和其他需要，使进出口水流顺畅、水流衔接良好、不产生气蚀破坏，应注意出口的消能防冲及岸坡的冲刷。

（4）导流隧洞的衬砌范围、支护结构、计算方法、灌浆和排水布置等应符合《水工隧洞设计规范》（DL/T 5195）和《锚杆喷射混凝土支护技术规范》（GB 50086）的有关规定。

（5）导流隧洞的进出口边坡支护应结合地质条件经稳定计算分析后确定。边坡的级别及抗滑稳定安全系数应符合《水电枢纽工程等级划分及设计安全标准》（DL 5180）的规定。

（6）导流隧洞的永久封堵体设计应符合《水工隧洞设计规范》（DL/T 5195）的有关规定。封堵体的长度应结合地质条件和挡水水头特点，按承载力极限状态法计算确定。对于水头超过 100m 的封堵体还应采用有限元法分析计算。堵头混凝土应进行温控设计，提出相应的温控标准和措施。

5.2.2.2　导流泄水建筑物设计与施工工程实例分析

超高土石坝工程一般具有工程规模巨大、施工周期长等特点，相应的导流标准高、建筑物规模大，下面以糯扎渡水电站工程导流为例：

1 号导流洞断面型式为方圆形，衬砌后断面尺寸为 16m×21m（宽×高），进口底板高程为 600.00m，洞长 1067.868m，出口底板高程为 594.00m。

2 号导流洞断面型式为方圆形，衬砌后断面尺寸为 16m×21m（宽×高），进口底板高程为 605.00m，洞长 1142.045m（含与 1 号尾水隧洞结合段长 304.020m）；出口高程为 596.00m。

3 号导流洞断面型式为方圆形，衬砌后断面尺寸为 16m×21m（宽×高），进口底板高程为 600.00m，洞长 1529.765m，出口底板高程为 592.35m。

4 号导流洞断面型式为方圆型，衬砌后断面尺寸为 7m×8m（宽×高），进口底板高程为 630.00m，洞长 1925.00m，出口底板高程为 605.00m。

5 号导流洞与左岸泄洪隧洞结合，隧洞断面型式为方圆形，后段与左岸泄洪隧洞结合，出口底板高程为 637.78m。

由于超高土石坝工程导流泄水建筑物规模庞大，同时地下工程具有地质条件不确定性强，隧洞部分洞段工程地质条件较差等特点，给大断面隧洞的一次支护和隧洞衬砌结构设计增加了很大难度。

结合新奥法的施工特点，确定隧洞一次支护设计的设计参数，采用有限元对不同围岩类别和地质参数分析计算隧洞围岩的应力场、变形场，有限元模型见图 5.2-1。

隧洞围岩的应力场、变形场的变化取决于围岩力学特性、结构面特征、初始应力场。不同的围岩类型采用不同的开挖方案，结合围岩力学特性、结构面特征、初始应力场的差异性，针对隧洞的不同围岩类别和施工步骤，采用数值仿真模拟施工顺序进行围岩稳定分析。

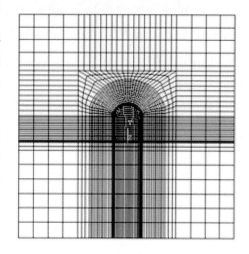

图 5.2-1 有限元计算网格图

计算荷载主要考虑初始地应力场和地下水渗流场：①初始地应力场通过对工程区离散点的实测应力值拟合求得建筑物范围内的精细网格下任意一点地应力，再根据计算点的坐标和其所对应的单元位置，采用地应力回归值和函数插值法建立隧洞围岩的地应力场。②地下水荷载，主要根据隧洞地质勘探成果分析地下水分布情况，建立地下水渗流场，再根据计算点在流网中的相对位置，分析水荷载作用。

根据不同围岩类别隧洞的一次支护设计参数、开挖施工程序采用有限元方法进行施工期的围岩稳定分析，根据围岩稳定分析成果，结合在开挖过程中各类围岩的应力、变形及塑性区的分布情况、锚固支护措施的受力情况分析，来确定临时支护参数。

在导流隧洞分层开挖实施过程中，根据导流隧洞位移监测成果，反演力学参数和初始地应力场，在反演成果基础上预测下一步开挖围岩变形和应力分布，并分析目前导流隧洞一次支护设计可能存在的问题及需采取的调整措施，为导流隧洞施工设计和优化调整提供参考依据。反演分析大型导流隧洞应力应变结果如下：

（1）反演初始地应力场。沿洞轴向构造应力是压应力，大小为 0.69MPa、1.39MPa 和 0.09MPa。将构造应力与重力场叠加，得到初始地应力。初始地应力均为压应力。

（2）反演力学参数。隧洞微新岩体的变形模量为 17.5GPa，泊松比为 0.213；弱风化岩体的变形模量为 8.35GPa，泊松比为 0.243；强风化岩体的变形模量为 2.01GPa，泊松比为 0.278。

（3）开挖围岩的变形。隧洞开挖变形主要集中在开挖面附近，其变形随开挖而不断变大。开挖引起的最终径向水平位移约为2.2～10.5mm，表现为向洞壁方向的变形。最终竖向位移约为8.5～15.0mm，表现为洞顶向下沉降和洞底向上的变形。

（4）应力分布。隧洞开挖完成后，最大压应力分布在开挖面附近的左上和右下角点处。数值约为5.2～6.4MPa。在洞顶深2～3.5m区域内和洞底深3.5～4.5m区域内出现了一定的拉应力区，数值大小约为1.9～2.54MPa。

根据导流隧洞反演分析结果在隧洞开挖过程中及时调整了Ⅳ类、Ⅴ类围岩洞段的一次支护设计。

导流洞运行时上游最高库水位为672.686m，洞内内水水头48.72m。封堵施工期间上游库水位为732.23m，帷幕前相应外水头为132.23m；帷幕后相应外水头为39.67m。导流洞衬砌混凝土的设计荷载主要为山岩压力、衬砌自重、内水压力、外水压力及灌浆压力，导流洞系临时工程，温度应力及地震力均不计入。研究分析工况分为运行期与封堵期2个阶段，各阶段的荷载组合见表5.2-5。

表5.2-5　　　　　　　导流洞荷载组合表

设计阶段		山岩压力	衬砌自重	内水压力	外水压力	灌浆压力
运行期		√	√	√	√	
封堵期	设计	√	√		√	
	校核	√	√		√	

首先类比类似工程经验进行开挖分层、分块程序初步设计：开挖分三层进行开挖，同时上层采用管棚超前支护，管棚导管灌浆，分区开挖支护。先上层左右半洞交替开挖支护，再对中部上层开挖支护，最后挖出中部下层，上层支护完成并贯通后，中层开挖支护分两层，每分层高5m，中槽开挖超前，两侧保护层开挖及时跟进，钢支撑及锚喷支护及时下延，并保持两侧开挖掌子面错开一定距离。中层支护完成并贯通后，下层一次开挖成型，支护紧跟掌子面。下层开挖完成后，开展全部一次支护。

根据现场地质采集资料进行区域初始地应力场回归分析，同时结合水文地质资料和勘探揭露地下水情况，建立导流洞工程区渗流场后，对隧洞分层、分块开挖程序和支护措施采用ANSYS有限元法进行模拟，模拟开挖过程围岩的塑性区发展情况及应力、变形情况。

有限元模拟开挖过程各个阶段塑性区发展情况见图5.2-2～图5.2-7。

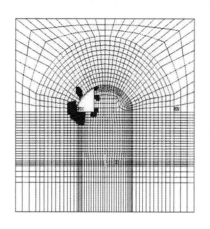

图 5.2-2　顶层左边开挖示意图

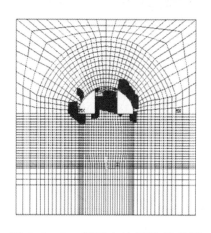

图 5.2-3　顶层右边开挖示意图

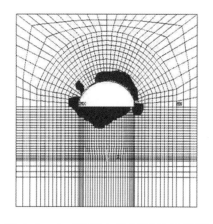

图 5.2-4　顶层中导洞开挖示意图

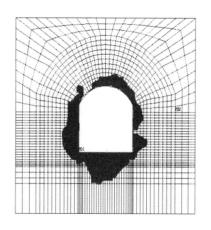

图 5.2-5　中层开挖示意图

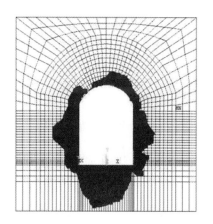

图 5.2-6　底层开挖示意图

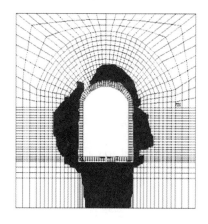

图 5.2-7　全洞开挖示意图

在开挖过程中在导流洞过断层洞段埋设收敛观测仪器，对导流洞开挖、支护施工过程进行收敛观测。主要收敛观测成果整理见图 5.2－8～图 5.2－11。

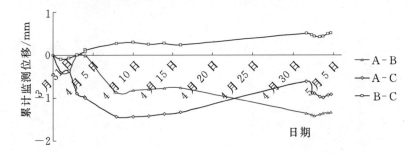

图 5.2－8　1 号导流洞 0＋882.00 监测断面累计位移曲线

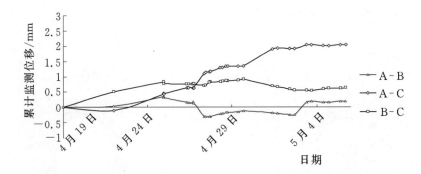

图 5.2－9　1 号导流洞 0＋895.00 监测断面累计位移曲线

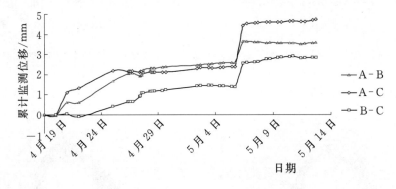

图 5.2－10　2 号导流洞 0＋900.00 监测断面累计位移曲线

利用观测仪收集到的上层开挖后实测的变形成果，"反演"分析得到"岩体"参数，重新复核中、下层开挖施分层、分块和一次支护设计方案，保证了导流隧洞开挖顺利通过断层。开挖、一次支护完成后，再利用"反演"分析法分析的围岩力学参数进行混凝土衬砌设计。反演分析模型见图 5.2－12 和图5.2－13。

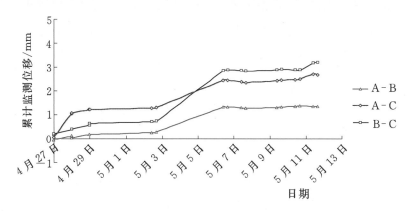

图 5.2-11　2 号导流洞 0+907.00 监测断面累计位移曲线

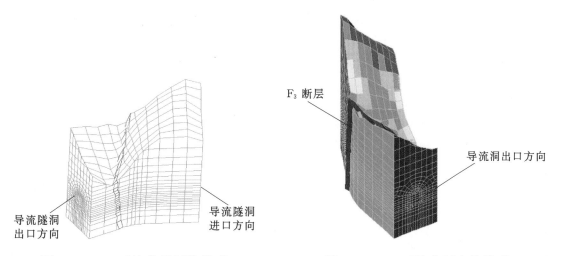

图 5.2-12　反演分析网格模型　　　图 5.2-13　反演分析实体模型

以现场实际监测成果为依据进行"反演"分析，以调整开挖程序、一次支护措施和衬砌设计。计算结果表明由于考虑了围岩一次支护"加固"后的作用，隧洞一次支护、衬砌结构得到优化，节约工程投资。此种动态的、充分考虑"一次支护加固后围岩作用"的隧洞一次支护及混凝土衬砌设计方法，为不良地质条件下大型水工隧洞的开挖、支护和衬砌设计提供了新的设计理念和实践验证成果。

在导流隧洞分层开挖实施过程中，根据导流隧洞位移监测成果，反演力学参数和初始地应力场，在反演成果的基础上预测下一步开挖围岩的变形和应力分布，并分析目前导流隧洞一次支护设计可能存在的问题及需采取的调整措施，结合"复合衬砌"结合设计理念，充分考虑围岩一次支护"加固"后的作用，优化钢筋混凝土结构，导流隧洞采用薄壁混凝衬砌结构，既保证了工程的施工和运行安全，又有效地节约了工程投资。

5.2.2.3 围堰设计及施工

对于采用土石围堰的碾压式土石坝，应研究土石围堰与坝体部分或全部结合，以降低工程投资。同时应考虑利用下游围堰设置量水堰的可能性。

（1）土石坝工程主河床施工宜采用土石围堰挡水。围堰设计应满足《水电工程施工组织设计规范》（DL/T 5397）和其他相关规范的有关规定。

（2）采用土石围堰时，应比较上、下游围堰与坝体结合的布置方案。

（3）采用枯期围堰挡水、汛期坝体临时度汛断面挡水度汛的导流方式时，应比较采用过水围堰和汛后枯期围堰修复挡水的方案。

（4）不过水围堰顶部高程和堰顶安全超高应符合下列规定：

1）堰顶高程不应低于设计洪水的静水位与波浪高度及堰顶安全超高值之和。堰顶安全超高不应低于表 5.2-6 中的规定。

2）土石围堰防渗体在设计静水位以上的安全超高值：斜墙式防渗体为 $0.6\sim0.8$m；心墙式防渗体为 $0.3\sim0.6$m。3 级土石围堰的防渗体顶部应预留竣工后的沉降超高。

表 5.2-6　　　　不过水围堰的安全超高下限值　　　　单位：m

围 堰 型 式	围 堰 级 别	
	3 级	4 级、5 级
土石围堰	0.7	0.5
混凝土围堰、浆砌石围堰	0.4	0.3

（5）土石围堰的填筑材料应符合下列规定：

1）防渗土料的渗透系数宜不大于 1×10^{-4}cm/s。选用当地风化料或砾质土料时，应经试验确定。

2）堰壳料应选用渗透系数大于 1×10^{-2}cm/s 的砂卵砾石料或石渣料。

3）水下堆石体宜采用软化系数大于 0.7 的石料。

4）与土石坝结合布置的堰体，其材料选择应符合《碾压式土石坝设计规范》（DL/T 5395）的有关规定。

（6）面板堆石坝坝体临时度汛断面挡水可采用挤压边墙或在垫层上采用碾压水泥砂浆、喷乳化沥青、喷混凝土等方式进行防渗。

（7）围堰结构安全标准应符合《水电工程施工组织设计规范》（DL/T

5397）中的相关规定。围堰结构设计应遵照有关水工建筑物设计规范，但荷载组合只考虑正常运行洪水情况。3 级围堰的安全稳定计算除采用材料力学方法外，还宜用有限元法复核应力、变形和堰基抗滑稳定。

5.2.2.4　围堰设计与施工工程实例分析

超高土石坝工程一般坝址处流量大，挡水建筑物承受的水头高，要求围堰既能适应截流戗堤及水下抛填的要求，又可以在一个枯水期建成挡水。以糯扎渡水电站工程为例，上游围堰为与坝体结合的土工膜斜墙土石围堰，堰顶高程 656.00m，最大堰高 82m。624.00m 高程采用土工膜斜墙防渗，下部及堰基防渗采用混凝土防渗墙。下游围堰为与坝体结合的土工膜心墙土石围堰，堰顶高程 625.00m，最大堰高 42m。围堰上部采用土工膜心墙防渗，下部及堰基采用混凝土防渗墙防渗。

由于受枢纽布置的地形条件受到限制，导流洞进口距黏土心墙堆石坝坝轴线不到 600m，故考虑上游围堰部分与坝体结合的方案。由于上游围堰与坝体结合部分的基础要求开挖，为保证围堰填筑的施工工期，围堰宜尽量向上游移，少与坝体结合。上游围堰平面位置考虑上游堰脚距离隧洞进口的位置要求，防止围堰上游坡被淘刷。

下游围堰为土工膜心墙土石围堰，下游围堰改造为量水堰，下游围堰位置上移与坝体结合，混凝土防渗墙顶高程由原来的 609.00m 提高到 614.00m，以便后期改造。

1. 堰体稳定性研究

为确保高土石围堰运行稳定，除进行常规渗透稳定计算机坝坡稳定计算，还需对围堰稳定计算的参数进行了敏感性分析，分析计算成果见表 5.2 - 7 和表 5.2 - 8。

表 5.2 - 7　　上游围堰主要计算参数敏感性分析成果表

序号	水下抛填石渣料 （$D \leqslant 30cm$）$\varphi'/(°)$	碾压 I 区料		安全系数	备　注
		$\varphi'/(°)$	c'/kPa		
1	31	39.4	148	2.507	计算取值
2	31	35.5	133	2.446	碾压 I 区料参数降 10%
3	31	33.5	125.8	2.341	碾压 I 区料参数降 20%
4	31	33.5	74	2.188	
5	31	33.5	0	1.323	

续表

序号	水下抛填石渣料 $(D{\leqslant}30\text{cm})$ $\varphi'/(°)$	碾压Ⅰ区料		安全系数	备　注
		$\varphi'/(°)$	c'/kPa		
6	31	20.0	125.8	1.729	
7	29	33.5	125.8	2.336	
8	28	33.5	125.8	2.333	

表 5.2－8　　　　　　　　下游围堰主要计算参数敏感性分析成果表

序号	水下抛填石渣料 $(D{\leqslant}30\text{cm})$ $\varphi'/(°)$	碾压Ⅰ区料		安全系数	备　注
		$\varphi'/(°)$	c'/kPa		
1	31	39.4	148	2.144	
2	30	39.4	148	2.120	
3	29	39.4	148	2.096	
4	28	39.4	148	2.072	
5	29	35.5	133	1.978	碾压Ⅰ区料参数降10%
6	28	35.5	133	1.955	碾压Ⅰ区料参数降10%
7	28	33.5	125.8	1.899	碾压Ⅰ区料参数降20%

分析计算结果可看出：上游围堰的其他参数不变，水下抛填石渣料内摩擦角由 31°降为 28°时（降 10%），下游坝坡最小安全系数由 2.341 降为 2.333，变化不明显；碾压Ⅰ区料计算参数降低 10%时，最小安全系数由 2.507 降为 2.446，变化明显，且凝聚力 c' 的变化对安全系数影响最大，下游围堰计算结果显示出相同的规律。

可以看出，上、下游围堰的结构稳定满足规范要求，且留有一定余度。

2. 堰体防渗研究

堰体防渗采用复合土工膜防渗型式，上游围堰采用土工膜斜墙防渗；下游围堰土工膜心墙防渗。土工膜与基础防渗结构及岸坡的连接采用 50cm×40cm 的混凝土槽，土工膜固定在槽里后，回填二期混凝土。复合土工膜材料规格为 350g/0.8mmPE/350g（两布一膜复合结构，单位面积质量不小于 1400g/m²）。复合土工膜主要技术参数见表 5.2－9。

3. 堰基防渗研究

根据坝址河床冲积层厚度和河床堆渣的实际情况，同时参考借鉴国内已建围堰工程（小湾、金安桥、三峡）的成功经验，简化防渗体的施工及结构形式，并主要考虑防渗效果，且下游围堰后期需要改造为量水堰，糯扎渡上、下游围堰堰基（河床冲积层）防渗均采用 C20 混凝土防渗墙，厚度 0.80m。

表 5.2-9   复合土工膜主要技术参数

项 目		单 位	指 标	备 注
单位面积质量		g/m²	≥1400	
膜厚度		mm	≥0.8	
幅宽		m	≥4	
抗拉强度	纵拉	N/5cm	≥1000	
	纵延伸	%	≥40	
	横拉	N/5cm	≥920	
	横延伸	%	≥50	
梯形撕裂	纵向	N	≥650	
	横向	N	≥880	
圆球顶破强度		N	≥1850	
CBR 顶破强度		N	≥2500	
抗渗强度（24h）		MPa	≥1.5	
渗透系数		cm/s	≤1×10⁻¹¹	
耐化学性能		在 5%的酸（H_2SO_4）、碱（NaOH）、盐（NaCl）溶液中浸泡 24h，抗拉能力基本不变		
抗冻性能		按国际漆膜柔性测试法，达到标准 −20℃下无裂纹（GB 1731—1979）		

上、下游围堰两岸分布的崩塌堆积层和右岸表部的坡积层透水性均较强，均予以挖除；全、强风化岩体及断层影响带透水性较强，弱风化上部岩体一般小于 10Lu；弱风化下部及微风化-新鲜岩体一般小于 3Lu。因此，综合考虑围堰运行及大坝施工时的基坑排水，对堰基全、强风化、部分弱风化基岩及断层带进行帷幕灌浆防渗处理。

上、下游围堰堰基的防渗标准及要求见表 5.2-10。

表 5.2-10   上、下游围堰堰基的防渗标准

项 目	上游围堰帷幕	下游围堰帷幕	混凝土防渗墙
帷幕厚/m	≥5	≥3	≥0.8
透水率/Lu	≤5～7	≤3Lu	
允许渗流梯度［J］	≥6	≥6	≥80
渗透系数 k/(cm/s)	≤(5～7)×10⁻⁵	≤3×10⁻⁵	10⁻⁶～10⁻⁷
抗压强度/MPa			≥8
抗渗等级			≥W8
弹性模量 E/(N/mm²)			≥1.8 万

鉴于高土石坝围堰布置、结构的特殊要求及围堰施工工期的紧迫性，确定实现工期有保障、围堰结构安全、经济上较优的围堰布置型式。采用高达82m的上游土工膜斜墙土石围堰及下游土石围堰后期改造成坝体量水堰的围堰。上游围堰为目前国内外最高土石围堰。

5.2.3　高土石坝工程截流技术

5.2.3.1　技术要求

（1）截流和基坑排水设计应满足《水电工程施工组织设计规范》（DL/T 5397）的有关规定。

（2）截流时间应根据河流的水文气象特征、围堰施工时间和施工总进度安排等因素，经综合分析后选定，宜安排在汛后枯水时段。

（3）截流设计标准可结合工程规模和水文特征，选用截流时段内5～10年重现期的月或旬平均流量，也可用实测系列分析方法或预报方法分析确定。若梯级水库的调蓄作用改变了河道的水文特性，截流设计流量应经专门论证确定。

（4）截流方式应在分析水力参数、施工条件和截流难度、抛投物数量和抛投强度后，进行技术经济比较，并根据下列条件选择：

1）截流落差不超过4m和流量比较小时，宜选择单戗立堵方式。但龙口水流能量较大，流速较高，则需制备重大抛投物料。

2）截流落差大于4m和流量比较大时，宜选择双戗或宽戗立堵方式。

3）在特殊条件下，经技术经济论证，可选用平堵截流、定向爆破、建闸等截流方式。

（5）截流戗堤宜为围堰堰体的组成部分，为减小截流时抛投料流失对围堰防渗工程施工的影响，戗堤轴线宜位于围堰防渗轴线的下游。截流戗堤的安全超高可取1.0～2.0m。

（6）截流备料总量应根据堆存和运输条件、可能流失量、戗堤沉陷等因素综合分析，并留有适当的备用量，备用系数可取1.2～1.3。上游梯级电站有条件控泄的工程，备用系数可适当降低。

（7）基坑排水分初期排水和经常性排水。初期排水时间控制应由围堰边坡稳定允许基坑降水速度与基坑水深确定，大型基坑可控制在5～7d，中型基坑可控制在3～5d。经常性排水应分别计算围堰和基础在设计水位下的渗水量、覆盖层中的含水量、排水时段的降水量和施工弃水量，据此确定最大抽水强度。

5.2.3.2 实例分析

1. 截流时段及流量选择

超高土石坝工程一般具有围堰填筑量大，防渗处理工程量大等特点，糯扎渡水电站工程上游围堰填筑方量达 195.04 万 m^3，上游围堰混凝土防渗墙施工面积达 $4580m^2$，下游围堰混凝土防渗墙施工面积 $2705m^2$，同时上游围堰与坝体结合部基础开挖工程量约 10.79 万 m^3，平均深度达 12m。鉴于围堰填筑工程规模较大，围堰填筑施工工期较紧张，为了保证上、下游围堰截流后首汛期防洪度汛要求，工程截流应尽早进行，为围堰争取更多的施工时间。

根据水文资料及上、下游围堰度汛的要求，截流时段一般选择在 10 月下旬至 11 月中旬择期进行。考虑上游有已建成的电站的发电影响，截流考虑上游电站发电及区间流量；根据截流各时段旬洪水成果对不同截流时段的不同截流流量组合选择进行了截流水力学分析计算，糯扎渡水电站截流各时段设计标准及流量见表 5.2 − 11。

表 5.2 − 11　　　　　　　　截流各时段设计标准及流量表

编号	时段	洪　水　频　率	截流流量 /(m^3/s)
1	11 月中旬	上游电站两台机满发＋区间 10% 旬平均流量	1442
2	11 月上旬	上游电站两台机满发＋区间 10% 旬平均流量	1545
3	10 月下旬	上游电站两台机满发＋区间 10% 旬平均流量	1815
4	10 月下旬	区间 10% 旬平均流量	1120

2. 截流方式

根据两岸及河床的地形，结合截流的流量、落差、流速等参数分析，同时结合施工交通、抛投方式分析，经综合比较超高土石坝工程多选择立堵截流方案。

根据糯扎渡水电站工程实际状况、料场存放场地分布及河道两岸交通条件，以及左岸上游高程 660.00～624.00m 联络线公路、左岸下游高程 625.00m 公路及右岸下游高程 645.00m 公路的通行能力，采用左岸及右岸适当预进占裹头后，从左右两岸向河中双向进占，以右岸进占为主的单戗堤立堵截流方案。

3. 截流原型观测

截流具有边界条件多变，水力条件复杂的特点。因此，必须在施工中进行原型观测，一方面指导施工，另一方面及时发现问题，以便采取相应有效措施。

原型观测主要测定戗堤非龙口段和合龙段进占过程各区段的水力学参数。其主要内容如下：

（1）上游水位。

（2）非龙口段流态及流速分布情况。

（3）隧洞、龙口的流量分配。

（4）测定并绘制龙口段各区水力特性表及水力特性曲线（包括龙口水深、流速、单宽流量、落差及单宽能量等）。

（5）施测龙口合龙最困难区段的流态、水深、流速、单宽能量等指标。

（6）测出戗堤上、下游坡面及进占方向坡面的坡度，并绘制示意图。

（7）统计抛投料物的流失数量及位置。

截流属于分区分段进占，不同的区段龙口宽度不同，故各个区水力要素也不同。要求每次进占一个区段，都要按观测内容的要求，测一组数据，详细做好记录，以便在截流合龙后，分析各水力要素的变化规律。

2007 年 11 月 4 日，糯扎渡水电站成功实现大江截流（图 5.2-14），经现场原型观测，在截流进占过程中，龙口最大流速为 7.52m/s，最大落差为 6.7m。龙口各分区水力学指标与设计结果甚为吻合，截流设计流量选取合理，龙口分区及龙口保护措施得当，截流规划设计成功的指导了截流施工，为糯扎渡水电站 2008 年防洪度汛及主体工程建设创造了必要的条件。

图 5.2-14 大江截流图

5.2.4 高坝大库下闸蓄水规划

5.2.4.1 技术要求

（1）施工期蓄水、通航和排冰设计应满足《水电工程施工组织设计规范》

（DL/T 5397—2007）的有关规定。

（2）水库的下闸蓄水时间应与导流泄水建筑物的封堵计划、下游供水要求及首台机组发电计划统一考虑，水库蓄水期应采取措施满足下游电站、城镇、农业、航运和生态用水需要。

（3）对于天然来流量情况下的水库蓄水，导流泄水建筑物下闸的设计流量标准可取时段内 5～10 年重现期的月或旬平均流量，或按上游的实测流量确定；对于上游有水库控制的工程，下闸设计流量标准，可取上游水库控泄流量与区间 5～10 年重现期的月或旬平均流量之和。

（4）水库蓄水期的来水保证率可按 75%～85% 计算。确定蓄水日期时，除应按蓄水标准分月计算水库蓄水位外，还应按规定的度汛标准计算汛期水位，复核汛前坝顶高程。

（5）利用未完建的建筑物挡水发电时，度汛标准应按 DL/T 5397 中表 5.2.10 的规定确定。

（6）对于高坝宜结合导流泄水建筑物下闸封堵、水库分期蓄水研究其分层布置方案，并制定分层封堵、分期蓄水的措施。

（7）初期蓄水上升速度应考虑坝体稳定和库岸稳定的要求，蓄水速度不宜太快。

5.2.4.2 实例分析

超高土石坝工程坝高库大，初期蓄水具有蓄水量大，蓄水时间长，蓄水难度大。本章以糯扎渡水电站初期蓄水为例，在糯扎渡水库初期蓄水期间，位于上游的小湾水库的蓄水任务也十分繁重，将截流部分上游来水。糯扎渡坝址下游河段有航运、城镇供水等综合利用要求以及下游景洪水电站发电要求等，水库蓄水期间需要下放一定的流量。澜沧江下游为国际河流，为减少对下游国家的影响程度，糯扎渡水库蓄水期间也需要下放一定的流量。为满足施工期澜沧江下游航运及景洪市生产生活用水，在导流洞下闸封堵，水库蓄水期间，要求考虑向下游供水措施。

1. 初期蓄水分梯度向下游供水研究

经多方案比较分析，确定导流洞进口高程布置依次为：1 号导流洞进口高程 600.00m，2 号导流洞进口高程 605.00m，3 号导流洞进口高程 600.00m，4 号导流洞进口高程 630.00m，5 号导流洞进口高程 660.00m，初期蓄水采用在底高程的 1～3 号导流洞封堵后，由右岸布置的 4 号导流洞向下游供水，4 号导流洞进口高程为 630.00m，库水位约在高程 657.62m，泄流量达到 600m³/s。4 号导流洞封堵后由 5 号导流洞及右泄分别在不同高程向下游供水。

2011 年 11 月 1～3 号导流洞下闸，库水位在升至 4 号导流洞底板

630.00m 高程的过程中，下游断流 28h，下闸后 5 天内达到向下游供水 600m³/s，期间主要由下游景洪电站起到调蓄作用，水库水位蓄至 672.50m 高程，5 号导流洞达到向下游供水 600m³/s（表 5.2-12）。

表 5.2-12　　　　　　　　　　水库蓄水期方案实施情况表

时间节点	实际蓄水过程
2011 年 11 月 6 日	水库 1 号、2 号导流洞下闸
2011 年 11 月 29 日	水库 3 号导流洞下闸，水库开始蓄水，起蓄水位约为 620.00m，水库下闸蓄水时小湾水库水位约为 1217.00m
2012 年 2 月 8 日	水库水位蓄至 672.50m，4 号导流洞下闸，相应小湾水库水位在 1204.50m 附近
2012 年 4 月 18 日	5 号导流洞下闸，水库水位约 704.50m
2012 年 7 月 21 日	糯扎渡水库蓄水至 760.00m

经多方案综合比较，最终完成了一个枯水期蓄水高差为 155m 高坝大库导流建筑物分层封堵控制蓄水和向下游供水的研究成果。

2. 流域水资源综合利用初期蓄水研究

高坝大库蓄水初期蓄水量大，且蓄水时间基本处于枯期，初期蓄水期间对上下游梯级电站印象均较大，甚至影响到整个流域水资源综合利用。

根据糯扎渡坝址 1953—2006 年的天然径流系列，多年平均情况下，11 月至次年 5 月的总来水量约为 154 亿 m³；98% 来水保证率情况下，11 月至次年 5 月的总来水量约为 99 亿 m³；90% 来水保证率情况下，11 月至次年 5 月的总来水量约 118 亿 m³；80% 来水保证率情况下，11 月至次年 5 月的总来水量约 129 亿 m³；70% 来水保证率情况下，11 月至次年 5 月的总来水量约 138 亿 m³；60% 来水保证率情况下，11 月至次年 5 月的总来水量约 145 亿 m³。水库初期蓄水期间的天然来水十分有限。在考虑了各种影响因素需要下放的水量以后，可用于糯扎渡水库蓄水的水量更少，加上糯扎渡水库库容巨大，水库初期蓄水的蓄水时间长，蓄水难度大。

糯扎渡水电站位于澜沧江下游河段，工程以发电为主，还兼有下游景洪市的城市、农田防洪及改善下游航运等综合利用任务。糯扎渡水库蓄水涉及的因素多，需要考虑的问题十分复杂，尤其是蓄水期间下游的供水要求以及对下游湄公河沿岸国家的影响等诸多问题必须高度重视。实现在糯扎渡、小湾两大水库蓄水期间澜沧江流域社会整体效益和中下游梯级水电站群发电效益的最大化，并使水库初期蓄水期间产生的不利影响控制在最低程度。

澜沧江中下游小湾、糯扎渡两个多年调节水库建成后，如何获得整个澜沧江中下游梯级水电站群发电效益的最大化将取决于两水库间如何联合调度以实现澜沧江中下游梯级水电站群间的协调蓄、放水关系。经分析研究，对首台机组调试时间和调试水位进行了适当调整，即机组调试时间按 40 天控制；2012年 6 月 20 日蓄水至库水位 760.00m，基本满足机组充水调试要求。在考虑了各项制约因素对蓄水过程的限制后的分析计算结果表明，在糯扎渡水库下闸蓄水前，小湾水库至少应蓄水至 1216.00m 以上，才有能力帮助糯扎渡水库实现如期发电目标的保证率达到 80% 以上。在糯扎渡水库下闸蓄水前的 2010 年和2011 年争取小湾水库尽可能多蓄水，为实现糯扎渡水电站 2012 年 7 月如期发电的目标创造有利条件。

基于流域水情测报系统，以及小湾、糯扎渡两个多年调节水库建成后，在满足澜沧江中下游水资源综合配置要求的基础上，经对澜沧江中下游水资源综合配置专题研究，实现了澜沧江中下游梯级水电站群发电效益最佳。

5.2.5 小结

通过对国内高土石坝建设期水流控制的研究成果总结，结合糯扎渡工程的实践经验，总结了超高土石坝导流规划、导流建筑物设计、截流设计、高坝大库蓄水及向下游供水等工程研究成果，主要研究结论如下。

1. 关于导流规划研究

考虑水文、水力风险后，各种导流标准对应的风险率降低，保证率提高。采用多目标决策技术分析，初期导流 50 年一遇标准具有很好的稳定性，且各方案的导流标准的综合风险率均满足上述规律。在进行风险决策时，综合考虑目标的权重与工程建设的环境、工程规模等因素，为尽量提高工期保证率，减小风险，初期导流采用 50 年一遇导流标准，中期导流采用 200 年一遇导流标准，后期导流采用 500 年一遇洪水设计，1000 年一遇洪水校核。

2. 大型导流泄水建筑物研究

导流隧洞一次支护结构设计中采用平面有限元方法对不同围岩类别、不同的隧洞开挖步骤，进行施工期围岩稳定分析，计算隧洞围岩的应力场、变形场，以确定隧洞的一次支护设计参数；在导流隧洞分层开挖实施过程中，根据导流隧洞位移监测成果，反演力学参数和初始地应力场，在反演成果的基础上预测下一步开挖围岩的变形和应力分布，并分析目前导流隧洞一次支护设计可能存在的问题及需采取的调整措施，结合"复合衬砌"结合设计理念，充分考虑围岩一次支护"加固"后的作用，优化钢筋混凝土结构，导流隧洞采用薄壁混凝衬砌结构，既保证了工程的施工和运行安全，又有效地节约了工程投资。

动态的、充分考虑"一次支护加固后围岩作用"的隧洞一次支护及混凝土衬砌设计方法，为不良地质条件下大型水工隧洞的开挖、支护和衬砌设计提供了新的设计理念和实践验证成果。

利用上层开挖后收敛观测得到的实测成果采用"反演"分析法，对进口渐变段重新复核、调整开挖分层、分块程序和一次支护措施，有效地保证了各进口渐变段的顺利施工。尤其是 2 号导流洞大跨度进口渐变段（宽 27.6m，高 26.3m），上覆岩体厚仅 27.2m，进口为矩形断面，平顶一次开挖支护成型，国内外均属首次，节约工期 4 个月。大跨度开挖成型技术经济效益显著，技术进步明显，推广应用价值较大，其技术水平达国际先进水平，具有工期短、经济效益明显的优势。

3. 80m 级斜墙土工膜围堰结构研究

鉴于高土石坝围堰布置、结构的特殊要求及围堰施工工期的紧迫性，确定实现工期有保障、围堰结构安全、经济上较优的围堰布置型式。采用高达 82m 的上游土工膜斜墙土石围堰及下游土石围堰后期改造成坝体量水堰的围堰。上游围堰为目前国内外最高土石围堰，围堰设计达到国内先进技术水平。

4. 高坝大库分期蓄水和向下游供水研究

本章以糯扎渡水电站初期蓄水为例，位于上游的小湾水库在水库初期蓄水期间的蓄水任务也十分繁重，将截流部分上游来水。下游河段有航运、城镇供水等综合利用要求以及下游景洪水电站发电要求等，水库蓄水期间需要下放一定的流量。澜沧江下游为国际河流，水库蓄水期间也需要下放一定的流量。经多方案综合比较，最终完成了一个枯水期蓄水高差为 155m 高坝大库导流建筑物分层封堵控制蓄水和向下游供水的研究成果。基于流域水情测报系统，以及小湾、糯扎渡两个多年调节水库建成后，在满足澜沧江中下游水资源综合配置要求的基础上，经对澜沧江中下游水资源综合配置专题研究，实现了澜沧江中下游梯级水电站群发电效益最佳。

5.3 高土石坝施工技术

5.3.1 坝料选择与开采加工

土石坝坝料包括土料和石料。土石坝坝料来源包括建筑物开挖料、土料场、天然砂砾料场及石料场的开采料。

料源选择应根据工程建设对各种天然建筑材料的数量、质量及供应强度要求，在地质勘察和试验的基础上，通过对料源的分布、储量、质量及开采运输条件的综合分析和料物平衡规划，按优质、经济、就近取材的基本原则，经技术经济比较后选定料源。当料源点较多或各种条件较复杂时，采用系统分析法，优选料场。

料源选择方案需技术可行、经济合理。为减少公路修筑、运输、施工占地和水保等费用，做好环境保护，一般料场选用顺序为先近后远、先水上后水下、先库区内后库区外，力求高料高用，低料低用，避免或减少料物上下游反向使用。同时，在考虑经济合理的同时，工程建设还应考虑当地自然环境要求，料场选择应避开自然、文物、重要水源等保护区，不占或少占耕地，尽量避开民俗用地。

需要说明的是，料场选择和建筑物开挖料利用与枢纽布置和坝体分区方案密切相关，两者相辅相成，设计时应综合各方面因素、统一协调考虑。

5.3.1.1 土石料场选择与开采加工

1. 土料场选择

土料场是土石坝土质防渗体的料源。选择的防渗土料应具有良好的防渗性和渗流稳定性、适当的塑性和压缩性、较高的抗剪强度和较好的施工特性等。防渗土料质量技术指标应符合《碾压式土石坝设计规范》（DL/T 5395）的规定。

土料场选择应结合环境保护和水土保持的要求，并以经济合理为目的，选择土质均一、土层较厚、质量易于控制、出料率高、剥采比小、开采运输条件好、土料天然含水率与填筑最优含水率接近的料源。如果土料场土质均一、土层厚、剥采比小，说明开采土料场开采范围小，占用耕地面积少，料场出料率高、剥采比小，所选择的土料场条件较好。选择的土料场天然含水率与填筑最优含水率接近，则可减少土料含水率的处理措施和费用，对坝体防渗土料的施工质量较为有利。

为了减少施工征地，应优先考虑选择工程开挖区和水库淹没区范围内的土料场。

在库区内选择的土料场应考虑施工期围堰挡水、坝体挡水或下闸蓄水期间水位上升对土料场开采和运输的影响。为满足工程施工对土料的需求，在各施工节点水库水位上升前，需提前做好土料的开采和储存，施工总布置应考虑土料的存储需求，做好存料场的规划。

　　根据工程规模、土料特性及其复杂程度，土料应进行土工试验、防渗料加工试验、现场碾压试验等，综合分析填筑土料料源的技术经济性。

　　2. 石料场选择

　　土石坝石料包括反滤料、垫层料、过渡料、堆石料等，石料料源包括工程开挖料、天然砂砾料和石料场开采料。石料宜优先利用工程开挖料，不足部分再选择从石料场或天然砂砾料场开采。石料质量技术指标应符合《碾压式土石坝设计规范》（DL/T 5395）的规定。

　　反滤料和垫层料粒径较小，如果工程附近有天然砂砾料场，可选用天然砂砾料，根据砂砾料级配颗分试验确定是否需要筛分或直接开采使用。当工程附近缺乏天然砂砾料，或质量不能满足要求，或开采不经济时，反滤料和垫层料可考虑采用开挖料人工制备。

　　过渡料应优先利用质量满足要求的工程洞室开挖料，因为洞挖料的粒径级配基本满足过渡料的要求。也可利用通过控制爆破获得级配满足设计要求的细石料，或者质量满足要求的天然砂砾石料。若天然砂砾料级配不完全符合要求时，应采用掺配（加入粒径大的砾石或块石）或人工筛分（剔除粒径大的砾石）的等加工措施，生产出符合实际要求过渡料。

　　土石坝的设计理念是充分利用工程开挖料上坝，减少料场开挖和工程投资，做好环境保护和水土保持工作，所以堆石料料源宜优先充分利用工程开挖料，不足部分再选择从石料场或天然砂砾料场开采。各部位的开挖有用料应根据岩石特性用于坝体的不同分区。

　　在进行枢纽布置方案比较时，应将土石方平衡考虑在内。当建筑物开挖岩石料可用时，加大电站进水口或溢洪道尺寸，增加建筑物开挖料而减少料场开挖石料，同时减小输（泄）水建筑物流速或单宽流量，常是安全且经济的选择。天生桥一级大坝填筑的 90% 的坝料来自溢洪道开挖石料就是一例。

　　石料场应选择覆盖薄、剥离量少、开采获得率高、边坡支护工程量较小、上坝距离较短、开采道路和上坝道路较易修建的料场，有效地减少料场开采运输、边坡支护的投资；石料场爆破开采会产生爆破震动、空气冲击波、飞石、滚石和粉尘等，对周边生产生活会产生不良影响，料场的生产安全应引起足够重视。因此，选择的料场应远离居民点、公路、铁路、工厂、施工设施和枢纽建筑物，与其保持必要的距离，并不得影响工程附近山体稳定和地基渗流稳定，尽量避免料场开采对社会和工程设施产生影响。料场开采的各种爆破安全距离应符合《爆破安全规程》（GB 6722）的相关规定，滚石的安全距离根据地形坡度、高差及开采方法等综合确定；环保安全距离主要考虑粉尘、噪声等，具体要求应符合相关标准的规定。梯段爆破开采的料场爆破飞石安全距离（特别是对居民点）应按大于 300m 考虑。料场爆破应做好警戒、封闭等工作，确保料场施工安全。

进行石料场开挖时，应根据坝体材料分区，制定合理的爆破方案和爆破分区，将不同风化程度、不同岩性料场开采料用到相应的填筑分区，同时尽量创造料场开挖料直接上坝的条件，减少料物转存，减少工程投资。

天然砂砾料场宜选择天然级配满足坝料级配要求的砂砾料料场，或者坝体根据天然砂砾料场级配情况进行设计。因为大坝堆石料数量较大，若要全部进行加工工程投资太大，加工场地要求也较大，不经济。一般应优先选择可进行陆上开采、可采厚度和可采量大、运输距离短的天然砂砾料场，这样的料场具有开采强度大、成本低、较经济的特性。堆石坝填筑工程量和开采运输量大，若天然砂砾采用水下开采方式获得填筑料，料物含水量大、开采强度低、开采成本高、经济性差，所以堆石料一般不应选择水下开采的天然砂砾料场。

5.3.1.2 坝料开采

1. 料场开挖量计算

料场选择后，要结合坝料填筑分区、分期，做好详细的坝料开采方案，包括料场的开挖量计算、开采支护方案和等开采道路布置等。

坝料所需的料场开采量计算应以主体工程和大型临建工程建筑物的设计工程量为基础，根据建筑物的地质勘探、试验资料及设计质量标准，分析各种工程开挖料的可用量，经料物平衡规划提出坝料所需的料场设计开采量；根据料场相关资料、特性和坝料填筑要求，计算料场规划开采量、进行料场开采规划。

料场的开采方案，应根据地形条件、料物特性、运输量、运输强度、运输距离和运输设备配置等因素，经技术经济比较后确定。

建筑物开挖料能提供的有用料数量，应根据建筑物开挖轮廓、地质界限（包括岩性和分化等）和有用料利用原则等，按 NB/T 350062 附录 D 的规定考虑各种损耗系数进行计算，提出建筑物开挖有用料数量。

料场设计需要量为全工程混凝土骨料和坝料设计需要开采量总和减去建筑物开挖有用料。汇总全工程的骨料和坝料（土料和石料分开）的工程量，按 NB/T 350062 附录 D 规定考虑各种损耗系数进行计算，提出土料场、石料场或天然砂砾料场的设计需要开采量。

土料场、天然砂砾料场或石料场规划开采量宜充分考虑工程不可预见因素，为避免料场在使用过程中出现地质条件变化、施工工艺影响而导致开采量不足，致使料场需二次上山开挖、或扩大开采范围等情况，结合已建的工程经验，料场规划开采量按 1.25～1.5 倍的料场设计需要量进行计算。石料场地形完整、岩性单一、地质条件简单时，可取低限；料场地形陡峻凌乱、地质条件复杂时，宜取高限；土料场地形平缓完整、有用层厚度大、地质条件简单时，可取低限；土料场地形陡峻、土层厚度小、地质条件复杂时，宜取高限；天然砂砾料场陆上开采量大、天然级配较好时，可取低限；陆上开采量小、需进行水下开采、天然级配较差时，宜取高限；设计需要开采量大时，可取低限；设计需要开采量小时，宜取高限；料源用于坝料填筑时，可取低限；料源用于加工混凝土骨料时，宜取高限。

2. 建筑物开挖料

利用建筑物开挖料作为坝料时，开挖方法应满足建筑物开挖和利用料开采的要求，建筑物开挖轮廓应满足建筑物设计要求，料物粒径满足坝料填筑级配要求，开挖强度满足施工进度要求。在施工进度安排和实际施工时，在满足工程施工进度的前提下，尽量创造开挖料直接上坝的条件，减少有用料转存费用，这样既减少工程投资，又减少转存料场的占地。

3. 石料场开采

石料场开采范围需根据坝料的供料要求，料场地形条件、储量、覆盖层分布特性、岩性、地质构造、开采强度要求、料物运输强度、运输运距和运输设备配置等条件综合确定。采区范围内有效料物储量应满足开采规划量的需要，并采取措施提高料场开采利用率。

石料场开采应根据坝料强度要求确定开采工作面和出料作业线。为连续供料，宜设两个以上开采工作面和出料作业线。石料场开采强度应与上坝强度相匹配，尽量避免料场开采料转存或上坝强度较低，影响坝体施工进度。根据施工进度计划分析，确定石料场各时段、各种石料的高峰开采强度，开采方案需满足施工强度要求，合理配置采、挖、运设备，采用机械化集中开采。

石料场开采宜按照坝料设计要求，根据料场岩性和风化程度，结合坝料粒径和级配的不同要求进行分区开采，各分区开采工作面的开挖爆破设计应满足坝体不同坝料的要求。覆盖层薄、料层厚、运距近、易开采的区域尽量安排在施工高峰时段开采。石料场开采道路布置应兼顾开采运输及支护施工的要求。开采通道设计应满足料场开采及运输强度的要求，并与开采运输方式、开采及运输设备、运输方式相匹配。石料运输方式主要采用公路运输。

石料场采用常用微差挤压梯段爆破法开采，采用微差挤压梯段爆破法开采时，应根据岩性、钻爆方法、钻孔及挖装设备性能和爆破试验资料等选取合适的梯段高度，梯段高度宜在 10～15m 之间。

石料场开采掌子面宜尽量避免朝向主河道和交通干线，以防河道淤积堵塞和安全事故的发生，若确难以避免，应采取相应安全措施。

料场开采规划的终采平台长度及宽度应与开采条件、开采及运输设备的能力相适应，料场开采长度不宜小于 50m，终采平台高程宜在地质勘探储量的底界以上。终采平台高程应考虑施工期防洪度汛的要求。

料场开采施工防洪标准宜在 5～20 年重现期内分析采用。位于库区范围的石料场，应考虑施工期围堰或坝体挡水、下闸蓄水对料物开采和运输的影响。为减少水位影响，可考虑提前开采料场并进行堆存。

4. 天然砂砾料场的开采

天然砂砾料场开采范围、开采程序、开采线路、开采分层和开采分区等应根据砂砾料规划开采量、设计级配要求、天然级配分布状况、开采方式、有用层的可采储量、砂砾料场的河道水文特性及开采条件等因素综合确定。根据当地气象、料场的水文特性及地形条件，确定料场开采时段。受施工期围堰或坝体挡水、洪水或冰冻影响的天然砂砾料场，应考虑其对开采时段的影响，根据工程需要提前开采并堆存。天然砂砾料场汛期或封冻期停采时，应按停采期砂石需用量的 1.2 倍备料。天然砂砾料场宜在枯水期开采。陆上开采时段的选择宜按河段典型丰水年内枯期有效施工天数或相应标准进行设计；对于冬季封冻需停采的料场，应扣除当地多年平均封冻天数来选择开采时段。

天然砂砾坝的料场开采宜根据各种坝料的要求统一进行开采规划，提高料场开采利用率。开采强度应根据施工时段和上坝强度、开采获得率、折方系数、工艺损耗和储存条件确定。天然砂砾料陆上开采可选用正铲、长臂反铲、拉铲等设备；水下开采可采用采砂船。但作为填筑坝料一般较少选用水下开采方式。

砂砾石料的可采储量，应根据拟采用开采机械的可采深度进行计算，并依据砂砾石料特性、水流流速、开采方式等分析开采获得率。

5. 土料场的开采

土料场开采范围和深度根据土料需要量、土料场料物分层特性和天然含水量在平面和立面上的分布及变化规律确定。采区范围内的有效储量应满足开采量的需要，并应设置备用料场。

土料开采前应做好其防洪、排水、道路、土料堆存和施工附属设施的布置。先剥离无用层，并做好表面耕植土的存放和复耕规划。

在低温季节开采土料场时，考虑优先在向阳、背风处取土，同时对表面风干冻土必须进行剔除处理，保证装料时的土料为正温且无固态水。

有的土料场位于坝址上游库区，有的距离江边较近，应在受河道截流、水库蓄水或洪水影响前将其开采并堆存，确保土料的合理利用。在土料可采时段内应有足够的开采强度，除满足高峰时段土料需求强度外，同时开采期末的开采存量应满足停采期的施工要求，且保证 1.2 倍的备料量。土料存储期间应加以覆盖保护，保证合格土料及时供应。

应根据土料各时段高峰填筑强度要求，同时考虑备料要求，分析确定土料场的高峰月开采强度及各时段的高峰开采强度。开采强度应满足各时段高峰填筑强度和存料的需要量。

土料场开采应根据土料特性、土层厚度、地下水分布规律、天然含水量变化规律和土料场地形地质条件等因素，确定土料开采方式。土料开采方法一般分立面开采、斜面开采和平面开采。当土料天然含水量率接近或小于控制含水率下限、土料层次多、土层较厚、各土层差异较大时采用立面开挖，以减少含水率的损失，并能使不同土质的土料在开采过程中得到充分拌和；当土料天然含水量偏大、土料层次少或者不同土层的层面分布变化不大、土层较薄时，采用平面开挖，分层取土，有利于水分蒸发。斜面开采为立面开采和平面开采的组合方式，视土料场情况采用。根据土料场的开采条件和开采强度要求，选择合适的开采方法，合理配置采、挖、运设备，机械化集中开采。若料场土料天然含水量偏高或偏低，应在土料开采时考虑研究控制土料天然含水量的措施。

平面开采宜采用以推土机、铲运机为主，立面开采宜采用挖掘机为主的设备配套。

土料上坝宜采用自卸汽车运输。采用汽车运输需修建较长的运输道路，或者岸坡地形陡峻，修建运输道路较为困难、造价较高，此种情况下可以研究采用带式运输机运输方式。

瀑布沟水电站土料场位于坝址上游右岸黑马乡附近，距坝址公路里程约 17～20km，选用单台带式输送机输送砾石土料至大坝上游距坝址约 3km 的中转站。带式输送机长 3995.207m，下运倾角 6.6°，带宽 1m，带速 4m/s，下运高差 460m。从料场到带式运输机、带式运输机至坝面之间的土料运输均采用 20t 自卸汽车运输。

6. 料场开挖边坡

料场开挖边坡应保持稳定。对边坡失事影响施工安全或影响永久建筑物运行和人身安全的料场，应采取保证边坡稳定的安全措施。料场开挖边坡的级别与抗滑稳定分析的最小安全系数标准，按《水电枢纽工程等级划分及设计安全标准》（DL 5180）执行。

料场开采前应做好截排水的工作，开采结束后，应根据环境保护及水土保持要求，作好危岩处理、边坡稳定、场地平整、防止水土流失等工作。弃渣宜用作平整场地或运至指定弃渣场，严禁随意堆放。

5.3.1.3 防渗土料加工工艺设计

防渗土料需满足设计质量要求。不满足设计要求的土料需进行加工。土料加工一般包括含水率和级配的调整，黏性土级配调整包括人工掺合土的制备（掺砾）、砾质土的筛选（剔砾）等。

土料含水率宜控制在最优含水率的−2%～+3%偏差范围以内。当土料天然含水率不满足设计要求时，可采取措施进行调整，调整方法按施工工艺试验成果确定，一般采用加水浸泡或翻晒等措施，根据确定加工的工艺及方法，布置加工场地。

对于超径的砾质土，超径量少的可考虑开挖后在料场剔出，数量较多时应通过筛选剔出。采用筛选剔砾时应通过试验确定应剔除多大粒径以上的砾石。

瀑布沟水电站采用黑马Ⅰ区洪积亚区砾石土料场土料，该土料场上部为灰黄色砾石土，中部为浅灰色砾石土，局部夹薄层透镜状粉砂土层，底部为乳白色、棕红色块碎石土，未见底。砾石土层中块砾石多棱角状，少量次圆状，成分以灰岩、凝灰岩为主，紫红色凝灰质砂岩、流纹岩次之。当筛除 80mm 以上颗粒后，防渗及抗渗性能均可满足要求；碾压后干密度 $\rho_d = 2.27 \text{g/cm}^3$，内摩擦角 $\varphi = 33.23°$，凝聚力 $c = 0.07 \text{MPa}$，具有低的压缩性能和较高的力学强度。剔砾采取了二级筛分的方式，先以条筛筛除大于 120mm 的砾石，然后振动筛二次筛分筛除 80mm 以上的砾石。

砾质土若细粒或粗粒不足时可采用人工掺料的方法进行调整，制成的掺合土料应满足设计质量要求。掺合土料按掺合比例水平互层铺料、立面开采掺拌混合的工艺加工，也可通过带式输送机掺合等其他方法制备。掺合施工方法宜进行技术经济比较，掺合土料时各种料物的掺合比例、施工方法的选定应通过现场试验验证。

糯扎渡水电站土料母岩岩性以砂岩、泥岩、含砾粗砂岩为主，土料为非分散性土和非膨胀性土。粗颗粒含量少，细粒及黏粒含量偏高，试验研究表明，土料场天然土料防渗性较好，满足防渗性能要求，但对于 261.5m 高的特高坝而言，其压缩性偏大，力学指标偏低，不足以满足高心墙土石坝对力学性能的要求。经过现场试验，心墙料由农场土料场混合土料掺合 35% 白莫箐石料场开采加工的人工碎石，掺砾料具备强度高、压缩性低的特点，满足心墙堆石坝对力学性能的要求。经现场施工工艺，推荐采用的掺砾工艺为先铺0.5m 厚砾石料，采用进占法卸料，并用推土机及时平整，再铺一层 110cm厚的土料，采用后退法卸料，并用推土机及时平整，依此原则，每个料仓铺料 3 个互层。掺砾场设置 4 个料仓，其中 2 个储料、1 个备料、1 个采料。掺砾料上坝时采用 4m³ 正铲从底部装料，然后将铲斗举到空中把料自然抛落，重复做 2~3 次，将砾石与土料均匀混合，再装自卸汽车上坝。经室内试验研究及现场碾压试验表明，该掺砾土料物理力学特性可以满足工程功能和安全的要求。

土料加工系统应根据不同的加工工艺和流程进行布置，宜靠近料场、填筑区，或在两者之间布置，保证料物流向合理顺畅。根据坝体各期土料填筑需用量进行掺合或剔砾加工场地的规划，掺合土料应有一定的备用数量。

土料加工场地的选择除考虑地形地质等因素外，还应考虑加工场地内道路布置与工程的场内外公路的协调性，加工场地最好布置在工程场内外公路的旁边，以缩短土料运输距离。

高心墙堆石坝对防渗土料的要求较高，不但要有较好的防渗性能，还必须有较好的力学性能，能够与坝壳堆石料的变形具有良好的协调性，减小坝壳对心墙的拱效应，减少心墙产生裂缝的概率。糯扎渡大坝采用农场土料作为心墙料，大量的地质勘探资料及试验成果表明，天然土料的粗粒含量少，细粒及黏粒含量偏高，对于最大坝高达 261.5m 的特高坝来说，其压缩性偏大，力学指标较低，需往天然土料中掺加 35%（重量比）的人工碎石，以改善土料力学性能。

掺砾土料的开采采用立面开采法，使得混合土料尽可能均匀，随后运输到掺合场与人工碎石掺拌。首先将混合土料和人工碎石水平互层铺摊成料堆，土料单层厚 1.03m，砾石单层厚 0.5m，一层铺混合土料、一层铺砾石料，然后推土机平料，如此相间铺 3 层，总高控制在 5m，用 4m³ 正铲掺混 3 次后装32t 自卸汽车上坝，后退法卸料，平路机平料铺土厚度 30cm，采用 20t 凸块振动碾碾压 10 遍。人工碎石的掺量为 35%（重量比），最大粒径为 120mm，要求 5~100mm 含量为 94%，掺砾土料碾后颗分大于 20mm 颗粒的含量平均为27.5%；碾后颗分大于 5mm 的颗粒含量平均为 36.7%；碾后颗分小于0.074mm 颗粒的含量平均为 36.3%。心墙防渗土料的干密度为 1.9~2.02g/cm³，平均含水率为 9.1%~14.3%，大于设计参考干密度 1.90g/cm³。

对于高心墙堆石坝，从已建的国内外土质防渗体土石坝筑坝经验看，心墙防渗体采用冰碛土、风化岩和砾石土为代表的宽级配土料越来越普遍。一般来说，这些土料难以满足高心墙堆石坝对心墙土料压缩性或渗透性的要求，需要改性处理。目前，对于土料中黏粒较多、强度较低的情况，大多工程采用掺砾的方式，在保证渗透性的前提下提高心墙料的压缩性及强度；对于粗粒土较多的土料，有些工程采用筛分方式进行处理。

在糯扎渡水电站高心墙堆石坝工程建设中，当地天然防渗土料偏细，需进行人工碎石掺砾，在满足防渗条件下尽可能提高压缩模量和抗剪强度。对不同掺砾量防渗土料的压实性、渗透及抗渗稳定性、压缩特性、三轴抗剪强度及应力应变特性等进行了系列比较试验研究，从防渗土料渗透性及抗渗性能看，掺砾量不宜超过50%，从变形协调及压实性能看，掺砾量宜在30%～40%，由此综合确定掺砾含量为35%。在掺砾施工工艺方面，为保证上坝填筑时人工掺砾土料的均匀性及碾压施工质量，施工前对掺砾工艺、填筑铺层厚度、碾压机械及碾压遍数进行了多方案研究，并进行了大规模的现场碾压试验验证，最终推荐成套施工工艺，经实践证明效果良好。

5.3.2 坝体填筑分区及施工仿真分析

5.3.2.1 坝体填筑分析

高土石坝由于坝体断面面积大、填筑量大，坝体上除石料填筑施工外还有面板施工、防渗土料施工。面板施工一般需有施工平台，坝体上游部分在面板施工期作为施工平台，不进行填筑，而其后部坝体可进行填筑；防渗土料根据土料施工停工标准，在主汛期基本停工，但其他部分可以继续填筑；同时还有大坝度汛的相关要求等。所以，一般情况下，高土石坝填筑均会进行分期施工。

高土石坝坝体填筑分期需综合各方面因素，综合确定最终的分期方案。在前期设计阶段，应有技术可行、经济合理的分期规划方案，施工阶段可根据实际施工情况进行调整，但度汛坝体的高度和稳定需满足设计要求。

坝体填筑分期规划应与施工导流规划相适应，并满足大坝挡水及度汛安全、向下游供水和水库初期蓄水的要求。临时度汛断面需满足整体稳定、坝坡稳定和不发生渗透破坏的要求，同时兼顾坝体施工工艺的要求，度汛断面顶宽不宜小于30m，下游坡度不宜陡于1:1.5。沿坝轴线方向的坝体应整体均衡上升，尽可能减少坝体不均匀变形。相邻填筑区段若有高差，高差不应过大，应控制在40m左右。若工期较紧，可考虑分台阶填筑，以降低上下游填筑面高差。混凝土面板堆石坝坝体填筑分期应与面板分期施工相适应。面板堆石坝在每期面板施工前，坝体分期填筑顶面与当期面板浇筑顶面应有一定的超高。

混凝土面板堆石坝在面板浇筑前，面板所依托部位的坝体应留有较长的自由变形和沉降时间，以减少混凝土面板裂缝的产生。

面板堆石坝施工期坝体临时度汛断面挡水度汛，往往需要将坝体上游挡水断面先行填筑，致使坝体上下游之间形成坝面填筑高差。若高差太大，则上、下游间坝体堆石将产生不均匀沉降，使上游垫层料出现裂缝。因此，坝体填筑分期规划在和施工导流规划统筹考虑时，应尽可能平衡上升、均衡填筑，减小坝体不均匀沉降，在确保各期度汛安全的前提下尽量减少上、下游填筑面的高差。

面板坝临时度汛断面的垫层料、过渡料应和一定宽度的堆石料平起施工，均衡上升。心墙坝临时度汛断面的心墙料应和反滤料、过渡料及一定宽度的堆石料平起施工。

斜墙和心墙坝坝体填筑分期应结合防渗土料等坝料季节性施工的特性进行规划。

天生桥一级规划坝体填筑分期见图 5.3-1。天生桥一级电站原规划截流时间为 1993 年 11 月双洞截流，实施时变为 1994 年 12 月单洞截流。截流后的一枯仅完成上下游围堰施工，1995 年汛期基坑过水，汛末进行基坑抽水、坝基开挖和趾板混凝土浇筑施工，1996 年 2 月才开始坝体填筑。为不推迟发电时间，不得不调整坝体施工程序和进度安排，坝体填筑由原规划的 6 期变为 5 期，坝体分期填筑也做了相应调整，形成坝体填筑时各期都在抢筑坝体临时度汛断面，导致大坝后部层层贴坡填筑格局，施工分块过多，上、下游最大高差达到了 118m，在大坝坝面过流的同时，安排两岸坝体进行填筑，造成了较大的后期变形。天生桥一级大坝实施的坝体填筑分期见图 5.3-2。从天生桥面板坝填筑施工经验可以看出，对于高面板堆石坝，在安排坝体填筑程序时，应减少施工分区，减小相邻填筑区段的坝面高差，减小相邻区段填筑的时间差，

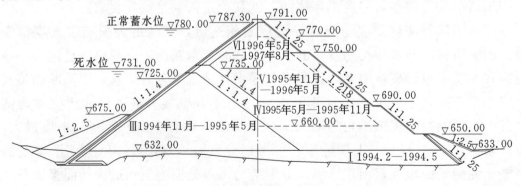

图 5.3-1　天生桥一级规划坝体填筑分期图

在可能的情况下，应尽量保持坝体全断面均衡上升，以期减小坝体不均匀变形。

天生桥一级大坝实施的坝体填筑分期见图 5.3-2。

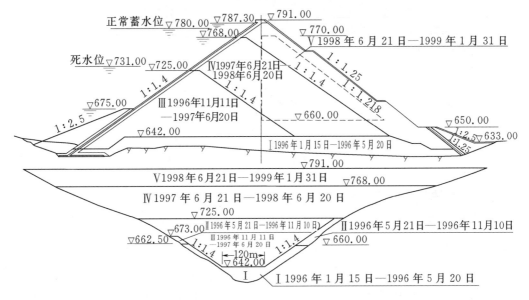

图 5.3-2 天生桥一级规划坝体填筑分期图

水布垭面板坝在后期施工中，有意将下游坝体先行填筑，使其有更多预沉降时间，经计算分析，这样的做法可以减小坝顶上游面附近的水平位移，改善了面板的支撑条件，见图 5.3-3。但不管采用哪种填筑方式，上下游堆石体之间的高差都不能太大，以免产生较大的不均匀变形。

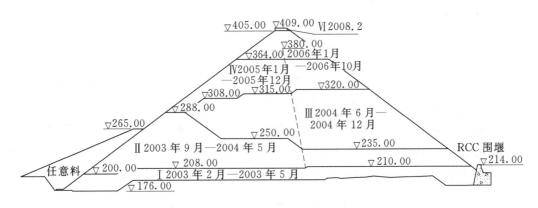

图 5.3-3 水布垭实施坝体填筑分期图

糯扎渡黏土心墙坝考虑到汛期心墙填筑停工以及满足各年度汛的施工面貌要求，规划坝体填筑分期见图 5.3-4。

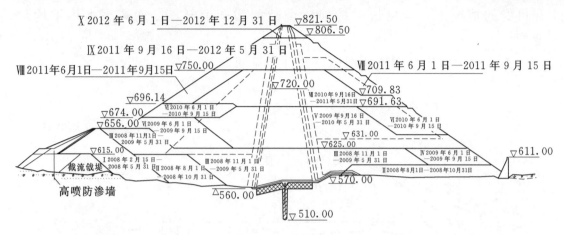

图 5.3-4　糯扎渡规划坝体填筑分期图

5.3.2.2 坝体施工仿真分析

大型堆石坝填筑料的数量很大，常常是多料源、多料种上坝，与施工进度密切相关，是涉及空间、时间的复杂动态问题。应根据大坝填筑和料源开采进度、存料场位置及堆存方量等，进行计算机模拟分析，提出料物调配最优的方案、道路运用情况和运输机械配置情况等，为前期设计提供参考。施工阶段，可以根据施工情况适时进行料物调配的指导，以利于减少工程料物运输的投资，适时指导上坝道路的运用等。

从 20 世纪 90 年代起，大型碾压式堆石坝的施工一般均采用了计算机仿真技术对大坝施工进行仿真分析，比如天生桥一级大坝填筑、水布垭大坝填筑和糯扎渡大坝填筑等。在给定设计边界条件后，计算机仿真计算能对机械设备配套、坝面施工作业方式、土石方调配以及月有效工作时间等坝体施工过程进行模拟，得到大坝填筑工期、控制点工期、机械设备利用率、坝体上升速度、施工强度及不均匀系数等指标。前期设计阶段，能快速进行多方案的比选工作，提出最优方案；施工阶段，可根据坝体实际填筑进度进行分析，提出施工中存在和应注意的问题，也可对工期进行优化，提出优化方案等。

料物调配模拟和大坝施工模拟是相互关联的，两者联合仿真模拟可以选择出合理的料物运输方案和满足坝体填筑进度要求的填筑方案，寻求既满足进度需要、又满足料物运输最优的方案。

具体而言，坝体施工仿真分析主要包括以下 3 个方面的内容：

（1）大坝土石方动态平衡优化分析。土石方调配平衡问题贯穿整个大坝工程的施工过程，涉及工程实施中的许多方面。影响因素主要有枢纽布置、道路系统布置、料场规划方案、施工进度、渣场规划方案、施工机械选择以及施工中许多主观因素的干扰等。针对工程施工方案开展施工组织设计的论证与优化研究，全面系统地分析坝体施工过程中的影响因素以及各个方面相互联系和制约关系及多源多料土石方动态平衡规划的机理，建立能充分反映各建筑物、料场、料物挖运填之间时空关系的高土石坝多源多料土石方动态调配优化数学模型，对建筑物挖、填平衡进行优化分析，尽可能利用开挖料直接上坝或堆存转料上坝，追求最经济的土石方调运成本，并保证工程施工进度和质量，实现快速经济施工之目的。

（2）坝体填筑施工分期优化分析。该分析主要通过结合施工组织设计中施工导流方案、上坝道路布置、坝面填筑工艺控制流程等，针对高土石坝工程分期方案进行论证与优化，运用系统工程的相关优化算法等，综合考虑施工机械、施工工期与填筑强度，建立大坝填筑分期优化模型，并进行计算与分析，最终得到分期优化方案。

（3）坝体填筑施工进度仿真计算与资源配置优化分析。该分析运用系统工程分析方法，建立高土石坝施工优化与仿真模型，将大坝施工、地下和地上建筑物开挖、施工转运堆场堆存、施工道路布置、机械设备资源配置等结合起来，以料物的流向、施工进度为主轴，考虑施工期拦洪度汛等因素，模拟计算整个坝体填筑施工动态过程，从而得到合理的大坝施工工期安排以及资源调配方案。

5.3.3 坝体填筑施工技术

5.3.3.1 堆石料碾压施工

坝体填筑应在相应部位的趾板、心墙垫层混凝土浇筑完成后进行。但为抓紧枯期大坝填筑施工时间，加快临时度汛坝体的形成，均衡填筑强度，在大坝基坑开挖完成后，可在趾板、心墙垫层下游 30m 外先进行部分堆石料填筑，在趾板和心墙垫层混凝土浇筑完成后再进行反滤料和过渡料等填筑。

堆石料采用自卸汽车运输上坝，自卸汽车的选择应根据坝料特性、年运输量、上坝强度、坝体填筑方量和堆石料分块单元等因素综合确定，大多数工程采用 20～45t 自卸汽车。天生桥一级大坝坝料运输中采用 22t、32t 和 45t 的自卸汽车，以 32t 为主；糯扎渡大坝坝料运输采用 20～42t 的自卸汽车，以 42t 为主；水布垭大坝坝料运输采用 20～30t 自卸汽车运输；冶勒大坝坝料运输采用 20t 的自卸汽车。

堆石料铺筑一般采用进占法，对于铺层厚度较大的区域，可采用后退法与进占法结合的混合铺料法，采用推土机进行摊铺铺料。采用哪种铺料方式应考虑坝料分离的容许度，其次考虑坝面道路的走线布置、层厚要求和摊铺工作量。采用进占法可以边卸料边铺料，摊铺工作量较少；对于较大厚度的堆石料，混合法铺料，先后退法，再进占法，也可减少骨料分离和推土机的摊铺工作量。堆石料铺层厚度宜为 0.8～1.6m，具体应通过现场碾压试验或工程类比确定，每层铺料厚度宜比本区控制的最大粒径略大。天生桥一级堆石料铺料厚度 0.8m 的堆石区采用进占法铺料，铺料厚度 1.6m 的堆石区采用混合法铺料。

堆石料碾压主要采用进退错距法碾压，局部采用搭接法碾压，搭接宽度不小于 20cm。振动碾行走路线尽量平行于坝轴线，碾压速度小于 3km/h，边角部位采用小型振动碾碾压。各碾压段之间的搭接长度不小于 1.0m。压实机械大多采用 18～32t 的振动碾，压实遍数一般为 6～10 遍，具体碾压参数应通过现场碾压试验确定。天生桥一级堆石料碾压采用进退错距法，采用 18t 振动碾，碾压速度 1.5km/h，碾压 6 遍；冶勒堆石料碾压采用进退错距法，采用 20t 振动碾，碾压速度 3～4km/h，碾压 10 遍；糯扎渡堆石料碾压采用进退错距法，错距宽度 20cm，采用 25t 振动碾，碾压速度不大于 3km/h，碾压 8 遍；水布垭采用 25t 振动碾，碾压速度 1.5～2km/h，碾压 8 遍。

为提高堆石的压实效果，压实施工中常采用加水措施以减小压缩系数。加水可以将堆石的细颗粒充填到大颗粒空隙中，可使材料浸润，使块石棱角容易压碎，从而增强压实效果。堆石碾压的加水量通常依其岩性、细粒含量而异。工程中应通过现场碾压试验确定是否加水以及具体的加水量。堆石料压实施工中加水量一般为石料体积的 10%～25%。冰冻期进行堆石填筑时不应加水，但应适当减小铺料厚度和增加碾压遍数。

堆石料填筑临时边坡不陡于设计规定值，收坡宜采用台阶法施工，台阶宽度大于 1.0m。

根据坝面面积和填筑强度要求进行坝面填筑工作面的划分，每个工作面内又划分为不同的流水作业区，即划分成单元，每个单元进行一个工序的作业。流水作业一般分为 3 序：卸料和铺料、洒水和碾压、质量检查。

5.3.3.2 反滤料和垫层料与过渡料施工

反滤料和垫层料应与过渡料和部分堆石料平起填筑。先填筑一层堆石料再填筑两层过渡料、垫层料或反滤料。

反滤料、垫层料和过渡料坝面填筑宽度、铺层厚度和坝料粒径均较小，运输宜采用 15～20t 自卸汽车，铺筑宜采用后退法卸料，采用推土机进行摊铺铺料。每层铺料厚度比本料区控制的最大粒径略大，每层铺料厚度一般 30～60cm，具体碾压参数应通过现场碾压试验确定。

反滤料、垫层料和过渡料碾压主要采用进退错距法碾压。振动碾行走路线应尽量平行于坝轴线，碾压时速宜小于 3km/h，边角部位采用小型振动碾碾压。各碾压段之间的搭接不应小于 1.0m。压实机械宜采用 15～25t 振动碾，压实遍数宜为 6～10 遍，具体碾压参数应通过现场碾压试验确定。

早期面板坝垫层料水平填筑时，在其上游部位留一定的超填宽度，距上游边坡线 40～50cm 范围内的垫层料采用小型平板振动器或小型振动碾碾压。在垫层料上升 20～30m 后进行坡面修整和斜坡碾压。斜坡压实采用斜坡振动碾或液压平板振动器压实。碾压遍数、碾压机械吨位等碾压参数均通过现场碾压试验确定。在雨季到来前，或临时坝体挡水前，需进行垫层料坡面保护，保护形式有碾压水泥砂浆、喷乳化沥青、喷混凝土等。

后来随着施工技术的发展，垫层料的上游坡面护坡采用混凝土挤压边墙技术。挤压边墙在坝前形成一道规则、坚实的支撑面，对于垫层料相当于重力式挡土墙。挤压边墙混凝土施工时，挤压机行走速度以 50m/h 为宜。挤压边墙高度与垫层分层高度相同，挤压边墙施工 2h 后再进行垫层料的填筑。

挤压边墙护坡技术具有以下特点：①垫层料在有侧限条件下填筑，完全在平面上压实，显著提高了垫层料的压实质量，垫层的密实度得到良好的保证，蓄水后这一区域的变形大大减少，提高了抗水压能力；②相应取消了传统的大坝上游垫层料超填、削坡、整平、斜坡碾压以及固坡等工序，大大加快了大坝施工进度；③施工期垫层料上游坡面得到及时保护，有利于防止暴雨冲刷及挡水度汛；④上游坡面不再成为关键工序，边墙的施工一般速度 50m/h，在混凝土成型 2h 后即可进行垫层料的填铺，上游坡面防护一次成型。此外，这一新工艺的采用还减少昂贵的人工费用，有效降低工程成本。

另外垫层料填筑和保护也可采用翻模固坡法，此方法可参阅《混凝土面板堆石坝翻模固坡施工技术规程》（DL/T 5268）及相关工程。我国自 2006 年起，在双沟电站、蒲石河抽水蓄能电站、江坪河电站等工程的面板坝均采用了翻模固坡法。

5.3.3.3 心墙土料施工

防渗土料含水率对施工有敏感影响，由于雨季土料含水率变化较大为保证防渗土料含水率要求，土料一般安排在少雨季节施工，若在雨季施工应遵循停工标准，停工标准按《水电工程施工组织设计规范》（DL/T 5397）执行，同时在雨季施工时，在土料的运输、摊铺、碾压过程中均应有可靠的防雨措施。

土料可采用自卸汽车、皮带机等运输上坝，采用推土机进行摊铺铺料。采用自卸汽车运输时，为避免土层超压，自卸汽车不宜在已碾压合格的土层上行驶，一般采用进占法卸料。特殊情况下采用后退法卸料时，需采用轻型自卸汽车运输土料。同样的原因，上下游坝料运输车辆不应直接穿越土料填筑区域，若穿越应经常更换位置，并应挖除路口段超压土体，再进行新土料的分层回填碾压，以防土料产生剪力破坏。

防渗土料应与其上下游反滤料、过渡料及部分堆石料平起施工，跨缝碾压。为保证心墙厚度、减少心墙土料用量，土料施工宜采用"先砂后土法"。压实后的一层反滤料厚度对应压实后的两层防渗土料厚度，施工时先铺设一层反滤料，对应铺设两层心墙防渗土料。有的工程一层反滤料压实后的厚度对应一层压实后的土料厚度，此时，施工时先铺设一层反滤料，对应铺设一层心墙防渗土料。平起填筑的堆石料宽度不宜少于 20m。

防渗土料应分层采用进退错距法碾压施工，沿坝轴线方向进行碾压。每层铺料厚度为 25～40cm，采用 20～25t 振动凸块碾碾压，碾压遍数宜为 8～12遍。碾压参数根据土料性质和压实设备性能等通过现场碾压试验确定。对于高土石坝，铺土应尽量采用薄层，以控制填筑碾压质量。

5.3.4　施工全过程质量控制及措施

5.3.4.1　施工全过程质量控制

高土石坝工程量巨大、技术复杂，其填筑质量应严格把关。常规的依靠人工现场控制碾压参数（如碾压速度与遍数）和人工挖试坑取样的检测方法来控制施工质量，与大规模机械化施工不相适应，也很难实现实时动态、连续的施工质量监控，质量控制难度较大。因此，有必要改变传统的施工质量控制模式，不仅对填筑结果进行检测，更要对施工过程进行质量监控。随着计算机技术、网络技术、数字传感技术（物联网）的发展，为碾压式土石坝施工全过程进行监控提供了技术手段，故建议高土石坝施工应对施工过程中的施工程序（施工参数）进行全面监控，对大坝施工质量进行全过程实时控制。

施工过程实时监控是指对影响坝体施工质量的料源开采、坝料加工、坝料上坝运输、堆石料加水和坝料填筑碾压等各施工环节进行实时监控，其监控内容主要包括：料源与卸料分区是否相符、堆石料加水量是否满足要求，以及坝料的铺料厚度、碾压轨迹、碾压遍数、压实厚度、碾压设备行车速度及激振力等施工参数及施工程序。当施工过程控制均满足设计及施工要求后，方可继续下一道工序施工。

大坝施工质量控制采用由施工全过程实时监控和现场碾压质量检测"双控"方式时，当现场或实验室常规检测结果与实时监控技术判定结果不一致时，宜以常规检测结果作为判定标准，并应及时对实时监控技术进行原因分析，研究改进措施，进行必要处理。

根据糯扎渡、长河坝、苗尾等水电工程土石坝填筑质量实时监控系统的实施经验，大坝施工过程实时监控体系包括由料场开采加工监控、料源上坝运输监控、堆石料加水自动控制、坝料填筑质量监控、施工现场 PDA 信息采集、工程信息综合集成管理等系统等，并在工程现场建立无线通信网络、GPS 基准站、总控中心、系统数据中心、现场分控站等软、硬件设备及系统。同时，还对主要的监控设备（车载 GPS 终端、机载 GPS 终端、基准站 GPS 接收机等），根据工程现场地形、地貌及监控特点，提出各设备相关技术要求和配置要求。糯扎渡工程碾压机机载 GPS 终端控制精度为：平面坐标（x，y）精度：1～3cm、高程（z）精度：2～4cm。

5.3.4.2 控制措施

1. 料源上坝运输监控

由于土石坝分区较多，不同的坝料分区对应不同的料源、不同的材料级配，各种坝料卸料点与坝料分区应一一对应，保证坝体各分区的材料满足要求。坝料运输车辆从料源点到坝面的定位与装卸料、道路行车密度、车辆信息、分区等可通过在运输车辆上加装车载 GPS 设备和现场手持式 PDA 实现实时动态监控及报警。

（1）上坝运输车辆实时定位。在坝料运输自卸车上安装自动定位设备，应用 GIS 技术建立大坝施工区二维数字地图，根据车载定位数据与状态数据在地图上实时显示上坝运输车辆位置、车辆编号、装料点、载料性质、目的卸料分区等。

（2）上坝运输车辆卸料点判定。自卸车到达坝面卸料时，系统自动判断其所属填筑分区，即时记录此时车辆所在位置为卸料位置，并将卸料点坐标对应车辆编号、卸料时间入库存储。

（3）上坝强度统计。按照卸料记录对应车辆额定装载方量对不同填筑分区、不同料源分时段进行上坝强度统计。

（4）上坝道路行车密度统计。根据车辆监控数据，统计各施工期内上坝路口的行车密度，并分析车辆排队情况。

（5）上坝运输车辆的报警。当运输车辆偏离预定行车路线、离场或卸料位置异常等情况应及时提醒与报警，并在监控终端显示错误、卸料报警，并反馈至本车辆，同时以短信形式发送至现场施工管理人员手持 PDA 上，并敦促现场及时处理，并配合运输车辆调度和填筑物料管理及时纠正处理，以实施坝料上坝运输过程实时监控。

2. 堆石料加水自动控制

堆石料加水应达到施工含水率控制范围，过量及不足均影响坝料压实效果。堆石料加水自动控制可有效控制堆石料加水量。

在上坝运输自卸车上安装自动定位设备及传感设备，当自卸车进入加水区后，通过信息技术及自动控制技术读取该车属性（如车辆编号、型号、载重量），分析应加水量、加水时间等，并自动启动坝料加水，实现坝料加水自动控制。

所有堆石料运输车辆加水信息（含到达/离开时间、实际加水量等）均应发送至系统数据中心，当运输车辆提前离开堆石料加水点或加水量不足时，系统应自动发出报警信息并反馈指导现场，以保证上坝堆石料含水量满足设计要求。

3. 坝体填筑质量监控

现场坝体碾压监控宜以填筑施工单元为监控单元，根据碾压仓面规划，建立监控仓面，确定仓面施工机械（包括平仓机械、碾压机械和坝料运输车辆），设定仓面监控参数标准，包括碾压参数标准（如速度限制、遍数、激振力和压实厚度标准）和卸料匹配标准，进行仓面碾压过程的在线监控，实时采集坝料铺料厚度、碾压搭接宽度（或碾压错距宽度）、碾压遍数、压实厚度、碾压设备行车速度及激振力等施工参数以及碾压轨迹，采集数据自动传至系统数据中心，并对碾压全过程质量信息进行分析判断及现场施工情况实时反馈，当施工参数不达标时，系统自动发送报警信息督促现场进行处理，使坝体碾压质量始终得到有效控制。

大坝填筑过程中的质量实时动态监控，可通过在坝面施工机械上安装高精度自动定位装置与激振力状态监测装置，实现碾压机械碾压作业过程中各项碾压控制参数的实时监测与反馈控制。

（1）铺料厚度监控。通过安装在平仓机械上的平仓监测装置获得大坝填筑碾压施工过程中的平仓机动态坐标，测得铺料前后的位置坐标及高程信息后，系统自动计算分析实时得到碾压施工作业面的铺料厚度。

（2）碾压遍数监控。通过安装在碾压机械上的碾压参数监测装置对碾压机进行三维实时定位，并将监测数据发送至监控中心；根据监测数据实时动态绘制碾压机行进轨迹、计算碾压速度、碾压遍数，并在监控中心的监控客户端坝面施工数字地图上实时显示。

（3）压实厚度监控。采用以碾压机作为空间定位设备载体监测碾压高程，计算压实厚度的方式，实现自动监测压实厚度与人工测量铺料厚度的填筑层厚度"双控"。

根据自动监测的施工数据，对大坝碾压过程进行实时监控。当填筑过程中的压实厚度超过规定，或有超压、漏碾、超速、激振力不达标情况发生时，系统会及时报警，自动醒目地提示施工管理人员、质量监管人员以及施工机械操作人员，以便及时进行现场调整，使碾压质量在整个施工过程中始终处于受控状态。

4. 施工过程动态信息采集与分析项目

大坝施工过程中存在其他大量难以自动采集的施工动态信息，主要包括大坝施工流程管理信息、坝面施工过程信息、试坑取样信息、现场照片、施工机械动态调配信息等。在施工过程中应实时采集并存储，进而为大坝建设管理及施工质量实时监控提供信息基础。

（1）信息采集。为施工质检人员与监理人员配备安装有内置数据采集程序的 PDA，通过手持 PDA 采集施工流程管理信息、坝面施工过程信息、试坑取样信息、现场照片等信息，并实时发送至后方数据库存储，以供后期分析。

（2）车辆调度。建立监控仓面后，现场车辆调度人员根据现场实际情况调度相应坝面施工机械及上坝运输车辆，并设置上坝运输车辆的装料点、载料性质及目的卸料分区信息，保证系统数据的真实性及实时性。

（3）报警接收。当监控参数不满足设计要求时，系统自动产生报警并实时发送至相关人员手持 PDA 上，实现施工质量的动态监控。

5. 建立土石坝施工质量监控体系

应建立以监控系统为核心的"监测-分析-反馈-处理"的土石坝施工质量监控体系。施工现场应建立大坝施工全过程质量控制系统数据中心，使实时监测数据作为大坝施工质量信息和反馈控制及大坝安全运行分析和决策的依据，并宜将监控成果纳入坝体质量验收体系。

天津大学钟登华院士团队开发了施工全过程质量控制的实时监控技术，该技术在糯扎渡、长河坝、苗尾等许多实际工程建设中得到了很好的应用，实践证明该技术是全过程施工质量控制的有效措施，可以对各施工环节进行实时、精细、全天候的监控和管理。对不满足要求的施工程序及时进行报警分析，及时反馈分析结果；对存在的问题及时督促处理，在施工过程中消除存在的质量隐患，确保施工质量；同时能有效减少施工质量监控中人为因素的影响，提高质量监控水平和效率，提高施工管理水平，保证大坝的施工质量满足设计要求。

6. 建立大坝建设管理和长期安全运行数据中心

土石坝工程建设过程中涉及海量、多源工程信息，包括工程勘测设计、质量进度信息、安全监控信息等，为有效地对这些信息进行综合集成和管理与分析，实现自动、远程、移动、便捷的管理与控制，为大坝设计、施工、运行与工程建设管理等提供全面、快捷、准确的信息服务和决策支持，可利用网络技术、三维可视化技术、多源数据耦合技术，实现土石坝工程建设的工程勘测设计、质量进度、安全监测等海量信息的动态、实时、综合集成，建立大坝建设管理和长期安全运行数据中心，为大坝长期安全运行提供综合分析平台。

第6章
工程安全评价及反馈预警系统

6.1　工程安全监测设计

　　我国已建的坝高 100m 以上的高土石坝主要为高心墙堆石坝和高面板堆石坝。近年来国内水电技术发展迅速，以鲁布革、小浪底、瀑布沟、糯扎渡水电站等为代表的一批典型工程，将心墙堆石坝高度逐步由 100m 级提升至 300m 级；以天生桥一级、洪家渡、三板溪和水布垭水电站等为代表的一批典型工程，将面板堆石坝高度逐步由 100m 级提升至 200m 级，使我国土石坝设计理论及施工技术达到国际先进水平。对于高土石坝，受结构分区、筑坝材料、施工工艺和施工进程等因素的影响，可能会带来诸如变形大、不均匀变形等一系列问题。就高心墙堆石坝而言，上游堆石体蓄水后大部分位于水下，可能产生湿陷变形。如果心墙变形过大，或者心墙与上下游堆石体间存在变形不协调会导致心墙拱效应，降低心墙竖向应力，诱发水平裂缝，从而产生水力劈裂，危害大坝安全等。因此，上游堆石体沉降、心墙沉降、心墙渗透压力与土压力、坝体渗漏等是心墙堆石坝的重点监测内容。就高面板堆石坝而言，如果面板与堆石间存在变形不协调的问题会导致面板脱空、面板裂缝、周边缝开裂、止水破坏，引起大量渗漏，冲蚀面板后的垫层、过渡层和堆石体，最终使坝体破坏失稳。因此，堆石体变形、面板的挠曲变形、周边缝及竖向缝的开合度、坝体渗漏等是面板堆石坝的重点监测内容。

6.1.1　心墙堆石坝安全监测设计

6.1.1.1　监测项目

心墙堆石坝安全监测系统的布置应符合"实用、可靠、全面、先进"的原则，符合国家安全监测的有关规程、规范，同时借鉴国内外已建类似工程的设计经验。能够全面监控大坝变形、渗流、应力等工作状态，充分考虑施工期、蓄水过程和运行期等不同阶段的特点和需求，统一规划，突出重点、兼顾全面，分期实施。施工期为控制进度、确保工程安全、确定施工措施提供必要的决策依据；蓄水期为动态掌握水库蓄水过程中大坝的运行状况提供监测资料；运行期确保电站运行安全，为水库优化调度提供必要的决策依据，最大限度发挥工程效益。

监测项目设置应有针对性，同一测点的仪器能够相互校验；关键监测项目的监测手段应留有冗余度，应有两种以上的监测手段，以保证监测成果的完整性，并使得监测成果能够相互校验；在重点和关键部位适当重复设置监测仪器，以获取该部位的重要资料。心墙堆石坝安全监测项目见表 6.1-1。

表 6.1-1　　　　　　　　心墙堆石坝安全监测项目

序号	监测类别	监测项目	大坝级别	
			1 级	2 级
1	变形	1. 坝体表面垂直位移	●	●
		2. 坝体表面水平位移	●	●
		3. 堆石体内部垂直位移	●	●
		4. 堆石体内部水平位移	●	○
		5. 接缝变形	/	/
		6. 坝基变形	○	○
		7. 坝体防渗体变形	●	○
		6. 坝基防渗墙变形	○	○
		9. 界面位移	●	●
2	渗流	1. 渗流量	●	●
		2. 坝体渗透压力	●	○
		3. 坝基渗透压力	●	●
		4. 防渗体渗透压力	●	●
		5. 绕坝渗流（地下水位）	●	●
		6. 水质分析	○	○

续表

序号	监测类别	监测 项 目	大坝级别	
			1级	2级
3	压力 （应力）	1. 孔隙水压力	●	○
		2. 坝体压应力	○	○
		3. 坝基压应力	○	○
		4. 界面压应力	●	○
		5. 坝体防渗体应力、应变及温度	●	○
		6. 坝基防渗墙应力、应变及温度	○	○
4	环境量	1. 上、下游水位	●	●
		2. 气温	●	●
		3. 降水量	●	●
		4. 库水温	●	○
		5. 坝前淤积	○	○
		6. 下游冲淤	○	○
		7. 冰压力	/	/

注 ●为应测项目；○为可选项目，可根据需要选设；"/"为可不设项目。

6.1.1.2 监测断面

根据心墙堆石坝的布置情况、坝基地质条件，100m 以上高心墙堆石坝一般布置 3 个横断面、1 个纵断面，特高心墙坝视需要还应设置辅助断面，典型监测断面上变形、渗流、压力（应力）等监测项目和测点宜结合布置，互相校验。典型横向监测断面宜选在最大坝高、地形突变处、地质条件复杂处。坝轴线长度小于 300m 时，断面间距宜取 20～50m；坝轴线长度大于 300m 时，断面间距宜取 50～100m。典型纵向监测断面可由横向监测断面上的测点构成，必要时可根据坝体结构、地形、地质情况增设纵向监测断面。每个典型监测横断面上可选取 3～5 个监测高程，1/3、1/2、2/3 坝高应布置测点，高程间距 20～50m，最低监测高程宜设置在基础面以上 10m 范围内。

以糯扎渡心墙堆石坝为例，共布置 3 个横断面，分别布置在左岸坝体处（坝 0＋169.360）、河床坝体处（坝 0＋309.600）、右岸坝体处（坝 0＋482.300），1 个纵断面为沿心墙中心线纵断面。坝 0＋309.600（C—C）断面位于最高河床断面，对于变形、渗流及应力等监测具有代表性；坝 0＋482.300 断面、坝 0＋542.600 断面位于右岸软弱岩带，为心墙堆石坝右岸重点监测部位；坝0+169.360断面介于左岸岸坡与最大坝高断面之间，位于坝基体形变化处，为左岸大坝监测代表性断面。上述断面为大坝主要监测断面。

2个辅助断面分别为坝0+300.000（B—B）、坝0+542.600（E—E），其中坝0+300.000（B—B）断面主要考虑高心墙堆石坝带来的仪器埋设难度，在坝0+309.600（C—C）断面心墙部位设置一个备份监测断面，以确保心墙监测数据的完整性；坝0+542.600（E—E）位于右岸坝基软弱岩带，其目的是加强对坝基软弱岩带对坝体影响监测。监测断面布置详见图6.1-1。

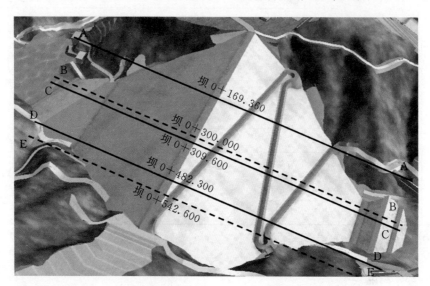

图6.1-1　糯扎渡心墙堆石坝监测断面布置示意图

5个高程主要是指心墙及堆石体变形监测布置主要结合626.10m、660.00m、701.00m、738.00m、780.00m高程进行仪器布置。监测高程布置详见图6.1-2。

6.1.1.3　监测布置与方法

1. 表面变形监测

根据《土石坝安全监测技术规范》（DL/T 5259）规定，表面变形包括垂直位移、垂直坝轴线的横向水平位移和平行坝轴线的纵向水平位移。

应根据工程的规模巨大、工程的安全性重要程度选用技术可靠而成熟的监测手段，并在满足监测量程、精度及相关要求的情况下尽量节约投资，在施工期及初蓄期表面变形监测主要采用传统大地变形测量法。心墙堆石表面变形监测采用传统的视准线法，用视准线法观测水平位移，是以大坝两端的两个工作基点的连线为基准线，来测量坝体上观测点（观测墩）的水平位移量。视准线法观测和计算简便，但容易受外界条件影响，当视线不远时，其观测精度较

高程 780.00m

高程 738.00m

高程 701.00m

高程 660.00m

高程 626.10m

图 6.1-2　糯扎渡心墙堆石坝监测高程布置示意图

高，比较适用。观测方法可采用活动觇牌法、小角度法和交会法。

视准线应平行坝轴线布置，一般不宜少于 4 条，宜在上游坝坡正常蓄水位以上布设 1 条；在坝顶的上、下游两侧布设 1～2 条；下游坝坡 1/2 坝高以上布设 1～3 条；1/2 坝高以下布设 1～2 条（含坡脚 1 条）。上游坝坡正常蓄水位以下，可视需要设临时测线。应在各条视准线与典型监测断面交点部位布设测点，并根据坝体结构、材料分区和地形、地质情况增设测点。一般坝轴线长度小于 300m 时，测点间距宜取 20～50m；坝轴线长度大于 300m 时，测点间距宜取 50～100m。

应在两岸每一纵排视准线测点的延长线上各布设 1 个工作基点，工作基点高程宜与测点高程相近，基础宜为岩石或坚实土基。当坝轴线为折线或坝长超过 500m 时，可在每一纵排测点中间增设工作基点（可用测点代替）。

视准线工作基点的位移可采用校核基点校测，校核基点应设在两岸同排工作基点连线的延长线的稳定基础上，两岸各设 1～2 个。有条件的可采用平面监测网法或倒垂线法校测视准线工作基点的位移。

以糯扎渡心墙堆石坝为例，在坝体上游坡面共布设 4 条视准线测线，其中两条布置在死水位以下，两条分别布置在坝面正常水位与死水位之间和正常水位以上。在死水位以下的视准测线主要为监测坝体填筑期及初蓄期部分时段坝体上游堆石体的表面变形，为动态分析大坝整体变形提供监测资料。上游坝面正常水位与死水位间的水位变动区，在水位骤降时易发生沉陷变形，是需要密切关注和监测的部位。正常水位以上，根据有限元计算成果，该高程附近是坝体沉陷及水平变形较大的部位，必须在施工期、蓄水期及运行期长期监测，为重点监测部位。

坝顶上下游两侧各设一条视准测线，分别为 L7、L6。上游侧 L7 测线布置于心墙中心线，下游侧 L6 测线距离坝顶下游边线 0.5m。这两条测线测点由于位置在坝顶高程，其监测成果能够反映大坝的整体表面变形，对于了解大坝的变形状况、评价大坝安全、检验设计成果具有重要价值。

根据大坝填筑分区规划，为了监测不同填筑分区的变形情况、分析下游坝坡的安全稳定状况以及判断大坝是否发生整体变形，结合大坝布置情况及分期蓄水的要求，在坝体下游坡面共布设 5 条测线 L1～L5，其监测高程分为626.10m、660.00m、701.00m、738.00m、780.00m。所有视准线测点在坝体填筑到设计高程时需立即埋设并开展观测，为动态、全过程分析大坝整体变形提供监测资料。

整个大坝共设置了 11 条视准线监测坝面表面变形，11 条视准线共包括工作基点 22 个，测点 111 个。心墙堆石坝表面变形监测点布置见图 6.1-3。

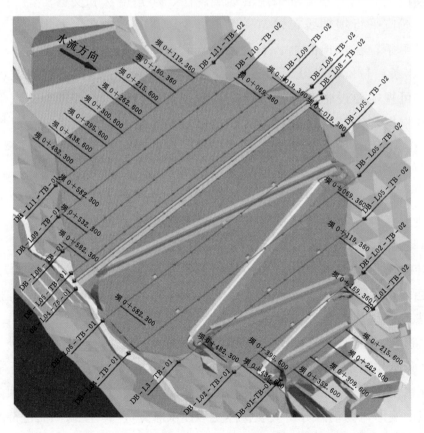

图 6.1-3　心墙堆石坝表面变形监测点布置图

2. 内部变形监测

大坝内部变形监测项目包括沉降监测、水平位移监测、土体位移监测和不同材料接触界面错动监测。内部变形测点位移需通过外部变形监测网校核基点的位移，由此得出坝体内部各测点绝对位移的变化，因此内部变形监测需与外部变形监测布置相结合才能取得比较完整的监测数据。大坝内部变形监测主要采用测斜仪、电磁沉降仪、水管式沉降仪、引张线式水平位移计及剪变形计等仪器设备。

（1）心墙水平位移与沉降监测。测斜仪与电磁沉降仪技术成熟，广泛应用于土石坝位移监测中，糯扎渡工程将两种仪器结合埋设，用来监测心墙的水平位移和沉降。

为监测心墙的水平位移和沉降，分别在主监测横断面沿心墙中心线各布置 1 个测斜暨电磁沉降孔，测斜管长度分别为 193.5m、265m、168.5m。测斜管采用原装进口 ABS 管，测斜管外按 3m 间距套上电磁沉降环。考虑到施工期沉降变形量较大，为防止测斜管的接头处阻碍沉降环随坝体一同变形，测斜管接头采用内置式暗扣连接头。根据有限元计算成果，坝体最大沉降发生在心墙的中上部位，其沉降等值线大致呈同心椭圆分布，通过在心墙中心线布置电磁沉降仪基本可以测出坝体最大变形、变形分布及变化趋势。

由于最大坝高断面测斜暨电磁沉降孔深度达 265m，国内尚无此先例，无论是仪器设备在原理还是在埋设技术的适应性上还有待研究，其埋设风险大，一旦失效将无补救措施。为提高监测仪器埋设抗风险能力，在左岸监测断面测斜暨电磁沉降孔旁对应布置 45 个固定式测斜孔和 42 套横梁式沉降仪，用来监测心强的水平位移和沉降，并以此作为河床监测断面的备份。心墙中测斜暨电磁沉降测线布置见图 6.1-4。

在心墙中垂直埋设测斜管形成测斜孔，用活动式测斜仪逐段监测测斜管水平位移。活动式测斜仪广泛适用于测量土石坝、混凝土坝、面板坝、边坡、土基、岩体滑坡等结构物的水平位移，该仪器配合测斜管可反复使用。活动式测斜仪由倾斜传感器、测杆、导向定位轮、信号传输电缆和读数仪等组成（图6.1-5）。

测斜仪工作原理：在需要观测的结构物体上埋设测斜管，测斜管内径上有两组互成 90° 的导向槽，将测斜仪顺导槽放入测斜管内，按逐段一个基长（500mm）进行测量。测量得出的数据即可描述出测斜管随结构物变形的曲线，以此可计算出测斜管每 500mm 基长的轴线与铅垂线所成倾角的水平位

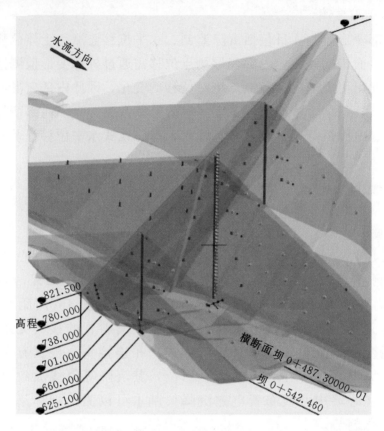

图 6.1-4　糯扎渡心墙中测斜暨电磁沉降测线布置示意图

移，经算术求和即可累加出测斜管全长范围内的水平位移，见图 6.1-6。测斜仪以铅垂线为轴，倾向高端导向轮一侧读数增大，倾向另一侧读数减小（含符号）。

图 6.1-5　活动式测斜仪

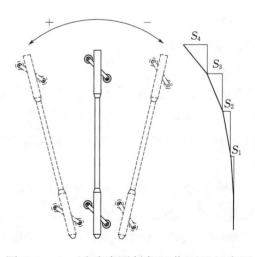

图 6.1-6　活动式测斜仪工作原理示意图

考虑到传统沉降磁环耐久性有局限，为此选用南京南瑞集团公司生产的 NCJM 型电磁沉降仪监测心墙沉降，该电磁式沉降仪是根据高频电子理论和涡流的原理设计的，仪器合理地利用了涡流损耗的物理现象（图6.1-7）。当沉降仪经过沉降环（铁环）时，在铁环中存在涡流损耗，信号输出发生变化，当沉降仪远离铁环时，信号恢复到正常状态，记录信号发生变化时沉降仪的相对位置，经过处理后，可以计算出该测点的沉降量。

图 6.1-7 NCJM 型电磁沉降仪

电磁沉降仪主要技术特点如下：测量原理简单；仪器设备随坝体填筑埋设，沉降磁环与周围土体紧密性较好，能较好反映坝体沉降；只能进行人工测量，测量精度受电磁沉降仪配套钢尺的影响；需采用水准测量对管口高程进行校测。

每次观测前，需测定沉降管管口高程，并检验仪器设备的工作性能，然后进行正常的观测操作。将沉降仪探头放进沉降管，先自上而下依次测读每个沉降磁环的下行深度 L_1，然后自下而上依次测读每个沉降磁环的上行深度 L_2，沉降磁环深度应为 $(L_1+L_2)/2$。重复测量 2 次，每个磁环测点的读数差不得大于 2mm，若大于 2mm 时应检查原因，并进行复测。

沉降环的沉降量为沉降环的初始安装高程减去沉降环的测量高程，即沉降量计算公式为

$$\Delta H = H_0 - H \tag{6.1-1}$$

式中　H_0——沉降环的安装高程，m；

　　　H——沉降环的高程，为测管管口高程减去沉降环的深度，$H=h-L$；

　　　h——沉降环管口高程，m；

　　　L——沉降环深度，m。

（2）堆石体水平位移与沉降监测。引张线式水平位移计和水管式沉降仪分别用于监测堆石体的水平位移和沉降，其技术成熟，广泛应用于监测土石坝的位移，是监测堆石体位移的常用方法。

为监测大坝下游堆石体水平位移和沉降，结合下游坝面视准线的布置情况，分别在坝 0+169.360（A—A）、坝 0+309.600（C—C）、坝 0+482.300（D—D）监测断面的高程 626.10m、660.00m、701.00m、738.00m、780.00m 布置引张线式水平位移计测头和水管式沉降仪沉降测头。根据有限

元计算成果及类似工程反馈计算成果，大坝最大水平位移一般发生在下游堆石体中部高程，最大沉降发生在直心墙中上部高程。大坝堆石体水平位移测头、沉降位移测头布置各有侧重，在靠近心墙的地方位移监测以沉降为主，在堆石体下游侧以水平位移为主，在靠近心墙的部位加密布置。水平位移测头及沉降测头布置采用网格状布置的方式，以便后期监测成果对比分析。为便于集中统一管理，分别将各高程水平位移和沉降测线水平引向下游坝面对应的观测房，并在观测房顶部布设表面变形监测点，通过大地测量法将内部变形监测与永久外部变形监测网衔接。另外，为对水管式沉降仪与弦式沉降仪进行对比监测，在大坝下游堆石体高程780.00m增设9套弦式沉降仪。

目前缺乏监测大坝上游堆石体内部水平位移的有效手段，对于沉降监测可采用弦式沉降仪。但目前弦式沉降仪的测量范围不超过70m，对于上游堆石体沉降监测只能应用于施工期及初蓄期的部分时段。因此，为监测大坝上游堆石体在施工期及初蓄期的内部沉降，在坝0+309.600（C—C）监测断面上游堆石体的高程660.00m、701.00m、738.00m、780.00m网格状布置15套弦式沉降仪。

为了监测大坝上游堆石体蓄水后的沉降，在河床监测断面上游堆石体的高程660.00m、701.00m、738.00m、780.00m对应弦式沉降仪各布置1支渗压计，共计15支。同时，在岸坡稳固部位与上述渗压计对应高程各部长1支渗压计，作为计算基准（图6.1-8）。大坝蓄水运行后，根据渗压计水头及上游水位，可换算得出相应部位堆石体的沉降。

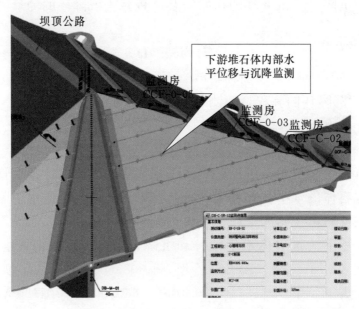

图6.1-8　水平位移计、水管式沉降仪测点布置示意图

1）引张线水平位移计由锚固板，铟合金钢丝、保护钢管、伸缩接头、测量架、配重机构、读数游标卡尺等组成，见图 6.1-9。其工作原理为当被测结构物发生水平位移时将会带动锚固板移动，通过固定在锚固板上的钢丝卡头传递给钢丝，钢丝再带动读数游标卡尺上的游标，用目测方式很方便地将位移数据读出。测点的位移量等于实时测量值与初始值之差，再加上观测房内固定标点的相对位移量。观测房内固定标点的位移量由视准线测出。监测原理简单，测值可靠。

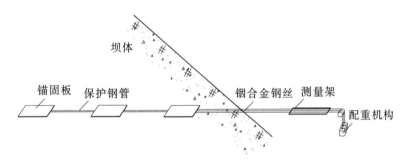

图 6.1-9　引张线水平位移计结构示意图

观测方法为对引张线水平位移计的铟钢丝先加载 10min，用游标卡尺量测钢丝上标点在刻度尺上的读数，重复读数至最后两次读数值不变，并记录在记录表上。钢丝位移计的钢丝不应长期承受荷载，否则钢丝会产生疲劳变形。每次测量完成后，即应取下部分砝码，留 10～20kg 砝码在砝码盘上，正常测试的吊重砝码应为 45kg。增减砝码应轻拿轻放，不得冲击钢丝。

测点累计相对水平位移＝每次观测时刻度尺范围内钢丝上固定点所处位置的刻度值－观测系统形成时刻度尺范围内该钢丝上该固定点所处位置的初始刻度值

测点累计绝对水平位移＝测点累计相对水平位移＋观测房沿测线方向的绝对位移

2）水管式沉降仪利用液体在连通管两端口处于同一水平面的原理进行观测。在坝体内设置沉降测头，测头内安置一容器，配有进水管、排水管、排气管，四根管顺坡引到坝体外观测房，进水管与观测房内测量装置（标有刻度的玻璃管）相连通，通过连通平衡使得玻璃管中液面与测头内容器液面处于同一水位高程。排水管是将测头容器内超过限定水位的多余液体排出，固定测头容器内水位，通过观测房测量装置上的玻璃管水位即可推算测头高程。排气管将容器与观测房大气相通，使得容器内液面与玻璃管内液面均为相同大气压的自由液面（图 6.1-10）。

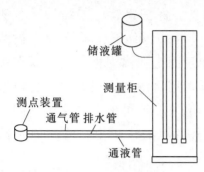

图 6.1-10　水管式沉降仪
结构示意图

水管式沉降仪测量原理简单，测量结果直观。

水管式沉降仪观测方法如下。

a. 测量观测房高程：每次观测前，需用水准测量测定观测房固定标点的高程，并检验仪器设备的工作性能，然后进行正常的观测操作。

b. 向压力水罐供水：打开供水阀门，向压力水罐供水，水量到一定程度后关闭供水阀门。

c. 向压力罐施加压力：用加气装置向压力罐施加 1~2m 水头压力。

d. 检查并关闭所有阀门：检查并关闭测量装置的所有阀门。

e. 向测头进水管供水：选取第一个测头，打开压力水罐的供水阀门和测头进水管的阀门，不间断向进水管中供水，加水时间不少于 30min。待溢出水自排水管排出，直至进水管内的气泡全部排出，关闭测头进水管阀门。

f. 向测量装置上玻璃管供水：打开第一个测头对应的测量装置玻璃管进水阀门，使量测管水位在初始水位基础上升高，但勿溢出管口，即关闭压力水罐的供水阀门。

g. 玻璃量测管与测头进水管连通：打开测头进水管的进水阀门，使玻璃量测管与测头进水管连通。

h. 读数：等待玻璃量测管与测头进水管中的水位稳定后玻璃量测管中的水位读数即为观测值。正常观测需重复测读 2 次，读数差不得大于 2mm，若读数差大于该值，要检查原因并进行复测。读数完毕，关闭该测头的进水阀门和玻璃量测管的进水阀门。

i. 同前述测量步骤，依次对其他各测头进行观测操作。

物理量计算：

$$\Delta E_i = (W_0 - W_i) + (H_0 - H_i) \times 1000 \tag{6.1-2}$$

式中　ΔE_i——测头的沉降量，mm；

　　　W_0——第一次观测时玻璃测量管的初始液面读数（测头初始高程对应的液面读数），mm；

　　　W_i——玻璃测量管的某一时刻实测液面读数，mm；

　　　H_0——观测房初始高程，m；

　　　H_i——观测房同一时刻实测高程，m。

方向规定：向下沉降为正，向上为负。

弦式沉降仪监测原理与水管式沉降仪类似，主要是利用连通管原理，将压力传感器封装在沉降盒中，利用压力传感器所测水头计算沉降。该仪器与水管式沉降仪所不同之处在于只设一根连通管，没有排水管和排气管（图 6.1 - 11）。

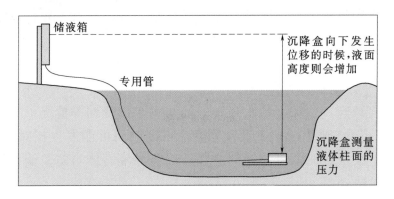

图 6.1 - 11　弦式沉降仪工作原理示意图

用振弦式读数仪测量传感器的频率读数，将频率读数代入计算公式计算出压力，将压力值换算为以 mm 水头为单位的值。通过水准测量测得储液罐液面高程，减去压力水头值即为沉降盘的测量高程，初始高程减去测量高程即为沉降量。

（3）心墙与岸坡及上下游反滤料相对变形监测。为了解心墙内部特别是心墙与陡峻岸坡接触部位是否会出现裂缝以及裂缝的分布情况，在沿坝轴线监测纵断面内水平向布置土体位移计组，将其一端锚固于岸坡基岩中，另一端伸入坝体防渗心墙中，用以监测两岸基岩陡峻坝体不均匀沉降引起防渗体的纵向变形及可能产生的横向裂缝（图 6.1 - 12）。

界面错动主要指岸坡与坝体接触面之间、坝体反滤与心墙之间可能发生的相对位移。如果在坝体施工中岸

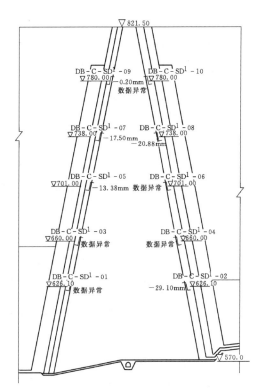

图 6.1 - 12　糯扎渡心墙与反滤间
剪变形计布置示意图

坡与坝体接触面以及坝体不同料区接触面处理不好，接触面极易发生相对错动，由此产生裂缝并威胁大坝安全。左右岸岸坡坡比最陡处为为监测防渗心墙与陡峻岸坡界面在自重、库水位等作用下其接触面发生的相对错动的重点部位，在两岸岸坡较陡处布置剪变形计。上游反滤与心墙接触面在水库水位变动时也是容易产生相对变形的区域，下游反滤与心墙因材料差异在浸水后产生的不均匀沉降也会导致相对错动，为监测上下游反滤与心墙接触面的相对错动，应分别在大坝主监测横断面布置剪变形计，布置高程与内部变形监测高程一致。

根据工程经验，在大坝蓄水过程中或水库水位变动等情况下坝顶可能会产生轻微"摇头"的现象，堆石体与防浪墙间接触面可能发生相对错动。为此，在堆石体与防浪墙接触面可布置测缝计，以监测堆石体与防浪墙接触面的开合度变化及相对错动。

（4）坝基深部变形监测。一般情况下，土石坝对于坝基的变形适应性较强，但如工程坝基软弱岩带范围较大，需重点处理时，为监测坝基深部变形对于混凝土垫层及坝体变形的影响，可分别在两岸不同高程灌浆洞内钻孔埋设多点位移计。

3. 渗流监测

坝体坝基渗流监测主要包括坝体浸润线监测、渗透压力监测、帷幕防渗效果监测、绕坝渗流监测和渗流量监测等。

（1）坝体浸润线监测。大坝建成蓄水后，由于水头的作用，水在坝体内由上游渗向下游，形成一个逐渐降落的渗流水面，称为浸润面。浸润面在大坝横断面上只显示为一条曲线，通常称为浸润线。通过浸润线监测，可以掌握大坝运行期的渗流状况，是心墙坝渗流监测的重要内容（图 6.1 - 13）。

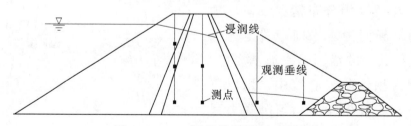

图 6.1 - 13　浸润线监测示意图

浸润线监测可采用测压管或埋入式渗压计进行观测。测压管的滞后时间主要与土体的渗透系数（k）有关。当 $k \geqslant 10^{-3}$ cm/s 时，可采用测压管，其滞后时间的影响可以忽略不计；当 10^{-4} cm/s $\leqslant k \leqslant 10^{-5}$ cm/s 时，采用测压管要考虑滞后时间的影响；当 $k \leqslant 10^{-6}$ cm/s 时，由于滞后时间影响较大，不宜采用测压管。

由于糯扎渡心墙渗透系数很小（$<10^{-6}$cm/s），虽然用测压管监测浸润线费用低、直观，但存在滞后现象，且进水管容易堵塞，因此糯扎渡大坝心墙浸润线监测采用埋设渗压计的方式，渗压计监测浸润线埋设方便，测量精度高，便于实现自动化监测。在主监测断面的上、下游堆石体及基础面沿水流向布置渗压计，用来监测坝体浸润线和基础扬压力分布情况。

（2）渗透压力监测。考虑到心墙为主要的防渗体，其防渗效果关系到坝体的整体稳定性。衡量大坝整体稳定性的重要条件是防渗心墙产生水力劈裂的可能性。心墙堆石坝心墙的水力劈裂是一个非常复杂的问题，国内以往工程设计中常以上游水压力与心墙竖向应力比值小于 1.0 作为不发生水力劈裂的控制标准。为研究心墙产生水力劈裂的可能性，需监测心墙中的竖向土压力，可以通过布置土压力计获得；心墙孔隙水压力需在与土压力计对应位置布置渗压计来实现。为此，应分别在大坝主监测断面混凝土垫层顶面以及上游反滤、心墙上游、心墙中部、心墙下游及下游反滤布置渗压计。同时，在坝体与岸坡接触部位的土压力计、剪变形计对应位置布置渗压计，以监测坝体在接触面发生相对位移的情况下心墙的渗流变化情况，并将监测成果与土压力计、剪变形计的成果作对比分析。

水库蓄水后在水头的作用下，不仅在坝体产生渗流，同时也在坝基产生渗流。坝基渗流是否正常，对水库安全关系极大。据我国大型水库统计资料，有渗漏问题的土石坝按渗漏出现的部位统计，坝基和岸坡出现渗漏的约占 61%。国外也有不少土石坝工程由于坝基渗漏而失事。例如，美国马萨诸塞州威廉斯堡坝，坝高 13.1m，长 160m，石料心墙坝，坝内无任何监测设施，由于渗流沿坝底与地表之间的渗透，使心墙下的土被水泡松，失去支撑，在运行 9 年后溃坝，20min 内泄空水库的蓄水，还造成大量人员生命和财产损失。又如美国的朱里斯堡坝，坝高 14.2m，长 2000m，坝基为软弱砂岩，孔隙率较大，其上覆盖 0.9～1.2m 冲积层。建库后，冲积层的渗漏相当大，运行的第三年水库渗漏达 200L/s，其中大部分从冲积层渗出。水库建成后 5 年，在蓄水仅 6m 的情况下垮坝。

坝基渗流监测的目的是了解坝基渗水压力的分布，监视防渗设施工作状况，估算坝基渗流坡降，判断运行期有无管涌、流土、接触冲刷等渗透破坏的问题。

（3）帷幕防渗效果监测。坝基防渗帷幕属隐蔽工程，其施工质量直接关系到坝基渗流稳定性。为监测坝体防渗帷幕的防渗效果，可在左右岸灌浆洞底板布置测压管，每个测压管内安装 1 支压阻式水位计。但测压管仅能监测到坝基

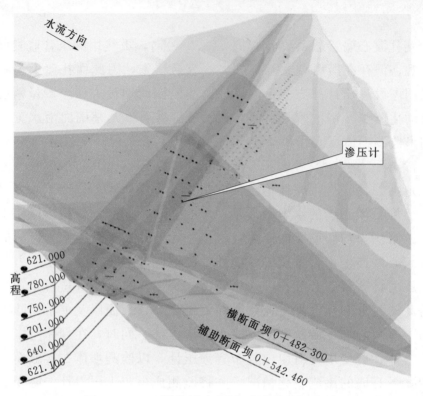

图 6.1-14　糯扎渡大坝渗透压力监测布置

与灌浆洞接触部位的渗透压力，对于监测防渗帷幕不同深度的防渗效果，需通过布置渗压计来实现。为此，可在主监测断面防渗帷幕后分别钻孔埋设渗压计，监测防渗帷幕不同深度的防渗效果。

（4）绕坝渗流监测。水库蓄水后，渗水绕经两岸帷幕端头从下游岸坡流出成为绕坝渗流。绕坝渗流为一种正常的渗水现象，但如果帷幕与岸坡连接处理不好，或岸坡由于过陡产生裂缝，以及岸坡中有强透水层，就有可能发生集中渗漏，造成渗流破坏。水库蓄水后，渗水绕经两岸帷幕端头从下游岸坡流出成为绕坝渗流。山东某水库的心墙坝，坝高 28.5m，由于右岸灰岩裂隙中强烈的渗漏，下游形成多处渗流破坏现象，经过采取排水减压措施，虽已无渗流破坏现象，但渗流量仍有 400L/s，造成经济损失。

糯扎渡工程为监测绕坝渗流的变化情况，根据渗流计算成果，在左右岸坝头及下游岸坡沿流线大致走向共布置 20 个水位孔。

（5）渗流量监测。水库蓄水后必然形成渗流。在渗流处于稳定状态时，渗流量将与上游水头的大小保持稳定的相应变化，渗流量在同样水头作用下的显著增加和减少，都意味渗流稳定被破坏。渗流量显著增加，有可能在坝体或坝基发生管涌或产生集中渗流通道；渗流量显著减少，则可能是排水体堵塞的反映。在正常条件下，随着坝前泥沙淤积，同一水位下的渗流量将会逐年缓降。渗流量的观测既直观又全面综合地反映大坝的工作状况，因而是大坝运行管理中最重要的监测项目之一。

渗流量采用量水堰监测，可实现自动化观测。根据渗流量的大小和汇集条件，渗流量一般可采用容积法、量水堰法或流速法进行观测。①容积法适用于渗流量小于1L/s的情况；②量水堰法适用于渗流量1～300L/s的情况，量水堰可采用三角堰、梯形堰或矩形堰；③流速法适用于渗水能引到具有比较规则的平直排水沟内的情况，采用流速仪进行观测。

量水堰类型包括直角三角堰、梯形堰、矩形堰。①直角三角堰：当渗流量在1～70L/s之间（堰上水头约为50～300mm）时采用；②梯形堰：当渗流量在10～300L/s之间时采用；③矩形堰：当渗流量大于50L/s时采用。

糯扎渡大坝渗流量监测的目的是了解大坝渗流量的变化规律与是否有不正常的渗透现象。为便于准确地研究分析大坝各部分渗流状况，采用分区、分段的原则进行渗流量监测。为了减少工程量，利用大坝下游围堰修建坝后量水堰。先开挖大坝下游围堰，然后浇筑混凝土形成堰槽，最后安装梯形量水堰板。由于当渗流量低于10L/s时，梯形量水堰实测误差较大，为了能准确地测到小渗流量，同时起到与梯形量水堰测值相互印证的作用，在梯形量水堰下游还设置了一座三角形量水堰，监测整个大坝的总渗流量；在坝体两岸灌浆洞与坝基灌浆廊道交汇处、左右坝基岸排水汇集处、4号交通洞与廊道相交处分区布置9座三角形量水堰，监测大坝坝基廊道的渗流量。梯形量水堰布置见图6.1-15。

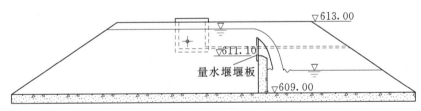

图6.1-15　糯扎渡坝后梯形量水堰布置示意图

4. 应力监测

土石坝坝体应力监测常用的监测仪器为土压力计。土压力计按照其监测对象的不同，可分为界面式土压力计和土中土压力计。通过在坝体内布设土压力计可以了解坝体内部应力及坝体与坝基接触面应力变化情况，由此判断工程的安全状况，并对设计参数进行验证。

由于心墙料变形模量较低，坝壳料变形模量较高，根据有限元计算成果，心墙区存在明显的拱效应。为监测心墙拱效应情况，以此判断心墙出现水力劈裂的可能性，应分别在主监测断面混凝土垫层顶面以及上游反滤、心墙上游、心墙中部、心墙下游及下游反滤分别对称布置多支土压力计，其中位于混凝土垫层顶部的为界面式土压力计，其余为土中土压力计。同时，为判断出现水力劈裂的可能性，土压力计与渗压计对应布置。

对于高心墙堆石坝，为监测心墙与陡峻岸坡接触部位的应力状态，可沿坝轴线监测纵断面心墙与陡峻岸坡接触部位的不同高程布置界面式土压力计；为监测心墙的应力状态，可沿坝轴线监测纵断面心墙中部布置多向土压力计组。土石坝稳定计算一般采用总应力法或有效应力法，因此为验证不同的计算方法，以便后期资料分析，还应在每支（组）土压力计旁布设 1 支渗压计监测孔隙水压力。

5. 混凝土垫层监测

坝基混凝土垫层作为坝体与坝基的过渡带，其不均匀变形及裂缝开展情况对坝体坝基渗流有重要影响。为监测混凝土垫层裂缝的开展情况，根据渗控分析计算成果，在可能产生裂缝的部位如坝基体形变化处、断层破碎带等部位的结构缝上布置测缝计；为便于对比分析，在测缝计对应的结构缝下部布置渗压计；为了解混凝土垫层因基础不均匀沉降及坝体压重产生的钢筋应力变化情况，以验证分析计算成果，应在主监测断面混凝土垫层表层钢筋及坝基灌浆廊道周边钢筋布置钢筋计（图 6.1 – 16）。

为监测垫层混凝土温度变化情况，以了解混凝土温控效果，进而指导垫层混凝土浇筑，应在主监测断面垫层混凝土布置温度计。

6. 强震监测

大坝强震监测主要包括地震反应监测和坝体抗震措施监测。根据《土石坝安全监测技术规范》（DL/T 5259—2010）规定，地震烈度Ⅷ度以上经过论证可布置地震反应监测。对于高心墙堆石坝，应设置地震反应监测措施。

为监测坝体地震反应，应分别在最大坝高断面的坝顶、下游坝坡不同高程观测房内及坝基廊道各布置 1 台强震仪，在其他主监测断面坝顶、坝肩各布置 1 台强震仪。同时，为了输入基准三维动参数，在距离坝轴线下游侧约 500m 处布置 1 台强震仪。

7. 环境量监测

环境量监测主要包括上下游水位、水库水温、气象监测及水质分析等。

为监测上下游水位，在水库上游水流平稳地段和下游尾水后分别设置 1 套水尺和 1 套自记水位计。为监测水库水温的变化情况，在进水口布置水库温度计。为进行气象监测，在坝区左右岸各设置 1 座简易气象测站，气象站内设置气温计和雨量计等，监测坝区气温、降雨量等环境量。为监测坝体、坝基及岸

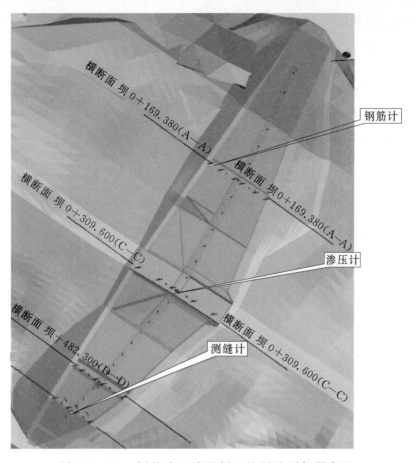

图 6.1-16 糯扎渡心墙混凝土垫层监测仪器布置

坡等不同部位的水质变化，在上游水库、坝基灌浆廊道、坝体下游渗流汇集系统、绕坝渗流水位孔等有代表性的部位，取水样做水质分析。

6.1.2 面板堆石坝安全监测设计

6.1.2.1 监测项目

面板堆石坝安全监测系统的布置应符合"实用、可靠、全面、先进"的原则，符合国家安全监测的有关规程、规范，同时借鉴国内外已建类似工程的设计经验。能够全面监控大坝变形、渗流、应力等工作状态，充分考虑施工期、蓄水过程和运行期等不同阶段的特点和需求，统一规划，突出重点，兼顾全面，分期实施。施工期为控制进度、确保工程安全、确定施工措施提供必要的决策依据；蓄水期为动态掌握水库蓄水过程中大坝的运行状况提供监测资料；运行期，确保电站运行安全，为水库优化调度提供必要的决策依据，最大限度发挥工程效益。

　　监测项目设置应有针对性，同一测点的仪器能够相互校验；关键监测项目的监测手段应留有冗余度，应有两种以上的监测手段，以保证监测成果的完整性，并使得监测成果能够相互校验；在重点和关键部位适当重复设置监测仪器，以获取该部位的重要资料（表 6.1-2）。

表 6.1-2　　　　　　　　　面板堆石坝安全监测项目

序号	监测类别	监　测　项　目	大坝级别	
			1 级	2 级
1	变形	1. 坝体表面垂直位移	●	●
		2. 坝体表面水平位移	●	●
		3. 堆石体内部垂直位移	●	●
		4. 堆石体内部水平位移	●	○
		5. 接缝变形	●	●
		6. 坝基变形	○	○
		7. 坝体防渗体变形	●	●
		8. 坝基防渗墙变形	○	○
		9. 界面位移	●	○
2	渗流	1. 渗流量	●	●
		2. 坝体渗透压力	●	○
		3. 坝基渗透压力	●	●
		4. 防渗体渗透压力	●	●
		5. 绕坝渗流（地下水位）	●	●
		6. 水质分析	○	○
3	压力（应力）	1. 孔隙水压力	/	/
		2. 坝体压应力	○	○
		3. 坝基压应力	○	○
		4. 界面压应力	●	○
		5. 坝体防渗体应力、应变及温度	●	○
		6. 坝基防渗墙应力、应变及温度	○	○
4	环境量	1. 上、下游水位	●	●
		2. 气温	●	●
		3. 降水量	●	●
		4. 库水温	●	○
		5. 坝前淤积	○	○
		6. 下游冲淤	○	○
		7. 冰压力	○	/

　　注　"●"为应测项目；"○"为可选项目，可根据需要选设；"/"为可不设项目。

6.1.2.2 监测断面

根据面板堆石坝的布置情况、坝基地质条件，一般布置 3 个横断面，视需要设置辅助断面，典型监测断面上变形、渗流、压力（应力）等监测项目和测点宜结合布置，互相校验。典型横向监测断面宜选在最大坝高、地形突变处、地质条件复杂处。坝轴线长度小于 300m 时，断面间距宜取 20～50m；坝轴线长度大于 300m 时，断面间距宜取 50～100m。典型纵向监测断面可由横向监测断面上的测点构成，必要时可根据坝体结构、地形、地质情况增设纵向监测断面。每个典型监测横断面上可选取 3～5 个监测高程，1/3、1/2、2/3 坝高应布置测点，高程间距 20～50m，最低监测高程宜设置在基础面以上 10m 范围内。

以天生桥一级面板坝为例，大坝共设 3 个内部监测断面，最大横断面布置在河床桩号为 0+630；右坝肩断面位于岸坡约 1/2 坝高处，桩号为 0+438；左坝肩断面位于坝体纵向断面地形突变处，处于可能的不均匀沉陷集中部位，桩号为 0+918。

6.1.2.3 监测布置与方法

1. 表面变形监测

根据《土石坝安全监测技术规范》（DL/T 5259）规定，表面变形包括垂直位移、垂直坝轴线的横向水平位移和平行坝轴线的纵向水平位移。

应根据工程的规模巨大，工程的安全性重要程度选用技术可靠而成熟的监测手段，并在满足监测量程、精度及相关要求的情况下尽量节约投资，在施工期及初蓄期表面变形监测主要采用传统大地变形测量法。心墙堆石表面变形监测采用传统的视准线法，用视准线法观测水平位移，是以大坝两端的两个工作基点的连线为基准线，来测量坝体上观测点（观测墩）的水平位移量。视准线法观测和计算简便，但容易受外界条件影响，当视线不长时，其观测精度较高，比较适用。观测方法可采用活动觇牌法、小角度法和交会法。

视准线应平行坝轴线布置，并结合面板分期情况布置。一般不宜少于 4条，宜在上游坝坡正常蓄水位以上布设 1 条；在坝顶的上、下游两侧布设 1～2 条；下游坝坡 1/2 坝高以上布设 1～3 条；1/2 坝高以下布设 1～2 条（含坡脚 1 条）。上游坝坡正常蓄水位以下，可视需要设临时测线。应在各条视准线与典型监测断面交点部位布设测点，并根据坝体结构、材料分区和地形、地质情况增设测点。一般坝轴线长度小于 300m 时，测点间距宜取 20～50m；坝轴线长度大于 300m 时，测点间距宜取 50～100m。

应在两岸每一纵排视准线测点的延长线上各布设 1 个工作基点，工作基点高程宜与测点高程相近，基础宜为岩石或坚实土基。当坝轴线为折线或坝长超过 500m 时，可在每一纵排测点中间增设工作基点（可用测点代替）。

视准线工作基点的位移可采用校核基点校测，校核基点应设在两岸同排工作基点连线的延长线的稳定基础上，两岸各设 1～2 个。有条件的可采用平面监测网法或倒垂线法校测视准线工作基点的位移。

以天生桥一级面板堆石坝为例，坝体混凝土面板分三期施工，第一期面板浇筑至高程 680.00m，第二期面板浇筑至高程 746.00m，分别在 680.00m 和 746.00m 高程布置 L1 和 L2 视准线，用极坐标法和小角度法观测施工期面板和堆石体的水平位移，垂直向位移以水准法测量；上游坝坡 787.00m 高程布置 L3 视准线，观测面板的水平位移、垂直位移以及面板垂直缝的开合状况；坝顶布置 L4 视准线，观测坝顶的水平位移、垂直位移；坝体下游坡布置 L5～L8 四条视准线（图 6.1 - 17）。

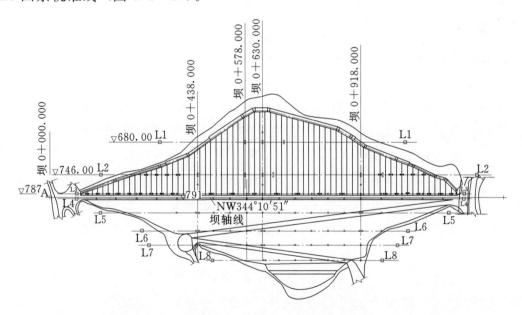

图 6.1 - 17　天生桥一级面板坝表面变形监测点布置

2. 内部变形监测

（1）堆石体水平位移和垂直位移。面板坝堆石体内部变形测点采用水平分层布置方式，高坝可在最大坝高断面上的坝轴线和下游坝面部位增设竖向布置方式。当采用分层水平、垂直位移测点布置时，每个典型监测横断面上可选取 3～5 个监测高程，1/3、1/2、2/3 坝高应布置测点，高程间距 20～50m，最低监测高程宜设置在基础面以上 10m 范围内。各高程第一个测点应尽量设在垫层料内靠近面板的位置，同一监测高程上下游方向测点间距20～40m。同一横断面各监测高程的测点在垂直向应重合，以形成竖向测线。水平位移测点和垂直位移测点宜设在同一位置。当采用测点竖向方式布置时，每个典型监测横断面宜布置2～4个竖向测线，宜在横断面上的坝轴线附近及下游坝面设置测线。测线底部应深入基础变形相对稳定部位，作为相对不动点。测线上垂直位移测点间距可设置为5～10m。对深覆盖层地基宜在坝基面设测点，监测坝基覆盖层的沉降量。

天生桥一级面板堆石坝坝体内部变形监测断面内间隔33m设置一个监测层，最大断面4层、左右岸断面各2层，采用ZP型引张线式水平位移计、SC型水管式沉降仪监测施工期和蓄水期堆石体的水平位移和垂直位移以及不同堆石区的变形特征。最大监测断面的最下层仪器管线长350m，是当时世界面板坝同类仪器的最长管线（图6.1-18）。

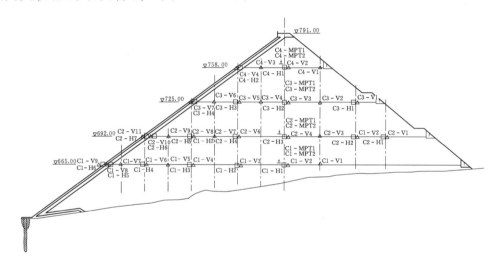

图6.1-18　天生桥一级面板坝最大坝高断面内部变形监测点布置

（2）面板周边缝位移。混凝土面板是大坝的主要防渗结构，面板与趾板之间设周边缝，施工期和水库蓄水过程中，周边缝开合度的大小、止水是否可靠，直接关系大坝的安全运行。混凝土面板接缝监测布置，应与坝体垂直位移、水平位移及面板中的应力应变监测布置统一考虑，周边缝的测点宜布置在最大坝高断面底部，布设1～2个测点，在两岸坡大约1/3、1/2及2/3坝高处各布置1个测点，在岸坡较陡、坡度突变及地质条件复杂的部位应酌情增加测点。

天生桥一级面板堆石坝在正常高水位之下布置了12个测点，其中河床部位2个，其余沿两岸在岸坡突变部位设测点。采用三向测缝计监测面板与趾板间的张开、面垂直面板的沉降和平行缝的剪切位移。

（3）面板垂直缝位移。面板垂直缝的测点布置宜与周边缝测点组成纵横监测线。当坝高大于 100m 时，宜在河床中部压性缝的中上部增设单向测缝计，有条件的可在垂直缝面布设压应力计或在两侧面板增设应力（压力）监测仪器。当岸坡较陡或坝址为不对称峡谷为时，可在靠近岸边的拉性缝上布置适量的二向测缝计，在监测接缝开合度的同时监测面板接缝竖向剪切变位。对面板分期浇筑的高坝，宜在典型面板监测条块水平施工缝部位布设垂直于施工缝的测缝计。

天生桥一级面板堆石坝面板间设垂直缝，间距 16m，靠两坝肩的垂直缝为张性缝。为确定张性缝与压性缝的分布范围并观测缝张开的宽度，在第二期面板顶 745.00m 高程和面板顶部 780.00m 高程两坝肩的张性缝分布范围及可能的布置了跨缝的单向测缝计，共计 24 支。测缝计选用稳定性和精度较高的 TS 位移计。

（4）面板的扰度变形。面板挠度能最直观地反映面板工作状态，面板挠度监测也是面板坝安全监测中最重要的项目之一。国内最早采用预埋测斜管的方法，利用测斜仪进行观测，但由于水库蓄水后面板变形较大，测斜仪探头无法自由地滑动进行测量，采用上述方法的所有工程的面板挠度监测系统目前基本失效。以天生桥一级面板坝为代表，后续建设的洪家渡、三板溪等大量新建的面板坝均采用了国外流行的倾角计（电平器）进行面板挠度监测，由于其原理是通过多个测点的倾斜测量换算得到线的轨迹，因此对测点数量有一定要求。当测点数量不足时，拟合挠曲变形误差加大。

对混凝土面板应监测面板的挠度变形，挠度变形底部第一个测点应设置在趾板上，顶部最末测点宜与面板表面测点同一位置。一般间隔 10m 高程设置一支。

3. 渗流监测

坝体坝基渗流监测主要包括坝体及坝基渗透压力监测、帷幕防渗效果监测、绕坝渗流监测和渗流量监测等。

（1）坝体及坝基渗透压力监测。应在典型监测横断面沿坝基面设置面板堆石坝坝体渗透压力监测测点，位置宜布设在上游帷幕后面板周边缝处、垫层料区、过渡料区和堆石区，一般为 5～6 个测点，其中堆石区一般不少于 2 个。对高坝宜沿高程选取 2～4 个层面，在面板后垫层料区和过渡料内布置渗透压力测点。纵向监测断面由横断面上的测点构成，并应结合开挖地形、地质条件，在帷幕后沿面板周边缝基础增设测点，间距 20～50m。

（2）帷幕防渗效果监测。坝基防渗帷幕属隐蔽工程，其施工质量直接关系到坝基渗流稳定性。为监测坝体防渗帷幕的防渗效果，可在左右岸灌浆洞底板布置测压管，每个测压管内安装 1 支压阻式水位计。但测压管仅能监测到坝基与灌浆洞接触部位的渗透压力，对于监测防渗帷幕不同深度的防渗效果，需通过布置渗压计来实现。为此，可在主监测断面防渗帷幕后分别钻孔埋设渗压计，监测防渗帷幕不同深度的防渗效果。

天生桥一级面板堆石坝在主监测断面帷幕上游和下游分别钻孔埋设渗压计，每个断面幕前孔深20m，孔底埋设1支渗压计；幕后孔深40m，从孔底起每隔10m埋设1支渗压计，共计埋设4支渗压计。

（3）绕坝渗流监测。应根据地形地质条件、渗流控制措施、绕坝渗流区渗透特性及地下水情况确定监测断面，宜沿流线方向或渗流较集中的透水层（带）各设2～3个监测断面，每个断面上设3～4个测孔，帷幕前可设置少量测点。对层状渗流，应分别将监测孔钻入各层透水带，至该层天然地下水位以下的一定深度，一般为1m，埋设测压管或渗压计进行监测。必要时可在一个孔内埋设多管式测压管，或安装多个渗压计，各高程测点间应进行隔水处理。土石坝与刚性建筑物接合部的绕坝渗流监测，应在接触边界的控制处设置测点，并宜沿接触面不同高程布设测点。在岸坡防渗齿墙和灌浆帷幕的上、下游侧宜各布设1个测点。

天生桥一级面板堆石坝在右坝肩布置绕渗水位监测孔6个，并利用原勘探孔3个；在左坝肩布置绕渗水位监测孔7个，孔深在50～60m，孔底在地下水位以下5～10m，采用钻孔水位计观测。

（4）渗流量监测。水库蓄水后必然形成渗流。在渗流处于稳定状态时，渗流量将与上游水头的大小保持稳定的相应变化，渗流量在同样水头作用下的显著增加和减少，都意味渗流稳定被破坏。渗流量显著增加，有可能在坝体或坝基发生管涌或产生集中渗流通道；渗流量显著减少，则可能是排水体堵塞的反映。在正常条件下，随着坝前泥沙淤积，同一水位下的渗流量将会逐年缓降。渗流量的观测既直观又全面综合地反映大坝的工作状况，因而是大坝运行管理中最重要的监测项目之一。

渗流量采用量水堰监测，可实现自动化观测。根据渗流量的大小和汇集条件，渗流量一般可采用容积法、量水堰法或流速法进行观测。①容积法适用于渗流量小于1L/s的情况；②量水堰法适用于渗流量1～300L/s的情况。量水堰可采用三角堰、梯形堰或矩形堰；③流速法适用于渗水能引到具有比较规则的平直排水沟内的情况，采用流速仪进行观测。

量水堰类型包括直角三角堰、梯形堰、矩形堰。①直角三角堰：当渗流量在1～70L/s之间（堰上水头约为50～300mm）时采用；②梯形堰：当渗流量在10～300L/s之间时采用；③矩形堰：当渗流量大于50L/s时采用。

天生桥一级面板堆石坝渗流汇集量测系统由下游坝脚截水墙、上游渗水汇集暗渠、引水渠和标准梯形量水堰组成，见图 6.1-19。

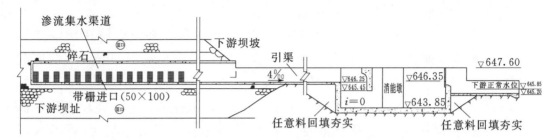

图 6.1-19　天生桥一级面板坝坝后渗流汇集量测系统布置示意图

4. 应力应变监测

土压力（应力）监测包括心墙与堆石体的总应力（即总土压力）、垂直土压力、水平土压力监测等。对于高面板堆石坝，宜在监测横断面的中下部选取 2~3 个高程进行土压力监测，测点宜布置在上游过渡料和坝轴线处，且宜与内部变形测点布置相结合。过渡料中每个测点可布置 4~5 向压力计，水平、垂直、平行面板底面和垂直面板底面各 1 支；坝轴线处每个测点宜布置 2~3 向压力计。接触土压力监测，包括土和堆石等与混凝土、岩面或圬工建筑物接触面上的土压力监测。对于高面板堆石坝，可在每期面板的顶部 5m 范围内面板与垫层料接触面增设界面土压力计。

混凝土面板应力应变监测项目包括面板混凝土应变、钢筋应力和温度。面板混凝土应力应变测点按面板条块布置，并宜布置于面板条块的中心线上。应根据工程规模、坝体结构选择 1~5 个监测面板条块，并宜与变形监测断面相结合，其中一个宜设在河谷中部最长面板条块。对高坝，还应在可能产生挤压破坏的面板中增设 1~2 个监测面板条块。应根据计算应力分布情况，在监测面板条块上沿不同高程布置应力应变测点，高坝还宜在各期面板水平施工缝部位增设测点。各测点的应力应变监测仪器应成组布置，位于面板顺坡平面内。一般布置两向应变计组，分别为顺坡向和水平向；面板底部周边缝附近应力应变较复杂的部位宜布置三向应变计组，按顺坡向、水平向和 45°方向布置。各应力应变测点的面板下方均宜配置无应力计。钢筋应力测点宜与面板混凝土应力应变测点配套布置，面板钢筋计宜布置顺坡、水平两向。高坝除了利用应力应变测点监测温度外，还宜在河谷最长面板条块布置温度计，正常蓄水位以上至少设置 1 支温度计，在水位变动区应加密布设。

天生桥一级面板堆石坝为了了解坝体应力状况，在最大断面（0+630.000）的 4 个监测高程的过渡料中和坝轴线处，埋设 20 支土中土压力计。其中，过渡料中每测点 4 支，埋设方向分别为水平、垂直、平行面板和垂直面板；坝轴线处每个测点在水平方向和垂直方向各埋设 1 支土压力计。为了了解面板与垫层料之间的相互作用，在上述 4 个监测高程的面板与垫层料间各布置 1 支界面土压力计，共布置 4 支界面土压力计。

5. 强震监测

大坝强震监测布置同心墙堆石坝。

6. 环境量监测

环境量监测布置同心墙堆石坝。

6.2　安全评价

基于监测资料的安全评价是安全监测工作中必不可少、不可分割的组成部分，是进行安全监控、动态跟踪优化设计、指导施工和建筑物安全运行的关键环节。为确保监测成果客观、真实地反映被监控对象的工作性状，安全评价首先以客观准确的监测数据为基础，监测成果值（包括原因量和效应量）是建立监测模型和校正模型参数的重要依据，必须确保客观与可靠。因数据采集的环节较多，数据有可能出现不同类型的偏差和误差，因此在使用这些数据之前必须作可靠性检查，包括一致性检查、相关性检查和必要的统计学检验，还应作误差分析和误差处理，以便消除数据的偏误，保证数据的有效性；再在此基础上进行初步定性分析、定量正分析和数据反分析等相关工作。

基于监测资料的分析评价采用定性分析和定量分析方法。定性分析通常有比较法、作图法、特征值统计法及测值影响因素法等；定量分析是依据统计数据，建立数学模型，并用数学模型计算出分析对象的各项指标及其数值，通常有确定性模型法、统计模型法和混合模型法，模型分析至少应考虑水位、温度、时效等影响因素。

各主要测项整理分析特点介绍分述如下。

6.2.1　变形

变形作为高土石坝最直接和可靠的指标，在大坝安全监控与分析评价中发挥至关重要的作用。高土石坝变形包括表面变形和内部变形，表面变形目前采用较为成熟和有效的表面变形监测点、GNSS 变形监测系统、测量机器人等，内部变形采用水管式沉降仪、铟钢丝位移计等。监测成果仍以定性分析和定量正分析为主，土石坝变形主要分析其绝对变形、相对变形及变形速率等，绝对变形衡量总体变形的大小和程度，相对变形衡量某一时段变形的变化速率，主要分析其受大坝填筑、蓄水期和降雨等因素的影响和相关性。

6.2.1.1　表面变形

高土石坝表面变形监测能直观反映大坝表面变形状态，糯扎渡高心墙堆石坝坝顶沉降实测值在 111.88~735.88mm 之间，最大沉降量占坝高的比例为 0.28%，小于竣工后坝顶沉降率 0.5% 的参考指标，坝顶最大沉降量为 0.72m，远远小于 2.08m 的黄色预警值，坝顶最大沉降处于正常状态（图 6.2 - 1）。坝顶顺河向位移测值在 -2.53~331.06mm 之间，横河向位移测值在 -233.55~218.16mm 之间。

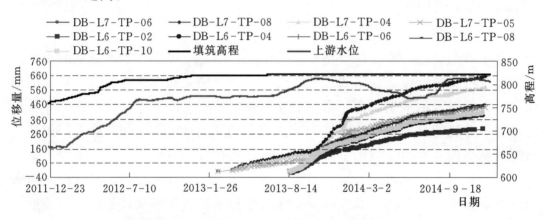

图 6.2 - 1　糯扎渡心墙堆石坝坝顶沉降曲线

下游坝坡顺河向最大位移为 1274.09mm，横河向最大位移为 152.85mm（图 6.2 - 2）。最大沉降在 1493.23~2680.72mm 之间，最大沉降发生于河床堆石体 738.00m 高程 DB - C - V - 24 测点，占堆石高度的比例为 1.01%，低于上游堆石体（图 6.2 - 3）。

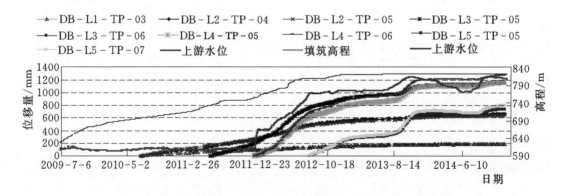

图 6.2 - 2　糯扎渡心墙堆石坝下游坝坡顺河向位移曲线

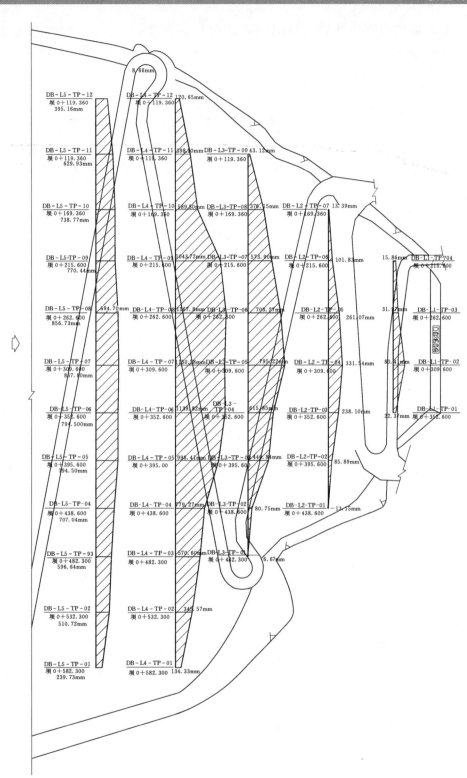

图 6.2-3 糯扎渡心墙堆石坝下游视准线沉降分布图

上游坝坡视准线各测点顺河向累计位移量在 35.70～315.63mm 之间，横河向累计位移量在 $-199.25～209.14$mm 之间，竖直向累计位移量在 103.09～667.43mm 之间（图 6.2-4）。

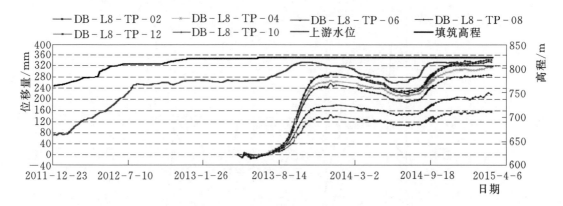

图 6.2-4　糯扎渡心墙堆石坝上游坝坡顺河向位移曲线

对于面板堆石坝，还需要根据大坝变形速率的收敛程度决定面板的浇筑时间。以梨园水电站为例，上游坝坡顺河向累计位移量介于 $-186.7～$ -12.7mm，月变形速率介于 $-7.5～-2.3$mm/月，上游挤压边墙高程 1535m 上的 5 个监测点顺河向位移月变形速率介于 $-6.5～-0.7$mm/月，绝大部分测点小于 5mm/月，且已趋于收敛，具备浇筑面板的条件（表 6.2-1 和图 6.2-5）。

表 6.2-1　　梨园面板堆石坝上游侧沿上下游向变形速率统计表　　单位：mm/月

日　　期	L7-TP1	L7-TP2	L7-TP3	L7-TP4	L7-TP5	L7-TP6	L7-TP7	L7-TP8
2012 年 10 月	0.3	-2.1	3.2	5.4	2.5	-1.2	-0.7	-0.5
2012 年 11 月	-6.0	-6.5	-4.5	0.4	-4.3	-4.1	-3.2	-2.4
2012 年 12 月	-0.3	-1.2	-1.9	-2.1	0.90	1.1	0.5	1.9
2013 年 1 月	-3.3	-3.7	-8.8	-10.1	-8.6	-6.3	-2.0	-0.8
2013 年 2 月	0.9	-3.2	-8.0	-6.9	-5.3	-4.4	-2.3	-0.6
2013 年 3 月	-3.4	-25.4	-34.7	-32.2	-31.8	-27.0	-12.7	-2.2
2013 年 4 月	-5.7	-32.7	-43.5	-39.8	-41.5	-37.5	-23.2	-2.5
2013 年 5 月	-9.7	-24.8	-27.5	-25.8	-26.3	-21.6	-13.1	-1.3
2013 年 6 月	-4.4	-14.0	-19.1	-20.1	-17.7	-16.2	-8.3	-0.6
2013 年 7 月	-7.8	-21.9	-23.1	-16.3	-16.8	-13.9	-8.2	-1.8
2013 年 8 月	-2.3	-7.4	-6.0	-7.3	-7.6	-6.4	-2.9	-0.9
2013 年 9 月	-2.3	-2.5			-7.3	-7.5	-4.8	-4.2

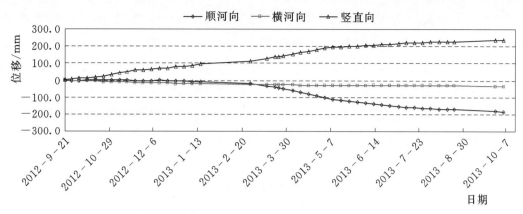

图 6.2－5　梨园面板堆石坝上游侧典型监测点位移-时间过程曲线

6.2.1.2　内部变形

土石坝内部变形可以从宏观上判定大坝的建筑质量、工作性态等，典型高土石坝监测资料显示，坝体最大沉降值为最大坝高的 $0.53\%\sim2.24\%$，一般为坝高的 1% 左右，发生在坝高的 $1/3\sim2/3$ 位置（表 6.2－2）。

表 6.2－2　　　　　　　　国内外典型高土石坝变形监测值统计表

工　程	坝高/m	竣工期变形/cm				蓄水期变形/cm			
		水平向上游	水平向下游	沉降	占坝高的百分比/%	水平向上游	水平向下游	沉降	占坝高的百分比/%
糯扎渡	261.5		心 35 壳 94.8	心 402 壳 231	心 1.54 壳 0.89		心 58.4 壳 128.1	心 432 壳 262.6	心 1.65 壳 1.01
瀑布沟	186			208.7	1.12			248.8	1.34
天生桥一级	178			271.7	1.53			354	1.99
巴山	155	−1.16	37.14	71.6	0.46	—	—	81.7	0.53
水布垭	233	−36	57	223	0.96	−10	62	242	1.04
紫坪铺	156	−28.9	36.3	82.6	0.53	−15.3	41.6	86.1	0.55
马鹿塘二期	154	—	—	—	—			134	0.87
维奥坝	250							627.5	2.51
董箐	150			180	1.20			207	1.37
阿里亚	160							358	2.24
洪家渡	179.5			132.1	0.74			135.6	0.76
巴贡	205	—	—	—	—			227.5	1.11
三板溪	185.5							175.1	0.94

以糯扎渡大坝为例，大坝心墙最大沉降为 4320mm，发生在心墙最大坝高断面中上部 722.65m 高程处，约为心墙最大填筑高度的 1.65%。对比同类工程，哥伦比亚瓜维奥坝（Guavio Dam）最大坝高 250m，运行期最大沉降率为 2.51%，表明糯扎渡心墙当前沉降率处于正常状态。

大坝填筑期，心墙位移变化与坝体填筑过程具有高度相关性，心墙沉降位移主要发生在填筑期，第一填筑期最大位移为 384mm，第二填筑期最大位移为 951mm，第三填筑期最大位移为 1985mm，第四填筑期最大位移为 3413mm，第五填筑期填筑结束最大位移为 3552mm，坝体沉降位移随填筑高度增加而增加，雨季停工期间，位移变化趋缓，符合一般规律（图 6.2-6～图 6.2-9）。

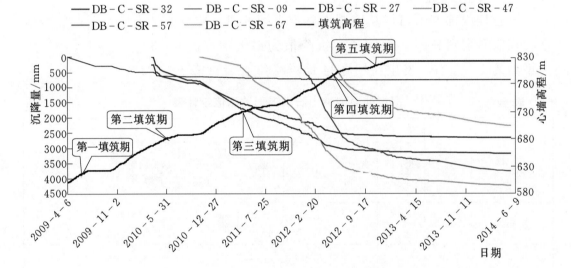

图 6.2-6　糯扎渡心墙堆石坝心墙沉降过程曲线

糯扎渡最大坝高断面 C—C 断面各测点位移在 1108.74～2680.72mm 之间，最大沉降位移发生于高程 738.00m 处，占堆石高度的比例为 1.01%。

6.2.1.3　心墙相对变形

心墙与反滤间相对位移在 −103.82～1.63mm 之间，测点基本处于受压状态，符合一般规律。总体表现为心墙沉降大于反滤沉降，并随填筑高程增加压缩量持续增加，符合现场实际。

心墙与岸坡混凝土垫层剪切变形测值在 17.09～211.59mm 之间，表明心墙与混凝土垫层间相对变形主要受地形影响，地形变化大的地方相对位移大，符合一般规律。

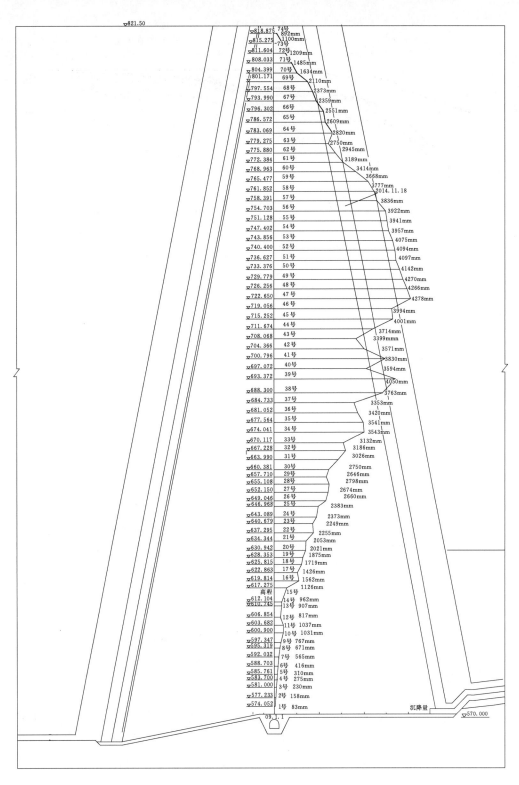

图 6.2-7 糯扎渡心墙堆石坝心墙沉降沿高程分布图

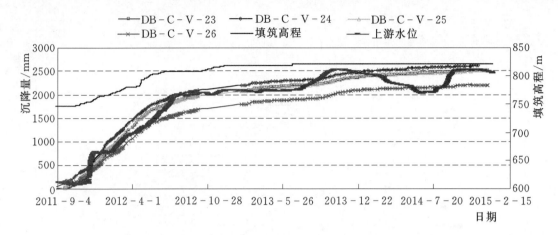

图 6.2-8　糯扎渡心墙堆石坝下游堆石体沉降位移过程曲线

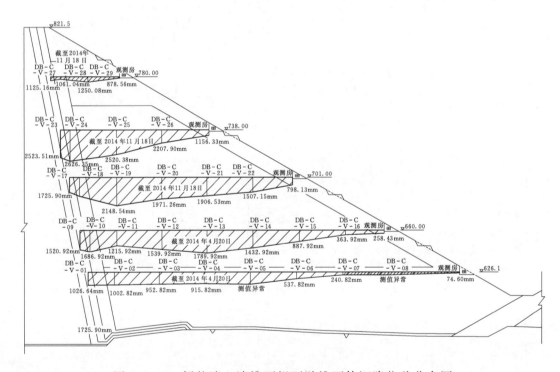

图 6.2-9　糯扎渡心墙堆石坝下游堆石体沉降位移分布图

6.2.2　应力

土石坝应力监测主要用于评价心墙拱效应、面板受力等,以糯扎渡工程为例,在其最大坝高断面心墙部位共布置 42 支土压力计。

由图 6.2-10 可见,监测到的心墙土侧压力系数为 0.73,实测应力在 1.12~2.12MPa 之间。土体应力与坝体填筑具有较高的相关性,土体应力随填筑高程增加而增加，蓄水期间，在心墙下部高程处土压力整体随水位有所增大，在心墙中上部高程处，心墙上游侧土压力呈减小趋势，中下游侧土压力整体呈增大趋势。心墙在各横断面中上部存在一定程度的拱效应，即心墙两侧应力大、中部应力小（图 6.2 - 11）。

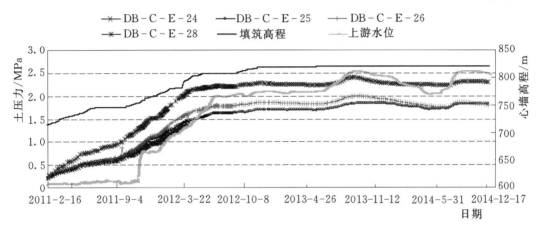

图 6.2 - 10　糯扎渡心墙最大坝高断面土压力计测值-时间过程曲线

心墙堆石坝在填筑过程中由于坝壳料和心墙土料压缩模量不同，材料间产生不均匀沉降，心墙部分应力传递到坝壳，使心墙内部应力减少，即产生心墙拱效应。

根据有关文献，采用拱效应系数 $R = \sigma_z / \gamma_h$ 来表征心墙拱效应的强弱，R 越小，拱效应越强。其中：σ_z 为实测土压力，γ_h 为理论土压力。糯扎渡心墙堆石坝最大坝高断面心墙拱效应系数结果见表 6.2 - 3，从表中可以看出：①目前心墙拱效应系数在 48.14% ~ 101.12% 之间，绝大部分在 60% ~ 80% 之间，除 DB - C - E - 40 测点实测土压力略高于理论土压力，其余实测土压力低于理论土压力，表明心墙存在一定程度的拱效应。②最小拱效应系数发生在 571.20m 高程断面，为 48.14%，拱效应目前开始减弱。

最大沉降测点高程以下位移分布为上部位移始终大于下部位移，即任一分段之间位移处于压缩状态，没有产生拉应变的可能；最大沉降测点高程以上，上部位移小于下部位移，心墙处于受拉状态，可能会产生拉应变。

取正常工作的心墙电磁沉降环在 2012 年 4 月 9 日和 2015 年 2 月 25 日测值进行计算，测点间相对应变统计见表 6.2 - 4，从表中可以看出，正常工作的电磁沉降环同期相对变形在 -98 ~ -42mm 之间，实测应变在 -2.99% ~ -1.11% 之间，均为压应变状态，表明心墙出现的拱效应并未产生心墙竖向拉应变，心墙工作状态正常。

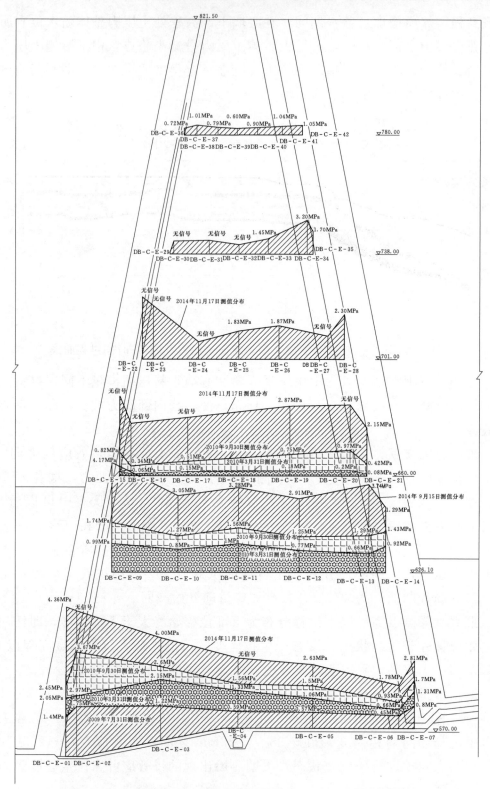

图 6.2-11　糯扎渡心墙最大坝高断面土压力计测值分布图

表 6.2-3　糯扎渡心墙堆石坝最大坝高断面心墙拱效应系数统计表

高程/m	仪器编号	坝轴距/m	实测土压力/MPa	理论土压力/MPa	拱效应系数 R	备注
565.80（基础面）	DB-C-E-03	-28.0	—	5.50	—	
571.20（基础面）	DB-C-E-04	0		5.38		
	DB-C-E-05	28.0	2.59		48.14%	
626.10	DB-C-E-10	-22.5	2.98	4.20	70.95%	
	DB-C-E-11	0	3.17		75.48%	
	DB-C-E-12	22.5	2.82		67.14%	
660.00	DB-C-E-17	-18.5	—	3.47	—	填筑至821.50m高程
	DB-C-E-19	18.5	2.78		80.12%	
701.00	DB-C-E-24	-14.6	—	2.59	—	
	DB-C-E-25	0	1.79		69.11%	
	DB-C-E-26	14.6	1.75		67.57%	
738.00	DB-C-E-31	-10.7	—	1.80	—	
	DB-C-E-32	0	—		—	
	DB-C-E-33	10.5	1.43		79.44%	
780.00	DB-C-E-38	-6.455	0.73	0.89	82.02%	
	DB-C-E-39	-0.312	0.64		71.91%	
	DB-C-E-40	6.482	0.90		101.12%	

表 6.2-4　典型断面心墙电磁沉降环测点间相对应变统计表（D—D 断面）

测点编号	埋设高程/m	测点间距/m	同期相对位移/mm	应变/%
DB-D-SR-12	715.351	—	—	—
DB-D-SR-13	719.179	3.828	-46	-1.20
DB-D-SR-14	722.814	3.635	-48	-1.32
DB-D-SR-15	726.581	3.767	-42	-1.11
DB-D-SR-16	730.278	3.697	-52	-1.41
DB-D-SR-17	733.904	3.626	-54	-1.48
DB-D-SR-18	737.601	3.697	-60	-1.63
DB-D-SR-19	741.354	3.753	-74	-1.97
DB-D-SR-20	745.175	3.821	-68	-1.78
DB-D-SR-21	748.706	3.531	-66	-1.87

续表

测点编号	埋设高程 /m	测点间距 /m	同期相对位移 /mm	应变 /%
DB - D - SR - 22	752.548	3.842	-64	-1.67
DB - D - SR - 23	756.154	3.606	-70	-1.94
DB - D - SR - 24	759.833	3.679	-80	-2.17
DB - D - SR - 25	763.451	3.618	-82	-2.27
DB - D - SR - 26	768.036	4.585	-76	-1.66
DB - D - SR - 27	770.644	2.608	-78	-2.99
DB - D - SR - 28	774.225	3.581	-68	-1.90
DB - D - SR - 29	777.825	3.600	-98	-2.72
DB - D - SR - 30	781.480	3.655	-72	-1.97

6.2.3　渗流

土石坝渗流主要包括坝内渗压和坝后渗流量，其中心墙堆石坝心墙内渗压主要用于评价心墙防渗效果、计算心墙孔隙水压力和渗流系数等。

1. 坝体渗流

以糯扎渡工程为例，在其最大坝高断面心墙部位共布置 53 支渗压计。监测资料显示折算水头在 0～136.97m 之间，实测心墙孔隙水压力在 0～1.34MPa 之间，最大值发生在 DB-C-P-17 测点，大部分测点随水位平稳而平稳，主要反映超静孔隙水压力（图 6.2-12）。从心墙孔隙水压力与上下游堆石体水位的相关性来看，孔隙水压力在填筑初期与上下游堆石体水位呈正相关，孔隙水压力变化与坝体填筑过程较为同步。

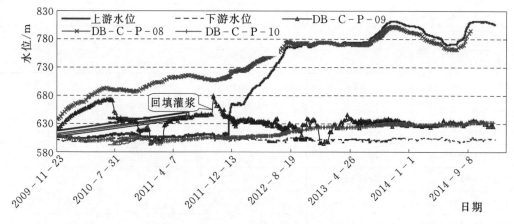

图 6.2-12　糯扎渡心墙堆石坝最大坝高断面渗压计测值过程线

2. 坝基渗流

帷幕后钻孔渗压计蓄水前后实测水位变化在 21.89～22.52m 之间，目前大坝上游水头已超过 200m，帷幕后渗透压力测值变化相对不大。混凝土垫层底部渗压计较蓄水前水头增量在 -3.93～151.42m 之间，其中坝基廊道上游侧增量为 151.42m，廊道下游侧水头变化相对不大，增量在 -3.93～16.91m，垫层底部渗透压力顺河向分布为上游侧高、下游侧低，目前，帷幕上游侧垫层底部渗流随上游水位同步增长，但廊道下游侧混凝土垫层及防渗帷幕水头增量不大，表明坝基渗控工程总体防渗效果较好。

3. 坝基渗流

截至 2015 年 11 月，坝基廊道内各量水堰渗流量在 0～5.42L/s，综合基础廊道量水堰实测流量及坝后梯形量水堰实测流量，大坝总渗流量在 8.52L/s 以内，小于安全监控预警值 41.2L/s（计算值 51.5 L/s 的 80%），处于正常状态。由图 6.2-13 可以看出，大坝渗流量与上游水位呈一定的正相关性。

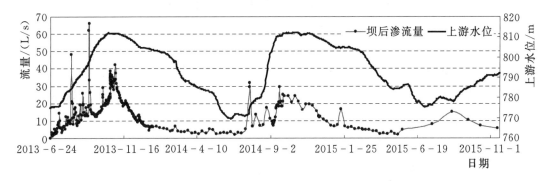

图 6.2-13　糯扎渡心墙堆石坝坝后量水堰测值过程线

6.3 反馈分析及预警系统

6.3.1 反馈分析原理及方法

6.3.1.1 应力变形分析方法

1. 邓肯-张 E-B 模型

主要采用基于比奥固结理论的有效应力法进行应力变形分析，其中土骨架为邓肯-张非线性弹性 E-B 模型，采用切线弹性模量 E_t 和体积模量 B 两个弹性参数，相应的弹性矩阵的表达形式为

$$[D] = \frac{3B}{9B - E_t} \begin{bmatrix} 3B+E_t & 3B-E_t & 3B-E_t & 0 & 0 & 0 \\ 3B-E_t & 3B+E_t & 3B-E_t & 0 & 0 & 0 \\ 3B-E_t & 3B-E_t & 3B+E_t & 0 & 0 & 0 \\ 0 & 0 & 0 & E_t & 0 & 0 \\ 0 & 0 & 0 & 0 & E_t & 0 \\ 0 & 0 & 0 & 0 & 0 & E_t \end{bmatrix} \qquad (6.3-1)$$

确定 E_t 和 B 的主要公式为

$$E_t = KP_a \left(\frac{\sigma_3}{P_a} \right)^n (1 - R_f S_l)^2 \qquad (6.3-2)$$

$$B = K_b P_a \left(\frac{\sigma_3}{P_a} \right)^m \qquad (6.3-3)$$

卸载再加载模量为

$$E_{ur} = K_{ur} P_a (\sigma_3 / P_a)^n \qquad (6.3-4)$$

其中，S_l 为剪应力应力水平（简称应力水平），由下式计算

$$S_l = \frac{(1 - \sin\phi)(\sigma_1 - \sigma_3)}{2c\cos\phi + 2\sigma_3 \sin\phi} \qquad (6.3-5)$$

可见，该模型共有 c、ϕ、K、K_{ur}、n、R_f、K_b 和 m 8 个参数。可由一组常规三轴试验确定。对堆石材料，一般黏聚系数 c 取值为 0，摩擦角 φ 使用非线性强度参数 φ_0 和 $\Delta\varphi$ 通过下式计算得到

$$\varphi = \varphi_0 - \Delta\varphi \log(\sigma_3 / P_a) \qquad (6.3-6)$$

为了定义加卸荷判别准则，引入应力状态函数

$$SS = S_l (\sigma_3 / P_a)^{1/4} \qquad (6.3-7)$$

如果将土体在历史上曾经受到的最大 SS 值记为 SS_m，则可按下式计算出用当前的应力 σ_3 标准化的应力水平 S_c

$$S_c = SS_m / (\sigma_3 / P_a)^{1/4} \qquad (6.3-8)$$

然后将当前应力水平 S_l 与 S_c 比较来判别土单元所处的加卸荷状态，确定切线弹性模量 E_t' 的取值。具体如下：

当 $S_l \geqslant S_c$ 时，为加荷，取 $E_t' = E_t$；

当 $S_l \leqslant 0.75 S_c$ 时，为卸荷，取 $E_t' = E_{ur}$；

当 $S_c > S_l > 0.75 S_c$ 时，为加荷，按下式计算

$$E_t' = E_t + \frac{S_c - S_l}{0.25 S_c} (E_{ur} - E_t) \qquad (6.3-9)$$

2. 沈珠江流变模型

沈珠江院士提出的土体流变模型中，将蠕变曲线表示为

$$\varepsilon(t) = \varepsilon_i + \varepsilon_f(1 - \mathrm{e}^{-\alpha t}) \tag{6.3-10}$$

其中，$\varepsilon_i = \sigma / E_1$ 为瞬时变形，可假定由弹塑性模型求得的变形为此瞬时变形；$\varepsilon_f = \sigma / E_2$ 为随时间发展的最终变形量。求导得

$$\dot{\varepsilon} = \alpha \varepsilon_f \mathrm{e}^{-\alpha t} \tag{6.3-11}$$

其中 α 为初始相对变形率，即第一天的流变量占总流变量之比，应变率为

$$\dot{\varepsilon} = \alpha(\varepsilon_f - \varepsilon_t) = \alpha \varepsilon_f \left(1 - \frac{\varepsilon_t}{\varepsilon_f}\right) \tag{6.3-12}$$

在 Prandtl - Reuss 的假设下，应变率的张量可以表示为

$$\{\dot{\varepsilon}\} = \frac{1}{3} \dot{\varepsilon}_V \{\delta\} + \dot{\varepsilon}_s \frac{\{s\}}{\sigma_s} \tag{6.3-13}$$

式中　$\{s\}$——偏应力；

　　　　σ_s——广义剪应力。

变形速率分量为

$$\dot{\varepsilon}_V = \alpha \varepsilon_{Vf} \left(1 - \frac{\varepsilon_{Vt}}{\varepsilon_{Vf}}\right) \tag{6.3-14}$$

$$\dot{\varepsilon}_s = \alpha \varepsilon_{sf} \left(1 - \frac{\varepsilon_{st}}{\varepsilon_{sf}}\right) \tag{6.3-15}$$

式中　ε_{Vf}、ε_{sf}——最终体积流变和最终剪切流变。

三参数模型用下列公式

$$\varepsilon_{Vf} = b\left(\frac{\sigma_3}{P_a}\right) \tag{6.3-16}$$

$$\varepsilon_{sf} = d\left(\frac{S_l}{1 - S_l}\right) \tag{6.3-17}$$

而七参数模型用下列公式计算

$$\varepsilon_{Vf} = b\left(\frac{\sigma_3}{P_a}\right)^{m_c} + \beta\left(\frac{\sigma_s}{P_a}\right)^{n_c} \tag{6.3-18}$$

$$\varepsilon_{sf} = d\left(\frac{S_l}{1 - S_l}\right)^{L_c} \tag{6.3-19}$$

ε_{Vt} 和 ε_{st} 为 t 时刻已积累的体积变形和剪切变形，由下式计算得到

$$\varepsilon_{vt} = \sum \dot{\varepsilon}_v \Delta t \tag{6.3-20}$$

$$\varepsilon_{st} = \sum \dot{\varepsilon}_s \Delta t \tag{6.3-21}$$

三参数模型的参数为 α、b、d；七参数模型的参数为 α、b、d、m_c、β、n_c、L_c。

3. 改进的沈珠江湿化模型

沈珠江院士提出的湿化模型中将湿化变形区分为湿化体积变形 ε_{vs} 和湿化剪切变形 γ_s 两部分，且

$$\varepsilon_{vs} = C_w \tag{6.3-22}$$

$$\gamma_s = c \cdot S_l/(1-S_l) \tag{6.3-23}$$

式中 S_l——应力水平；

   C_w——待定参数。

式（6.3-23）表明，该模型假设湿化体积变形在整个湿化过程中为常数，这与坝料湿化试验结果不符。为考虑周围压力 σ_3 对湿化体变的影响，用下式求取湿化体积变形

$$\varepsilon_{vs} = \sigma_3/(a+b\sigma_3) \tag{6.3-24}$$

式中 a、b——试验参数。

假定应变主轴与应力主轴重合，采用 Prandtl-Reuss 流动法则，应变张量可以写为

$$\{\varepsilon\} = \varepsilon_v I/3 + \gamma/\sigma_s\{s\} \tag{6.3-25}$$

式中 $\{s\}$——偏应力张量；

   σ_s——广义剪应力。

6.3.1.2　位移反演分析方法

1. 人工神经网络模型概述

人工神经网络模拟人脑的结构及其智能特点，是在研究生物神经系统的启发下发展起来的一种信息处理方法。人工神经网络的出现已有半个多世纪的历史。其中 1986 年学者所提出的多层网络的误差反传算法（back propagation，BP 算法）是神经网络研究中最为突出的成果之一。

（1）多层前向神经网络概念简单，容易实现，且有很强的非线性映射能力，在工程中应用最多。它由输入层、隐含层和输出层组成。隐含层可以是一层或多层。图 6.3-1 所示为一个普通多层前向神经网络模型的拓扑结构，它只有相邻

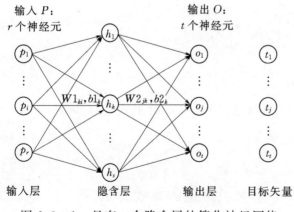

图 6.3-1　具有一个隐含层的简化神经网络

层之间存在连接关系。更为复杂前向神经网络的层间、跨层间以及输入和输出层均可存在连接关系，称之为混合型前向神经网络。

采用 BP 算法的多层前向神经网络模型一般称为 BP 网络。BP 算法具体由信息的正向传递与误差的反向传播两个过程组成。当正向传播时，输入信息从输入层经隐单元层处理后传向输出层。如果在输出层得不到希望的输出，则转入反向传播，将误差沿原来的神经元通路返回。返回过程中，逐一修改各层神经元连接的权值。这种过程不断迭代，最后可将误差控制在允许的范围之内。下面以图 6.3－1 所示的简化神经网络为例进行说明。

设输入为 P，输入神经元有 r 个，隐含层内有 s 个神经元，激活函数为 f_1。输出层内有 t 个神经元，对应的激活函数为 f_2，输出为 O；目标矢量为 T。BP 网络要求采用连续可导的激活函数，现通常在隐含层采用图 6.3－2 所示的 S 型激活函数，输出层采用线性激活函数。当希望对网络的输出进行限制时，也可在输出层采用 S 型激活函数。

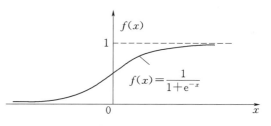

图 6.3－2　S 型激活函数

1）信息的正向传递过程。

隐含层中第 k 个神经元的输出为

$$h_k = f_1(\sum_{i=1}^{n} w1_{ki} p_i + b1_k) \quad (k = 1, 2, \cdots, s) \qquad (6.3-26)$$

输出层第 j 个神经元的输出为

$$o_j = f_2(\sum_{k=1}^{s} w2_{jk} h_k + b2_j) \quad (j = 1, 2, \cdots, t) \qquad (6.3-27)$$

定义误差函数为

$$E(W, B) = \frac{1}{2} \sum_{j=1}^{t} (t_j - o_j)^2 \qquad (6.3-28)$$

2）利用梯度下降法求权值变化及误差的反向传播。

输出层的权值变化

$$\Delta w2_{jk} = -\eta \frac{\partial E}{\partial w2_{jk}} = -\eta \frac{\partial E}{\partial o_j} \frac{\partial o_j}{\partial w2_{jk}} = \eta (t_j - o_j) f_2' h_k \qquad (6.3-29)$$

其域值的变化

$$\Delta b2_j = -\eta \frac{\partial E}{\partial b2_j} = -\eta \frac{\partial E}{\partial o_j} \frac{\partial o_j}{\partial b2_j} = \eta (t_j - o_j) f_2' \qquad (6.3-30)$$

隐含层的权值变化

$$\Delta w1_{ki} = -\eta \frac{\partial E}{\partial w1_{ki}} = -\eta \frac{\partial E}{\partial o_j} \frac{\partial o_j}{\partial h_k} \frac{\partial h_k}{\partial w1_{ki}} = \eta \sum_{j=1}^{t}(t_j - o_j)f'_2 w2_{jk}f'_1 p_i$$

$$(6.3-31)$$

其域值的变化

$$\Delta b1_k = \eta \sum_{j=1}^{t}(t_j - o_j)f'_2 w2_{jk}f'_1 \qquad (6.3-32)$$

式中　　η——学习速率，一般情况下可取 $\eta = 0.01 \sim 0.7$。

　　对于含有多个隐含层的神经网络，其权值变化公式以此类推。在人工神经网络模型中，利用已知的输入和输出确定输出层和隐含层的权值 w 和域值 b 的过程通常称为人工神经网络的"训练"或"学习"。为了训练一个 BP 网络，需要计算网络的输出误差的平方和。当所训练矢量的误差平方和小于误差目标时，训练停止，否则在输出层计算误差变化，并采用反向传播学习规则来调整权值。

　　BP 算法自提出以来得到了广泛的应用。但该法也存在一些限制与不足之处。对于一些复杂的问题，BP 算法需要较长的训练时间。当初始权值选取不当时，网络可能出现麻痹现象，完全不能训练。另外，由于 BP 算法采用梯度下降法，在训练过程中可能陷入局部极小值，无法跳出。针对 BP 算法的上述缺点，Vogl 提出了根据所有样本的总误差修正权值的方法。

　　在人工神经网络的学习训练过程中，学习速率 η 对学习过程的影响很大。η 是按梯度搜索的步长，η 越大权值的变化越剧烈。实际应用中，通常在不导致振荡的前提下取尽量大的 η 值。为了使学习速度足够快而不易产生振荡，往往采用自适应调整学习速率的方法，也即

$$\Delta w_{ij}(t+1) = \Delta w_{ij}(t+1)_0 + \alpha \Delta w_{ij}(t) \qquad (6.3-33)$$

式中　　$\Delta w_{ij}(t)$——上一次权值的变化量；

　　$\Delta w_{ij}(t+1)_0$——据梯度下降法所得的此次权值的变化量；

　　　　　　α——动量项，决定了过去权值的变化对目前权值变化的影响程度。

　　与 BP 算法相比，Vogl 算法具有以下两点改进：①降低了权值的修改频率，使权值沿着总体误差最小的方向调整，提高了学习训练的效率；②根据具体情况自适应调整学习速率，即让学习速率 η 和动量项 α 可变。如果当前的误差梯度修正方向正确，就增大学习速度，加入动量项。否则减小学习率，甩掉动量项，从而使学习效率大大提高。

（2）人工神经网络模型的建立一般包括 4 个步骤：

1）输入与输出层的设计。根据实际问题确定输入和输出向量的维数，从而确定输入层和输出层的节点个数。

2）隐含层数和隐节点数的选择。到目前为止，人们尚无法根据问题的要求以及输入输出节点数的多少来直接确定合适的隐含层数和隐节点数。隐节点数太少可能会导致训练的困难，且容错性差。隐节点数太多又会使得学习时间太长，误差不一定最佳。隐含层数亦是如此。通常的方法是采用不同的网络结构进行训练，找出最优的隐含层数和隐节点数。

3）学习样本规范化。由于 S 型激活函数具有中间高增益，两端低增益的特性，当数据在远离 0 的区域里学习时，收效速度较慢。因此需将输入输出节点值规范化。设 $x_{\max}$ 和 $x_{\min}$ 分别代表每组节点的最大和最小值，则相应的规范化的变量可取为

$$x' = \frac{x - x_{\min}}{x_{\max} - x_{\min}} \times 0.8 + 0.1 \qquad (6.3-34)$$

这样使输入输出数据全部在 ［0.1，0.9］ 之间，可以大大加快网络的学习速度，而数据之间的联系却并未减小。

4）初始值和控制参数的选取。由于系统是非线性的，初始值、学习速率 η 和动量项 α 等的取值会直接影响到训练的时间和计算结果的精度。当采用 Vogl 算法进行训练时，建议在开始时采取较小的学习速率，在训练的过程中进行自适应调整。

2. 演化算法概述

演化算法（evolutionary algorithm），又称为进化算法，是一种借鉴生物界自然选择和进化机制发展起来的高度并行和随机的自适应搜索算法。由于其具有健壮性，特别适合于处理传统搜索算法解决不好的较为复杂的非线性问题。

工程实践中的许多最优化问题性质非常复杂，很难用传统的优化方法来求解。基于生物自然进化思想的演化算法在求解这类问题时显示出了优越的性能。演化算法通常包括遗传算法、遗传程序设计、演化策略和演化规划 4 个分支：

（1）遗传算法。20 世纪 60 年代 Holland 提出了既适合于变异又适合于交配（即杂交）的位串编码技术，强调将交配作为主要的遗传操作。后来该作者又将该算法加以推广并正式定名为遗传算法。基本遗传算法（SGA）的操作对象是一群二进制串（称为染色体 chromosome、个体 individual），即种群

（population），每个染色体都对应问题的一个解。从初始种群出发采用基于适应值比例的选择策略在当前种群中选择个体，使用杂交（crossover）和变异（mutation）来产生下一代种群。如此一代代演化下去，直到满足期望的终止条件。

（2）遗传程序设计。现实中的问题往往很复杂，有时不能用简单的字符串表达问题的所用性质，于是就产生了遗传程序设计，又称为遗传规划。遗传程序设计用广义的计算机程序形式表达问题，它的结构和大小都是可以变化，从而可以更灵活地表达复杂的事物性质。遗传程序设计是指以计算机程序的层次结构形式表达问题，而不是执行遗传算法的计算机程序。

（3）演化策略。演化策略是最早出现的一种演化算法，它采用传统的实型数表达问题，其表达形式如下

$$X^{t+1} = X^t + N(0, \sigma) \tag{6.3 - 35}$$

式中　X^t——第 t 代个体；

　$N(0, \sigma)$——独立的随机数，服从正态分布。

演化策略中个体的演化主要采用变异方式，而遗传算法以杂交为主。在演化策略中，复制（reproduction）隐含在选择（selection）中，父代群体所有的个体，经过变异、杂交后生成若干个新个体，然后再从这些群体中按适应度选择一些优良个体组成下一代群体，从而体现个体在竞争中优胜劣汰的原则。演化策略也是一种反复迭代的过程，它从随机产生的初始群体出发，经过变异、杂交、选择等操作，改进群体的质量，逐渐得出最优解。

（4）演化规划。演化规划与演化策略几乎同时出现，并平行发展。最早的演化策略只采用单个个体，而最早的演化规划则是采用多个个体做成群体共同进化。演化规划也采用实型数表达问题，其表达形式为

$$X^{t+1} = X^t + \sqrt{f(X^t)} N(0, 1) \tag{6.3 - 36}$$

式中　X^t——第 t 代个体；

　$N(0, 1)$——独立的随机数，服从（0,1）标准正态分布；

　$f(X^t)$——X^t 的适应度。

目前，遗传算法已不再局限于二进制编码。Michalewics 将不同的编码策略（即不同的数据结构）与遗传算法的结合称为演化程序。

演化计算在求解问题时是从多个解开始的，然后通过一定的法则进行逐步迭代后产生新的解。将种群记为 $P(t)$，其中 t 表示迭代步。$P(t)$ 中的元素记为 $x_1(t)$，$x_2(t)$，…。在进行演化时，选择当前解进行交配以产生新解，当前解称为新解的父代解，产生的新解称为后代解。演化算法一般需要将问题的解

进行编码，即通过变换将 X 映射到另一空间 X_g（称为基因空间），这一变换必须是可逆的。通常，X_g 中的点是字符串（如位串或向量等）的形式。不同的编码方案、选择策略和遗传算子相结合构成了不同的演化算法，其基本结构见图 6.3 - 3。

3. 土石坝位移反演分析方法

由于问题的复杂性，土石坝位移反演分析常需采用数值计算的方法进行，也即采用正分析的过程，利用最小误差函数通过迭代逐次逼近待定参数的最优值。传统的最优化方法需多次反复调用有限元计算程序，计算时间长，收敛速度慢，计算结果受给定初值的影响，易陷入局部极小值，解的稳定性差，使得其在土石坝位移反演分析中的应用受到限制。

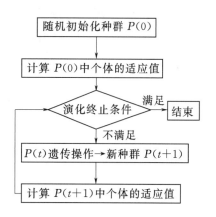

图 6.3 - 3　演化算法的基本结构

人工神经网络模型近年来发展迅速，在岩土工程的反演分析中得到了广泛的应用。对于复杂的强非线性岩土工程问题，充分利用人工神经网络模型的映射能力，近似代替结构有限元分析计算，可以克服寻优过程中需要大量有限元正分析的缺点。演化算法仿效生物学中进化和遗传的过程，从随机生成的初始群体出发，逐步逼近所研究问题的最优解，是一种具有自适应调节功能的搜索寻优技术。在岩土工程位移反分析中，采用演化算法代替常规的优化方法，可以避免陷入局部极小值，得到全局最优解。

本书采用的方法是，使用具有强非线性映射能力的人工神经网络模型代替有限元计算，采用全局优化的演化算法和 Vogl 快速算法同时优化神经网络的结构和权值，并使用演化算法代替传统优化算法进行参数的反演分析，建立了适用于高土石坝工程的位移反演分析方法。

该法主要包括 4 个计算流程：①替代有限元计算的模拟神经网络模型的形成和优化；②模拟神经网络模型的误差检验；③应用建立的神经网络模型进行坝料模型计算参数的反演计算；④应用反演获得的坝料参数进行坝体应力变形的计算分析。

（1）模拟神经网络模型的形成和优化。在有限元网格确定的情况下，有限元计算的目的即为求解方程式 $u=u(\varphi)$，其中，φ 为模型参数；u 为节点位移值。由于在反演分析过程中需要反复进行结构的正分析即调用有限元程序，其计算工作量一般较大，对于大型的非线性问题尤其如此，有时可使得反演分析无法进行。利用神经网络建立一种模型参数与位移之间的映射关系，代替有限元计算，计算效率将大为提高。

所建立的基于神经网络和演化算法的土石坝位移反演分析方法的第 1 个流程为生成和优化替代有限元计算的模拟神经网络模型。为此，需要首先形成训练样本，然后使用所生成的训练样本对初始设定的神经网络模型进行结构优化和训练，图 6.3-4 所示为该计算流程的过程图。

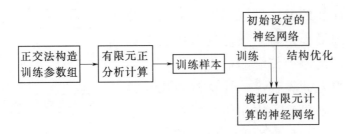

图 6.3-4　模拟神经网络的形成和优化

（2）模拟神经网络模型的校验。对采用训练样本优化得到的神经网络模型，需要测试将其应用于非训练样本时的计算情况，以估计神经网络可能的计算误差。测试样本的输入参数组采用随机的方法进行构造，对各输入参数组分别进行有限元的正分析计算，其结果作为判断神经网络计算精度的标准。当神经网络输出的模拟结果与有限元计算的结果误差较大时，需增加训练样本的数量和密度，并重新对神经网络进行优化和训练。图 6.3-5 给出了模拟神经网络模型校验过程的框图。

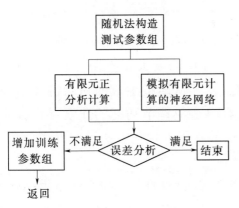

图 6.3-5　模拟神经网络的校验

（3）模型计算参数的反演计算和坝体的应力变形分析。用优化好的神经网络代替有限元计算，采用演化算法对模型参数进行优化。种群中的个体（实数数组）代表模型参数，具体的优化过程与上文优化神经网络的过程基本相同，只是减少了采用 Vogl 算法对神经网络训练的过程。另外，所采用的适应值函数也不相同，适应值函数为

$$f = 1/E \qquad (6.3-37)$$

式中　E——将个体（一组模型参数）输入优化好的神经网络所得结果与实测
　　　　　结果之间的误差。

由于反演分析的不唯一性，一般给出几组较好的模型参数，用户根据经验选取合理的模型参数组。

当根据反演分析的结果取得坝料的模型计算参数后，则可使用所得参数进行坝体应力变形的计算分析。根据计算结果分析坝体的应力变形特性。

6.3.1.3 非稳定渗流计算方法

1. 渗流方程的 Galerkin 有限元格式

根据渗流场的连续性方程以及达西定律，可以得到以压力水头 h 为基本未知量的渗流基本微分方程：

$$\frac{\rho}{\rho_0}F\frac{\partial h}{\partial t}=\nabla\cdot\left[K\left(\nabla h+\frac{\rho}{\rho_0}\nabla z\right)\right]+\frac{\rho^*}{\rho_0}q \qquad (6.3-38)$$

式中 F——储水系数；

       K——渗透系数；

       q——源汇项。

单元内任一点的压力水头 $h(x,y,z,t)$ 可近似为

$$h(x,y,z,t)\approx\hat{h}=\sum_{j=1}^{N}h_jN_j=\sum_{j=1}^{N}h_j(t)N_j(x,y,z) \qquad (6.3-39)$$

式中 h_j、N_j——节点 j 处的压力水头和形函数。

对式 (6.3-38) 使用 Galerkin 方法，得到

$$\int_R N_i\left(\frac{\rho}{\rho_0}F\frac{\partial h}{\partial t}\right)\mathrm{d}R=\int_R N_i\,\nabla\cdot\left[K\left(\nabla h+\frac{\rho}{\rho_0}\,\nabla z\right)\right]\mathrm{d}R+\int_R N_i\left(\frac{\rho^*}{\rho_0}q\right)\mathrm{d}R$$

$$(6.3-40)$$

对式 (6.3-40) 右端第一项使用 Guass-Green 定理可得

$$\int_R N_i\,\nabla\cdot\left[K\left(\nabla h+\frac{\rho}{\rho_0}\,\nabla z\right)\right]\mathrm{d}R=-\int_R K\left(\nabla h+\frac{\rho}{\rho_0}\,\nabla z\right)\cdot\nabla N_i\mathrm{d}R$$

$$+\int_S N_iK\left(\nabla h+\frac{\rho}{\rho_0}\,\nabla z\right)\cdot\vec{n}\mathrm{d}S$$

$$(6.3-41)$$

将式 (6.3-41) 代入式 (6.3-40)，则得到如下有限元格式

$$[M]\left\{\frac{\mathrm{d}h}{\mathrm{d}t}\right\}+[S]\{h\}=\{Q\}+\{G\}+\{B\} \qquad (6.3-42)$$

其中

$$M_{ij} = \sum_e \int_{R_e} N_\alpha^e \frac{\rho}{\rho_0} F N_\beta^e \mathrm{d}R \tag{6.3-43}$$

$$S_{ij} = \sum_e \int_{R_e} (\nabla N_\alpha^e) \cdot K \cdot (\nabla N_\beta^e) \mathrm{d}R \tag{6.3-44}$$

$$Q_i = \sum_e \int_{R_e} N_\alpha^e \frac{\rho}{\rho_0} q \mathrm{d}R \tag{6.3-45}$$

$$G_i = -\sum_e \int_{R_e} (\nabla N_\alpha^e) K \left(\frac{\rho}{\rho_0} \nabla z \right) \mathrm{d}R \tag{6.3-46}$$

$$B_i = -\sum_e \int_{B_e} N_\alpha^e \vec{n} \left[-K \left(\nabla h + \frac{\rho}{\rho_0} \nabla z \right) \right] \mathrm{d}B \tag{6.3-47}$$

对于土石坝而言，一般常用到以下三类边界条件：

（1）第一类边界条件，即 Dirichlet 条件，边界上每一时刻的水头都已知。

（2）第二类边界条件，即 Neumann 条件，边界上每一时刻的流量都已知。

（3）渗出面边界条件，属于变化类边界条件中的一种，边界上压力水头为零，且流速大于零。一般发生在土气界面上，对土石坝而言，一般发生在下游坝坡或基岩的下游水位以上一定部位。

2. 渗流计算分析的饱和-非饱和法

岩土介质的渗流计算分析一般有两种处理方式。一种处理方式是以自由水面为边界，仅以饱和土体为计算区域，可称为饱和法。基于此种处理方式的计算方法，均存在渗流自由面，即浸润线的问题，浸润线的具体位置需在计算中进行迭代计算确定。另一种处理方式是将饱和-非饱和带作为一个整体进行模拟，可称为饱和-非饱和法。基于此种处理方式的计算方法，可方便地处理复杂的渗流区域问题，无需特别考虑自由水面的迭代计算。当渗流场确定后，压力水头为零的等势面即为自由面。

式（6.3-42）可以同时作为上述两种处理方式的渗流控制方程，区别在于：采用饱和法计算时，渗透系数 $K = K_s$，饱和区的储水系数 $F = 0$；而采用饱和-非饱和法计算时，渗透系数 K 与储水系数 F 均为压力水头 h 的函数。

由于饱和-非饱和法在处理三维问题时存在较为明显的优势，故本书采用此法进行计算分析。以下主要介绍饱和-非饱和法的一些基本理论。

（1）渗透系数 K 和压力水头 h 的关系。对于非饱和土，渗透系数 $K = K_r \cdot K_s$。其中，K_s 为饱和渗透系数，K_r 为相对渗透系数，且 $K_r \leqslant 1$。

Van Genuchten（1980）给出了相对渗透系数 K_r、体积含水率 θ 与压力水头 h（取负值时通常将其绝对值称为吸力）之间的关系

$$K_r = \theta_e^{0.5} [1 - (1 - \theta_e^{1/\gamma})^\gamma]^2 \tag{6.3-48}$$

$$\theta_e = \begin{cases} 1, h \geqslant 0 \\ [1 + (|\alpha h|)^\beta]^{-\gamma}, h < 0 \end{cases} \tag{6.3-49}$$

式（6.3-49）也被称为 Van Genuchten 土水特征曲线（下文称 Van Genuchten 模型）。其中，指数 γ 一般取为 $\gamma = 1 - 1/\beta$；θ_e 为有效含水率，若记饱和含水率和残留含水率分别为 θ_s 和 θ_r，则

$$\theta_e = \frac{\theta - \theta_r}{\theta_s - \theta_r} \tag{6.3-50}$$

因此，饱和区渗透系数 $K = K_s$，非饱和区渗透系数 K 与压力水头 h 的关系为

$$K = [1 + (|\alpha h|^\beta)]^{-\gamma/2} \cdot \{1 - (|\alpha h|)^{\beta-1} [1 + (|\alpha h|)^\beta]^{-\gamma}\}^2 K_s \tag{6.3-51}$$

（2）储水系数 F 和压力水头 h 的关系。将孔隙率、饱和度与体积含水率分别记为 n、S 与 $\theta(\theta = S \cdot n)$，以 α 和 β 分别表示土颗粒与水体的压缩性，则 F 由下式确定

$$F = \alpha \frac{\theta}{n} + \beta\theta + n \frac{\mathrm{d}S}{\mathrm{d}h} \tag{6.3-52}$$

从渗流控制方程可以看出，储水系数 F 可以反映渗流场达到稳定状态所需的时间，F 越大，则形成稳定渗流所需的时间越长。

若忽略土颗粒和孔隙水的压缩性，且认为孔隙率 n 不变，则储水系数 $F =$ 比水容量 $\mathrm{d}\theta/\mathrm{d}h$：

$$F = n \frac{\mathrm{d}S}{\mathrm{d}h} = \frac{\mathrm{d}(n \cdot S)}{\mathrm{d}h} = \frac{\mathrm{d}\theta}{\mathrm{d}h} \tag{6.3-53}$$

即 F 为土水特征曲线斜率的倒数，可由下式确定

$$F = \alpha \cdot (\beta - 1) \cdot (\theta_s - \theta_r) \cdot (|\alpha h|)^{\beta-1} \cdot [1 + (|\alpha h|)^\beta]^{-\gamma-1} \tag{6.3-54}$$

（3）渗透系数的非线性迭代。在饱和-非饱和法渗流计算中，因为渗透系数和储水系数均与未知量压力水头相关，因此方程是非线性的，需要迭代确定渗透系数和储水系数。另外还需要通过迭代修正渗出面边界条件。因此，渗流非线性迭代一般分为两层进行。对渗透系数和储水系数的迭代为内层迭代，此时边界条件不变；外层迭代修正渗出面边界条件，外层迭代根据内层迭代的结果，调整渗出面的范围，直至迭代收敛。

在许多情况下，数值解在内层迭代中会出现波动。因此，在程序中采用低松弛以减轻波动。当渗透系数与储水系数变化时，数值收敛非常慢，因此采用超松弛技术以加速收敛。

（4）渗出面边界条件的迭代。在渗流分析的有限单元法中，已知水头和已知流量边界较易处理，而对渗出面边界，由于其范围要在计算中确定，因而较难处理。

过去常常按以下两种方法处理：①在计算数据中给出可能渗出带内的边界节点，并给出其转换为渗出点的先后趋势，并在计算过程中判断后决定是否转换为渗出点，那些水头值等于和超出节点高程的边界点按渗出点对待，按第一类边界点处理。这需要根据地形地质条件和渗流知识给出这些数据。由于计算时不能实行逆转换，即不能将已定为渗出点的节点转换为非渗出点，从第一类边界点中消去，而三维问题的复杂性又增加了试算过程中预测的难度。②取域内近边界面浸润线上一点，取域内浸润线外延线与过该点平行于边界的向下射线（边界坡角不大于 90°）或铅垂线（坡角大于 90°）的夹角的平分线与边界的交点定为出逸点，出逸点下的节点为渗出面节点，该法在三维问题中难于应用。

显然，渗出面边界的水是由域内流出边界的。根据这一原理，程序采用迭代的方法处理渗出面边界。先假设用户给定的可能渗出点集合全部为零压力水头边界，经内层迭代计算后，对于流速大于零的节点，其满足渗出面节点的特点，说明假设合理，而对流速小于零的节点，则不再将其作为边界条件，即将其确定为非渗出点，并重新进行外层迭代计算直至收敛。

6.3.2　典型工程反馈分析成果

以糯扎渡工程为例，针对心墙堆石坝进行渗透系数反演分析及坝体坝基渗流计算分析、坝料模型参数反演分析、高心墙堆石坝应力变形分析与安全评价。

6.3.2.1　渗透系数反演及坝体坝基渗流计算分析

1. 心墙掺砾料渗透系数反演

通过试算和前期报告心墙渗透系数敏感性可知，心墙不同高程的渗透特性并不一样。结合高程 660.00m 渗压计 DB-C-V-25~DB-C-V-27，对该高程的心墙渗透系数进行反演分析。

表 6.3-1 为训练样本时参数 k 的取值范围和步长，生成 5 组样本。

表 6.3-1　　　心墙掺砾料渗透系数反演参数取值范围及步长

渗透系数	$k/(10^{-9}\text{m/s})$	渗透系数	$k/(10^{-9}\text{m/s})$
初值	1	终值	9
步长	2		

表 6.3-2 给出了反演参数的结果，表 6.3-3 给出了实测值与基于上述两组参数计算值的对比，可知，反演参数的计算结果与实测值比较接近，而表测参数的计算结果则偏小（图 6.3-6）。

表 6.3-2 **心墙掺砾料渗透系数反演结果**

渗透系数	$k/(m/s)$	渗透系数	$k/(m/s)$
表测渗透系数	5.0×10^{-8}	反演渗透系数	2.9×10^{-9}

表 6.3-3 **心墙掺砾料监测总水头与计算总水头对比**

测点编号	DB-C-P-25	DB-C-P-26	DB-C-P-27
实测值/m	727.41	735.06	727.78
反演参数计算值/m	724.38	745.89	725.33
表测参数计算值/m	670.24	671.81	667.97

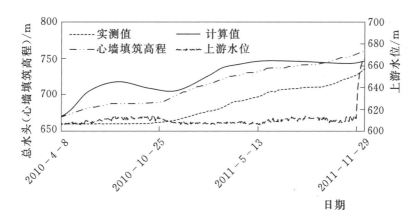

图 6.3-6 反演参数计算结果与实测结果对比图

2. 考虑渗透系数变化的心墙掺砾料渗透系数反演

在对心墙掺砾料的反演分析过程中应充分考虑随着施工的进行渗透系数发生变化的因素。已有研究成果表明：黏性土发生大剪切变形后渗透性的变化与土体的物理力学状态密切相关，土体剪切过程中孔隙比及剪应力水平的变化对土体的渗透性的影响较大。并已经根据研究结果建立了描述黏性土大剪切变形后的渗透系数的数学模型

$$k = \exp(ae + bS_l + c) \qquad (6.3-55)$$

式中　k——试样的渗透系数；

　　　e——孔隙比；

　　　S_l——试样的剪应力水平；

a、b、c——待定系数。

根据以上成果，采用考虑渗透系数变化与应力变形耦合计算的方法对糯扎渡心墙堆石坝的渗压进行计算，并依照此耦合方法利用神经网络对该渗透模型渗透性参数 a、b、c 进行反演分析。以下结合渗压计的布设位置和监测数据情况，对心墙的渗透系数进行反演分析。

选取高程 626.00m、660.00m、701.00m、738.00m、780.00m 位于最大坝高断面心墙区的测点共有 15 个。通过对监测数据的分析并结合数值计算的经验，选择渗压计测点 DB-C-P-16、DB-C-P-26、DB-C-P-34、DB-C-P-35、DB-C-P-36、DB-C-P-44、DB-C-P-45 的监测数据作为反演分析的依据。考虑监测数据的时程和分布，选取 DB-C-P-26、DB-C-P-34、DB-C-P-44 测点 2012 年 4 月 24 日的监测值、DB-C-P-36 测点 2012年 6 月 22 日的监测值以及 DB-C-P-16、DB-C-P-35、DB-C-P-45 测点 2012 年 11 月 10 日的监测值作为心墙掺砾料渗透系数反演的目标值。

表 6.3-4 为构造训练样本时参数 a、b、c 的取值范围和步长，为根据工程经验及参数试算选取。采用全组合的方式生成样本，共有样本 27 组。

表 6.3-4　　　　　心墙掺砾料渗透系数反演参数取值范围及步长

参数	a	b	c
初值	20	-2	-20
步长	15	-4	-10
终值	50	-10	-40

利用生成的样本文件训练神经网络，用训练后的神经网络代替有限元计算，进行模型参数的优化求解，反演结果见表 6.3-5。

表 6.3-5　　　　　　心墙掺砾料渗透系数反演结果

参数	a	b	c
反演渗透系数	43.7	-9.0	-36.1

表 6.3-6 和图 6.3-7 给出了渗压计测量值与基于反演参数的计算值的对比。可知反演参数的计算结果与实测值比较接近。

表 6.3-6　　　　　心墙掺砾料监测总水头与计算总水头对比

测点编号	DB-C-P-16	DB-C-P-25	DB-C-P-27	DB-C-P-35	DB-C-P-43
实测值/m	821.8	778.9	768.2	790.9	784.8
反演参数计算值/m	806.1	784.1	755.2	791.8	788.9
表测参数计算值/m	702.5	740.4	687.2	734.2	759.7

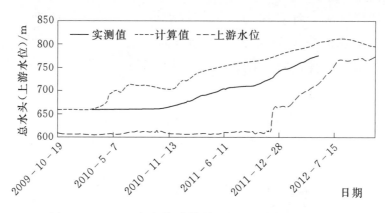

图 6.3 - 7 反演参数计算结果与实测结果对比图

3. 坝基渗透系数反演分析

利用基于人工神经网络和演化算法的模型参数反演方法，通过坝体下游围堰处的渗流量监测资料对坝基渗透系数进行了反演分析，得到了深层基岩、浅层基岩以及断层的渗透系数（表 6.3 - 7 和图 6.3 - 8）。

表 6.3 - 7   **基岩渗透系数反演结果**   单位：cm/s

渗透系数	深层基岩	浅层基岩	断层
反演值 1	3.1×10^{-5}	6.17×10^{-4}	5.18×10^{-4}
反演值 2	5.0×10^{-5}	9.95×10^{-4}	8.35×10^{-4}
设计值	1.0×10^{-5}	1.99×10^{-4}	1.67×10^{-4}

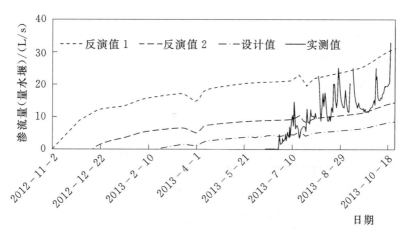

图 6.3 - 8 渗流量监测值与计算值时程对比图

4. 坝体坝基渗流计算分析

为更好地反映糯扎渡大坝坝体坝基的渗流特性，考虑将坝体及附近的基岩与岸坡作为计算区域，计算模型自大坝坝坡向上、下游各延伸 200m，自大坝坝肩向左、右岸各延伸 200m，自大坝坝基向下延伸 200m。按照材料分区划分了渗流三维有限元计算网格，网格一共包括 15546 个节点，14918 个单元（图6.3-9）。

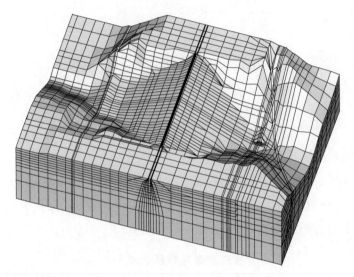

图 6.3-9   渗流三维有限元计算网格

共进行 6 个计算方案，各方案的具体内容见表 6.3-8。

表 6.3-8   各 方 案 内 容 一 览 表

序号	方案	方 案 内 容	
		心墙渗透系数	蓄 水 过 程
1	Q-CK	多组参数	水位按实际蓄水过程于 2013 年 10 月 17 日至 812.00m 后不变
2	Q-H	多组参数	稳定渗流计算，不同水位
3	CK1-WL1	5×10^{-8} m/s	2012 年 3 月 22 日水位至 694.86m 后不变，总时间 1000 天
4	CK1-WL2		按设计蓄水过程，总时间 1000 天
5	CK2-WL1	7.09×10^{-10} m/s	2012 年 3 月 22 日水位至 694.86m 后不变，总时间 1000 天
6	CK2-WL2		按设计蓄水过程，总时间 1000 天

基于反演参数和设计参数的坝体及坝基渗流量计算，计算方案 1 进行了基于反演参数和设计参数的坝体及坝基渗流量计算分析。利用两组反演参数和一组设计参数分别进行渗流计算，以分析坝体及坝基渗流量的变化过程，并对其发展趋势进行预测。为反映渗流量变化规律，渗流计算中上游蓄水位及下游水位在 2013 年 10 月 17 日以前均采用实际蓄水过程，在 2013 年 10 月 17 日之后假定上下游水位保持不变（即上游水位稳定在正常蓄水位 812.00m，下游水位

稳定在604.00m）。分别使用3组参数进行渗流计算，得到渗流量的变化过程见图6.3-10。

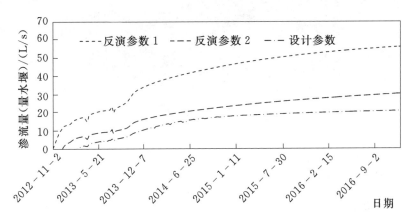

图6.3-10 不同参数的渗流量时程曲线

从图6.3-10中可以看出，上游水位在2013年10月17日达到正常蓄水位812.00m时，坝体及坝基渗流仍与稳定渗流状态有较大的差距。2013年10月17日以后，渗流量仍呈现增加的趋势，但增速逐渐变缓并呈趋于稳定的现象。在蓄水位稳定后，渗流场逐渐趋于正常蓄水位的稳定渗流场。可以看出在这种工况下，坝体于2016年年底渗流量趋于稳定，使用设计参数、反演参数1和反演参数2计算的渗流量分别为20.4L/s、29.9L/s、55.6L/s。

6.3.2.2 坝料模型参数反演分析

选用实测数据对糯扎渡高心墙堆石坝粗堆石料Ⅰ、粗堆石料Ⅱ和心墙掺砾料的邓肯-张EB模型参数、流变变形参数和湿化变形参数进行了反演计算。

根据大坝断面资料、坝体材料分区及填筑进度构建大坝三维仿真模型，见图6.3-11。三维网格共有23713个节点和23283个单元，三维模型中坝体施工级采用实际的填筑过程。

1. 参数反演分析

（1）堆石料Ⅰ邓肯-张E-B模型和流变参数反演分析，反演结果见表6.3-9。为分析反演结果的准确性，将目标测点的实测位移增量与基于上述两组参数的计算位移增量进行对比，见表6.3-10。可知反演参数的计算值与实测值均相差不大，而可研参数的计算值整体上与实测值相差较大。反演得到的K和K_b比可研参数稍大，也即对于由填筑坝料自重荷载引起的变形，反演参数计算值小于可研参数计算值。反演得到的α值小于试验值，由反演参数计算的流变变形的变化率小于试验参数计算值。反演得到的d值比试验值小约25%，但b

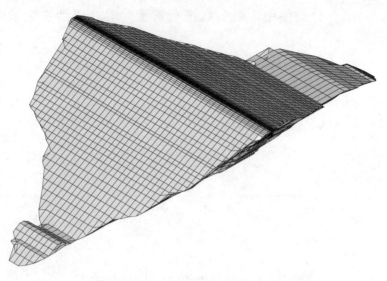

图 6.3 - 11　大坝三维计算网格图

和 β 比试验值大 68%，则由反演参数计算得到的流变变形稍大于由试验参数计算得到的流变变形。综合考虑上述各个因素，由反演参数组合计算得到的变形值大于由可研（试验）参数计算得到的变形值。

表 6.3 - 9　　　　　　　粗堆石料 I 模型参数反演结果

参　数	K	K_b	α	λ	d
可研（试验）参数	1425	540	0.00600	1.00	0.00423
反演参数	1578	691	0.0032	1.68	0.0031

表 6.3 - 10　　粗堆石料 I 测点实测位移增量与计算位移增量对比　　　　单位：mm

测点编号	DB - C - H - 05	DB - C - V - 04	DB - C - V - 06
实测值	198.9	217.0	65.9
反演参数计算值	239.7	228.3	77.3
可研参数计算值	168.6	192.8	50.4

（2）堆石料 II 邓肯-张 E - B 模型和流变参数反演分析。表 6.3 - 11 给出了反演参数的结果，并与可研参数进行了对比。表 6.3 - 12 给出了实测值与基于上述两组参数计算值的对比。可知，反演参数的计算结果与实测值比较接近，而可研参数的计算结果则偏小。反演得到的 K 和 K_b 比可研参数略小，也即对于由填筑坝料自重荷载引起的变形，反演参数计算值大于可研参数计算值。反演得到的 α 值小于试验值，由反演参数计算的流变变形的变化率小于试验参数计算值。反演得到的 d 值比试验值大约 34%，b 和 β 比试验值大 71%，则由反演

参数计算得到的流变变形小于由试验参数计算得到的流变变形。综合考虑上述各个因素，由反演参数组合计算得到的变形值大于由可研（试验）参数计算得到的变形值。

表 6.3－11　　　　　　　　　粗堆石料Ⅱ模型参数反演结果

参　数	K	K_b	α	λ	d
可研（试验）参数	1400	620	0.00600	1.00	0.00612
反演参数	1240	409	0.0031	1.71	0.0082

表 6.3－12　　粗堆石料Ⅱ测点实测沉降增量与计算沉降增量对比　　　　单位：mm

测点编号	DB－C－VW－02	DB－C－VW－03	DB－C－VW－04	DB－C－V－12	DB－C－V－15
实测值	739.1	390.0	206.2	392.2	501.0
反演参数计算值	618.3	357.0	197.2	385.4	382.6
可研参数计算值	635.2	335.2	177.9	410.4	325.5

（3）心墙掺砾料邓肯-张 E－B 模型和流变参数反演分析。表 6.3－13 为心墙掺砾料反演参数与可研参数的对比表。表 6.3－14 给出了实测值与两组参数计算值的对比。可看到对于大多数测点反演参数的计算值与实测数据符合得较好，而可研参数的计算值则与实测值相差较大。反演得到的 K 和 K_b 分别比可研参数大 10％和小 1％，也即对于由填筑坝料自重荷载引起的沉降变形，反演参数计算值小于可研参数计算值，且两者体变接近。反演得到的 α 值稍大于试验值，由反演参数计算的流变变形的变化率稍大于试验参数计算值。反演得到的 d 值比试验值大约 35％，但 b 和 β 比试验值小 39％，则由反演参数计算得到的流变变形稍大于由试验参数计算得到的流变变形。综合考虑上述各个因素，由反演参数组合计算得到的变形值小于由可研（试验）参数计算得到的变形值。

表 6.3－13　　　　　　　　　心墙掺砾料模型参数反演结果

参　数	K	K_b	α	λ	d
可研（试验）参数	320	210	0.00300	1.00	0.00717
反演参数	351	207	0.0035	0.61	0.0097

表 6.3－14　　心墙掺砾料测点实测沉降增量与计算沉降增量对比　　　　单位：mm

测点编号	C－27	C－29	C－31	C－35	C－39	C－43	C－47
实测值	529.2	589.2	664.2	794.2	961.2	1118.2	1385.2
反演参数计算值	610.3	665.0	730.7	863.5	1018.4	1166.7	1305.4
可研参数计算值	697.1	760.5	830.2	958.2	1119.6	1235.4	1411.8

（4）堆石料Ⅰ和堆石料Ⅱ湿化变形参数反演分析。表 6.3-15 为湿化模型反演参数与试验参数的对比表。表 6.3-16 给出了实测值与两组参数计算值的对比。可看到对于大多数测点反演参数的计算值与实测数据符合得较好，虽然反演参数的计算值和试验参数的计算值均比实测值略小，但反演参数计算值与实测数据符合的更好。可以看出，若反演得到的 a 和 b 值比试验值小，则使得反演参数计算的体应变较大；若反演得到的 c 值比试验值大，则使得反演参数计算的剪应变较大。

表 6.3-15　　　　　　　　　湿化模型参数反演结果

参　　数	堆石料Ⅰ			堆石料Ⅱ		
	a	b	c	a	b	c
试验参数	2.820	1.730	0.362	2.980	1.780	0.356
反演参数	1.417	0.869	0.181	4.230	2.595	0.178

表 6.3-16　　　测点实测位移增量与计算位移增量对比　　　　单位：mm

测点编号	DB-C-VW-10	DB-C-VW-11	DB-C-VW-12
实测值	1421.1	1370.0	850.0
反演参数计算值	1379.3	1280.8	764.6
试验参数计算值	1272.6	1145.6	663.2

2. 反演参数计算结果与实测结果对比分析

主要对粗堆石料Ⅰ和粗堆石料Ⅱ的反演结果进行分析，结果见表 6.3-17 和表 6.3-18。

表 6.3-17　　　　　　EB 模型和流变参数反演结果汇总

材　料	K	K_b	α	λ	d
粗堆石料Ⅰ	1578	691	0.0032	1.68	0.0031
粗堆石料Ⅱ	1240	409	0.0031	1.71	0.0082
心墙掺砾料	351	207	0.0035	0.61	0.0097

表 6.3-18　　　　　　　湿化模型参数反演结果汇总

材　　　料	a	b	c
粗堆石料Ⅰ	1.417	0.869	0.181
粗堆石料Ⅱ	4.230	2.595	0.178

粗堆石料Ⅰ和粗堆石料Ⅱ所选测点沉降增量的最终计算值和反演过程计算值分别见表 6.3-19 和表 6.3-20。通过对比可知，两个计算值差别不大，且

与实测值都能较好地符合，这说明对 3 种不同材料模型参数反演计算的"解耦"是合理的，对反演结果的准确性影响不大。

表 6.3 - 19　粗堆石料Ⅰ测点位移增量实测值与最终计算值对比　　　　单位：mm

测点编号	DB - C - H - 05	DB - C - V - 04	DB - C - V - 06
实测值	198.9	217.0	65.9
反演过程计算值	239.7	228.3	77.3
最终计算值	229.4	205.5	75.2

表 6.3 - 20　粗堆石料Ⅱ测点沉降增量实测值与最终计算值对比　　　　单位：mm

测点编号	C - VW - 02	C - VW - 03	C - VW - 04	C - V - 12	C - V - 15
实测值	739.1	390.0	206.2	392.2	501.0
反演过程计算值	628.3	377	197.1	385.4	382.6
最终计算值	656.3	397.9	230.4	405.5	380.6

为验证反演结果的准确性和合理性，对各材料区内测点沉降时程曲线和沉降分布的实测值和计算值进行了对比，见图 6.3 - 12～图 6.3 - 16。

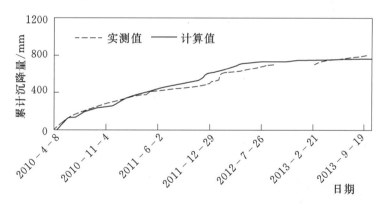

图 6.3 - 12　典型水管式沉降仪测点监测值与计算值对比图

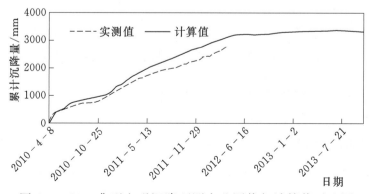

图 6.3 - 13　典型电磁沉降环测点监测值与计算值对比图

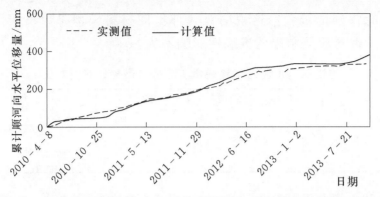

图 6.3-14　典型引张线式水平位移计测点监测值与计算值对比图

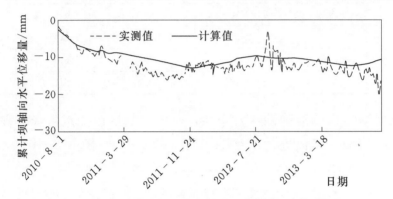

图 6.3-15　典型大坝表面视准线监测值与计算值对比图

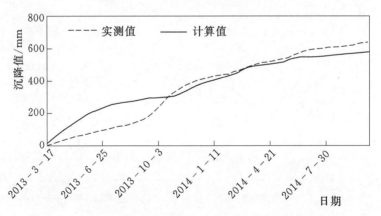

图 6.3-16　典型坝顶沉降监测值与计算值对比图

6.3.2.3　基于反演参数的坝体应力变形分析

1. 坝体完工期应力变形分析

坝体完工期最大横断面和最大纵断面的变形分布情况，其分布规律与可研参数的计算结果一致，但位移和沉降值上有一定差别。顺河向水平位移最大值为 102cm，发生在 0+309.6 断面心墙下游侧 634.00m 高程附近，指向下游。

横河向水平位移最大值为 52cm，发生在 0＋440 断面 772.00m 高程附近。沉降最大值为 391cm，占最大坝高的 1.49%，发生在 0＋309.6 断面心墙区 691.00m 高程附近。变形计算结果见图 6.3－17 和图 6.3－18。

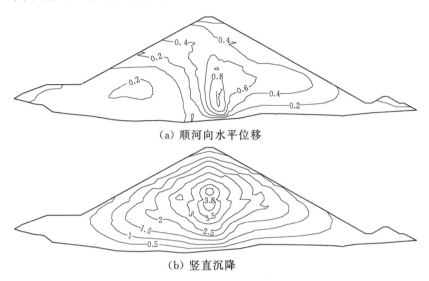

（a）顺河向水平位移

（b）竖直沉降

图 6.3－17　最大横断面变形计算结果（单位：m）

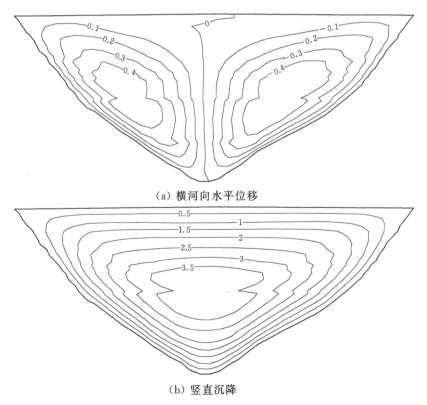

（a）横河向水平位移

（b）竖直沉降

图 6.3－18　最大纵断面变形计算结果（单位：m）

坝体完工期最大横断面和最大纵断面的应力分布情况，总体而言，应力分布规律与心墙土石坝的一般规律相符合，出现明显拱效应，心墙上游侧及上游堆石区小主应力较低，而心墙下游侧和下游堆石区小主应力较高。在心墙上游侧及心墙与上游堆石区的边界处应力水平值较大，达到了 0.7MPa 以上。此外，心墙与坝肩较陡处得接触区仍是应力水平较高的区域，见图 6.3-19 和图 6.3-20。

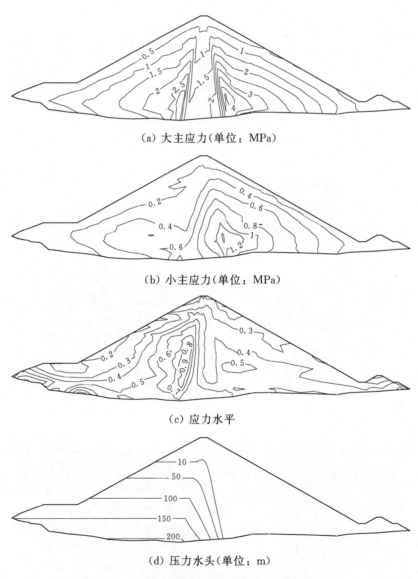

(a) 大主应力(单位：MPa)

(b) 小主应力(单位：MPa)

(c) 应力水平

(d) 压力水头(单位：m)

图 6.3-19　最大横断面应力计算结果

2. 上游水位达到正常蓄水位时应力变形分析

上游水位达到正常蓄水位时最大横断面和最大纵断面的变形分布情况。顺

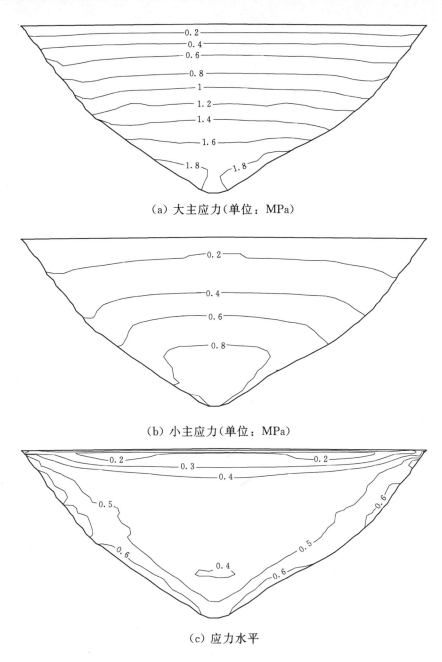

（a）大主应力（单位：MPa）

（b）小主应力（单位：MPa）

（c）应力水平

图 6.3-20　最大纵断面应力计算结果

河向水平位移最大值为 132cm，发生在 0+309.6 断面心墙下游侧 643.00m 高程附近，指向下游。横河向水平位移最大值为 57cm，发生在 0+440 断面 722.00m 高程附近。沉降最大值为 404cm，占最大坝高的 1.54%，发生在 0+309.6 断面心墙区 691.00m 高程附近，与完工期最大沉降值（391cm）相比略有增加。变形计算结果见图 6.3-21 和图 6.3-22。

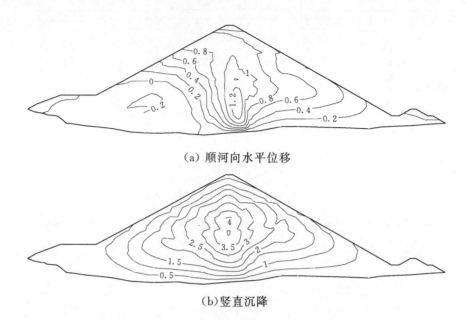

（a）顺河向水平位移

（b）竖直沉降

图 6.3-21　最大横断面变形计算结果（单位：m）

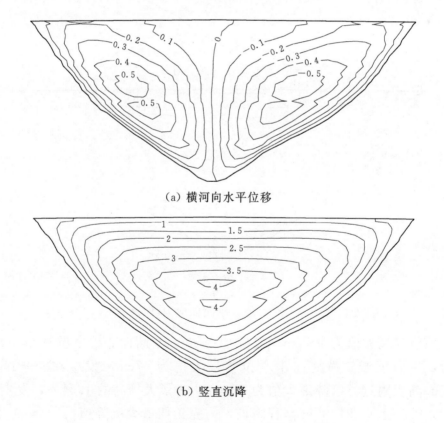

（a）横河向水平位移

（b）竖直沉降

图 6.3-22　最大纵断面变形计算结果（单位：m）

上游水位达到正常蓄水位时最大横断面和最大纵断面的应力分布情况，总体而言，应力分布规律与心墙土石坝的一般规律相符合，出现明显拱效应，心墙上游侧及上游堆石区小主应力较低，而心墙下游侧和下游堆石区小主应力较高，部分单元应力水平超过0.8。在心墙上游侧及心墙与上游堆石区的边界处应力水平值较大，达到了0.7以上。此外，心墙与坝肩较陡处得接触区仍是应力水平较高的区域。应力计算结果见图6.3-23和图6.3-24。

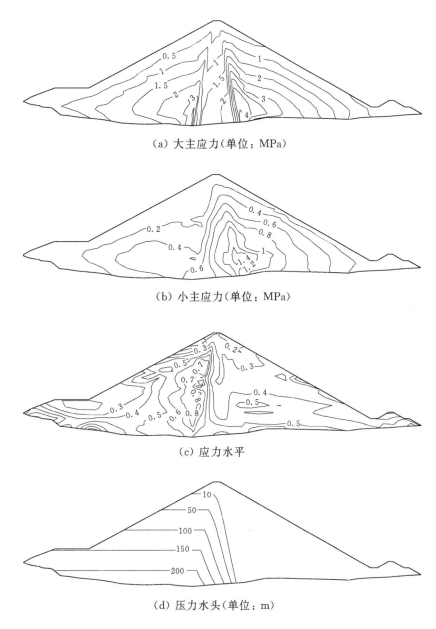

（a）大主应力（单位：MPa）

（b）小主应力（单位：MPa）

（c）应力水平

（d）压力水头（单位：m）

图 6.3-23　最大横断面应力计算结果

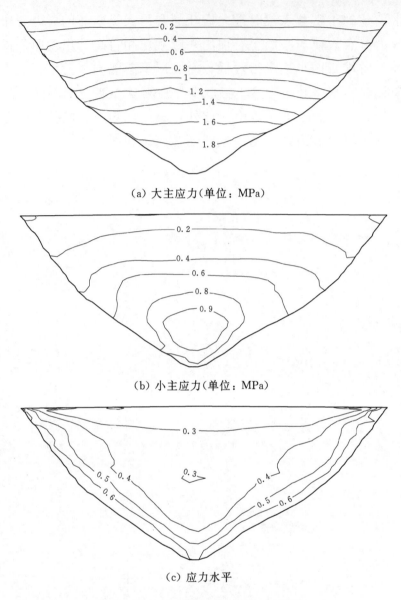

（a）大主应力（单位：MPa）

（b）小主应力（单位：MPa）

（c）应力水平

图 6.3-24　最大纵断面应力计算结果

6.3.3　安全监测信息管理及预警系统

6.3.3.1　综合安全评价指标体系

综合安全评价的指标体系主要包括两大类，即大坝整体安全指标和大坝分项安全指标。

对于每个指标采用红色、橙色、黄色三级预警法，用户可以批量导入或录入每个评价项目的三个警戒值：①黄色：提醒级，大坝性态指标轻微改变，信息发布级别Ⅰ；②橙色：预警级，大坝性态指标中度改变，信息发布级别Ⅱ；③红色：警报级，大坝性态指标严重改变，信息发布级别Ⅲ。

1. 整体安全指标

整体安全指标体系用于评价大坝整体安全性的指标主要有大坝渗流量、坝体最大沉降、坝顶最大沉降、上游坝坡变形、下游坝坡变形、坝顶裂缝等。

（1）大坝渗流量。

1）对应监测项目：下游量水堰。

2）安全状态的指标：渗流总量 Q，渗流量波动 ΔQ（如周波动）。

3）基准值 Q_0 和 ΔQ_0 确定指标的方法：

总量 Q 控制标准：建立 $Q-H_u$ 的包络线，初期按渗流计算确定，长期根据监测资料、反演分析及专家意见对包络线进行修正。

渗流量波动 ΔQ 控制标准：建立 $\Delta Q-H_u$（如，以 $\Delta H=5m$，$\Delta t=30$ 天为基准）的包络线，初期按非稳定渗流计算确定，长期根据监测资料、反演分析及专家意见对包络线进行修正。根据 Δt 时段内库水位最大升幅来确定该标准。

4）预警状态判别。根据上述建立的基准值，建立相应的分级预警体系，见表 6.3-21。

表 6.3-21　　　　　　　　大坝渗流量分级预警体系

预警状态	蓝色	黄色	橙色	红色
判别条件		1. $Q>1.1Q_0$； 2. $\Delta Q>1.3\Delta Q_0$； 3. $Q>Q_{max}$	1. $Q>1.3Q_0$； 2. $\Delta Q>1.5\Delta Q_0$	1. $Q>1.5Q_0$； 2. $\Delta Q>2.0\Delta Q_0$

注　上述每个状态下，满足其中一个判别条件时即达到给预警状态。

（2）坝体最大沉降。

1）对应监测项目：所有沉降监测点。

2）安全状态的指标：坝体沉降总量 S_b。

3）基准值 S_{b0} 的方法：初期根据专家意见并参考相应计算分析成果给出，长期根据监测数据、反演分析及专家意见对指标进行修正。

4）预警状态判别。根据上述建立的基准值，建立相应的分级预警体系，见表 6.3-22。

表 6.3-22　　　　　　　　坝体最大沉降分级预警体系

预警状态	蓝色	黄色	橙色	红色
判别条件		$S_b>1.1S_{b0}$	$S_b>1.2S_{b0}$	$S_b>1.3S_{b0}$

（3）坝顶最大沉降。

1）对应监测项目：坝顶沉降监测点。

2）安全状态的指标：坝顶沉降总量 S_t，坝顶沉降增量 ΔS_t（如周增量）。

3）基准值确定方法：①设计沉降预留超高 S_{td}；②裂缝控制 S_{tc}；③监测资料综合分析值：建立 $S_t - T$ 的包络线，S_{ts} 和 ΔS_{ts} 初期按专家意见并参考相应计算分析成果给出，长期根据监测资料、反演分析及专家意见对包络线进行修正。

4）预警状态判别。根据上述建立的基准值，建立相应的分级预警体系：

（4）上游坝坡变形。

1）对应监测项目：上游坝坡变形监测点。

2）安全状态的指标：①最大沉降总量 S_u，增量 ΔS_u（如周增量）；②最大顺河向水平位移总量 D_u，增量 ΔD_u（如周增量）。

表 6.3 - 23　　　　　　　　坝顶最大沉降分级预警体系

预警状态	蓝色	黄色	橙色	红色
判别条件		1. $S_t > 0.8 S_{tc}$； 2. $S_t > 1.1 S_{ts}$； 3. $\Delta S_t > 1.2 \Delta S_{ts}$	1. $S_t > 0.6 S_{td}$； 2. $S_t > 1.0 S_{tc}$； 3. $S_t > 1.3 S_{ts}$； 4. $\Delta S_t > 1.5 \Delta S_{ts}$	1. $S_t > 0.8 S_{td}$； 2. $S_t > 1.3 S_{tc}$； 3. $S_t > 1.5 S_{ts}$； 4. $\Delta S_t > 2.0 \Delta S_{ts}$

注　上述每个状态下，满足其中一个判别条件时即达到给预警状态。

3）基准值确定方法。变形总量基准值（S_{u0}，D_{u0}），初期按专家意见并参考相应计算分析成果给出，长期根据监测资料、反演分析及专家意见对其进行修正。变形增量基准值（ΔS_{u0}，ΔD_{u0}），为前四周周增量的最大值。

4）预警状态判别。根据上述建立的基准值，建立相应的分级预警体系，见表 6.3 - 24。

表 6.3 - 24　　　　　　　　上游坝坡变形分级预警体系

预警状态	蓝色	黄色	橙色	红色
判别条件		1. $S_u > 1.1 S_{u0}$； 2. $D_u > 1.1 D_{u0}$； 3. $\Delta S_u > 1.2 \Delta S_{u0}$； 4. $\Delta D_u > 1.2 \Delta D_{u0}$	1. $S_u > 1.3 S_{u0}$； 2. $D_u > 1.3 D_{u0}$； 3. $\Delta S_u > 1.5 \Delta S_{u0}$； 4. $\Delta D_u > 1.5 \Delta D_{u0}$	1. $S_u > 1.5 S_{u0}$； 2. $D_u > 1.5 D_{u0}$； 3. $\Delta S_u > 2.0 \Delta S_{u0}$； 4. $\Delta D_u > 2.0 \Delta D_{u0}$

注　上述每个状态下，满足其中一个判别条件时即达到给预警状态。

（5）下游坝坡变形。

1）对应监测项目：下游坝坡变形监测点。

2) 安全状态的指标：①最大沉降总量 S_d，增量 ΔS_d（如周增量）；②最大顺河向水平位移总量 D_d，增量 ΔD_d（如周增量）。

3) 基准值确定方法：变形总量基准值（S_{d0}，D_{d0}），初期按专家意见并参考相应计算分析成果给出，长期根据监测资料、反演分析及专家意见对其进行修正。变形增量基准值（ΔS_{d0}，ΔD_{d0}），为前四周周增量的最大值。

4) 预警状态判别。根据上述建立的基准值，建立相应的分级预警体系，见表6.3-25。

表 6.3-25　　　　　　　　　下游坝坡变形分级预警体系

预警状态	蓝色	黄色	橙色	红色
判别条件		1. $S_d > 1.1 S_{d0}$； 2. $D_d > 1.1 D_{d0}$； 3. $\Delta S_d > 1.2 \Delta S_{d0}$； 4. $\Delta D_d > 1.2 \Delta D_{d0}$	1. $S_d > 1.3 S_{d0}$； 2. $D_d > 1.3 D_{d0}$； 3. $\Delta S_d > 1.5 \Delta S_{d0}$； 4. $\Delta D_d > 1.5 \Delta D_{d0}$	1. $S_d > 1.5 S_{d0}$； 2. $D_d > 1.5 D_{d0}$； 3. $S_d > 2.0 \Delta S_{d0}$； 4. $\Delta D_d > 2.0 \Delta D_{d0}$

注　上述每个状态下，满足其中一个判别条件时即达到给预警状态。

（6）预留坝体裂缝等若干整体控制指标。

2. 分项安全指标

大坝分项安全指标主要包括大坝顺河向水平位移、大坝沉降、大坝渗流量、孔压、心墙土压力、混凝土垫层裂缝等。

（1）大坝顺河向水平位移。水平位移观测资料是分析坝坡稳定的主要依据。根据项目实测点分布情况，选取典型点作为大坝水平位移（顺河向）安全评价。选点原则：控制坝坡稳定性。

（2）大坝沉降。根据项目实测点分布情况，选取典型点作为大坝垂直位移（沉降）安全评价。选点原则：监控点分布于大坝不同工程部位（上下游坝坡、心墙等）及不同高程，以综合体现坝体沉降变形特征，反映大坝安全性态。

（3）大坝渗流量。根据项目实测点分布情况，选取典型部位的渗流量和孔压监测点作为大坝渗流安全评价。选点原则：监控点分布于大坝不同工程部位（上下游堆石料及反滤料、心墙、接触黏土、防渗墙等）及不同高程，以综合体现大坝渗流特征，反映大坝安全性态。

（4）心墙土压力。选择心墙部位典型监测点的水平和竖直应力，作为坝体心墙应力安全指标。

（5）混凝土垫层裂缝。根据大坝混凝土垫层特征，选取混凝土垫层测缝计对其变形特性及裂缝情况进行监测。

6.3.3.2　应急预案

根据上述各预警等级含义及信息发布方式，为了保证大坝的正常安全运营，系统在设计过程中，针对不同评判指标的每一预警等级，设计了相应的应急预案措施，以大坝整体渗流为例建立不同预警级别下的应急预案（表6.3-26）。

表 6.3-26　　　　　　　　大坝整体渗流预警级别下的应急预案

警级	黄　色	橙　色	红　色
应急预案	1. 信息发布给Ⅰ类级别人员； 2. 现场管理人员核查监测信息的可靠性，并进行现场勘察，检查监测设备是否异常、渗水的浑浊程度等； 3. 现场管理人员分析降雨等环境因素； 4. 现场管理人员综合分析水位和渗压等其他监测数据； 5. 适当增加监测频率和巡视次数，关注发展趋势	1. 信息发布给Ⅱ类级别人员； 2. 现场管理人员核查监测信息的可靠性，并进行现场勘察，检查监测设备是否异常、渗水的浑浊程度等； 3. 现场管理人员分析降雨等环境因素； 4. 现场管理人员综合分析水位和渗压等其他监测数据； 5. 适当增加监测频率和巡视次数，关注发展趋势； 6. 组织管理、设计、科研等相关专家进行会商，分析异常原因，并采取相应对策	1. 信息发布给Ⅲ类级别人员； 2. 现场管理人员核查监测信息的可靠性，并进行现场勘察，检查监测设备是否异常、渗水的浑浊程度等； 3. 现场管理人员分析降雨等环境因素； 4. 现场管理人员综合分析水位和渗压等其他监测数据； 5. 适当增加监测频率和巡视次数，关注发展趋势； 6. 组织管理、设计、科研等相关专家进行会商，分析异常原因，并采取相应对策； 7. 必要时应适时采取降低库水位等措施，彻查异常原因，并采取有效措施

6.3.3.3　安全评价及预警系统

安全监测系统与安全预警、应急预案系统的联动与集成。根据监测和分析成果修正和完善不同时期、不同工况下大坝的各级警戒值和安全评价指标，提出相应的应急预案与防范措施。将以上各环节有机地集成起来，形成理论严密且可靠实用的大坝工程安全评价与安全预警、应急预案系统。

1. 功能概述

高土石坝工程安全评价与预警信息管理系统主要实现监测数据与成果分析管理、计算成果分析管理、安全指标定义与安全预警管理等（图6.3-25），具体功能简述如下：

（1）建立工程安全评价与预警信息综合管理平台，支持基于网络的分布式管理与应用。

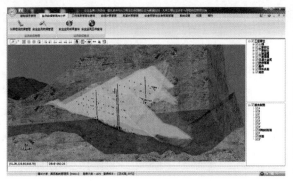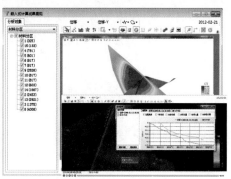

图 6.3-25　安全评价及预警系统

（2）根据导入的实测监测数据，可对大坝各类动态信息（环境量、效应量及工程信息等）进行查询、统计分析、可视化展示及报表编制等。

（3）实现安全指标定义，主要包括坝前水位、大坝变形、渗透稳定、裂缝、坝坡稳定等几个方面，为分级安全预警提供依据。

（4）对大坝在不同条件下的应力、变形、水压、渗流、裂缝、稳定性和动力响应等计算的输入数据及计算结果进行储存、查询、浏览、二三维可视化展示及报表等，并可操作嵌入计算。

（5）将反演数值计算模型、反演参数的类型及数量、所需要的信息、有限元计算生成的训练样本、所得到的反演参数、误差以及必要的过程信息存入数据库供其他单元调用，并可进行查询、浏览、二三维可视化展示及报表等。

（6）通过定义大坝安全指标，并根据动态监测信息以及计算成果，结合安全指标模块，对异常状态进行分级并建立预警机制，系统提供安全评价健康诊断报告的上传和针对可能出现的安全问题在系统工况中进行应急预案与措施的描述。

为实现上述功能，需综合采用水工结构、岩土工程、优化理论、信息学等方面的理论和技术，下面仅对主要的基本原理等进行简要描述。

2. 模块设计

高土石坝工程安全评价与预警信息管理系统主要由 7 个模块构成（图 6.3-26），分别为：系统管理模块，是系统的枢纽；监测数据与工程信息模块、数值计算模块和反演分析模块，是系

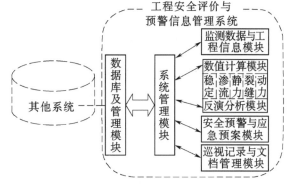

图 6.3-26　系统总体结构图

统的核心；安全预警模块与应急预案模块，是系统的目标；巡视记录与文档管理模块，是对系统基本信息的重要补充；数据库及管理模块，是系统的资料基础。

（1）系统管理模块。实现本系统信息集成以及本系统各模块间的信息交换与共享，提供本系统运行的管理与操作界面，从其他系统获取必要信息，可管理系统的基本设置以及多地多用户远程操作。

（2）监测数据和工程信息模块。根据系统数据库信息，实现对大坝各类动态信息（环境量、效应量及工程信息等）进行查询、统计分析、可视化展示及报表等功能，为用户提供良好的可视化信息查询及分析界面。

基础信息管理单元主要是对大坝的 PBS 结构、大坝安全监测规划的监测断面、安全监测所用的仪器类型以及监测仪器的埋设路径等基础信息进行定义，实现基础业务数据的维护功能，为安全监测的综合分析提供基础数据，其功能划分见图 6.3 - 27。

（3）数值计算模块。可计算大坝在不同条件下的应力、变形、水压、渗流、裂缝、稳定性和动力响应等。可对输入数据、计算条件及计算结果进行查询、浏览二三维可视化展示及报表等。该模块和监测数据与工程信息模块、反演分析模块相结合可对大坝性态进行分析预测，是系统的关键部分。

数值计算管理实现对于数值计算基础信息的管理和维护功能，包含计算工况描述信息，几何模型、材料分区、材料参数、施工级等数据的解析与导入功能（图 6.3 - 28 和图 6.3 - 29）。

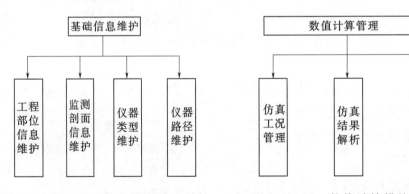

图 6.3 - 27　基础信息管理单元结构　　图 6.3 - 28　数值计算模块功能点

（4）反演分析模块。根据所要反演参数的类型及数量，确定所需要的信息；通过有限元计算生成训练样本；训练和优化用于替代有限元计算的神经网络，并进行坝料参数的反演计算。将反演参数、误差以及必要的过程信息存入数据库供其他单元调用（图 6.3 - 30）。

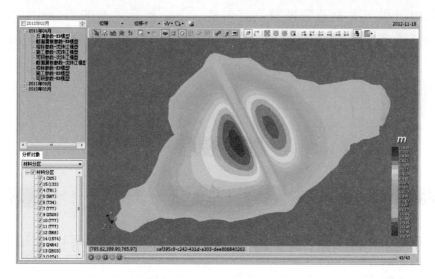

图 6.3 - 29　反演参数-E-B 模型沿 Y 方向位移的分布图查询

图 6.3 - 30　反演结果展示界面

（5）安全预警与应急预案模块。提出高心墙堆石坝渗透稳定、沉降、坝坡稳定、应力应变、动力反应等方面的控制标准，建立大坝的综合安全指标体系。根据动态监测信息以及计算成果，进行大坝安全分析，建立大坝安全评价模型；结合安全指标体系，针对不同的异常状态及其物理成因，对异常状态进行分级并建立预警机制。该模块可进行分级实时报警，并可给出预警状态信息。根据安全预警与预案判别分析结果，对可能出现的安全问题，建立相应的应急预案与措施，确保工程安全、顺利、高质量实施，并可人工修改应急方案。

在高土石坝工程安全评价与预警信息管理系统中，设计开发安全预警与应急预案模块时，采用了实用而又直观的综合方法，包括安全预警项目、安全指标体系、应急预案管理和安全预警信息 4 个部分（图 6.3 - 31）。在进行系统设计时同时考虑了安全预警项目的完备性、安全指标体系的综合性、应急预案管理的灵活性和安全预警信息的实时性。安全预警项目包括三类，即整体项目、分项项目和个人定制项目。

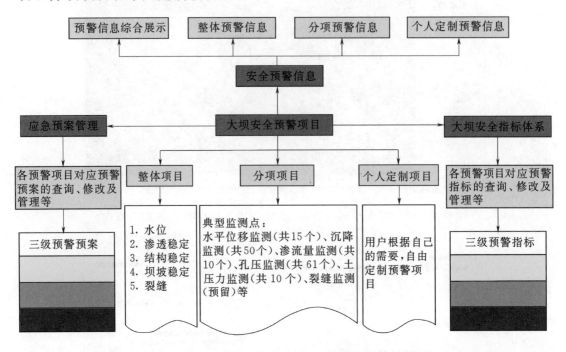

图 6.3-31　安全预警与应急预案模块整体结构图

整体项目是指从坝前蓄水位、渗透稳定、整体变形、坝坡稳定等宏观方面评价大坝安全的项目。此外，大坝裂缝在已见高土石坝中普遍存在，且是广受关注的可能造成安全隐患的诱因，因而在本系统中也被列为一个整体安全预警项目。

分项项目与典型监测点对应，包括水平位移、沉降、渗流量、孔压、土压和裂缝等几个方面。

个人定制项目是指用户根据自己的需要自由设定的安全预警项目。

对每个项目的管理均包括项目的添加、对应监测项目和测点的选取、判别基准值和安全指标的设定、应急预案的建议等。图 6.3-32 以整体预警项目为例给出了安全预警与应急预案模块的结构组成示意图。

（6）巡视记录与文档管理模块。对大坝安全巡视过程中产生的视频、图片、文档等资料进行管理，并可进行查询操作。文档管理主要是对大坝建设和运行过程中各环节相关的图片、文档等资料进行管理，并可进行添加和查询操作。

（7）数据库及管理模块。主要用于数据的录入、修改及查询等操作，本模

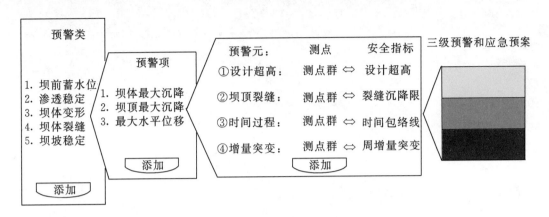

图 6.3-32 整体预警项目的结构组成示意图

块仅限于系统管理员用户,包括系统基本数据和多个模块共用的公用数据。数据分为两类:一次数据(原始数据)为研究对象的基本信息;二次数据是经系统分析等对一次数据处理得到,以便于各模块的调用。

6.4 小结

通过对高土石坝安全监测设计、监测成果的分析与评价、反馈分析及预警系统主要内容及特点进行总结,主要成果如下:

(1)针对高土石坝安全监测项目、监测内容、监测布置、监测手段与方法等进行了总结,提出了四管式水管式沉降仪、电测式横梁式沉降仪等新型监测仪器,创新性的应用了弦式沉降仪、剪变形计、500mm超大量程电位器式位移计、六向土压力计组等,实现上游堆石体内部沉降、多传感器数据融合的心墙内部沉降、心墙与反滤及混凝土垫层之间的相对变形、心墙的空间应力等监测。

(2)依托糯扎渡等典型工程的监测资料,对大坝进行分析与安全评价,总结变形、渗流及应力等发展与分布规律,同时建立多种反馈分析方法,对糯扎渡心墙堆石坝进行渗透系数反演及坝体坝基渗流计算分析、坝料模型参数反演分析、高心墙堆石坝应力变形分析与安全评价。

(3)研究整体和分项两级大坝安全监控指标,提出建设期、蓄水期及运行期的安全评价指标,构建了实用的综合安全指标体系,并对各种级别的警况提出相应的应急预案与防范措施。构建安全评价与预警管理系统开发框架,将监控指标、预警体系等有机地集成起来,形成理论严密且可靠实用的高土石坝安全评价与预警信息管理系统。

第7章
高土石坝运行维护与健康诊断

20世纪90年代以来，我国大坝建设的数量居世界首位，高坝也居世界首位。高土石坝水库可有效调蓄洪水，高效利用和保护水资源，为人类带来巨大利益。尽管高土石坝（超过100m）的溃坝记录较少，但仍存在安全风险。有极少数水库，因大坝设计、施工存在质量缺陷，加之运行管理不当，当遭遇强降雨或地震等不利因素集合时，可能会使高土石坝出现重大事故甚至溃坝失事，将严重危及大坝下游人民的生命财产安全和地区经济社会发展。

运行维护与健康诊断是全生命周期安全质量管理的重要一环。为确保高土石坝的安全万无一失，除要求工程规划建设期精心设计与施工、保证工程质量外，工程运行期内，加强对已建高土石坝的运行维护管理，实现及时的健康诊断，为大坝的安全鉴定提供可靠数据，显得尤为重要。在遵循国家有关管理规定和规程规范的同时，对高土石坝的运行维护和健康诊断提出了更高的要求，对高土石坝安全的重视也应上升到关系国计民生重大问题的高度。

7.1 高土石坝运行维护

7.1.1 高土石坝运行现状

我国高度重视大坝水库运行安全工作，自20世纪80年代出台了一系列文件规定，并制定了相应的法规。1987 年，水利电力部颁布了《水电站大坝安全管理暂行办法》●，提出为保障上下游人民生命财产和国民经济建设的安全，在大坝安全管理，大坝维护、修复、加固和改善等方面做出了系统要求。1988 年，国家发展和改革委员会发布了《水电站大坝安全检查施行细则》●，提出对水电站大坝运行进行安全可靠性检查的内容、评价标准等，将大坝分为险坝、病坝、正常坝三级。

1991 年 3 月 22 日，国务院令第 78 号公布《水库大坝安全管理条例》，使我国水库大坝安全管理走上法制轨道。根据该条例规定，1995 年水利部制定颁布了《水库大坝定期检查鉴定办法》《水库大坝注册登记办法》和《水库存大坝安全鉴定办法》●，并开展了全国水库大坝注册登记工作，1998 年完成了大型水库登记。水利部大坝安全管理中心对全国大中型水库进行了定检工作，1998 年检查出大型病险水库 100 座，中型病险水库 800 多座，并进行了除险加固处理。

1996 年、1997 年，电力工业部先后颁布了《水电站大坝安全注册规定》《水电站大坝安全管理办法》。1997 年，电力系统开展了水电站大坝安全注册工作，1998 年国家电力监管委员会大坝安全监察中心完成了电力系统 96 座大坝第一轮定检工作，摸清了 20 世纪 80 年代末以前投入运行的大坝安全现状，检查出 2 座险坝、7 座病坝，其余 87 座为正常坝。

2005 年，国家电力监管委员会先后颁布了《水电站大坝运行安全管理规定》《水电站大坝安全注册办法》和《水电站大坝安全定期检查办法》●。同年完成了电力系统 120 座水电站大坝第二轮定检工作，查出病坝 1 座，其余 113 座为正常坝。检查出的险坝和病坝存在病害及安全隐患严重，正常坝下也不同程度存在一些缺陷及影响安全运行的因素。对病险坝及时进行了除险加固处理，对正常坝存在的缺陷问题进行了缺陷修复、补强加固和安全监测设施更新改选工作，将一些病险坝加固处理清除异常病害隐患使其成为正常坝，并使正常坝的缺陷得到不同程度的消除和修复，提高了安全度。

2015 年，国家发展和改革委员会令第 23 号颁布实施《水电站大坝运行安全监督管理规定》，根据此规定，国家能源局制定并颁布实施了《水电站大坝

● 1997 年由电力工业部修订为《水电站大坝安全管理办法》。

● 2013 年 8 月 20 日，国家发展和改革委员会令第 4 号已废止。

● 2003 年重新修订。

● 三项规定均在 2015 年废止。国家电力监管委员会《水电站大坝运行安全管理规定》修订为国家发展和改革委员会《水电站大坝运行安全监督管理规定》。

安全定期检查监督管理办法》《水电站大坝安全注册登记监督管理办法》，进一步规范水电站大坝安全定检、安全注册登记工作（表 7.1－1）。

表 7.1－1　　　　　　　　大坝安全相关文件、法规与标准

序号	名　称	发布单位	文　号	发布时间
1	水库大坝安全管理条例	国务院	第 78 号令	1991 年 3 月 22 日
2	水电站大坝安全管理办法	电力工业部	电安生〔1997〕第 25 号	1997 年 1 月 15 日
3	水电站大坝安全监督管理规定	国家发展和改革委员会	第 23 号令	2015 年 4 月 1 日
4	水电站大坝安全定期检查监督管理办法	国家能源局	国能安全〔2015〕145 号	2015 年 5 月 6 日
5	水电站大坝安全注册登记监督管理办法	国家能源局	国能安全〔2015〕146 号	2015 年 5 月 6 日
6	水库大坝安全鉴定办法	水利部	水建管〔2003〕271 号	2003 年 6 月 24 日
7	水库大坝安全评价导则	水利部	SL 258—2000	2000 年 12 月 29 日

水利部 1991 年统计资料显示，截至 1990 年年底，全国水库溃坝失事总数 3242 座，其中大型水库溃坝失事 2 座，占总溃坝数的 0.06%。大型水库溃坝失事的为 1975 年 8 月河南省板桥水库和石漫滩水库，大坝均为土石坝，坝高分别为 24.5m 和 25.0m，库容分别为 4.90 亿 m^3 和 1.17 亿 m^3，两座大坝溃决死亡数万人，是世界上迄今为止最为惨痛的溃坝事件。我国 1991 年前溃坝失事的最大坝高 55m，尚无高坝溃坝失事记录。1993 年 8 月，青海省沟后水库溃坝失事，该坝为混凝土面板砂砾石坝，最大坝高 71m，是我国至今溃坝高度最高的大坝，但水库库容仅 300 万 m^3，属小型水库。我国 2001—2010 年，发生溃坝失事的水库 48 座，年均不到 5 座，且均为小型水库，年均溃坝率 0.06‰，远低于世界公认的 0.2‰的低溃坝率水平。上述资料说明我国高坝水库运行安全状况总体良好。

7.1.2　运行维护的重要性与体系

精心管理、加强监测和维护是保障高坝水库运行安全的重要手段，定期安全检查鉴定则是重要支撑。

高坝水库建成运行后，大坝受坝体质量、运行条件及自然环境等因素影响，随运行时间增长会逐渐老化、病态，甚至处于险态。因此，为保障运行安全，首先应建立完善建立水库安全监测系统，跟踪大坝的工作性态；其次，健全定期检查、专项检测制度；再次，对安全监测、巡视检查、专项检测中发现

大坝异常状况及缺陷问题，及时进行检修，并采取补强加固处理，消除异常病险，确保大坝运行安全。

大坝安全定期检查鉴定和安全注册，规范了我国高坝水库运行管理。高坝水库投入运行后进行定期安全检查鉴定，通过对大坝等建筑物外观检查和监测资料分析，诊断其实际工作性态和安全状况，查明出现异常现象的原因，对其重点部位及施工缺陷部位进行系统排查，摸清影响大坝水库安全的主要问题，制定维护检修和处险加固处理方案，为控制水库运行调度提供依据；通过对水库合理控制运用，在保证高坝水库安全的前提下进行大坝补强加固处理，使其缺陷得到修复，消除异常及病害隐患，从而提高大坝的耐久性，延长大坝水库使用年限，为保障其运行安全提供重要支撑。

7.1.3 土石坝检查与检测

7.1.3.1 日常检查和养护

高土石坝的日常检查和养护工作，是对高土石坝必须进行的一项重要的、经常性的工作。通过检查发现问题，及时养护，可以防止或减轻外界不利因素对高土石坝的损害，及时消除土石坝表面的缺陷，保持或提高土石坝表面的抗损能力。

土石坝最容易产生坝体裂缝，坝坡滑动，坝身、坝基或绕坝渗流，坝体沉陷，风浪、雨水或气温对坝面造成的破坏等。因此，日常检查和养护工作也应对这几个方面特别加以注意，以保证土坝的安全。

1. 日常检查工作

在土石坝平时的检查工作中，根据上述情况主要应注意以下几个问题：

（1）检查有无裂缝。对于坝体两端、坝体填土质量较差坝段、岸坡处理不好或坝体与其他建筑物连接处，要特别注意检查。发现裂缝以后，应做好记录。对严重的裂缝应观测其位置、大小、缝宽、错距方向及其发展情况。对观测所得资料应及时整理，并分析裂缝产生的原因。对平行坝轴线的较大裂缝，应注意观测是否有滑坡迹象；对垂直于坝轴线的较深的裂缝，应注意观测是否已形成贯通上下游的漏水通道。

（2）检查有无滑坡、塌陷、表面冲蚀、兽洞、白蚁穴道等现象。

（3）检查背水坡、坝脚、涵管附近坝体和坝体与两岸接头部分有无散浸、漏水、管涌或流土等现象，应结合土坝的渗水观测，注意浸润线、渗水流量和渗水透明度的变化。当出现异常情况，特别是出现浑水时，应尽快查明原因，以便及时养护、修理。

（4）检查坝面护坡有无块石翻起、松动、塌陷或垫层流失等损坏现象；检查坝面排水沟是否畅通，有无堵塞、撒积或积水现象；检查坝顶路面及防浪墙是否完好等。在汛期高水位、溢洪、暴雨、结冰及解冻时，最易发生问题，应加强检查。

2. 日常养护工作

（1）正确地控制库水位，务使各期水位高程和水位降落速度符合设计要求。

（2）经常保持土坝表面如坝顶、坝坡及马道的完整。对表面的坍塌、细微裂缝、雨水冲沟、隆起滑动、兽穴隐患或护坡破坏等，都必须及时加以养护修理。应保持坝体轮廓点、线、面清楚明显，这样不仅保持了外表整洁，更重要的是易于发现坝体存在的缺陷，以便及时养护。

（3）严禁在坝身上堆放重物、建筑房屋，以免引起不均匀沉陷或滑坡。不许利用护坡作装卸码头，靠近护坡的库面不得停泊船只、木筏等；更不允许船只沿坝坡附近高速行驶，以保持护坡完整。

（4）在对土坝安全有影响的范围内，不准取土、爆破或炸鱼，以免造成土坝裂缝、滑坡或渗漏。

（5）经常保持土坝表面排水设施及坝端山坡排水设施的完整，要经常清除排水沟中的障碍物和游积物，保持排水畅通无阻。

（6）对护坡加强养护工作。当干砌块石护坡的个别块石因尺寸过小或嵌砌不紧，在风浪作用下有松动现象时，应及时更换砌紧；当发现嵌砌的小块石被冲掉，影响块石稳定性时，应立即填补砌紧；当个别块石翻动后垫层被冲，甚至淘刷坝体时，应先恢复坝体和垫层，再将块石砌紧；个别块石风化或冻毁，应更换质量较好的块石，并嵌砌紧密。如果冰凌可能破坏护坡时，应根据具体情况，采用各种防冰和破冰方法，减少冰冻挤压力。有条件的，也可调节库内水位破碎坝前冰盖。

下游草皮护坡如有残缺时，宜于春季补植草皮保护。

（7）在土栖白蚁分布区域内的土石坝，或有动物在坝体内营造作穴的土石坝，应有固定的专门防治人员，经常检查坝区范围内是否有白蚁活动迹象或其他动物的危害现象。

（8）导流工程上不能随意移动石、砂材料以及进行打桩、钻孔等损坏工程结构的活动；当库内水位较高和汛期期间，不得随意在坝后打减压井、挖减压沟或翻修导渗工程。如有特殊需要，需经慎重研究做出设计，并经上级批准后方可动工；若坝下游有河水倒灌或水库溢洪使坝趾受到淹没时，应防止导渗工程被堵塞或被水流冲坏。一般可考虑用修筑隔水堤或将导渗体石块表面局部用水泥砂浆勾缝等保护措施。

（9）注意各种观测仪器和埋设设备的养护，以保证监测工作正常进行。监测资料应及时整理、分析，以便指导养护工作。

7.1.3.2　物探检测

7.1.3.2.1　土石坝渗漏隐患探测

土石坝渗漏隐患可分为坝体渗漏、坝基渗漏、绕坝渗漏和岩溶地区渗漏等。渗流安全监测以直观、明确的指标，在分析评估工程安危、监视工程安全运行等方面有显著优点，但难以确认渗流在大坝空间上的分布关系。在渗流量偏大时，可利用土石坝渗漏隐患探测定性解析渗流的空间关系，从而指导土石坝渗漏的施工处理，消除高土石坝的异常和病害隐患。

应用于大坝隐患探测的最常用的地球物理探测（物探）方法有自然电场法、高密度电阻率法、探地雷达、瞬变电磁法、瑞雷面波法、CT 技术、同位素示踪法、温度场探测技术以及流场拟合法探测技术，其他方法还包括激发极化法、可控音频大地电磁测深法、浅层地震波法等。

1. 物探任务与方法选择

（1）确定渗漏入水口位置。采用伪随机流场拟合法在水库区内进行面积性的普查，在发现的高电流密度异常区进行加密测试，同时采用自然电场法进复测，以确定渗漏入水口位置，然后在异常区域内投入食盐，在量水堰和导流洞出水点位置进行水体电阻率测试，确定异常区与渗漏出水点的连通性。

（2）渗漏类型分析。在确定了渗漏源之后，在库岸采用自然电场法开展工作，根据测试结果、现场观察情况及其他相关资料分析渗漏类型。

（3）渗漏路径的确定。根据库区的探测情况在大坝坝顶、坝肩、背水面等位置布置物探测线。必要时在灌浆洞排水孔内开展井中高密度电法或瞬变电磁法、自然电场法，辅助分析渗漏的大致路径。在钻孔中进行钻孔电视观察、流速测量和投入示踪剂，观测水的流向和流速。综合探测结果，定性分析渗漏的类型和路径。

2. 伪随机流场拟合法

（1）方法原理。大坝在没有管涌渗漏情况下，正常流速场分布类似于均匀半空间中的均匀电流场。当存在管涌、渗漏时，将出现两方面的异常情况：

1）在正常流速场基础上，出现了由于渗漏造成的异常流速场，异常流速场的重要特征是水流速度矢量指向管涌渗漏的入水口。理论分析表明，在一定条件下，异常流速场满足的数学物理方程及边界条件与稳定电流场满足的数学物理方程及边界条件相同，因此场的分布也服从类似的规律。

2）由于渗漏的出现，必然存在从迎水面向背水面的渗漏通道。

根据上述物理现象，将一个电极置于背水面的出（渗）水点（区），另一个电极置于库区水体中，且距离出（渗）水点（区）相当远，以保证测量区域的电流场不受其影响。在水底附近测量三分量（矢量）的电流密度或垂直（标量）电流密度分布，并根据电流场异常情况判断渗漏的入口（区）。由于是用电流密度场拟合渗漏造成的异常流速场分布，因此该方法被称为伪随机流场拟合法。

（2）工作方法。

1）测量前，应严格按仪器操作说明书对发送机、接收机、探头、电缆电线等进行全面的校验或检查，确保仪器工作正常。现场工作中，发送机应放置在地势较高、视野开阔、通信方便、且相对安全的地方。供电电极 A 布置在渗漏出水口处，如有多处渗漏，可在每一渗漏处各布置一电极，然后用导线将它们并联起来。B 极应布置在离待查区域较远的水体一侧（图 7.1 - 1）。

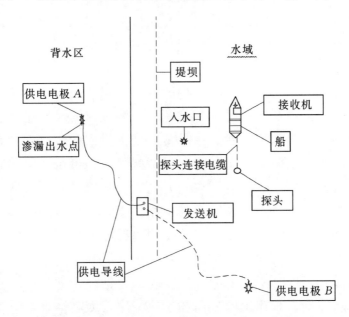

图 7.1 - 1 伪随机流场拟合法野外工作图

2）确认供电电极与供电导线已连接，并与仪器的 A、B 接线柱连接无误后。按仪器操作说明书打开发送机，并确认发送机工作正常，可通过调整接地电阻，改变发送电流的大小。

3）将接收机、探头等装载在探测船上，连接探头与接收机，并将探头缓缓放入水中。按仪器操作说明书开启接收机，并确认接收机和探头工作正常，方可进行正常的野外工作。

4）测量，发送机供电，探头放置在水中，离水底 5～10cm，且测量中保持垂直，接收机观测并记录读数，每个测点上读数 2～3 次，读数应稳定。供电电流有变化时，应及时记录实际电流值。

3. 自然电场法

（1）方法原理。当水透过岩土介质时，由于介质的过滤活动性而产生过滤电位，它们与介质孔隙空间的构造、孔度系数、渗透系数、过滤液体的化学成分及矿化作用有关。

过滤活动性是用在一个大气压条件下，标准溶液渗透过岩土介质所产生电位差大小来衡量：

1）当渗透性很小时，随介质渗透系数的增加而增加其值；当介质渗透系数极小时，过滤电位实际上为零，这种介质过滤活动性为零。

2）随含有能过滤的液体的孔隙空间部分增多而减少。

3）过滤活动性比例于亥姆雷兹电位

$$E_H = \frac{\varepsilon \zeta \rho_0}{4 \pi \mu} p \qquad (7.1-1)$$

式中　ε、ρ_0、μ——过滤液体的介电常数，电阻率和黏滞性；

　　　　p——发生过滤时的压力；

　　　　ζ——亥姆雷兹电位或称动电位，在液体的不活动吸附层与活动层之间的电位差。

所以过滤活动性是随 ζ 电位、电阻率、过滤液体的介电常数减小和过滤液体的黏滞性的增加而衰减，随过滤压力增加而增加。

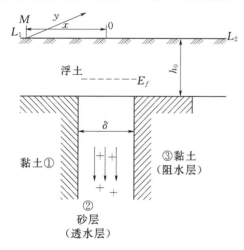

图 7.1-2　过滤形成的自然电场带电层电荷流动略图

过滤液体在介质中过滤时，由于吸附层对过滤液体中电荷负离子如 Cl^- 有吸附作用，而电荷正离子（如 Na^+）却较便于通过，过滤过程中部分正负离子复合又电解，这样在过滤进程中上游端显示了负极性下游端显示了正极性，这就是过滤电场确定水流方向的依据。当过滤作用消失过滤电位差也消失，过滤活动性为零。

在地下水向透水层渗透（图 7.1-2）时产生的自然电场，可以当作发生在层的表面，而且从通过该表面而发生渗透的简单层的场来看（图 7.1-3）。

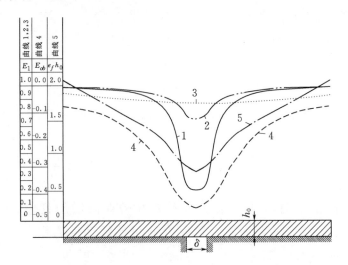

图 7.1-3　在穿过形成不同自然电场的层时，自然电场的剖面

1、2、3—扩散-吸附的自然电场电位曲线；4—氧化-还原的自然电场电位曲线；

5—过滤电场的电位曲线

对于厚为 δ 的垂直层地面电场相关算法如下，L_1L_2 为测试剖面，O 点为垂直地层中点在地面的投影位置，M 点为测试剖面 L_1L_2 上的任意一点，M 点与 O 点的距离为 x，则 M 点上电场的电位

$$U = \frac{2}{4\pi}\int_s \frac{e_f \mathrm{d}s}{r} \tag{7.1-2}$$

式中　r——从 M 点到滤过作用所通过的平面 s 上面积元 $\mathrm{d}s$ 的距离；

e_f——滤过作用的电场的强度。

在水渗透过粗粒岩石的最简单的情况下，场强 e_f 与渗透电位差 E_f 之间的关系如下

$$e_f = \frac{E_f}{l} = \frac{\varepsilon\zeta\rho}{4\pi\mu}\frac{p}{l} \tag{7.1-3}$$

式中　ε、ρ 及 μ——电介质的介电常数，电阻率及渗透液体的黏度；

ζ——偶电层的移动部分与固定部分之间的电位差；

p——压力差，在压力的作用下液体在渗透过程中发生的流动 l。

引入直角坐标系，置坐标的原点于点 M。X 轴沿 L_1L_2 线的方向，Y 轴平行于地层的走向。这样

$$U = \frac{e_f}{2\pi}\int_{-y_1}^{y_2}\int_{x-\frac{\delta}{2}}^{x+\frac{\delta}{2}} \frac{\mathrm{d}y\mathrm{d}x}{\sqrt{x^2+y^2+h_0^2}}$$

$$U = A - \frac{e_f h_0}{2\pi} \left\{ \frac{2x+\delta}{2h_0} \ln\left[1 + \left(\frac{2x+\delta}{2h_0}\right)^2\right] - \frac{2x-\delta}{2h_0} \ln\left[1 + \left(\frac{2x-\delta}{2h_0}\right)^2\right] \right.$$
$$\left. + 2\left(\arctan\frac{2x+\delta}{2h_0} - \arctan\frac{2x-\delta}{2h_0}\right) \right\}$$

$$(7.1-4)$$

上式中 $A = \dfrac{e_f \delta}{2\pi}\left(\ln\dfrac{4y_1^2}{h_0^2} + 2\right)$ 这个量不由 x 来决定。

在穿过其中有地下水滤过发生的层时，滤过场的电位变化将满足以下的方程式

$$U_f = -\frac{e_f h_0}{2\pi} \left\{ \frac{2x+\delta}{2h_0} \ln\left[1 + \left(\frac{2x+\delta}{2h_0}\right)^2\right] - \frac{2x-\delta}{2h_0} \ln\left[1 + \left(\frac{2x-\delta}{2h_0}\right)^2\right] \right.$$
$$\left. + 2\left(\arctan\frac{2x+\delta}{2h_0} - \arctan\frac{2x-\delta}{2h_0}\right) \right\}$$

$$(7.1-5)$$

在图 7.1-3 上曲线 5 表示在 $e_f < 0$ 时对 $\delta = 2h_0$ 计算出的函数 $U_f = f(x)$，在自然条件下经常能碰到这种情况。

（2）工作方法和步骤。自然电场法的观测方法有 3 种：电位观测法、电位梯度观测法和追索等电位线法。主要采用电位观测法和电位梯度法（图 7.1-4）。工作步骤如下：

1）在开展工作前将 M、N 不极化电极短路连接使之间的极差小于 2mV。

2）在正常场内，电场稳定，电位梯度平稳的地方选定基点。

3）开始测量，本次测试时点距为 5m。

4）数据记录时必须严格注意电位的正负。

4. 电阻率剖面法

（1）方法原理。不同岩层或同一岩层由于成分和结构等的因素的不同，而具有不同的电阻率。通过接地电极将直流电供入地下，建立稳定的人工电场，在地表观测某点垂直方向或某剖面的水平方向的电阻率变化，从而了解岩层的分布或地质构造特点。

在现场工作时的电极布置见图 7.1-5。

AB 为供电电极，MN 为测量电极，当 AB 供电时用仪器测出供电电流 I 和 MN 处的点位差 ΔV，则岩层的电阻率按下式计算：

$$\rho = K \frac{\Delta V}{I} \qquad (7.1-6)$$

式中　ρ——岩层的电阻率，$\Omega \cdot m$；

ΔV——测量电极间的电位差，mV；

I——供电回路的电流强度，mA；

K——装置系数，与供电和测量电极间距有关。

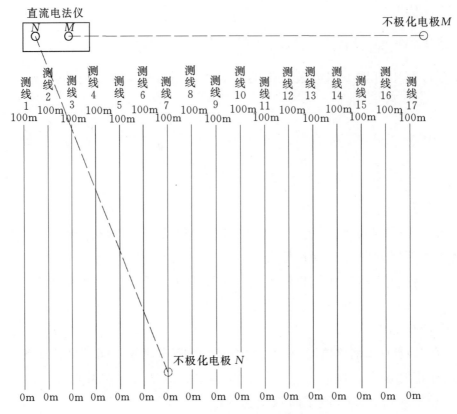

图 7.1-4　自然电场法（电位观测法）野外工作图

K 的计算公式为

$$K=\frac{2\pi}{\dfrac{1}{AM}-\dfrac{1}{AN}-\dfrac{1}{BM}+\dfrac{1}{BN}} \tag{7.1-7}$$

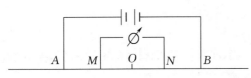

图 7.1-5　电阻率剖面法现场工作示意图

从理论上讲，在各向同性的均质中测量时，无论电极装置如何，所得的电阻率应相等，即岩层的真电阻率。但实际工作中所遇到的地层既不同性又不均质或地表起伏不平，若按上述公式进行计算，所得电阻率则称为视电阻率，是不均质体的综合反映。

对于某一个确定的不均匀地电断面，若按一定规律不断改变装置大小或装置相对于电性不均匀体的位置，测量和计算视电阻率值，则所测得的视电阻率值将按一定规律变化。电阻率法正是根据视电阻率的变化，探查和发现地下导电性不均匀的分布，从而达到解决工程地质问题的目的。

（2）工作方法。采用四极对称电测深法时，其供电电极距为 $AB/2=0.45m$，测量电极距为 $MN/2=0.15m$，测点及布极方向的选择应能避免地形及其他干扰因素为原则，对异常点进行不少于3次重复观测。考虑到施工开挖面的问题，实测时尽量利用现场展开极距，以取得真正能反映接地要求的目的层深度的电阻率值。

5. 示踪法

综合示踪方法即利用地下水物理特性和化学组成分析与人工示踪方法相结合进行研究，分析渗漏水的温度、电导率、环境同位素、水化学分析等参数，研究渗漏水的补给、径流特征。人工示踪是选择适宜的示踪剂进行渗漏水示踪试验，在钻孔内投放示踪剂（高锰酸钾），在量水堰、导流洞及下游河道观测颜色溢出的位置及时间，以此判断渗漏水的流向及流速。

6. 全孔壁数字成像法

（1）方法原理。全孔壁数字成像技术依靠光学原理使人们能直接观测到钻孔孔壁的情况。从而可准确地获得孔壁岩体特征的信息，例如，平面特征的倾向和倾角、裂隙的隙宽和某些介质中的缺陷。在探测过程中，全景图像、平面展开图和虚拟钻孔岩芯图可以实时地被显示在屏幕上。探测全过程的模拟视频图像能自动地被记录在磁介质上，而数字图像则可以存储在计算机的硬盘中。

全孔壁数字成像是以视觉直接观察钻孔孔壁岩石的地质信息，具有直观性、真实性等优点，毫米级的微小地质现象也可以被发现和记录下来，但它只能在孔内无井液或井液透明且没有套管的钻孔中进行观测。

全孔壁数字成像系统包括井下摄像探管、信号传输电缆、地面控制器、深度计数器、计算机（或图像处理系统和磁存储器）等部分。井下摄像探管内装有摄像管、罗盘、光源系统、调焦装置等部件。其工作原理是运用计算机以深度或时间来控制井下摄像机，通过锥形反光镜（图7.1-6），自动连续采集一

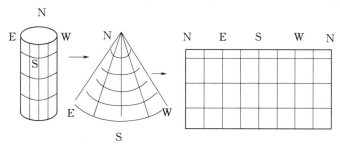

图7.1-6　全孔壁数字成像图像转换示意图

幅幅全孔壁数字化图像信息，并依次将每一幅图像传送到地面图像处理系统。图像处理系统会以每一幅图像所包含的方位信息将其依 N—E—S—W—N 方位顺序展开，然后将每幅展开的数字化图像按深度拼接起来，就得到了全孔壁展开图像或柱状岩芯图像。根据摄录的全孔壁图像以及图像上所示深度和方位就可以直观地读出岩层产状，构造大小、方位、倾角和深度等地质信息。

（2）工作方法。现场测试时，将摄像探管、信号传输电缆、工控机、深度计数器和绞车等设备连接好，做好探头的防水处理，然后开机。如果仪器运作正常，在监控终端就可实时观测到摄录图像信息。探头放入钻孔中后，注意调整屏幕的深度读数和探头实际放入孔中的深度一致，一般把探头摄录窗口的中部下放深度值作为探头的下放深度。对好下放深度后，就可以将探头自孔口向下放进行摄录了。

7.1.3.2.2　混凝土面板脱空检测

对于高面板坝，在水库大坝蓄水后，易出现面板与垫层料之间的脱空隐患，若不及时处理，会引起面板的受力状况恶化，进而加速面板的老化，甚至引起面板开裂，破坏堆石坝防渗透体系，危及大坝安全。因而，面板脱空检测是高面板土石坝运行维护中必不可少的检查项目。

1. 脱空原因分析

（1）垫层料随着其后的堆积石体发生较大位移沉降，而面板与垫层料变形不同步所至。作为特大型的填筑体和具有一定刚度的面板，不同步变形量存在渐变地带，面板脱空区一旦存在，则一般不会以小面积出现，且脱空高度与脱空区面积存在一定的关联性，高度越高则面积越大；单点的脱空高度与其所处的脱空区中的位置有关，呈现出中部深、四周浅形态。脱空主要在砂浆垫层与砂垫层料区（ⅡA 层）之间出现，见图 7.1-7。

（2）部分区域的面板随垫层料沉降位移，同时面板的其他区域垂直面板向上翘起，或者面板受坝体内水压力而向上隆起，因而产生脱空区。此时面板脱空区一旦存在，则一般不会以小面积出现，且脱空高度与脱空区面积存在一定的关联性，脱空高度越高，则脱空面积越大；单点的脱空高度与其所处的脱空区中的位置有关，同一高程位置的脱空高度基本相同，最大脱空高度为面板的最大变形位置。发生脱空的层面主要是砂浆垫层与砂垫层料（ⅡA 层）之间的界面，同时砂浆垫层与混凝土面板间也可能出现脱空，见图 7.1-8。

（3）地下水流动过程中将砂垫层料（ⅡA 层）中的较小砂粒带到坝体深部或排出，砂垫层料流失而引起面板脱空。这种类型的面板脱空区面积相对较

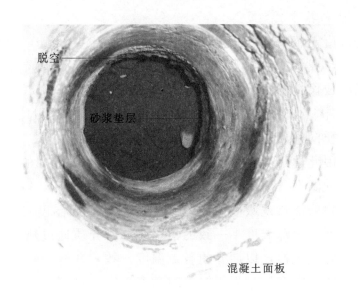

图 7.1-7　砂浆垫层与砂垫层料（ⅡA层）的层间脱空

图 7.1-8　迎水面坝体的工程结构分层及面板脱空状态

小，且脱空高度与砂粒的流失量相关；单点的脱空高度与其所处的脱空区中的位置有关，排水点位置附近的脱空高度最大，周边位置的高度迅速变小。发生脱空的层面主要是砂浆垫层与砂垫层料（ⅡA层）的界面，见图 7.1-8。

　　（4）上述 3 种脱空原因组合，造成面板脱空。脱空的形态是上述各形态的组合。

2. 物探方法与技术

对于钢筋混凝土面板，厚度设计值一般介于 $30\sim80cm$，面板表面平整，适用于采用红外热成像、地质雷达、声波映像和三维混凝土成像检测。

（1）红外热成像检测技术。温度在绝对零度（约为 $-273℃$）以上的介质，通过其表面以红外射线的方式，向外界辐射能量，同时也通过其表面吸收来自外界的能量。介质向外界辐射红外能量的大小与介质的温度、辐射率和表面面积等因素相关。因此通过接收介质辐射的红外线，利用已知的辐射率等因素，可以计算出介质的温度。

介质向外界辐射能量或吸收来自外界的能量，表面温度自然降温或升温，介质出现表面温度与内部温度不一致的情况，此时介质通过热传导方式，实现介质内部各点的能量交换，以期介质各点温度一致。介质与外界的能量交换过程以及介质内部的能量交换过程最终出现动态平衡，见图 7.1-9。

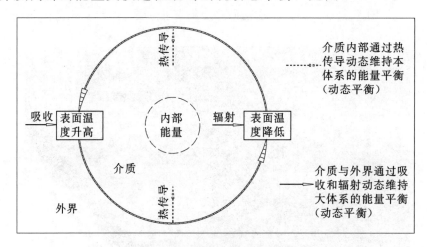

图 7.1-9 能量交换的动态过程

红外热成像法检查混凝土面板的脱空状态，正是利用上述介质内部、介质与外界环境能量交换过程所特有的物理差异进行工作。面板脱空检查工作中，将面板、砂浆垫层、脱空区、砂垫层料（ⅡA 层）和坝体堆石视为介质的内部体系，其他视为外界环境体系。此时，介质内部体系各部位的热传导率不一致，表现为钢筋混凝土面板的热导率最高，砂浆垫层次之，第三为砂垫层料（ⅡA 层），最后为空气，且空气热导率明显比其他 3 种介质低。因而，在同等面积的面板吸收或辐射同等的能量时，面板各点的温度因内部热传导率的差异而不同，具体如下：

1）白天，在阳光照射之下，由于外界环境温度较面板等体系内部高，面板总体表现为吸收热量，面板升温。存在脱空的面板区域由于空气热传导性能差而使得温度升高较快，非脱空区的面板由于热量易向坝体深部传导而升高较慢。吸收一定热量后，面板表面温度表现出脱空区为高温区、非脱空区为低温区的现象。

2）夜间，由于外界环境温度较面板等体系内部低，面板总体表现为辐射热量，面板温度下降。脱空区面板由于下层空气热传导率低，不易得到坝体等体系内部热量补充而使得温度降低较快；非脱空区的面板由于更易得到砂浆垫层、砂垫层料（ⅡA层）等体系内部的热量补充而温度降低较慢。辐射一定热量后，面板表面温度表现出脱空区为低温区、非脱空区为高温区的现象（图7.1-10）。

（a）某大坝面板外观

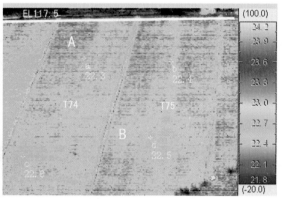

（b）面板早晨时段红外热成像图

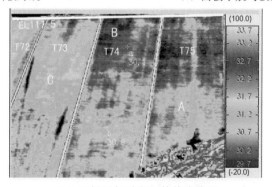

（c）面板下午时段红外热成像图

图7.1-10　某大坝面板红外热成像双比图

（2）地质雷达检测技术。地质雷达方法是利用发射天线向地下介质发射广谱、高频电磁波，当电磁波遇到电性（介电常数、电导率、磁导率）差异界面时将发生折射和反射现象，同时介质对传播的电磁波也会产生吸收滤波和散射作用。用接收天线接收来自地下的反射波并做记录，采用相应的雷达信号处理软件进行数据处理，然后根据处理后的数据图像结合工程地质及地球物理特征进行推断解释。

地质雷达技术是研究高频（$10^7 \sim 10^9$ Hz）短脉冲电磁波在地下介质中的传播规律的一门学科。在距场源 r、时间 t、以单一频率 ω 振动的电磁波的场值 P 可以用下列数学公式表示

$$P = |P| \mathrm{e}^{-\mathrm{j}\omega\left(t-\frac{r}{v}\right)} \qquad (7.1-8)$$

式中　P——电磁波的场值；

　　　ω——角频率；

　　　t——时间；

　　　v——电磁波速度；

　　　$\dfrac{r}{v}$——r 点的场值变化滞后于源场变化的时间。

因为角频率 ω 与频率 f 的关系为 $\omega = 2\pi f$，波长 $\lambda = \dfrac{v}{f}$，式（7.1-8）可以表示为

$$P = |P| \mathrm{e}^{-\mathrm{j}\left(\omega t - \frac{2\pi f r}{v}\right)} = |P| \mathrm{e}^{-\mathrm{j}(\omega t - kr)} \qquad (7.1-9)$$

其中

$$k = \frac{2\pi}{\lambda}$$

式中　k——相位系数，也称传播常数；

　　　f——频率；

　　　λ——波长。

k 是一个复数，从 Maxwell 方程中可推导出

$$k = \omega \sqrt{\mu\left(\varepsilon + \mathrm{j}\,\frac{\sigma}{\omega}\right)} \qquad (7.1-10)$$

式中　μ——磁导率；

　　　ε——介电常数；

　　　σ——电导率。

若将式（7.1-10）写成 $k = \alpha + \mathrm{j}\beta$，则有

$$\alpha = \omega\sqrt{\mu\varepsilon}\sqrt{\frac{1}{2}\left[\sqrt{1+\left(\frac{\sigma}{\omega\varepsilon}\right)^2}+1\right]} \qquad (7.1-11)$$

$$\beta = \omega\sqrt{\mu\varepsilon}\sqrt{\frac{1}{2}\left[\sqrt{1+\left(\frac{\sigma}{\omega\varepsilon}\right)^2}-1\right]} \qquad (7.1-12)$$

将基本波函数 $\mathrm{e}^{\mathrm{j}kr} = \mathrm{e}^{\mathrm{j}\alpha r}\mathrm{e}^{-\beta r}$ 代入式（7.1-8）则有

$$P=|P|e^{-j(\omega t-\alpha r)} \cdot e^{-\beta r} \tag{7.1-13}$$

上三式中　　α——相位系数，表示电磁波传播时的相位项，波速的决定
因素；

β——吸收系数，表示电磁波在空间各点的场值随着离场源距
离的增大而减小的变化量。

介质电磁波速度 v 的计算公式为

$$v=\frac{\omega}{\alpha} \tag{7.1-14}$$

常见混凝土及岩土介质一般为非磁介质，在地质雷达的频率范围内，一般
有 $\frac{\sigma}{\omega \varepsilon} \ll 1$，于是介质的电磁波速度近似为

$$v=\frac{c}{\sqrt{\varepsilon}} \tag{7.1-15}$$

式中　　c——电磁波在真空中的传播速度，$3 \times 10^8 \text{m/s}$。

当雷达波传播到存在介电常数差异的两种介质交界面时，雷达波将发生反
射，反射信号的大小由反射系数 R 决定，R 表达式如下

$$R=\frac{\sqrt{\varepsilon_1}-\sqrt{\varepsilon_2}}{\sqrt{\varepsilon_1}+\sqrt{\varepsilon_2}} \tag{7.1-16}$$

式中　　ε_1——上层介质的介电常数；

ε_2——下层介质的介电常数。

根据反射波的到达时间及已知的波速，可以准确计算出界面位置。根据雷
达波的大小，从已知的上层介质的介电常数出发，可以计算出下层介质的介电
常数，结合工程地质及地球物理特征推测其物理特性。

对于小脱空高度，面板底界面的地质雷达反射信号表现为强正相，随着脱
空高度的逐步增大，地质雷达信号因脱空上下界面形成的多次反射现象逐渐明
显，面板底界面出现强度逐渐减弱、时间上近于连续的多次反射波。当脱空高
度大于地质雷达的最小垂直分辨力时，多次反射信号现象表现不明显，但可以
从反射信号上读取脱空的上下界面时间，计算出脱空高度。此次面板脱空检
查，由于脱空区地质雷达波形以正相位反射开始、负相位反射结束，实际分析
判断中只能以 $\frac{\lambda}{2}$ 作为垂直分辨率下限，因此采用 400MHz 进行检查，脱空高度
的分辨率为 38cm。以 400MHz 天线为主检查得出的面板脱空高度是个近似
值，仅供参考。

图 7.1-11 为实测过程中的地质雷达反射波形图。面板布设双层钢筋、处

于非脱空状态，主要特征为两层钢筋、砂浆垫层和砂垫层料（ⅡA层）反射明显，砂浆垫层和砂垫层料（ⅡA层）反射波相位为负，钢筋反射相位为正。图7.1-12为面板布设双层钢筋、脱空状态下的地质雷达反射波形图，与非脱空状态下不同的主要特征为：明显出现正相位的地质雷达反射波，但砂浆垫层反射波已无法准确判别。通过面板脱空和非脱空状态下的地质雷达实测波形比较，可知采用地质雷达方法进行面板脱空检查，在原理可行，技术上是有效的。

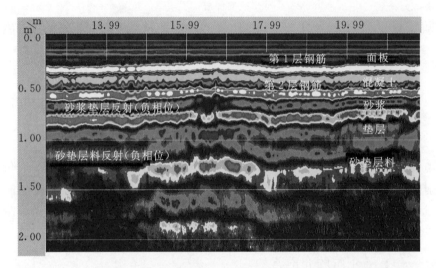

图 7.1-11　面板布设双层钢筋、非脱空状态下的地质雷达反射图

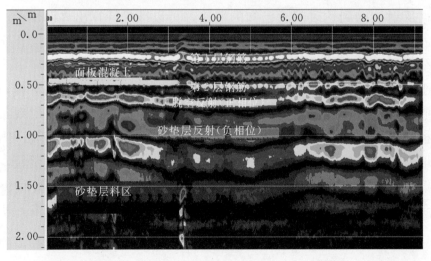

图 7.1-12　面板布设双层钢筋、脱空状态下的雷达反射图

（3）声波映像法检测技术。声波映像法是利用声波信号发射设备向地下发射声波，当声波遇到波阻抗差异的界面时将发生反射等现象，通过声波换能

器，声波仪记录下声波反射信号数据，用专用软件对记录数据进行处理，根据处理后的数据特征，结合介质特征进行推断解释。

当声波传播到存在波阻抗差异的两种介质交界面时，声波将发生反射，反射信号的大小由反射系数 R 决定，三维空间中 R 表达式为

$$R = \frac{Z_2 - Z_1}{Z_1 + Z_2} \tag{7.1-17}$$

$$Z_1 = \rho_1 v_1 A_1 \tag{7.1-18}$$

$$Z_2 = \rho_2 v_2 A_2 \tag{7.1-19}$$

式中　下标 1——第一层（上层）介质；

　　　下标 2——第二层（下层）介质；

　　　Z——波阻抗；

　　　ρ——密度；

　　　v——声波速度；

　　　A——面积。

图 7.1-13 为声波映像法实测波形图。声波映像反射波的主要特征是：声波反射相位为负相位；非脱空区反射波振幅最小，频率最高，衰减最快；脱空区的反射波振幅最大，频率最低，衰减最慢。

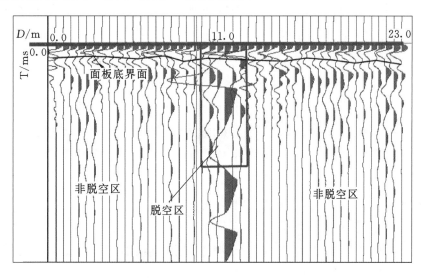

图 7.1-13　声波映像法检查效果图

7.1.3.2.3　水下检查与检测

大坝水库蓄水后，为探测水下坝前与进水口的淤积情况和水下面板的健康状况，需进行水下物理探测和检查。

1. 检测工作任务和方法

采用大面积普查和重点部位详查相结合的方式，利用多波束探测技术、水下声波探测技术（浅地层剖面仪）、水下机器人（ROV）探测技术相结合进行探测。

（1）采用多波束探测技术可确认水下建筑物表面的形态和大坝坝前的库底形态，可进行大面积普查，发现异常部位进行加密测试，初步确定缺陷位置。

（2）在异常部位，采用水下声波探测技术（浅地层剖面仪）、水下机器人（ROV）进行详细探测，确定缺陷的位置。探测成果指导除险加固处理。

2. 多波束测深技术

多波束测深系统也称声呐阵列测深系统。近年来多波束测深技术日益成熟，波束数已从 1997 年首台 Sea Beam 系统的 16 个增加到目前 100 多个，波束宽度从原来的 2.67°减到目前的 1°～2°，总扫描宽度从 40°增大至目前的 150°～180°。全球定位系统（GPS）在多波束测深系统中的应用，使得多波束测深系统不仅在海洋测绘中得到广泛应用，而且在江河湖泊测绘中的作用日益广泛。目前多波束测深系统不仅实现了测深数据自动化和在外业准实时自动绘制出测区水下彩色等深图，而且还可利用多波束声信号进行侧扫成像，提供直观的水下地貌特征，又形象地叫它为"水下 CT"。

多波束测深系统工作原理和单波束测深一样，是利用超声波原理进行工作的，不同的是多波束测深系统信号接收部分由 n 个成一定角度分布的相互独立的换能器完成，每次能采集到 n 个水深点信息。

3. 水下机器人探测技术

无人遥控潜水器（remote operated vehicles，ROV），也称水下机器人，是一种工作于水下的极限作业机器人，能潜入水中代替人完成某些操作，又称潜水器。水下环境恶劣危险，人的潜水深度有限，所以水下机器人已成为开发海洋的重要工具。它的工作方式是由水面母船上的工作人员通过连接潜水器的脐带提供动力，操纵或控制潜水器，通过水下电视、声呐等专用设备进行观察，还能通过机械手进行水下作业。无人遥控潜水器主要有，有缆遥控潜水器和无缆遥控潜水器两种，其中有缆遥控潜水器又分为水中自航式、拖航式和能在海底结构物上爬行式 3 种。

4. 浅地层剖面仪探测技术

浅地层剖面探测是一种基于水声学原理的连续走航式探测水下浅部地层结构和构造的地球物理方法。浅地层剖面探测系统（sub-bottom profiler system）又称浅地层地震剖面仪，是在超宽频海底剖面仪基础上的改进，是利用声波探测浅地层剖面结构和构造的仪器设备。以声学剖面图形反映浅地层组织结构，具有很高的分辨率，能够经济高效地探测水底浅地层剖面结构和构造。

浅地层剖面探测工作是通过换能器将控制信号转换为不同频率（100～10000Hz）的声波脉冲向水底发射，该声波在水和沉积层传播过程中遇到声阻抗界面，经反射返回换能器转换为模拟或数字信号后记录下来，并输出为能够反映地层声学特征的浅地层声学记录剖面（图 7.1-14）。

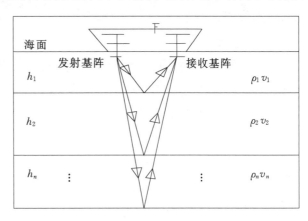

图 7.1-14　浅地层剖面仪工作原理示意图

7.1.4　应急预案编制

水库大坝突发事件是指突然发生的，可能造成重大生命、经济损失和严重社会环境危害，危及公共安全的紧急事件，水库大坝各类突发事件中危害性最大的是溃坝事件，可能对生命、财产、基础设施、生态环境、经济社会发展等造成灾难性破坏和冲击。根据《中华人民共和国突发事件应对法》和《国家突发公共事件总体应急预案》编制水库大坝突发事件应急预案，是高土石坝安全管理的基本制度，也是降低水库大坝风险，避免和减少人员伤亡的一项重要非工程举措。应急预案是水库大坝运行维护和加强水库大坝病险和溃坝防范的重要内容，一旦出现水库大坝重大突发事件时对避免和降低损失有重要意义。

1. 应急预案编制的意义

土石坝溃坝是水库突发事件中危害性最大的事件，国内外均有溃坝的惨痛教训。如河南的"75·8"大洪水导致板桥、石漫滩两座大型水库在内的 62 座大坝溃决，造成 2.6 万人死亡，1000 多万人受灾等。20 世纪 80 年代以来，国家出台一系列加强运行管理、安全管理文件、法规，明确了水库大坝安全定检和安全登记制度，规范了水库大坝运行管理。同时，通过除险加固措施，我国溃坝现象显著减少，控制了溃坝率，同时人员伤亡也降到最低。但大坝溃决引起人员伤亡是社会和公众不能容忍的事件。尽管目前尚无高土石坝溃决先例，但可以预知的是，高土石坝基本对应着大库容，其溃坝更将是人类的巨大灾难。同时，溃坝的发生往往是多因素的集合，其本身也是一个渐进的过程，若能建立完善的突发事件应急管理机制，为每一座高坝水库制订周密的突发事件应急预案，并以演习形式检验其有效性和可行性，则在紧急情况下，有序快速高效地转移人员和安排抢险，就能在灾难发生时尽力减少人员伤亡，将生命和财产损失降到最低。

2. 应急预案编制

依据水利部《水库大坝安全管理应急预案编制导则（试行）》（水建管〔2007〕164 号）❶ 进行水库大坝的应急预案编制。

（1）应急预案编制原则。

1）贯彻"以人为本"原则，体现风险管理理念，尽可能避免或减少损失，特别是生命损失，保障公共安全。

2）按照"分级负责"原则，实行分级管理，明确职责与责任追究制。

3）强调"预防为主"原则，通过对水库大坝可能突发事件的深入分析，事先制定减少和应对突发公共事件发生的对策。

4）突出"可操作性"原则，预案以文字和图表形式表达，形成书面文件。

5）力求"协调一致"原则，预案应和本地区、本部门其他相关预案相协调。

6）实行"动态管理"原则，预案应根据实际情况变化适时修订，不断补充完善。

（2）应急预案的主要内容。

1）预案封面应明确预案版本编号、编制单位与编制日期、审查单位与审查日期、批准部门与批准日期、监管部门与备案日期、有效期等。

2）应急预案内容一般包括前言、水库大坝概况、突发事件分析、应急组织体系、预案运行机制、应急保障、宣传、培训、演练（习）、附录等。

7.2 高土石坝健康诊断

健康诊断的难点就在于如何运用递归运算方法将多个诊断指标的健康值综合为能反映研究对象（包括中间研究对象）健康状况的健康值，以及如何确定高土石坝的健康评判标准。吴中如院士团队在土石坝健康诊断理论方面进行了大量研究。

---

❶ 《水库大坝安全管理应急预案编制导则》（SL/Z 720—2015）已于 2015 年 9 月 22 日发布，2015 年 12 月 22 日正式实施。

7.2.1 构建健康诊断体系指标的原则

（1）可度量原则。采用的指标体系应在度量技术、数据获得、投资节省和时间效率上合理可行，可用准确可信的方法和实用有效的设备进行数据采集。指标体系的数据采集成本应尽量节省，用最小的投入获得最大的信息功效。

（2）操作性原则。指标体系应立足于土石坝工程建设与管理的国情，采用现行的工程检查与检测手段，提高数据可获得性，便于技术的推广与应用，具有可操作性强的特点。无论是面向评价者还是决策者，都应尽可能简明实用。

（3）层次性原则。由于指标体系采用工程基础条件，反映建设、运用、检测、管理各方面老化情况，因此老化评估指标体系应层次结构鲜明，脉络条理清晰，分类归纳合理，能反映不同层面、全方位的工程老化性状。

（4）完备性原则。完备性要求老化评估指标体系覆盖面广，能全面并综合地反映土石坝老化因素的状态和趋势。同时要求指标体系的内容简单明了与准确可靠，具有鲜明的科学性、合理性和可靠性，既要利用专家经验，又要避免主观臆测。

7.2.2 高土石坝健康诊断指标

高土石坝健康诊断是利用安全监测与评价成果、工程检查与检测成果、工程运行与管理等基础资料，通过构建工程健康诊断指标评价体系来综合诊断高土石坝的健康状况。高土石坝健康诊断体系框架与流程见图 7.2-1。

7.2.3 指标权重与综合评价

由于高土石坝工程健康诊断体系是一个多项目、多层次的复杂递阶分析系统，而每层诊断指标的地位和作用也不同，从而使得它们对整个大坝健康状况诊断结果的贡献也不同。因此，应采用适当的方法，将同层诊断指标的初始数据标准化，并分别确定同一层次中各指标相对于上层诊断指标的"相对重要性"，即

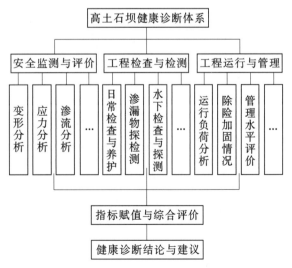

图 7.2-1 高土石坝健康诊断体系框架与流程

权重。

　　指标的度量方法和赋权方法有很多，比较常用的度量方法包括数值计算、模糊统计法、专家调查法和区间平均法等，赋权方法则包括层次分析法、主成分分析法、乘积标度法等。

第8章
高土石坝碳足迹与能耗分析

8.1 概述

随着社会经济的快速发展，全球环境问题日益严重，各行各业的节能降耗工作迫在眉睫。我国"十二五"规划首次明确指出："要把大幅度降低能源消耗强度和二氧化碳排放强度作为约束性指标，有效控制温室气体排放。其中，能源强度下降 16％，碳排放强度下降 17％。"水电是可再生的绿色能源，优先、大力发展水电是全球能源政策的现实选择，但任何能源的开发都会产生能耗和碳排放。目前水电项目的决策，是在综合考虑经济、技术和环境等多方面因素的基础上进行的，但是，其中的环境影响评价尚未考虑水电枢纽工程的能耗和碳排放。

为了响应我国"十二五"规划的能源强度和碳减排强度目标，以更全面的指标严格控制水电的环境影响，实现水电的可持续发展，本书首次系统地基于碳足迹理论对水电枢纽工程的能耗分析进行了研究，从生命周期的角度研究了水电枢纽工程的碳足迹理论、碳足迹分析方法、碳足迹在水电枢纽工程上的应用以及碳足迹分析系统。在深化理论、探索方法的基础上，主要回答"一个大型水电枢纽工程在全生命周期内所排放的温室气体有多少？等效消耗的标准煤有多少？""不同坝型的能耗对比如何？""在整个生命周期阶段中，各阶段排放的温室气体和能耗情况比例如何?""哪些因素对碳排放和能耗影响最大? 如何挖掘水电枢纽工程的节能潜力?""如何快速、精确得到大型复杂水电枢纽工程的碳排放及能耗情况?"等问题, 旨在为水电行业的能耗分析工作提供系统、全面的理论基础和应用平台。

8.1.1 目前全球环境问题的严重性

随着社会经济的快速发展, 全球性的气候变暖问题越发突出。美国国家气象局对天气变化的测量结果显示, 地球现在的气温比 19 世纪高 0.7℃ (图 8.1-1)。政府间气候变化专门委员会 (IPCC) 利用有关气候模式模拟结果说明, 21 世纪内全球平均气温将以每 10 年 0.2~0.5℃ 的速率持续升高。气候变暖会加剧两极冰川融化, 海平面上升, 岛国及沿海城市岌岌可危, 且生态系统也将受到严重影响, 如北极熊面临生存危机, 浮游动

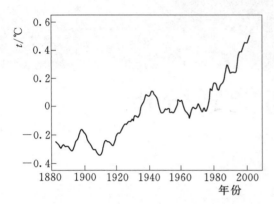

图 8.1-1 近百年全球平均气温变化

物和海鸟数量减少等。由于气候变化造成的总代价相当于每年全球损失 GDP 的 5%, 如果不及时采取措施, 可能损失会上升到 20% 以上。虽然气候变暖受很多因素影响, 但温室效应增强是最重要的因素之一。其中引起温室效应增强的因素又以人为因素为主, 如人们在日常生产和生活中通过燃烧化石燃料释放大量的温室气体, 另外砍伐森林、耕地减少等土地利用方式的改变间接改变了大气中温室气体的浓度。温室气体大量吸收地面的长波辐射, 减少地面热量损失, 从而使大气增温。为了遏制气候暖化的继续加强, 首先必须尽快减少温室气体排放。

近两年, 一种新的天气现象即雾霾笼罩了大半个中国国土, 给工农业生产和人们的生活带来了极大影响。《2013 年中国气候公报》显示, 2013 年我国平均霾日数较常年偏多 27 天, 比 2012 年偏多 18 天。2014 年 1 月 4 日, 国家首次将雾霾天气纳入 2013 年自然灾情进行通报。2 月 20 日开始, 全国 1/5 国土遭遇雾霾。雾霾天气会对人类身体健康造成危害, 长期吸入雾霾空气易致鼻炎、支气管炎等症, 另外能见度低的浑浊天气导致人们心情灰暗压抑, 影响心理健康, 且气溶胶颗粒凝聚后悬浮在空中造成视程障碍, 甚至引发交通事故。不只是中国, 几乎世界每一个国家都存在空气污染问题。据统计, 仅空气污染

就会导致全世界每年80万人死亡。治理大气污染，已经引起了世界的高度重视。

2013年政府间气候变化专门委员会（IPCC）第五次评估报告指出：人类活动导致20世纪中期以来全球气候变暖的可能性在95％以上。雾霾污染的主要原因是大气环境中较高的细微颗粒物浓度，而火电排放又是细微颗粒物的主要成因之一。大量燃烧化石燃料，大量生产，大量消费，大量废弃等人类活动所排放的大量污染物，导致了温室效应的加剧和雾霾天气的形成。针对如此严重的环境问题，各行各业急需大力开展节能降耗工作。因此，我国"十二五"规划首次明确指出："要把大幅度降低能源消耗强度和二氧化碳排放强度作为约束性指标，有效控制温室气体排放。其中，能源强度下降16％，碳排放强度下降17％"。2009年，我国政府承诺2020年碳排放强度比2005年下降40％～45％，非化石能源占一次能源消费的15％左右。

8.1.2 大力开展水电可再生能源建设

实现"十二五"规划以及2020年的碳减排目标，将不可避免地抑制高能耗行业的发展，而且除了节能外，从我国的能源发展规划来看，重点还是在以发展清洁能源为导向的能源结构的改善上。我国化石能源占93％以上，其中煤炭比例在69％左右。吴敬儒等对我国2000—2015年的发电装机容量、发电量构成进行了预测，见表8.1-1。由表8.1.1可以看出，火电的装机容量占

表 8.1-1　　　　　　　　　　2000—2015年我国发电装机及发电量

项　目	2000年		2005年		2010年		2015年	
	数量	构成/％	数量	构成/％	数量	构成/％	数量	构成/％
装机容量/GW	310.0	100.0	380.0	100.0	490.0	100.0	610.0	100.0
其中：水电	75.0	24.2	92.0	24.2	121.0	24.7	140.0	22.9
火电	232.9	75.1	279.3	73.5	355.3	72.5	451.3	74.0
核电	2.1	0.7	8.7	2.3	13.7	2.8	18.7	3.1
发电量/(TW·h)	1300.0	100.0	1680.0	100.0	2180.0	100.0	2720.0	100.0
其中：水电	230.0	17.7	294.0	17.5	387.0	17.8	455.0	16.7
火电	1055.0	81.1	1338.0	79.6	1711.0	78.4	2153.0	79.2
核电	15.0	1.2	48.0	2.9	82.0	3.8	112.0	4.1
发电消费一次能源/Mt（标煤）	479.7		603.1		760.8		922.0	

75％左右，水电占 24％左右，其他核电等的装机容量比例非常小。火电的发电量占总发电量的 80％左右，水电的发电量占总发电量的 17％左右。由于我国能源结构中，火电的比例较大，导致发电消费的一次能源逐年上升。火电在运行过程中要消耗大量化石燃料，同时排放大量温室气体和其他有害气体，因此，大力开发和利用可再生能源和新能源势在必行。

水电是清洁可再生能源，而且是我国仅次于煤炭的第二大常规能源资源，中国政府把水能资源作为能源战略和能源安全的积极发展领域。国家国民经济和社会发展"十二五"规划纲要明确提出：在做好生态保护和移民安置的前提下积极发展水电。国家发展和改革委员会《产业结构调整指导目录（2011 年本）》（2011 第 9 号令）已将水电列为鼓励发展的产业。周世春指出我国以装机容量计水电开发程度为 36％（不计抽水蓄能），与其他国家 60％～70％的平均水平还有较大差距，中国的水力资源和水电开发的潜力还相当大。而且，吴世勇对全球碳循环分析后指出，大力发展水电是应对全球气候变化的重要选择。随着全球对电力的大量需求，以及应对全球气候变化的迫切需要，水电被认为是全球能源生产的重要来源。

因此，我国水电的发展速率较快。2004 年，位于黄河上游的公伯峡水电站，其一组 30 万 kW 的机组投入发电，令中国的水电装机容量突破 1 亿 kW，达到 105.24GW，同比增长 10.9％，超过美国跃居世界第一；同年，火电装机容量达到 329.48GW，同比增长 13.7％；核电装机容量达 6.84GW，同比增长 10.5％。2012 年，全国水电装机容量已突破 230GW，稳居世界首位。预计到 2020 年，我国水电装机将达到 2.5 亿 kW。在社会经济发展的大力需求下，以中国等为代表的发展中国家正进入水电大坝建设的迅速发展时期。

8.1.3　水电开发的环境影响及研究意义

社会经济的快速发展以及改善全球气候的迫切任务，需要大力建设水电大坝，但任何能源的开发都会对环境造成一定影响，水电的大力发展确实也会对生态环境产生复杂的影响。大坝建设可减轻和防止灾难性生态环境的发生，减少污染物排放、改善局部小气候和生态环境等；但在移民、耕地淹没、文物淹没以及对生物资源、生物多样性、景观多样性等方面产生不利影响。随着全球环境问题的越发严重以及人们环保意识的增强，我国水利事业先后经历技术制约、投资制约、市场制约的阶段后，目前发展到了环境制约的阶段。根据《建设项目环境保护管理条例》（国务院令第 253 号）要求，"建设项目的初步设计，应当按照环境保护设计规范的要求，编制环境保护篇章，并依据经批准的建设项目环境影响报告书或环境影响报告表，在环境保护篇章中落实防治环境污染和生态破坏的措施以及环境保护设施投资概算"；国家计划委员会、国务院环境保护委员会联合发布的《建设项目环境保护设计规定》（1987 年国环字第 2 号文）要求"建设项目的初步设计必须有环境保护篇（章），具体落实环境影响报告书（表）及其审批意见所确定的各项环境保护措施……"

因此在水电项目的初步设计阶段，对工程进行环境影响评价是非常重要的环节。水电项目的环境影响评价，一般包括工程对自然环境的影响、工程对生态环境的影响、工程对社会环境的影响以及工程对生活质量的影响。工程对自然环境的影响又包括对地形地貌的影响、对地质环境的影响、对局部气候的影响、对水文泥沙状况的影响、对地面水质的影响、对地下水的影响、对土壤侵蚀的影响、对矿产资源的影响、对泄洪区的影响等。工程对生态环境的影响包括工程对自然保护区的影响、工程对植被与景观生态的影响、工程对陆生植物资源的影响、工程对陆生动物资源的影响以及工程对水生生物及鱼类资源的影响等。工程对社会环境的影响包括水库防洪对下游社会经济的影响、工程对库区土地利用状况的影响、工程对所在地区社会经济的影响、工程对交通运输的影响、工程对航运的影响以及工程对基础设施的影响等。工程对生活质量的影响包括工程对文物古迹及景观旅游资源的影响、工程对人群健康的影响以及工程对居民生活水平的影响等。针对水电项目的环境影响制定相应的环境保护方案，确保水电开发对环境的影响满足环保要求。

水电项目的环境影响评价虽然考虑了较全面的环境影响因素，但在环境保护篇章中，忽略了目前各界人士普遍关注的水电温室气体排放问题，即水电开发对温室效应的影响。因为人们普遍认为水电直接利用河流中水的动能和势能进行发电，在运行期间基本不排放温室气体。但相关研究表明，水电的开发会消耗大量的建筑材料和能源，因此在生命周期各阶段也会直接或间接排放一定的温室气体，随着水电站在建工程数量及规模不断扩大，其二氧化碳排放亦在持续增加。2005—2009 年中国各电力链的碳足迹估算结果表明，水电碳足迹从 $18.37 \times 10^6 \text{hm}^2$ 增加到 $29.74 \times 10^6 \text{hm}^2$，增长了 62%。因此，在评价水电枢纽工程的环境影响时，不可忽略水电的温室气体排放。将水电温室气体排放也就是水电碳足迹作为水电项目环境影响评价的一个重要因子，其定量的计算结果对水电行业碳减排有着重要的指导意义。对于政府、企业而言，定量确定碳足迹是减少碳排放强度的第一步，它能帮助政府辨识工程在其生命周期中主要的温室气体排放过程，以利于制定有效的碳减排方案。而且，在水电枢纽工程方案制定过程中，根据碳足迹的分析方法，还可以预测各种不同备选方案的温室气体排放水平，从而实现对不同枢纽布置方案的评价与择优。另外，企业还可通过碳足迹的计算宣传水电枢纽工程的碳减排效果，为水电枢纽工程的环境保护效益提供有利证据。

水电的温室气体排放与水电枢纽工程的能耗相关，因此，现行的《水电工程可行性研究报告编制规程》（DL/T 5020—2007）中已列入了节能降耗分析篇，对水电工程的节能降耗进行专门研究；水电水利规划设计总院还以水电规科〔2007〕0051 号文颁布了《水电工程可行性研究节能降耗分析篇章编制暂行规定》；国家发展和改革委员会以〔2010〕6 号令颁布了《固定资产投资项目节能评估和审查暂行办法》；国家节能中心于 2011 年 8 月发布了《固定资产投资项目节能评估工作指南》。此外，《水利水电工程节能设计规范》（GB/T 50649—2011）和《水电工程节能降耗分析设计导则》（NB/T 35022—2014）已分别于 2011 年 12 月和 2014 年 11 月实施，《水电工程节能施工技术规范》（能源 20150541）、《水电工程节能验收技术导则》（能源 20150542）、《水电工程节能设计规范》（能源 20150551）、《水电工程节能评估报告编制规定》（能源 20150563）也正在组织制定之中。可见，我国政府和水电行业已经开始重视水电工程的节能降耗分析工作，因此研究水电工程的碳足迹及能耗是时代发展的必然需求。

考虑水电枢纽工程的能耗以及温室气体排放后，可能会对水电工程初步设计阶段的环境影响评价结果以及水电工程坝型方案的选择产生重要的影响。水电项目的坝型比选是水电工程可行性研究阶段重点研究的内容之一，它将对工程建设、运营管理及经济效益产生重大影响。坝型比选需建立在技术、经济、环境等多方面的综合比较基础之上。本章主要针对其中最受关注也是最难评价的环境因素进行深入完善和补充，为水电项目的坝型比选提供重要依据。首先，通过研究水电枢纽工程的能耗分析理论和方法，为水电行业提供一个操作性强、有实际应用价值的定量分析方法，为水电项目的节能降耗分析篇的编制提供理论基础和参考，同时使不同方案的温室气体排放和能耗情况的对比有章可循，为水电项目的坝型比选提供依据；其次，引入温室气体排放，将其作为水电工程环境影响评价的一个重要因子，完善水电项目的环境影响评价指标体系，更加全面地评价水电项目对环境造成的影响，使得水电枢纽布置方案的决策更加科学、合理，同时也控制了水电工程产生的温室效应，促进水电的健康可持续发展。另外，目前水电工程的节能降耗分析和环境影响评价尚未实现定量化和系统化，所以有必要开发一套水电枢纽工程碳足迹分析系统，对水电枢纽工程的温室气体排放和能耗进行快速、定量的分析和评价。总之，本章的意义在于为水电行业的节能降耗工作、环境评价工作以及坝型比选环节提供系统、全面的理论基础、分析方法和系统平台。

8.2 碳足迹理论

碳足迹这一术语是在全球气候变化的宏观语境下人为构建出来的，由于媒体的广泛传播，已经成为公共生活领域中的流行词。学术界似乎还没来得及适应这种变化，对碳足迹的概念内涵、测算方法、衡量单位及适用范围等的理解尚未形成统一意见，阻碍了问题的进一步研究和交流。碳足迹理论在水电行业的应用也较少，本节主要对碳足迹理论进行探讨。

8.2.1 水电工程能耗分析的目的与定位

生命周期评价方法（LCA）是指对产品或活动的整个生命周期（从原材料获取到设计、制造、使用、循环利用和最终处理等），定量计算、评价产品/活动实际、潜在消耗的资源和能源以及排出的环境负荷。LCA 由 4 个相互关联的部分组成，即目标定义和范围界定、清单分析、影响评价、结果解释。

（1）定义目标与范围是生命周期评价的第一步，它是清单分析、影响评价和结果解释所依赖的出发点与立足点，决定了后续阶段的进行和 LCA 的评价结果，直接影响到整个评价工作程序和最终的研究结论。既要明确提出 LCA 分析的目的、背景、理由，还要指出分析中涉及的假设条件、约束条件。另外还需要设定功能单位，它是对产品系统输出功能的量度。其基本作用是为有关输入和输出提供参照基准，以保证 LCA 结果的可比性。

（2）清单分析是计算符合 LCA 目的的全体边界的资源消耗量和排出物阶段，是目前 LCA 中发展最为完善的一部分，也是相当花费时间和人力的阶段。主要是计算产品整个生命周期（原材料的提取、加工、制造和销售、使用和废弃处理）的能源投入和资源消耗以及排放的各种环境负荷物质（包括废气、废水、固体废弃物）的数据。由于实景数据搜集困难，大多数研究者使用 LCA 软件数据库中的数据，如 eBlance 中的 CLCD 数据库。清单分析需要处理庞大的数据，必须运用软件进行计算。

（3）影响评价建立在生命周期清单分析的基础上，根据生命周期清单分析数据与环境的相关性，评价各种环境问题造成的潜在环境影响的严重程度。把清单分析的数据按照温室效应、臭氧层破坏等环境影响项目进行分类，评价每个类别的影响程度。

（4）结果解释即把清单分析和影响评价的结果进行归纳以形成结论和建议的阶段。

由上可知，LCA 在进行影响评价时，包括多种环境影响类型指标，如非能源资源消耗、初级能源消耗、全球暖化、臭氧层消耗、富营养化、酸化、人体毒性等。但要想分析所有环境问题，所需的清单物质指标太多，需要大量的时间和劳力，且没有完善的数据库数据作支持，况且这些所有的环境问题并非都是人们所关心的。研究的意图决定着研究范围，不同目的的 LCA，其深度和广度存在很大差异，所以首先需要对所研究的问题进行目的定位，进而确定研究方法。

随着我国国民经济的快速发展，能源的供应出现了非常紧张的状况，而且能源的消耗引发了严重的环境问题。所以全球都在呼吁节能降耗的口号，我国也制定了非常严格的碳减排目标。进行水电工程能耗分析，其根本目的是通过定量分析工程方案在生命周期各阶段的能源和材料消耗，挖掘能耗量大的方案、阶段、材料、过程等，进而有针对性地采取措施减少能源、材料消耗，减少温室气体排放，实现能源-经济-环境系统的可持续发展。因此，本节并未对生命周期评价方法中的各种影响类型指标都进行分析，而是定位在与水电工程能耗最有直接关联的"全球暖化"环境影响类型指标，并采用碳足迹理论对能耗情况进行专门分析。碳足迹的计算，实质是生命周期评价的一部分，即全球变暖影响的计算。

8.2.2 水电工程碳足迹的概念

碳足迹（carbon footprint，CF）是由生态足迹（ecological footprint，EF）衍生出来的概念，目前还没有形成统一的定义，关于碳足迹的部分定义见表 8.2-1。

表 8.2-1　　　　　　　　　　关于碳足迹的部分定义

来　源	定　义
BP（2007）	碳足迹是指人类日常活动过程中所排放的 CO_2 总量
Energetics（2007）	碳足迹是指人类在经济活动中所直接和间接排放的 CO_2 总量
ETAP（2007）	碳足迹是指人类活动过程中所排放的温室气体转换的 CO_2 等价物，来衡量人类对地球环境的影响
Hammond（2007）	从功能和含义上看，碳足迹应称之为个人或活动所释放的碳重量，所以碳足迹应改为"碳重量"或其他相关词汇

续表

来　源	定　义
WRI/WBCSD	将碳足迹定义为 3 个层面：第一层面来自机构本身的直接碳排放；第二层面将边界扩大到为该机构提供能源的部门的直接碳排放；第三层面包括供应链全生命周期的直接和间接碳排放
Carbon Trust（2007）	碳足迹是衡量某一种产品在其生命周期内（原材料开采、加工、废弃产品的处理）所排放的 CO_2 以及其他温室气体转化的 CO_2 等价物
POST（2006）	碳足迹是指某一产品或过程在全生命周期内所排放的 CO_2 和其他温室气体的总量，后者用每千瓦时所产生的 CO_2 等价物 $[CO_2e/(kW \cdot h)]$ 来表示
Wiedmann 和 Minx（2007）	碳足迹一方面为某一产品或服务系统在其生命周期所排放的 CO_2 总量；另一方面为某一活动过程中所直接和间接排放的 CO_2 总量，活动的主体包括个人、组织、政府以及工业部门等
Global Footprint Network（2007）	碳足迹是生态足迹的一部分，可看作化石能源的生态足迹
Grub 和 Ellis（2007）	碳足迹是指化石燃料燃烧时所释放的 CO_2 总量
《PAS 2050 规范》（BSI，2008）	"碳足迹"是一个用于描述某个特定活动或实体产生温室气体（GHG）排放量的术语，因而它是供各组织和个体评价温室气体排放对气候变化贡献的一种方式。"产品碳足迹"这个术语是指某个产品在其整个生命周期内的各种 GHG 排放，即从原材料一直到生产（或提供服务）、分销、使用和处置/再生利用等所有阶段的 GHG 排放。其范畴包括二氧化碳（CO_2）、甲烷（CH_4）和氮氧化物（N_2O）等温室气体以及其他类气体，其中包括氢氟碳化物（HFC）和全氟化碳（PFC）
王微等（2010）	碳足迹是某一产品或服务系统在其全生命周期内的碳排放总量，或活动主体（包括个人、组织、部门等）在某一活动过程中直接和间接的碳排放总量，以 CO_2 等价物来表示
国际标准化组织（ISO，2012）	产品碳足迹是指产品由原料取得、制造、运输、销售、使用以及废弃阶段过程中所直接与间接产生的温室气体排放总量

基于以上对碳足迹的定义，结合水电工程特性，本书定义"水电工程碳足迹"是指水电工程在全生命周期内（包括材料生产、运输、建设、运行、维护、退役等）所直接或间接产生的温室气体的总质量，以二氧化碳当量（CO_2e）表示。

8.2.3　碳足迹与能耗的转换关系

《水利水电工程节能设计规范》（GB/T 50649—2011）中规定水利水电工程建设施工期、投产后运行期的能耗总量单位应以标准煤计。以标准煤计量的能耗主要包括施工阶段由于施工机械工作以及运行阶段由于机电设备工作所消耗的油和电，但无法包含水电工程施工的上游环节的能耗过程，如材料的生产能耗以及运输能耗。研究表明，材料生产阶段的能耗以及运输能耗占水利水电工程全生命周期能耗的比例非常大，远超过施工阶段的能耗，因此，从生命周期的角度考虑，能耗分析应包括材料生产阶段、运输阶段等上游环节。另外，从节能潜力来看，材料的种类和数量是制约施工方法和工程量的主要因素，如果材料种类及其数量一定的情况下，所采用的机械设备及其工作时间一般变化不会太大，因为机械设备的耗能指标一般比较稳定，即便有可选择的几种设备型号，其能耗强度也相差较小，所以只考虑施工期的能耗，并不能有效挖掘节能的潜力。同理，一般工程规模确定后，运行期的机电设备包括电站油、气、水系统发电机，给排水系统电机，电站照明系统，通风空调设备等的参数基本确定，且不同型号的设备其能耗指标相差较小。考虑水电工程全生命周期的能耗情况后，就可从源头开始的各个阶段挖掘出最大的节能空间，比如使用生产能耗小的建筑材料类型或型号，包括是否使用当地材料等。因此，从节能潜力来看，水电工程的能耗不应仅仅包括施工期和运行期，还应包括材料生产阶段和运输阶段，以挖掘出水电工程最大的节能潜力。

碳足迹理论是基于生命周期思想的，因此基于碳足迹理论的水电工程能耗包含了工程全生命周期各个阶段的直接和间接能耗。通过碳足迹分析，可全面挖掘出水电工程能耗量大的阶段、材料种类、施工过程等，最大限度地为节能降耗措施提供理论依据，其衡量单位为二氧化碳当量（CO_2e）。但二氧化碳当量（CO_2e）过于抽象，人们对其还未形成感性的认识，故更习惯使用标准煤的数量来衡量能耗，因此基于碳足迹理论计算出二氧化碳当量（CO_2e）后，再将其转换为标准煤的数量，有助于人们更好地理解水电工程生命周期内的温室气体排放及能耗情况。

二氧化碳当量（CO_2e）与标准煤的转换关系，可由标准煤的组成成分以及其燃烧过程推算得到。1t 标准煤的能量，约为 0.7t 纯碳充分燃烧释放的热量。一个碳原子充分燃烧后会生成一个二氧化碳分子，见公式（8.2-1）。碳原子的原子量为 12，二氧化碳的分子量为 44，因此，由碳燃烧，到二氧化碳生成，物质重量从 12 增加到 44，产物比原料重了 3.7 倍。所以，理论上 1kg纯碳充分燃烧后，会产生出 3.7kg 二氧化碳，即所谓的"碳排放量"。1t 标准煤燃烧释放的二氧化碳等于 0.7t 纯碳乘以碳排放强度 3.7，即消耗 1t 标准煤的能源，排放的二氧化碳量为 2.6t。

$$C + O_2 \longrightarrow CO_2 + 33662 kJ/kg \qquad (8.2-1)$$

因此，二氧化碳当量（CO_2e）与标准煤的转换关系为

$$2.6tCO_2e = 1t \text{ 标准煤} \tag{8.2-2}$$

8.2.4　水电枢纽工程能耗分析系统边界的确定

严格意义上水电枢纽工程的碳足迹分析应包括 5 个阶段：材料设备生产阶段、运输阶段、施工阶段、运行阶段和退役阶段。但由于目前退役的大中型水电工程极少，相关资料匮乏，且不同枢纽布置方案在退役阶段的环境排放差异不大，因此，本章探讨的水利水电工程碳足迹不考虑退役阶段。如图 8.2-1 所示，每个阶段均有不同的材料和能源输入，同时排出温室气体。不同的枢纽布置方案，输入的材料和能源不同，所以产生不同的环境排放。

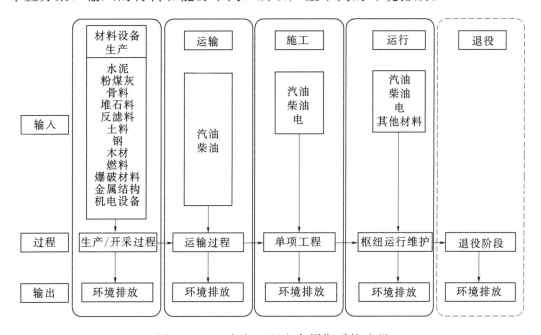

图 8.2-1　水电工程生命周期系统边界

在材料设备生产阶段，需要考虑生产所有主要的材料、设备和能源，如水泥、粉煤灰、石料、燃料、金属结构和机电设备等所排放的温室气体。但机械设备的生产过程及其碳排放可忽略，因为该过程的影响分摊到每个功能单位上往往非常微小（例如一台起重机可以用于多个水电站的建设）；但需计算在项目中机械设备运行的资源能源投入，例如在某一特定工程项目中起重机的柴油消耗，工程建设中的电力消耗等。另外，生活物资的生产过程可忽略，因为生活物资是维持人类生存的基本需求，无论是否参与水电项目，这部分能耗都会存在。考虑到水电工程能耗分析的重点是工程本身的能耗，所以人类活动及其所需生活物资的能耗不计入。

运输过程需要考虑场外运输和场内运输。场外运输即从生产厂家运送到工地的过程；场内运输即项目建设过程中需要来回输送开挖料、建筑材料及设备等的过程。运输过程不考虑人员的输送过程，因为这部分信息难以准确获得，且和工程能耗本身关系不大。

施工过程中需要考虑主要建筑物的主要单项工程的施工能耗和碳排放。主要建筑物应包括挡水建筑物、泄水建筑物、引水发电系统和导流工程。主要单项工程应根据工程量进行取舍，工程量过小的单项工程可不考虑。

运行过程中，不考虑库区的温室气体排放。因为国家及库区各级政府把生态环境建设与保护作为一项基本国策，高度重视大坝库区的生态环境，严把库区各期水库蓄水库底清理的卫生清理、建构物清理、林木清理、固体废弃物清理、漂浮物清理等清理质量关，确保库区生态环境基本安全。所以可以认为库区引起的碳排放为零排放。

8.3 碳足迹混合 LCA 分析方法

8.3.1 生命周期评价方法

计算碳足迹是评价温室气体排放的重要而有效的途径之一，目前碳足迹研究中的主要方法有两类：一是"自下而上"模型，以过程分析为基础；二是"自上而下"模型，以投入产出分析为基础。这两种方法的建立都依据生命周期评价的基本原理。

生命周期评价指分析一项产品在生产、使用、废弃及回收再利用等各阶段造成的环境影响，包括能源使用、资源消耗、污染物排放等。该方法包含 4 个部分，分别是目标和范围定义、清单分析、影响评价和结果解释。采用生命周期评价法核算碳足迹时需要考虑方法和数据两方面的不确定性。首先应选择合适的核算方法，这会对最终结果产生显著影响；其次应确保数据质量，包括准确性、代表性、一致性、可再现性、数据源以及信息不确定性等。

8.3.1.1 过程分析方法（PA-LCA）

过程分析法从产品端向源头追溯，连接与产品相关的各个单元过程（包括资源、能源的开采与生产、运输、产品制造等），建立完整的生命周期流程图，再收集流程图中各过程单元的温室气体排放数据，并进行定量描述，最终将所有的温室气体排放统一使用 CO_2 作为当量表征，即碳足迹。该方法以碳基金

（carbon trust）基于生命周期评价理论提出的产品碳足迹计算方法最有代表性。

1. 分析计算过程

过程分析法详细的分析过程如下：

（1）建立产品的制造流程图。这一步骤的目的是尽可能地将产品在整个生命周期中所涉及的原料、活动和过程全部列出，为下面的计算打下基础。主要的流程图有两类：一类是"企业—消费者"流程图（原料—制造—分配—消费—处理/再循环）；另一类是"企业—企业"流程图（原料—制造—分配），不涉及消费环节。

（2）确定系统边界。一旦建立了产品流程图，就必须严格界定产品碳足迹的计算边界。系统界定的关键原则是：要包括生产、使用及最终处理该产品过程中直接和间接产生的碳排放。以下情况可排除在边界之外：碳排放小于该产品总碳足迹1%的项目；人类活动所导致的碳排放；消费者购买产品的交通碳排放；动物作为交通工具时所产生的碳排放（如发展中国家农业生产中使用的牲畜）。

（3）收集数据。其中两类数据是计算碳足迹必须包括的：①产品生命周期涵盖的所有物质和活动；②碳排放因子，即单位物质或能量所排放的 CO_2 等价物。这两类数据的来源可为原始数据或次级数据。一般而言，应尽量使用原始数据，因其可提供更为精确的排放数据，使研究结果更为准确可信。

（4）计算碳足迹。通常，在计算碳足迹之前需要建立质量平衡方程，以确保物质的输入、累积和输出达到平衡。即：输入＝累积＋输出。然后根据质量平衡方程，计算产品生命周期各阶段的碳排放，基本公式为

$$E = \sum_i Q_i C_i \qquad (8.3-1)$$

式中　E——产品的碳足迹；

　　　Q_i——i 物质或活动的数量或强度数据；

　　　C_i——单位碳排因子（$CO_2 e$/单位）。

（5）结果检验。这一步骤是用来检测碳足迹计算结果的准确性，并使不确定性达到最小化以提高碳足迹评价的可信度。提高结果准确度的途径有以下几种：用原始数据代替次级数据；使用更准确而合理的次级数据；计算过程更加符合现实并细致化；请专家审视和评价。

2. 局限性

过程分析法主要使用第一手或第二手过程数据，能够获得特定产品的高精

度的碳排放结果。但这种方法需要界定系统边界，这相当于将客观上连续的生产工艺流程和供应链人为截断，由此可能导致截断误差，而且难以确定误差的大小。另外，搜集海量数据是一项需要大量成本和工作量的艰巨任务，如果将PA－LCA用于估算诸如政府、家庭或特定产业部门等更大实体的碳足迹，就会遇到更多的困难。

8.3.1.2　投入产出分析方法（EIO－LCA）

投入产出模型是研究一个经济系统各部门间的"投入"与"产出"关系的数学模型，该方法最早由美国著名的经济学家华西里·列昂节夫（Wassily Leontief）于 1936 年提出，是目前比较成熟的经济分析方法。该法主要通过编制投入产出表及建立相应的数学模型，反映经济系统各个部门（产业间）的关系。因此，投入产出分析方法与过程分析方法相反，EIO－LCA 从源头（原材料开采等）开始向后延伸，直至最终废弃。评价中采用的是国家层面各个部门（采矿、运输、产品制造、销售等）的平均数据，并通过将产品相关部门间的供应链强度相乘来计算整个系统的碳足迹。Matthews 等根据世界自然基金会（WRI）和世界可持续发展商会（WBCSD）对于碳足迹的定义，结合投入产出模型和生命周期评价方法建立了经济投入产出—生命周期评价模型（EIO－LCA），该方法可用于评估工业部门、企业、家庭、政府组织等的碳足迹。根据世界资源研究所（WRI）和世界可持续发展工商理事会（WBCSD）对碳足迹的定义，该方法将碳足迹的计算分为 3 个层面，以工业部门为例：第一层面是来自工业部门生产及运输过程中的直接碳排放；第二层面将第一层面的碳排放边界扩大到工业部门所消耗的能源如电力等，具体指各能源生产的全生命周期碳排放；第三层面涵盖了以上两个层面，是指所有涉及工业部门生产链的直接和间接碳排放，也就是从"摇篮"到"坟墓"的整个过程。

1. 计算过程

结合各部门的温室气体排放数据，投入产出分析法可计算各部门为终端用户生产产品或提供服务而在整个生产链上引起的温室气体排放量，计算过程如下：

（1）根据投入产出分析，建立矩阵，计算总产出。

$$x=(I+A+A^* A+A^* A^* A+\cdots)y=(I-A)^{-1}y \qquad (8.3-2)$$

式中　x——总产出；

　　　I——单位矩阵；

　　　A——直接消耗矩阵；

　　　y——最终需求；

$A^* y$——部门的直接产出；

$A^* A^* y$——部门的间接产出，以此类推。

（2）根据研究需要，计算各层面碳足迹。

第一层面 $$b_i = R_i(I)y = R_i y \qquad (8.3-3)$$

第二层面 $$b_i = R_i(I+A')y \qquad (8.3-4)$$

第三层面 $$b_i = R_i x = R_i(I-A)^{-1}y \qquad (8.3-5)$$

式中　b_i——碳足迹；

　　　　R_i——CO_2e 排放矩阵，该矩阵的对角线值分别代表各子部门单位产值的 CO_2e 排放量（由该子部门的总 CO_2e 排放量除以该子部门的生产总值得到）；

　　　　A'——能源提供部门的直接消耗矩阵。

2. 局限性

作为自上而下计算碳足迹的一种方法，投入产出分析方法以整个经济系统为边界，具有综合性和鲁棒性，且核算碳足迹所需的人力、物力资源较少，适用于宏观系统的分析。而且投入产出分析的一个突出的优点是它能利用投入产出表提供的信息，计算经济变化对环境产生的直接和间接影响，即用 Leontief 逆矩阵得到产品与其物质投入之间的物理转换关系。该方法的局限性在于：①EIO-LCA 模型是依据货币价值和物质单元之间的联系而建立起来的，但相同价值量产品在生产过程中所隐含的碳排放可能差别很大，由此造成结果估算的偏差；②该方法是分部门来计算 CO_2e 排放量，而同一部门内部存在很多不同的产品，这些产品的 CO_2e 排放可能千差万别，因此在计算时采用平均化方法进行处理很容易产生误差；③投入产出分析方法核算结果只能得到行业数据，无法获悉产品的情况，因此只能用于评价某个部门或产业的碳足迹，而不能计算单一产品的碳足迹，不适合用于分析微观系统。

8.3.1.3　混合生命周期评价方法（Hybrid-LCA）

由前两节可知，碳足迹的计算主要有两种评估方法：基于过程分析的生命周期评估和基于投入产出分析的碳足迹评估，方法的选择经常要取决于研究的目的以及数据资源的可获得性。投入产出分析更适用于宏观和中观系统，在研究产业部门、个体经营活动、大型产品集团、家庭生活、政府、普通市民或特定社会经济集团的碳足迹时，投入产出分析具有一定的优势。过程分析法显然更适合考察微观系统：特定的工艺过程、单个产品或小规模的产品组。

大型水电枢纽系统比单个产品大，比国家系统小，采用过程分析法过于精细且不易实现，采用投入产出分析方法过于粗糙而降低了精确度。为了结合过程分析法及投入产出分析方法的优点，本章提出采用混合生命周期评价法（hybrid LCA）来分析大型水电枢纽工程的碳足迹。该方法将投入产出分析和过程分析方法整合在同一分析框架内，是近年来的研究热点。

混合生命周期评价方法的计算公式为：

$$B' = \begin{bmatrix} \tilde{b} & 0 \\ 0 & b \end{bmatrix} \begin{bmatrix} \tilde{A} & M \\ L & I-A \end{bmatrix}^{-1} \begin{bmatrix} k \\ 0 \end{bmatrix} \tag{8.3-6}$$

式中　B'——分析对象的温室气体排放量；

$\tilde{b}$——微观系统的直接排放系数矩阵；

$\tilde{A}$——技术矩阵，表示分析对象在生命周期各阶段的投入与产出；

L——宏观经济系统向分析对象所在的微观系统的投入，与投入产出表中的特定部门相关联；

M——分析对象所在的微观系统向宏观经济系统的投入；

k——外部需求向量；

b、I 及 A 的含义同式（8.3-5）。

由于分析对象在生命周期各阶段的投入产出均可通过技术矩阵 $\tilde{A}$ 加以表示，因此微观系统的特定过程与宏观经济部门之间的联系可以在一个统一的框架下加以描述。这种方法既保留了过程分析方法具有针对性的特点，又避免了截断误差，同时也能有效利用已有的投入产出表，减少了碳足迹核算过程中的人力、物力投入，适用于宏观和中微观各类系统的分析。

8.3.1.4　水电枢纽工程碳足迹分析方法的选择

国内外对小水电工程的碳足迹多采用 PA-LCA 方法。Zhang 等采用 EIO-LCA 对中国两座不同规模的水电枢纽工程进行碳足迹分析，结果表明大规模的水电工程比小规模的水电工程的碳排放水平低。但该文献采用部门平均水平数据研究不同规模的水电工程，研究结果具有较强的不确定性。而且这两个工程不但规模不同，坝型也不同，小规模的水电工程是堆石混凝土坝（RFC），大规模的水电工程是拱坝。不同坝型所产生的碳足迹也不同，Liu 等采用混合生命周期评价方法（hybrid LCA）研究堆石混凝土坝（RFC）和普通混凝土坝的温室气体排放水平，发现 RFC 可减少 64% 的碳排放，但研究对象仅是坝体本身。所以研究不同规模的水电工程碳排放情况需建立在坝型相同的基础上；研究不同坝型的水电工程碳排放情况需建立在规模相同的基础上。坝型不同，往往整个枢纽布置便不同，因此需要将研究范围扩展到整个水电枢纽工程，而不仅仅是坝体本身。目前采用较精细的方法研究复杂的大型水电枢纽工程碳足迹的成果不多，且多研究混凝土材料，而未见有研究堆石坝的成果。由于大型水电枢纽工程生命周期长，涉及的建筑物众多，材料种类和施工过程非常多，施工工艺复杂，且实景数据难以获得，采用 PA - LCA 必将投入大量人力、物力资源，完全采用 EIO - LCA 方法又过于宏观，因此本章研究如何采用结合两种方法优势的混合 LCA 法来分析大型水电枢纽工程的碳足迹，从而使得大型水电枢纽工程的能耗分析更具可行性和科学性。典型水电枢纽工程建筑物三维透视图见图 8.3 - 1。

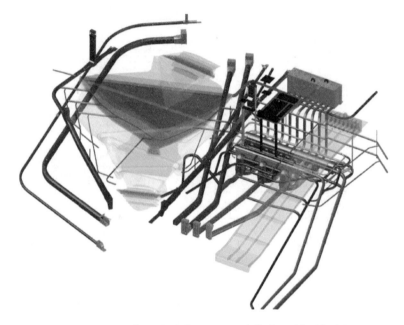

图 8.3 - 1　典型水电枢纽工程建筑物三维透视图

8.3.2　主要碳排放数据的收集

碳排放数据主要指碳排放因子（carbon emission factor），即消耗单位质量物质伴随的温室气体的生成量，是表征某种物质温室气体排放特征的重要参数。水电枢纽工程规模大、施工工期长且施工过程复杂，导致其节能降耗分析需要统计的材料、分项工程、生产系统及设备多，统计分析难度大。而且，高质量的碳排放数据是生命周期能耗分析的重要基础，但获得各种建材碳排放因子是一项非常复杂的工作。目前测定建筑材料碳排放因子的权威机构较少，所测定的材料或能源种类也较少，而且不同机构的研究结果往往差别很大，所以我国的碳排放数据十分匮乏，尤其专门用于水电行业的材料、设备等的碳排放数据更是不得而知，这成为制约生命周期能耗评价技术发展和推广应用的一个主要因素。因此，收集、处理并选择权威的碳排放数据是进行水电枢纽工程碳足迹分析的基础工作。

8.3.2.1　高土石坝所需的主要物资清单

不同坝型的水电工程所用的物资种类和数量均有较大差别，本书以心墙堆石坝为例说明。心墙堆石坝所需的当地材料包括土料、石料；外来物资包括水泥、粉煤灰、钢材、油料、煤炭、木材、爆破材料、金属结构、机电设备等。水泥、粉煤灰和骨料加工拌和成混凝土后供施工时使用。心墙堆石坝主要物资清单见表8.3-1。

表 8.3-1　　　　　　　　　心墙堆石坝主要物资清单

序号	项　目	边　　界
1	堆石料	料场开采、加工
2	反滤料	料场开采、加工
3	防渗土料	料场开采、加工
4	混凝土	从原材料（水泥、骨料、掺合料）生产到砂石加工、拌和至成品料
5	钢材	产品生产到出厂
6	汽油	产品生产到出厂
7	柴油	产品生产到出厂
8	煤炭	产品生产到出厂
9	木材	产品生产到出厂
10	爆破材料	产品生产到出厂
11	金属结构	产品生产到出厂
12	机电设备	产品生产到出厂

8.3.2.2　主要材料、设备生产阶段的碳排放数据

水电枢纽工程所需的建筑材料、金属结构以及机电设备等种类众多，包括当地材料和外来物资。当地材料需经过开采、加工等复杂过程成为成品料后才能供工程施工时使用；外来物资在原厂生产后被运输到建设工地，部分材料在工地需经过再加工后才能应用于施工环节。因此本章将材料、金结、机电等的制备、生产过程作为水电枢纽工程生命周期评价的第一个阶段，包括建筑材料的生产、开采、加工以及金结和机电等的生产直到成品的全过程。这里的成品

是指经过运输后可供工程直接使用的。本节对生产水电枢纽工程所用到的主要建筑材料、能源、设备的碳排放数据进行收集和分析。

1. 混凝土

混凝土是建筑业用量最大、用途最广泛、对环境具有显著影响的材料。其生产过程比较复杂，见图 8.3-2，首先需要生产水泥，并生产粉煤灰以及外加剂等，开采天然掺合料，另外还需要开采矿山石然后经过粉碎、筛分等制成石子和砂子，最后将水泥、掺合料、骨料与水和外加剂等按照一定的配合比（表 8.3-2）进行搅拌。从过程分析法的角度考虑，水泥、掺合料、骨料和外加剂等上游材料的生产过程能耗也应该包括在混凝土生产的能耗中，所以混凝土生产阶段不仅包括混凝土的制备过程还包括所需材料的生产过程。由表 8.3-2可以看出，混凝土中的外加剂仅占 $1m^3$ 的 C30～C100 的重量的 0.13% ～0.67%，用量很小，且类型较多，具体类型的外加剂所对应的生产基础数据也有所不同，数据的不确定性较为显著，考虑其用量对本书的结论影响应很小，因此本书不考虑混凝土中外加剂的生产能耗及碳排放情况。

混凝土的碳排放计算公式为

$$C = \sum_i \beta_i \cdot Q_i \tag{8.3-7}$$

式中　$i=1$、2、3——水泥、砂和骨料；

β_i——各原材料的碳排放因子；

Q_i——原材料消耗量。

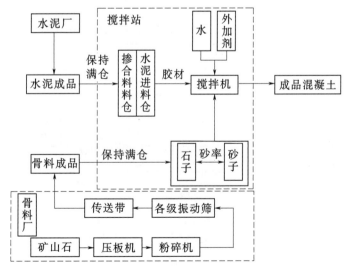

图 8.3-2　混凝土的一般生产过程

表 8.3 - 2 　　　　　　　预 拌 混 凝 土 配 合 比　　　　　　　单位：kg/m³

混凝土	用水量	水泥	粉煤灰	矿粉	骨料	外加剂
C30	185	230	53.1	79.6	1849.0	3.3
C40	180	260	56.0	84.0	1815.6	4.4
C50	175	290	78.4	117.7	1732.1	6.8
C60	170	350	72.5	108.8	1689.2	9.6
C80	165	450	55.7	83.6	1632.8	13.0
C100	155	500	69.6	104.3	1554.2	16.8

注　C30 和 C40 中一般使用 P·O42.5 水泥，C50~C100 中一般使用 P·I52.5 水泥。

一些学者对混凝土的环境影响做了研究。Dias W. P. S 等人提出了包含生产能源消耗、原材料内含碳排放和输入能源三方面的碳排放计算方法，并计算得出混凝土生产、运输过程所排放的二氧化碳为 $312kgCO_2/m^3$；高育新等人提出了混凝土原材料的引入碳排放以及混凝土生产和运输的碳排放计算方法，通过计算得出常规 C30 混凝土的碳排放量为 $187.84kgCO_2/m^3$。李小冬等基于生命周期评价方法，对 6 种等级预拌混凝土（C30~C100）的生产、施工、拆除进行了数据收集和环境影响评价，各阶段的碳排放较明确，且基本可代表业内平均消耗水平。在此对几种混凝土碳排放因子的数据进行分析，并选择水电枢纽工程所适用的碳排放数据。

（1）方法一：基于 LCA 的混凝土碳排放因子。采用 LCA 方法即过程分析法计算得到 1m³ 预拌混凝土生命周期物质投入和产出清单见表 8.3 - 3。

表 8.3 - 3　　　　1m³ 预拌混凝土生命周期物质投入和产出清单

物质排放	C30	C40	C50	C60	C80	C100
CO_2/kg	361.6	388.8	415.4	512.6	616.1	667.3
SO_2/kg	1.3	1.3	1.3	1.4	1.4	1.4
NO_X/kg	1.6	1.6	1.7	1.8	2.0	2.0
CO/kg	4.0	4.0	4.0	4.0	4.0	4.1
COD/kg	0.5	0.5	0.5	0.5	0.5	0.5
SS/kg	16.0	16.0	16.0	16.0	16.0	16.0
粉尘/kg	3.2	3.3	3.3	3.5	3.8	3.9
固废/t	2.5	2.5	2.5	2.4	2.6	2.6
CH_4/kg	4.1	4.1	4.1	4.1	4.1	4.1

续表

资源消耗	C30	C40	C50	C60	C80	C100
标准煤/MJ	1941.4	2054.1	2164.1	2585.7	3019.9	3234.3
水资源/m³	1.3	1.3	1.3	1.3	1.3	1.3
原油/MJ	915.9	916.0	915.8	916.0	916.6	916.6
石灰石/kg	261.6	293.8	326.0	445.2	568.2	629.8
铁矿石/kg	67.8	68.6	69.5	72.7	76.0	77.6
矿山石/t	2.2	2.2	2.1	2.0	2.0	1.9
锰矿/kg	1.1	1.1	1.1	1.1	1.1	1.1
白云石/kg	6.7	6.7	6.7	6.7	6.7	6.7

本章以温室效应作为能耗分析的影响类型，所以将表 8.3－3 中的温室气体 CH_4 按照温室气体当量因子（21）转换为 CO_2 的等效量。则各等级 $1m^3$ 预拌混凝土生命周期的 CO_2 排放量分别为 447.7kg（C30）、474.9kg（C40）、501.5kg（C50）、598.7kg（C60）、702.2kg（C80）、753.4kg（C100）。其中材料生产阶段的环境影响所占比例最大，对 C30、C40、C50、C60、C80、C100 分别为 52.38%、52.60%、52.93%、56.18%、58.30%、59.42%，随着强度等级提高，混凝土生产阶段的环境影响比例增大。另外，由于水电枢纽工程在施工方法和拆除方法方面和房建结构的施工、拆除差异较大，而国内混凝土材料的生产水平差异较小，故只引用材料生产阶段的研究成果。由表 8.3－3 可推算得到各强度等级混凝土材料生产阶段的碳排放因子，见表 8.3－4。

表 8.3－4　　　　　生产 $1m^3$ 预拌混凝土的碳排放因子

物质排放	C30	C40	C50	C60	C80	C100
生命周期/(CO_2e/kg)	447.7	474.9	501.5	598.7	702.2	753.4
生产阶段/(CO_2e/kg)	234.505	249.797	265.444	336.350	409.383	447.670
碳排放因子/(tCO_2e/t)	0.094	0.100	0.106	0.135	0.164	0.179

该结果具有一定的代表性，在不具备实测碳排放数据或者混凝土制备过程不明确的情况下，可暂时采用该结果；如果工程资料中混凝土的制备过程非常详细，且各种材料的生产和运输等上游能耗也都可以追溯到，就可以采用过程分析法计算特定工程中混凝土的碳排放因子。

（2）方法二：基于权威数据库。混凝土属于混合材料，IPCC 的碳排放因子数据库（EFDB）中没有可直接使用的混凝土碳排放因子数据。但其重要组成成分如水泥、砂、骨料的碳排放因子在权威的数据库中可以查询到,因此可根据混凝土的配合比计算混凝土材料的碳排放因子。由表 8.3-5 可得生产 $1m^3$ 混凝土的二氧化碳排放量为 203.33kg,混凝土密度按 $2500kg/m^3$ 计算,则碳排放因子为 $0.081tCO_2e/t$。该计算方法未考虑水泥、砂、骨料从生产场地到搅拌站的运输过程以及搅拌过程的能耗。因此该值和基于 LCA 计算得到的碳排放因子(表 8.3-4)相比较小。

表 8.3-5 水泥、砂、骨料的碳排放因子

序号	材料	用量/(t/m³)	碳排放因子/(tCO₂e/t)	来　源
1	水泥	0.378	0.4985	IPCC 2006
2	砂	0.833	0.002	ELCD (2009),Sand EPA (2000)
3	骨料	1.018	0.013	ELCD (2009),Crushed Stone
4	混凝土		0.081	

(3)方法三:基于类似工程。黎礼刚等研究了护岸工程混凝土的二氧化碳排放情况。常规每立方米 C20 混凝土(不含添加剂)主要用料有:水 190kg、水泥 404kg、砂子 542kg、石子 1264kg,配合比为 0.47:1:1.342:3.129,砂率 30%,水灰比 1:0.47。P・O32.5 水泥的综合能耗取 80.6kgC/t,加上运至护岸工程工地的平均运距后,工地上使用水泥的碳排放因子取 86.3kgC/t。经计算,护岸工程广泛使用的混凝土碳排放因子为 $38.55kgC/m^3$,换算为 CO_2e 量为 $141.35kgCO_2e/m^3$,即 $0.05654tCO_2e/t$。比方法一计算得到的 C30 碳排放因子 $0.094tCO_2e/t$ 小。造成这种结果的原因,一方面可能是护岸工程的混凝土等级低,相应的碳排放因子也就较小;另一方面可能是因为护岸工程碳排放分析中未考虑其他温室气体如 CH_4 的影响。

综上,对比以上 3 种方法的目的是为了找到更合适的混凝土生产阶段的碳排放因子。通过对比发现,不同方法计算得到的碳排放因子量级和规律是一致的,且混凝土强度等级越大,碳排放因子越大;考虑多种温室气体效应比只考虑 CO_2 一种温室气体的结果要大。比较全面且可代表中国混凝土生产水平的碳排放因子是第一种方法即基于 LCA 的计算结果,其他两种方法未考虑完整的过程或多种温室气体。

2. 防渗土料

高心墙堆石坝对防渗土料的要求较高,不但要有较好的防渗性能,还必须有较好的力学性能,能够与坝壳堆石料的变形具有良好的协调性,减小坝壳对

心墙的拱效应，减少心墙产生裂缝的几率。糯扎渡大坝采用农场土料作为心墙料，经过大量的地质勘探资料及试验成果，天然土料的粗粒含量少，细粒及黏粒含量偏高，对于最大坝高达 261.5m 的特高坝来说，其压缩性偏大，力学指标较低，需往天然土料中掺加 35%（重量比）的人工碎石，以改善土料力学性能。

掺砾土料的开采采用立采法，使得混合土料尽可能均匀，随后运输到掺合场与人工碎石掺拌。首先将混合土料和人工碎石水平互层铺摊成料堆，土料单层厚 1.03m，砾石单层厚 0.5m，一层铺混合土料、一层铺砾石料，然后推土机平料，如此相间铺 3 层，总高控制在 5m，用 4m³ 正铲掺混 3 次后装 32t 自卸汽车上坝，后退法卸料，平路机平料铺土厚度 30cm，采用 20t 凸块振动碾碾压 10 遍。人工碎石的掺量为 35%（重量比），最大粒径为 120mm，要求 5～100mm 含量为 94%，掺砾土料碾后颗分大于 20mm 颗粒的含量平均为 27.5%；碾后颗分大于 5mm 的颗粒含量平均为 36.7%；碾后颗分小于 0.074mm 颗粒的含量平均为 36.3%。心墙防渗土料的干密度为 1.9～2.02g/cm³，平均含水率为 9.1%～14.3%，大于设计参考干密度 1.90g/cm³。

在风化土料中掺入适量硬岩碎石料作为超高土石坝心墙防渗料在国内外超高心墙堆石坝填筑中尚不多见，更无其碳排放因子的研究成果，因此可采用投入产出分析方法对防渗土料的碳排放强度进行分析。防渗土料所属的部门应该为 Clay，ceramic 和 refractory minerals。根据工程的筹建年份，选择合适的投入产出模型。糯扎渡水电工程于 2004 年筹建，因此采用卡耐基·梅隆 EIO-LCA 模型（2002）分析，得到 1 百万美元防渗土料开采费用对应的等效二氧化碳排放量为 1490tCO$_2$e。所以土料的生产碳排放因子为 1490tCO$_2$e/（10⁶美元）。

3. 堆石料

堆石料是由岩石粉碎组成的各种级配的岩石碎块类集合体，是堆石坝最重要的建筑材料，其生产过程包括石料开采、破碎加工等过程。堆石坝中堆石料的粒径往往在 600mm 甚至 800mm 以上，垫层料和反滤料的最大粒径也大于 60mm。堆石料主要用于土石坝、挡土墙、铁路地基和海岸护坡等工程，这些工程的碳足迹评价均处在不成熟的阶段，没有现成的可采用的碳排放因子数据。因此可通过以下两种方法近似计算。

（1）方法一：基于权威数据库。堆石坝所采用的堆石料粒径一般都大于 30cm，和填石混凝土坝中的块石粒径相近似，因此可采用 ELCD（2009）数据库中 Rock 的碳排放因子即 0.002tCO$_2$e/t。

（2）方法二：基于类似工程。黎礼刚等研究了护岸工程所用块石的二氧化碳排放情况。护岸用块石一般粒径为 $15\sim45\text{cm}$，和堆石坝工程用的堆石料粒径较近似，一般采石场开采出的块石经人工改小后均适合。计算中选用定额的一般石方风钻明挖法计算，开采过程有钻孔、爆破、撬移、解小、翻渣、清面。岩石级别取中等 $\text{IV}\sim\text{X}$ 型。风钻加气机选择排气 0.8MP 的 45kW 螺杆压缩机，相应制风钻用气选用二级节能耗电计算，为 $0.135\text{kW}\cdot\text{h/m}^3$，由于石料开采和加工多在沿江，用水能耗较小，因此不计入能耗折算。开采 100m^3 块石，开采过程用台时 7.89 个，台时用风量 180.1m^3，其他耗能取 10%，折算耗电 $211\text{kW}\cdot\text{h}$。根据 2009 中国区域电网基准线排放因子，电的碳排放因子为 $0.788\times10^{-3}\text{ tCO}_2\text{e/(kW}\cdot\text{h)}$，则 100m^3 块石开采耗电所造成的二氧化碳排放为 $0.166\text{tCO}_2\text{e/100m}^3$，块石的堆积密度按 1650kg/m^3 计算，得到堆石料开采的碳排放因子为 $0.001\text{tCO}_2\text{e/t}$。

综上，对比这两个数据主要是为了分析堆石料生产过程的碳排放水平。护岸工程中块石的碳排放因子较小，是因为该结果仅包括块石开采过程的能耗，不包括石料破碎加工过程的能耗。土石坝工程中所采用的堆石料一般情况下都是经过破碎加工的，因此基于权威数据库的碳排放因子较为合理。

4. 反滤料

心墙堆石坝的反滤层是极为重要的部分，对堆石坝的质量好坏有着重要的影响。其生产过程包括石料开采、破碎加工等过程，但由于其低能耗性质且应用领域较少，目前没有专门针对反滤料的碳排放因子数据。由于堆石坝的反滤料及混凝土骨料的加工母岩料，均用自卸汽车从石料场开采面运至附近的砂石加工系统，经加工后的反滤料，仍用自卸汽车运输上坝；加工后的混凝土粗细骨料，用自卸汽车运至混凝土拌和系统成品料仓。因此反滤料的开采加工过程与混凝土骨料的开采加工过程相似，可暂时将 ELCD（2009）中即碎石（crushed stone）的碳排放因子 $0.013\text{tCO}_2\text{e/t}$ 作为反滤料的生产阶段的碳排放因子。

5. 钢材

钢铁行业具有高能耗、高排放的特点，已成为工业 CO_2 的主要排放源之一。中国每年钢铁工业排放的 CO_2 达 5 亿 t 以上，CO_2 排放量占全国 CO_2 总排放量的 9.2%，因此权威机构和钢铁行业对钢铁生产过程的能耗均进行了测算。

（1）方法一：基于碳足迹分析方法。钢铁生产过程的碳足迹计算边界见图 8.3 - 3。

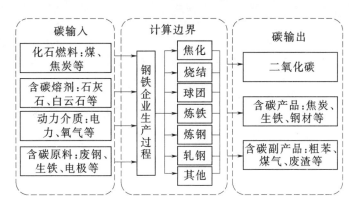

图 8.3 - 3　钢铁生产过程的碳足迹计算边界

张玥等以产品碳足迹评价标准为参考，结合全生命周期的相关理论和排放系数法，以及钢铁企业的工艺流程，建立了钢铁生产过程碳足迹和工序碳足迹，对南京钢铁联合有限公司进行了碳足迹分析。研究结论是：总碳足迹与钢铁产量变化趋势基本一致，随产量增加而增大，2005 年钢铁产量为 437.6 万 t，总碳足迹为 1130.3 万 t，2011 年钢铁产量 489.8 万 t，总碳足迹为 1716.3 万 t，而吨钢碳足迹呈下降趋势，2005 年和 2011 年分别为 2.583t/t 和 2.245t/t，在一定程度上说明钢铁生产过程的能耗利用效率得到一定的提高。

（2）方法二：基于权威机构测算。中国原子能科学研究院测算得到的钢铁生产的碳排放因子为 $2.2tCO_2e/t$。

通过对比这两个数据可以看出，基于碳足迹分析方法计算得到的钢铁生产过程（南京钢铁联合有限公司）的碳排放因子和中国原子能科学研究院测算得到的钢铁的碳排放因子非常相近。这说明理论方法和实测数据具有一致性，同时国内平均碳排放水平和某个别公司的碳排放水平相差不多。由于水电工程所需钢材的生产厂家数据不易获取，因此可选择权威机构即中国原子能科学研究院的研究数据 $2.2tCO_2e/t$。

6. 木材

水电枢纽工程所需的木材用途多种多样，且从多个不同的林场取材，另外木材不是高能耗的建筑材料，其碳排放因子的研究成果较少，因此可采用投入产出分析方法得到其碳排放因子。木材所属的经济部门应该为 Engineered wood member and truss manufacturing。根据工程的筹建年份，选择合适的投入产出模型。糯扎渡水电工程于 2004 年筹建，因此采用卡耐基梅隆 EIO - LCA 模型（2002）分析，得到 1 百万美元木材制造费用对应的等效二氧化碳排放量为 $522tCO_2e$。所以木材的碳排放因子为 $522tCO_2e/(10^6$ 美元$)$。

7. 爆破材料

爆破材料包括的种类较多，如各种炸药、导火索、雷管等。由于该材料不属于高能耗的材料，用量相对混凝土等建筑材料少得多，且爆破材料厂在碳足迹方面的研究很少，因此几乎没有爆破材料的碳排放因子数据，可采用投入产出分析方法得到。与爆破材料较为相符的经济部门应该为 Spring and wire product manufacturing。采用 2002 年 EIO - LCA 模型分析，得到 1 百万美元爆破产品生产费用对应的等效碳排放量为 926tCO$_2$e。所以爆破材料的碳排放因子为 926tCO$_2$e/(10^6 美元)。

8. 煤炭

煤炭属于常见能源，各机构组织均对其碳排放因子做了研究，见表 8.3 - 6。

表8.3 - 6　　　　　　　各组织测得的煤炭碳排放因子　　　　单位：kgCO$_2$e/kg

碳排放因子	来　　源
2.4933	中国工程院
2.7427	国家环境局温室气体控制项目
2.6620	国家科委气候变化项目
2.7412	国家发展和改革委员会能源研究所
2.4053	国家科委北京项目
2.6583	湘潭市统计年鉴（2004 年）
2.5740	DOE/EIA
2.7720	日本能源经济研究所

相对来看，中国工程院的数据更具有权威性，所以煤炭的碳排放因子可取为 2.4933tCO$_2$e/t。

9. 汽柴油

汽油和柴油属于常用能源材料，权威数据库中有相应的碳排放因子数据。其中，生产汽油的碳排放因子为 0.229tCO$_2$e/t（CLCD public 2012），生产柴油的碳排放因子为 0.139tCO$_2$e/t（CLCD public 2012）。

10. 金属结构

金属结构的种类众多，水电枢纽工程中的金属结构包括闸门设备、启闭设备、拦污设备、压力钢管等，由于水电行业在碳足迹分析方面还不够系统，目前没有专门研究生产各种金属结构的碳排放数据。所以可采用投入产出分析方法进行研究。适合金属结构的经济部门应该为 Hardware manufacturing。采用 2002 年的 EIO - LCA 模型分析，得到 1 百万美元金属结构制造费用相对应的

等效碳排放量为 $640tCO_2e$。所以生产金属结构的碳排放因子为 $640tCO_2e/$（10^6 美元）。

11. 机电设备

水电枢纽工程中的机电设备种类繁多，包括发电设备（水轮机、发电机、起重设备、水力机械辅助设备、电气设备、通信设备、通风采暖设备、机修设备）、升压变电设备（主变压器、高压电气设备、一次拉线工程）和其他设备（如电梯设备、坝区馈电设备、供、排水设备、水文水情、泥沙监测设备、安全监测设备、消防设备、劳动安全与工业卫生设备、交通设备、照明工程及梯级调度共用设备）。由于各种设备的来源、使用量等情况不易统计，且各种设备生产过程的能耗情况更无从测算。因此可采用投入产出分析方法进行研究。机电设备所属的部门应该为 Other engine equipment manufacturing。采用 2002年 EIO-LCA 模型分析，得到 1 百万美元机电设备制造费用相对应的等效碳排放量为 $644tCO_2e$。所以机电设备的碳排放因子为 $644tCO_2e/$（10^6 美元）。

12. 电

电力属于常用能源。根据国家发改委气候司发布的《2009 中国区域电网基准线排放因子》，利用文件中第四部分"排放因子数值"结果，根据所属电网，选择所消耗电网的 OM 和 BM 数值（表 8.3-7）。利用选定的 OM 和 BM 数值计算组合排放因子 EFCM，即 EFCM＝（EFOM＋EFBM）×50%，并以此 EFCM 数值作为所消耗电网的排放因子以计算所耗电量的碳排放因子。根据 2009 中国区域电网基准线排放因子得到南方区域电网电的碳排放因子为 $0.788×10^{-3}t\ CO_2e/(kW·h)$。

表 8.3-7　中国区域电网基准线排放因子

电网	$EF_{grid,OM,y}/[tCO_2e/(MW·h)]$	$EF_{grid,BM,y}/[tCO_2e/(MW·h)]$
华北区域电网	1.0069	0.7802
东北区域电网	1.1293	0.7242
华东区域电网	0.8825	0.6826
华中区域电网	1.1255	0.5802
西北区域电网	1.0246	0.6433
南方区域电网	0.9987	0.5772
海南省电网	0.8154	0.7297

注　表中 OM 为 2005—2007 年电量边际排放因子的加权平均值；BM 为截至 2007 年的容量边际排放因子。

13. 主要材料、设备生产阶段的碳排放因子总结

水电枢纽工程中涉及的材料、设备及能源等在生产阶段的碳排放因子见表 8.3-8。

表 8.3-8 水电枢纽工程主要材料、设备及能源等生产阶段的碳排放因子

序号	材料	碳排放因子	来　　源
1	堆石料	$0.002tCO_2e/t$	ELCD（2009）
2	反滤料	$0.013tCO_2e/t$	ELCD（2009）Crushed Stone
3	防渗土料	$1490tCO_2e/(10^6 \text{美元})$	EIO：Sand，gravel，clay，and refractory mining（2002）
4	混凝土	$0.094tCO_2e/t$	基于科技文献
5	钢材	$2.2tCO_2e/t$	China Institute of Atomic Energy
6	柴油	$0.139tCO_2e/t$	CLCD public（2012）
7	汽油	$0.229tCO_2e/t$	CLCD public（2012）
8	煤炭	$2.4933tCO_2e/t$	Chinese Academy of Engineering
9	木材	$522tCO_2e/(10^6 \text{美元})$	EIO：Engineered wood member and truss manufacturing（2002）
10	爆破材料	$926tCO_2e/(10^6 \text{美元})$	EIO：Spring and wire product manufacturing（2002）
11	金属结构	$640tCO_2e/(10^6 \text{美元})$	EIO：Hardware manufacturing（2002）
12	机电设备	$644tCO_2e/(10^6 \text{美元})$	EIO：Other engine equipment manufacturing（2002）
13	电	$0.788 \times 10^{-3} tCO_2e/(kW \cdot h)$	2009 中国区域电网基准线排放因子

8.3.2.3 运输阶段的碳排放数据

运输阶段的碳足迹主要来自运输车辆耗油所排放的温室气体。该阶段需要收集的碳排放数据主要是油料燃烧的碳排放因子，该因子不同于生产油料的碳排放因子。BP China（2010）中给出柴油燃烧时的碳排放因子为 $3.06tCO_2e/t$，汽油燃烧时的碳排放因子为 $3.15tCO_2e/t$。对于油料重量不易获得的情况，如铁路运输，可由杨建新等建立的公用过程环境排放清单（表 8.3-9）获得 CO_2 排放情况。

8.3.2.4 施工阶段的碳排放数据

在建筑物施工阶段，各机械设备的使用与施工方案与承建商技术水平和管理水平有直接的关系，另外施工阶段使用的机械设备数量众多，型号千差万

表 8.3-9　　　　　　　　　中国公用过程环境排放清单

排放物/mg	运输/(t·km)		电力生产/MJ	煤生产/MJ
	公　路	铁　路		
CO_2	23770	317200	317000	894.6
SO_2	182	245.8	286.5	8.753
NO_X	764.1	70.57	1449	2.13
CO	2758	96.6	770	1.165
COD			8.636	0.531
SS			54.78	0.762
油			2.77	
粉尘		308.6	2652	3.543

别。这些都增加了计算建筑物施工阶段碳排放量的难度。而对于水电枢纽工程，施工阶段的能耗更为复杂，包括很多单项工程，如土石方明挖、石方洞挖、石方槽挖、混凝土浇筑、钢筋、锚杆、锚筋桩、钢板、喷混凝土、挂网钢筋、帷幕灌浆、固结灌浆、回填灌浆、接缝灌浆、基础排水孔、边坡排水孔、预应力锚索，堆石坝还包括堆石料填筑、反滤料填筑、土料填筑等。每个单项工程是由多个机械合作完成的，而且每个建筑物同一个单项工程的施工方法可能也不同，所使用的机械种类和工作台时也不同，相应的能耗便会不同。所以施工阶段的碳足迹来源主要是施工机械工作耗油或耗电所引起的温室气体排放，油在燃烧时的碳排放因子和电的碳排放因子均在前面章节中给出，施工阶段需要收集的其他数据就是各机械的台班能耗。

根据水电枢纽工程的施工特点，统计出水电枢纽工程施工阶段所使用的主要机械种类，并参考《水利水电施工机械台班费定额 1991》将每个机械的台班能耗汇总于表 8.3-10。

表 8.3-10　　　　　　　　施工机械台班能耗

序号	机械设备名称	规格	柴油/kg	电/(kW·h)
1	单斗挖掘机	液压 3.5~4m³	227	
2	单斗挖掘机	电动 3.0m³		621
3	地质钻机	150 型		39
4	地质钻机	100 型		39
5	钢筋切断机	20kW		100

续表

序号	机械设备名称	规格	柴油/kg	电/(kW·h)
6	钢筋调直机	4~14kW		17
7	钢筋弯曲机	φ6~40		35
8	灌浆泵	中低压砂浆		55
9	灰浆搅拌机			35
10	混凝土吊罐	6m³		15
11	混凝土吊罐	3m³		
12	混凝土搅拌车	3m³	45	
13	混凝土搅拌车	6m³	55	
14	混凝土搅拌楼	4×3m³		1288
15	混凝土搅拌楼	4×1.5m³		669
16	混凝土喷射机	4~5m³/h		16
17	混凝土输送泵	30m³/h		150
18	胶带输送机	800mm×30m		67
19	卷扬机	10t		75
20	拉模动力设备			75
21	缆索起重机	20×870m		1861
22	离心水泵	7kW 单级		35
23	履带起重机	柴油 15t	40	
24	门座式起重机	10t/30t 高架		454
25	内燃机车	轨距 600mm，88kW	34	
26	平车	窄轨，20t	0	0
27	潜孔钻	100 型		116
28	潜孔钻	150 型		168
29	强制式混凝土搅拌机	0.25m³		53
30	台车动力设备			53
31	推土机	59kW	44	
32	推土机	88kW	66	
33	推土机	74kW	55	
34	推土机	132kW	99	
35	推土机	176kW	132	
36	推土机	235kW	176	

续表

序号	机械设备名称	规格	柴油/kg	电/(kW·h)
37	拖拉机	74kW	67	
38	蛙式夯实机	2.8kW		18
39	羊脚碾	12~18t	0	0
40	液压平台车		79	
41	液压凿岩台车	三臂	32	551
42	液压凿岩台车	四臂	43	722
43	振捣器	变频机组×4kW		23
44	振捣器	插入式×2.2kW		12
45	振动碾	13.14t	30	
46	直流电焊机	30kVA		168
47	轴流通风机	14kW		79
48	轴流通风机	37kW		207
49	轴流通风机	55kW		308
50	装载机	1m³	48	
51	装载机	5~5.6m³	204	
52	装载机	3m³	110	

8.3.2.5　运行阶段的碳排放数据

水电枢纽工程运行阶段长达数十年，运行期间的能耗来源比较多，且一般无监测数据，尤其在设计阶段，工程还未建成无法得到实际的能耗情况；同时，从设计资料中也无法得到类似施工阶段一样较可靠的耗油量、耗材量等来推算碳足迹。经过分析发现，一般工程设计资料中均有投资估算数据，因此对于这种能耗来源比较模糊且已知经济成本的阶段而言，可采用投入产出分析方法进行研究。

电站发电成本一般包括折旧费、修理费、职工工资及福利费、劳保统筹、材料费、库区维护费、水资源费、移民后期扶持基金、其他费用和利息支出等。在运行阶段计算温室气体排放时，经济成本仅需考虑与其相关的修理、材料和库区维护。已知运行阶段的经济成本后，可选择 2002 年的美国 EIO - LCA 模型，运行维护应该属于 Nonresidential maintenance and repair 部门。由该模型可知，1 百万美元发电成本所对应的温室气体排放量为 $624tCO_2e$。

8.3.3　基于混合 LCA 的水电枢纽工程碳足迹分析方法

大型水电枢纽工程生命周期长，涉及的材料和过程非常多，施工工艺复杂，实景数据难以获得，采用 PA-LCA 必将投入大量人力、物力资源，完全采用 EIO-LCA 方法又过于宏观，因此采用结合两种方法优势的混合 LCA 法来研究大型水电枢纽工程的碳足迹。

基于过程分析法（PA-LCA）的碳足迹计算公式一般形式为

$$C = \sum_{i=1} Q_i EF_i \qquad (8.3-8)$$

式中　　C——碳足迹；

$\quad\quad Q_i$——i 物质或活动的数量或强度数据（质量/体积/千米/千瓦时），EF_i 为单位碳排放因子（CO_2e/单位）。

投入产出分析方法则是根据 EIO-LCA 模型，由某经济部门的成本投入得到该部门相应的温室气体排放量即产出。对于碳排放因子数据缺乏的材料，或者上游边界较远的单元过程，另外如金属结构、机电设备、爆破材料等这类不易再划分出更具体产品的情况，可采用投入产出分析方法。EIO-LCA 方法得到的计算结果一般为 CO_2e/单位货币，如 3.3.2 节中的土料、爆破材料等，类似于碳排放因子 EF，因此可结合 PA-LCA 与 EIO-LCA 分析大型水电枢纽工程的碳足迹。

3.3 节已收集了基于过程分析法或者投入产出分析方法得到的碳排放数据。针对大型水电枢纽工程各阶段的能耗特征，各阶段的碳足迹计算公式如下。

（1）材料设备生产阶段碳足迹：等于各种材料和设备在生产制造阶段的碳足迹之和。碳足迹为材料或设备的数量（或成本）与其碳排放因子的乘积。公式如下

$$C_1 = \sum_i M_i \beta_i \qquad (8.3-9)$$

式中　　C_1——材料设备生产阶段的碳足迹；

$\quad\quad \beta_i$——第 i 种材料或设备的碳排放因子（CO_2e/单位数量或 CO_2e/单位货币）；

$\quad\quad M_i$——第 i 种材料或设备的用量（或成本）。

（2）运输阶段碳足迹：主要来自运输车辆耗油所排放的温室气体。一般只计算由场外商家运输到工地的能耗。但水电枢纽工程施工阶段的工程量非常大，场内的运输能耗不可忽略。为方便计算，将施工期的场内运输能耗列入运

输阶段。

对于运输阶段的碳足迹，首先由货物运输量、运输距离、运输方式得到运输时间。再根据《水利水电施工机械台班费定额》得到运输车辆的台班耗油量，总耗油量乘以油的碳排放因子即场外运输碳足迹。假设空车返程。具体公式如下

$$C_2 = \sum_j \gamma_j M_j = \sum_j \left(\gamma_j \sum_i \frac{1}{8} \alpha_j \frac{M_{总i}}{M_{载重}} \frac{2L_i}{v} \right) \qquad (8.3-10)$$

式中　C_2——运输阶段的碳足迹；

　　　γ_j——第 j 种油料的碳排放因子；

　　　M_j——第 j 种油料的消耗量；

　　　$M_{总i}$——第 i 种货物的总重量；

　　　$M_{载重}$——车辆的载重量；

　　　L_i——第 i 种货物的运输距离；

　　　v——运输车辆的行驶速度；

　　　α_j——车辆每台班消耗第 j 种油料的重量。

（3）施工阶段碳足迹：来源主要是施工机械工作耗油或耗电所引起的温室气体排放。单位时间耗能可通过参考《水利水电施工机械台班费定额》中的台班耗能指标，见表 3.11。施工机械的工作时间需要根据施工工程量和生产率得到。耗能包括耗油和耗电。耗油量乘以油的碳排放因子，再加上耗电量乘以电的碳排放因子即可得到总的施工碳足迹。计算公式如下：

$$C_3 = \sum_k \gamma_k M_k = \sum_k \left(\gamma_k \cdot \sum_l \sum_r \frac{1}{8} \alpha_{rk} V_{总l} \cdot t_{rl} \right) \qquad (8.3-11)$$

式中　C_3——施工阶段的碳足迹；

　　　γ_k——第 k 种能源（柴油、汽油、电）的碳排放因子；

　　　M_k——第 k 种能源的消耗量；

　　　$V_{总l}$——第 l 个单项工程的总工程量；

　　　t_{rl}——第 r 种机械在第 l 个单项工程上的生产率；

　　　α_{rk}——第 r 种机械每台班消耗第 k 种能源的数量。

（4）运行维护阶段碳足迹：采用投入产出分析方法。这是因为水电枢纽工程运行阶段的能耗来源比较复杂，没有一个清晰的系统边界，且收集数十年的历史数据费时、昂贵，因此采用 PA-LCA 是不可行的。工程设计时一般都会对工程进行投资预算，因此可由经济成本通过 EIO-LCA 得到环境排放。

电站发电成本一般包括折旧费、修理费、职工工资及福利费、劳保统筹、

材料费、库区维护费、水资源费、移民后期扶持基金、其他费用和利息支出等。在运行阶段计算温室气体排放时，仅需考虑与其相关的修理、材料和库区维护。公式如下

$$C_4 = R\xi \tag{8.3-12}$$

式中　C_4——运行阶段的碳足迹；

　　　R——运行维护成本；

　　　ξ——单位维护成本所对应的温室气体排放量。

（5）生命周期碳足迹：由各阶段的碳足迹叠加得到。即

$$C = \sum_{p=1}^{4} C_p \tag{8.3-13}$$

8.4　高土石坝碳足迹及能耗分析

坝型比选是水电工程可行性研究阶段研究的重点之一，它将对工程建设、运营管理及经济效益产生重大影响。坝型比选需建立在技术、经济、环境等多方面的综合比较基础之上，然而目前的环境评价中缺少一个重要的指标即碳足迹。随着人类活动所排放的温室气体不断增加，全球变暖现象愈发严重，水电的开发会消耗大量的建筑材料和能源而间接排放温室气体，因此将碳足迹作为水电工程环境影响的一个评价因子，定量分析各种坝型对温室效应的影响，从而选择综合效益最优的方案，可减小水电所产生的温室效应，促进水电的健康可持续发展。

不同的坝型，往往枢纽布置不同，消耗的材料种类和数量也不同。混凝土坝消耗大量的混凝土，混凝土的组成成分水泥是高耗能材料，其在生产过程中会释放大量的二氧化碳。然而，同规模的堆石坝往往比混凝土坝的体积大，施工阶段的工程量会相应较大，碳足迹也会较多。所以，从生命周期的角度，到底哪种坝型的碳足迹相对较小，还未有定量的分析结果。本书以糯扎渡水电枢纽工程为依托，采用混合 LCA 方法对其两个主要的枢纽布置方案：心墙堆石坝和混凝土重力坝进行碳足迹分析，定量分析两种坝型的温室气体排放量和能耗，对于水电枢纽工程布置方案的选择具有重要的参考意义。

8.4.1　糯扎渡水电站简介

糯扎渡水电工程见图 8.4-1，是澜沧江中下游河段梯级规划"二库八级"

电站的第五级，枢纽位于云南省思茅市和澜沧县境内，以发电为主，并兼有下游景洪市（坝址下游约 110km）的城市、农田防洪及改善下游航运等综合利用任务。在设计阶段时，先选定了下坝址，并研究了 11 个枢纽布置方案后，归纳成相应于两种坝型，即混凝土重力坝和心墙堆石坝的代表性枢纽布置方案。勘测设计的各专业都围绕这两个代表性方案平行地、同等深度地进行工作，数据较为齐全。所以以这两个方案为例，研究不同枢纽布置方案的碳足迹，是具有可行性和合理性的。

图 8.4-1　糯扎渡水电站

糯扎渡水电工程 2004 年 4 月开始筹建，2006 年 1 月准备工程开工，2007 年 1 月 4 日实现大江截流，2008 年 12 月心墙区开始填筑，2011 年 11 月 6 日 1 号、2 号导流隧洞下闸，2011 年 11 月 29 日 3 号导流隧洞下闸，2012 年 2 月 8 日 4 号导流隧洞下闸，2012 年 4 月 18 日 5 号导流隧洞下闸，2012 年第三季度首台机组发电，2014 年竣工。

心墙堆石坝枢纽由以下建筑物组成：拦河大坝、开敞式溢洪道、右岸泄洪隧洞、左岸泄洪隧洞、下游护岸、左岸引水系统及地下厂房、导流工程。

拦河大坝为心墙堆石坝，坝高 258m，坝顶高程 818.00m，坝顶长 590m，上、下游坝坡坡比均为 1:1.8，坝顶宽 18m；坝体与上游围堰结合。

大坝防渗体为土质心墙，顶宽 10m，两侧坡度为 1:0.2。心墙上、下游各设两层反滤层，上游每层厚 4m，下游层每层厚 6m。坝壳采用碾压堆石，上游主围堰与坝体结合，上游坝壳主围堰下游 645.00m 高程以下设为粗堆石软岩料区，下游坝壳 650.00～750.00m 高程范围内靠心墙侧也设为粗堆石软岩料区，上下游坝壳料与反滤料间为水平宽 20m 的细堆石过滤料区。

左岸开敞式溢洪道由引渠段、闸室控制段、泄槽段、挑流鼻坎段及出口消力塘段组成，溢洪道水平总长1417.5m、宽195m。引渠段平均长92m、宽度由219m渐变为195m，进口底板高程785.00m；闸室控制段长50m，总宽203m，共设10个15m×20m（宽×高）表孔，每孔设有检修门槽和一扇弧形工作闸门；溢流堰顶高程为792m，堰高7m，泄槽及挑流鼻坎段总宽195m，边墙高12m；出口消力塘长380m，宽195~228.246m，底板高程为575.00m，消力塘出口坎顶高程为608.00m，其下消力塘深33m。

左岸泄洪隧洞由有压洞段、闸门井段、无压洞段和出口明槽及挑流鼻坎段组成。全长687m，进口高程710.00m，有压洞段长159m，圆形断面，洞径$D=12m$；无压洞段长360m，圆拱直墙形，断面为12m×12.5m（宽×高）。

右岸泄洪隧洞布置在坝体右岸山体内，全长1056m，圆形断面，内径12m，由有压洞段、检修闸门井段、工作闸门井段、无压洞段及挑流鼻坎段组成。进口高程685.0m，有压洞段长591.164m，矩形断面，断面为12m×12m（宽×高）；无压洞段长384m，圆拱直墙形，断面为12m×14.5m（宽×高）。

引水发电系统布置在左岸，由引渠、进水塔、8条引水隧洞、8条压力钢管道组成单机单管布置形式。

引渠长约310m，底宽为263m。

进水塔为岸边塔式结构，进口前沿宽度为282m，进口底板高程为738.50m，基础高程为735.50m，最大塔高为82.5m。

引水隧洞共8条，平行布置，全长203.432m，包括进口渐变段、上弯段、竖井段和下弯段，为钢筋混凝土结构。进口渐变段由矩形断面（7m×11m）变为圆形断面（内径为10m），长25m；上弯段和下弯段转弯半径均为20m，上弯段内径为10m，下弯段内径7.2m；竖井段深100.6m，内径为10m，竖井下渐变段长15m，内径由10m渐变至7.2m。压力钢管道共8条，平行布置，长度41.852m，钢管内径为7.2m，钢衬钢筋混凝土结构。

主厂房长360m，包括机组段（长8m×35m）、主安装间（长60m）、副安装间（长20m），高74.6m，宽34m。副厂房布置在主厂房左端，与主厂房一条线布置，长60m，宽34m。主变开关室平行布置在主厂房下游侧，与主厂房净距53.25m，长318m，宽20m，高33.5m。

尾水调压室布置为分隔式两个调压室。每个调压室长115m、宽20m、高85.1m。调压室内尾水支洞出口处布置一道检修闸门槽，孔口尺寸为10m×16m，底板高程为563.30m，操作平台高程为639.90m。

尾水隧洞设两条，平行布置，采用导流隧洞和尾水隧洞相结合的布置方式，方圆形断面，宽 19m，高 23m。1 号尾水隧洞结合点以前长 397.328m，与导流隧洞结合段长 171.022m。2 号尾水隧洞结合点以前长 406.119m，与导流隧洞结合段长 73.777m。出口处布置检修闸门，尾水隧洞检修闸门两孔，孔口尺寸为 7.5m×23m。

出线洞 2 条，全长 700m，断面尺寸为 5m×5m。

运输洞全长 1466.421m，断面尺寸为 8.5m×13m。

主变运输洞全长 108.794m，断面尺寸为 7m×9m。

尾水闸门运输洞全长 1393.126m，断面尺寸为 6.4m×8.7m。

导流工程：左岸布置两条导流隧洞，隧洞断面形状均为方圆形，断面尺寸均为 19m×23m（宽×高），进口高程均为 595.00m，1 号导流隧洞洞身长 1141.852m（含结合段长 171.022m）；2 号导流隧洞洞身长 1173.581m（含结合段长 73.777m）；右岸布置一条导流隧洞，进口高程为 605.00m，断面尺寸为 18m×22m（宽×高），洞身长 1227.587m。上、下游围堰形式为土石围堰。上游围堰由子围堰和主围堰组成，子堰顶高程 618.00m，围堰顶宽 54m，堰顶长 162m，最大堰高 36m；主围堰为上游坝体的一部分，堰顶高程 648.00m，围堰顶宽 20m，堰顶长 230m，最大堰高 65m。下游围堰堰顶高程 625.00m，围堰顶宽 10m，堰顶长 210m，最大堰高 34m。

心墙堆石坝枢纽布置方案的主要工程量见表 8.4-1。

表 8.4-1　　　　　　　　心墙堆石坝枢纽主要工程量

项　　目		单位	堆石坝	泄洪建筑物			引水发电	导流工程	总计
				左泄	右泄	溢洪道			
土石方明挖		万 m³	461.35	589.36	68.06	2782.61	990.01	249.07	5140.46
石方洞挖		万 m³	1.29	12.97	23.37	2.49	318.27	200.3	558.68
堆石坝填筑	防渗土料	万 m³	455.4					26.28	481.68
	反滤料	万 m³	194.6						194.6
	堆石	万 m³	2576.6					64.15	2640.75
	小计	万 m³	3226.6						
混凝土		万 m³	13.88	9	14.48	149.96	149.06	97.26	433.64
钢筋		万 t	0.38	0.71	1.3	5.55	7.9	4.96	20.8
锚杆		万根	0.92	1.17	1.19	13.22	24.13	15.92	56.55
钢板		万 t					0.29		0.29
喷混凝土		万 m³		0.82	0.94	2.64	12.48	7.6	24.48

项　目	单位	堆石坝	泄洪建筑物			引水发电	导流工程	总计
			左泄	右泄	溢洪道			
帷幕灌浆	万 m	3.47			4.88	5.35		13.7
固结灌浆	万 m	10.04	0.54	1.06	1.78	7.3		20.72
回填灌浆	万 m	0.43	0.88	1.68	0.33	7.86	12.05	23.23
接缝灌浆	万 m²					1.94		1.94
排水孔	万 m		0.17	0.19	5.6	21.97		27.93
回填土石方	万 m³				17.49	0.75		18.24
防渗墙	万 m²						1.21	1.21
锚索	万根		0.123	0.096	0.808	0.4		1.427

8.4.2　不同水电枢纽布置方案的碳足迹及能耗分析

8.4.2.1　材料设备生产阶段碳足迹及能耗分析

材料设备生产阶段的碳足迹分析，首先要统计两种方案所用的主要材料、能源和设备的种类和数量。心墙堆石坝枢纽和混凝土重力坝枢纽的材料设备清单见表 8.4-2。

表 8.4-2　心墙堆石坝枢纽和混凝土重力坝枢纽的材料设备清单

序号	项目	单位	混凝土重力坝	心墙堆石坝	差别/%
1	堆石料	万 m³		2689.83	
2	反滤料	万 m³		202.39	
3	防渗土料	万 m³		468.42	
4	混凝土	万 t	3532.83	861.64	75.61
5	钢材	万 t	48.04	34.52	28.14
6	油料	万 t	63.58	25.39	60.07
7	煤炭	万 t	5.28	4.62	12.50
8	木材	万 t	14.13	7.87	44.30
9	爆破材料	万 t	3.23	4.396	-36.10
10	金属结构	万元	30983	32084	-3.55
11	机电设备	万元	373518	373517	0.00

由表8.4-2可以看出，心墙堆石坝所采用的堆石料、反滤料和防渗土料体积较大，但心墙堆石坝使用的混凝土、钢材、油料、煤炭和木材量均比混凝土重力坝少，分别少75.61%、28.14%、60.07%、12.50%和44.30%。这是由于混凝土工程需要大量的钢筋，且施工时需要较多的钢模和木模等，同时混凝土浇筑等单项工程需要较多的动力燃料。但在爆破材料、金属结构方面，心墙堆石坝使用的数量比混凝土重力坝多，分别多36.10%，3.55%。这主要是由于心墙堆石坝工程的体积较大，所需爆破的范围较大，另外金属结构如闸门等布置的较多。两种坝型的引水发电系统基本类似，故机电设备成本一样。

根据第8.3节的碳足迹分析方法，需要将表8.4-2中的单位进行必要转化后，再乘以相应的碳排放因子，即得到两种枢纽布置方案的碳足迹与能耗，见表8.4-3。重力坝枢纽布置方案和堆石坝枢纽布置方案在该阶段的温室气体排放量分别为548.34万tCO_2e（合210.9万t标准煤）和286.16万tCO_2e（合110.06万t标准煤），堆石坝枢纽布置方案在材料设备生产阶段比重力坝枢纽布置方案的碳足迹少47.81%。主要是由于重力坝方案采用大量混凝土，混凝土的重要组成成分水泥是高排放产业，其在生产过程中所产生的CO_2排放量占全国CO_2排放总量的18%~22%。其次，钢材生产所排放的CO_2e分别占重力坝方案和堆石坝方案的19.27%和26.54%，这是因为钢铁行业也是高能耗、高排放的行业，中国每年钢铁工业排放的CO_2达5亿t以上，CO_2排放量占全国CO_2总排放量的9.2%。其他材料包括堆石料、反滤料、防渗土

表8.4-3　　　　　心墙堆石坝和混凝土重力坝的碳足迹对比

序号	主要物资	用　量		单位	碳足迹/万 tCO_2e		能耗/万 t 标准煤	
		重力坝	堆石坝		重力坝	堆石坝	重力坝	堆石坝
1	堆石料		5648.64	t	0	11.3	0.00	4.35
2	反滤料		396.68	t	0	5.16	0.00	1.98
3	防渗土料		57.61	10^6 美元	0	8.58	0.00	3.30
4	混凝土	3532.83	861.64	t	332.09	80.99	127.73	31.15
5	钢材	48.04	34.52	t	105.69	75.94	40.65	29.21
6	柴油	63.58	25.39	t	8.84	3.53	3.40	1.36
7	煤炭	5.28	4.62	t	13.16	11.52	5.06	4.43
8	木材	63.83	35.55	10^6 美元	3.33	1.86	1.28	0.72
9	爆破材料	54.89	74.7	10^6 美元	5.08	6.92	1.95	2.66
10	金属结构	95.37	98.76	10^6 美元	6.1	6.32	2.35	2.43
11	机电设备	1149.76	1149.76	10^6 美元	74.04	74.04	28.48	28.48
总　计					548.34	286.16	210.90	110.06

料、柴油、煤炭、木材、爆破材料、金属结构、机电设备等由于用量少或碳排放因子低，其生产阶段的 CO_2 排放量较少。

由图 8.4-2 可知，对于混凝土重力坝枢纽而言，生产混凝土所排放的二氧化碳占了该阶段总排放的 60.56%，另外生产钢材和机电设备所排放的二氧化碳分别占了该阶段总排放的 19.27% 和 13.50%。生产其他材料或设备的碳足迹较少。由图 8.4-3 可知，对于心墙堆石坝枢纽而言，生产混凝土所排放的二氧化碳占了该阶段总排放的 28.30%，另外生产钢材和机电设备所排放的二氧化碳分别占了该阶段总排放 26.54% 和 25.88% 的比例。这说明了水泥和钢铁行业确实是高能耗行业，虽然用量少，但由于其碳排放因子较大，所以其碳足迹仍然占据最大的比例。堆石料、反滤料和防渗土料虽然用量很多，但由于其为当地材料，开采和加工能耗较低，所以其在生产阶段的碳足迹仅仅为 3.95%、1.80% 和 3.00%。生产其他材料或设备的能耗较少。

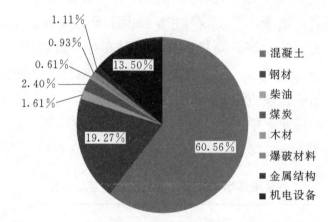

图 8.4-2　生产混凝土重力坝各材料设备的能耗比例

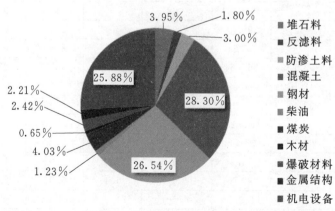

图 8.4-3　生产心墙堆石坝各材料设备的能耗比例

8.4.2.2 运输阶段碳足迹及能耗分析

1. 场外运输能耗

运输阶段的碳足迹，包括场外运输和场内运输。首先要统计两种方案需要运输的所有材料和设备的重量和距离。心墙堆石坝枢纽和混凝土重力坝枢纽的场外运输清单见表 8.4-4。

表 8.4-4　心墙堆石坝枢纽和混凝土重力坝枢纽的场外运输清单

序号	材　料		运输距离/km	运输量/万 t		起讫地点
				混凝土坝	堆石坝	
1	水泥		676	164.915	91.6319	昆明—工地（公路）
			85	164.915	91.6319	普洱分厂—工地（公路）
2	木材		103	5.652	3.148	思茅林场—工地（公路）
			164	5.652	3.148	卫国林场—工地（公路）
			249	2.826	1.574	通关林场—工地（公路）
3	爆破材料		662	2.0995	2.8574	安化厂—工地（公路）
			806	1.1305	1.5386	燃一厂—工地（公路）
4	油		664	44.506	17.773	169 油库—工地（公路）
			659	19.074	7.617	252 油库—工地（公路）
5	钢材		660	48.04	34.52	省金材司—工地（公路）
6	粉煤灰		626	48	11	曲靖电厂—工地（公路）
7	煤炭		676	5.28	4.62	昆明—工地（公路）
8	施工机械		1000	21.19	12.2	省外（公路）
9	金属结构、机电设备	起重机主梁	2684	0.008	0.008	太原—玉溪（铁路）
			435	0.008	0.008	玉溪—工地（公路）
		水轮机转轮	4610	0.012	0.012	哈尔滨—玉溪（铁路）
			435	0.012	0.012	玉溪—工地（公路）
		主变	3101	0.015	0.015	沈阳—玉溪（铁路）
			435	0.015	0.015	玉溪—工地（公路）
		其他	1000	12.995	12.565	省外（公路）

假设场外的公路运输采用 45t 载重汽车，行驶速度 50km/h，柴油燃烧产生动力的碳排放因子 3.06t CO_2e/t。根据《水利水电施工机械台班费定额》，45t 载重汽车 8h 耗柴油 166kg，则每小时耗油 20.75kg/h。按照碳足迹分析方法计算得到混凝土坝枢纽布置方案和堆石坝枢纽布置方案的场外运输能耗见表

8.4-5 和图 8.4-4。

表 8.4-5　　　　　心墙堆石坝和混凝土重力坝的场外运输能耗

物资	碳足迹/tCO_2e		能耗/t 标准煤		差值/%
	混凝土重力坝	心墙堆石坝	混凝土重力坝	心墙堆石坝	
水泥	70832.38	39356.67	27243.22	15137.18	44.44
木材	1248.88	695.59	480.34	267.53	44.3
爆破材料	1298.71	1767.54	499.50	679.82	-36.1
油	23773.52	9493.70	9143.66	3651.42	60.07
钢材	17895.09	12858.84	6882.73	4945.71	28.14
粉煤灰	16959.09	3886.46	6522.73	1494.79	77.08
煤炭	2014.50	1762.69	774.81	677.96	12.5
施工机械	11959.64	6885.68	4599.86	2648.34	42.43
金属结构、机电设备	8125.23	7882.54	3125.09	3031.75	2.99
总计	154107.04	84589.70	59271.94	32534.50	45.11

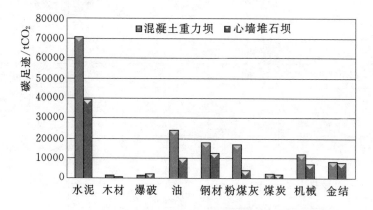

图 8.4-4　心墙堆石坝枢纽和混凝土重力坝枢纽
的场外运输碳足迹对比

由表 8.4-5 可知，混凝土重力坝枢纽布置方案的场外运输碳足迹为 154107.04tCO_2e（合 5.9 万 t 标准煤），心墙堆石坝枢纽布置方案的场外运输碳足迹为 84589.70tCO_2e（合 3.3 万 t 标准煤），心墙堆石坝方案比重力坝方案少 45.11%。这是因为心墙堆石坝枢纽布置方案的大多数建筑材料是从当地开采的，无需从场外运输。所以心墙堆石坝除了爆破材料的场外运输量和能耗量比混凝土重力坝多之外，其他材料和设备的场外运输能耗均比混凝土重力坝少，见图 8.4-4。

由图 8.4-5 和图 8.4-6 可知，场外运输中，运输水泥所产生的碳足迹和能耗占比例最大，为 46%（混凝土重力坝）和 47%（心墙堆石坝）。其次，场外运输能耗较大的材料或设备有油料（混凝土重力坝中占 15%，心墙堆石坝中占 11%）和钢材（混凝土重力坝中占 12%，心墙堆石坝中占 15%）。对混凝土重力坝而言，粉煤灰的场外运输能耗也较大，占 11% 的比例，另外，施工机械和金属结构、机电设备的场外运输能耗分别占了 8% 和 5%，见图 8.4-5。对心墙堆石坝而言，金属结构、机电设备和施工机械的场外运输能耗较大，占比 9% 和 8%，另外，粉煤灰的场外运输能耗仅占 5%，见图 8.4-6。

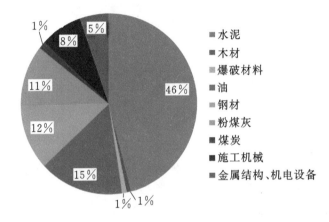

图 8.4-5　混凝土重力坝所需物资的场外运输能耗比例

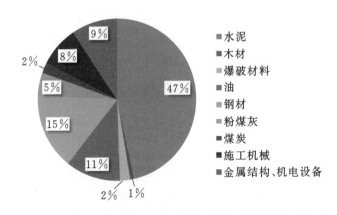

图 8.4-6　心墙堆石坝所需物资的场外运输能耗比例

2. 场内运输能耗

糯扎渡水电站混凝土重力坝枢纽方案场内施工交通均采用公路运输方式。场内交通运输量计有：土石方明挖出渣约 3596.765 万 m³（折合 8992 万 t）；石方洞挖出渣 512.842 万 m³（折合 1282 万 t）；土石方填筑 142.1 万 m³（折合 355 万 t）；混凝土浇筑 1449 万 m³（折合 3623 万 t）；砂石骨料加工母岩运输 1160 万 m³（折合 2900 万 t）；水泥 329.83 万 t；木材 14.13 万 t；钢材 48.04 万 t；天然掺合料 48 万 t；粉煤灰 48 万 t；金属结构及机电设备 13.03 万 t；爆破材料 3.23 万 t；煤炭 5.28 万 t；油料 63.58 万 t；其他各类生产及生活物资约 139.63 万 t。共计 17865 万 t。场内各段干线公路高峰年运输强度 3416 万 t，高峰月运输强度 438 万 t，高峰昼夜运输强度 18.5 万 t。场内公路达到的最大行车密度（辆/单向小时）为 85 辆。场内交通运输距离均按 5km 计算。

糯扎渡水电站心墙堆石坝枢纽方案场内施工交通均采用公路运输方式。场内交通运输量计有：土石方明挖出渣约 4378.95 万 m³（折合 10947.375 万 t）；石方洞挖出渣 566.908 万 m³（折合 1417.27 万 t）；土石方填筑（包括回填）3337.77 万 m³（折合 8344.425 万 t）；混凝土浇筑（包括喷混凝土）420.277 万 m³（折合 1050.693 万 t）；砂石骨料加工母岩运输 850 万 m³（折合 2125 万 t）；水泥 183.26 万 t；木材 7.87 万 t；钢材 34.52 万 t；天然掺合料 11 万 t；粉煤灰 11 万 t；金属结构及机电设备 12.60 万 t；爆破材料 4.396 万 t；煤炭 4.62 万 t；油料 25.39 万 t；其他各类生产及生活物资约 82.77 万 t。共计 24262.19 万 t。场内各段干线公路高峰年运输强度 5825.88 万 t，高峰月运输强度 747.655 万 t，高峰昼夜运输强度 31.632 万 t。行车密度（辆/单向小时）为 85 辆。场内交通运输距离均按 5km 计算。

则两种方案场内的运输物质和运输量见表 8.4-6 和图 8.4-7。可以看出，心墙堆石坝的场内运输量比混凝土重力坝多，另外心墙堆石坝枢纽的土石方明挖出渣、石方洞挖出渣、土石方填筑以及爆破材料的场内运输量比混凝土重力坝枢纽多，其他物质的运输量比混凝土重力坝枢纽少。

表 8.4-6　　　　心墙堆石坝和混凝土重力坝的场内运输清单

运 输 物 质	运输量/万 t	
	混凝土重力坝枢纽	心墙堆石坝枢纽
土石方明挖出渣	8992	10947
石方洞挖出渣	1282	1417
土石方填筑	355	8344
混凝土浇筑	3623	1051
砂石骨料加工母岩	2900	2125
水泥	329.83	183.26
木材	14.13	7.87

续表

运 输 物 质	运输量/万 t	
	混凝土重力坝枢纽	心墙堆石坝枢纽
钢材	48.04	34.52
天然掺合料	48	11
粉煤灰	48	11
金属结构及机电设备	13.03	12.60
爆破材料	3.23	4.40
煤炭	5.28	4.62
油料	63.58	25.39
总计	17725.12	24179.42

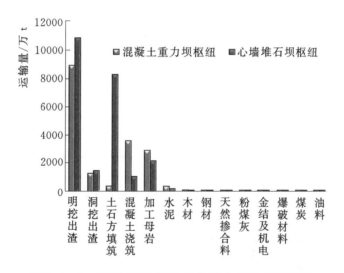

图 8.4-7 两种枢纽布置方案场内运输量的对比

假设场内车速 30km/h，载重汽车 45t，汽车耗油 20.75kg/h。运输距离均按 5km 计算，空车返回。则两种方案场内的运输能耗见表 8.4-7 和图 8.4-8。由表 8.4-7 和图 8.4-8 可知，关于场内运输能耗，心墙堆石坝枢纽布置方案是 113723.89tCO$_2$e（合 4.4 万 t 标准煤），混凝土重力坝枢纽布置方案是 83367.15tCO$_2$e（合 3.2 万 t 标准煤），心墙堆石坝枢纽比混凝土重力坝枢纽多 36.41％。主要是由于土石方明挖出渣、石方洞挖出渣、土石方填筑和爆破材料的工程量大，相应的运输能耗也就较大。

表 8.4-7　　心墙堆石坝枢纽和混凝土重力坝枢纽的场内运输能耗

运输物质	碳足迹/tCO₂e		能耗/t 标准煤		差值/%
	混凝土重力坝	心墙堆石坝	混凝土重力坝	心墙堆石坝	
土石方明挖出渣	42292.37	51489.15	16266.30	19803.52	21.75
石方洞挖出渣	6029.67	6665.89	2319.10	2563.80	10.55
土石方填筑	1669.68	39246.61	642.18	15094.85	2250.54
混凝土浇筑	17040.18	4941.76	6553.92	1900.68	−71
砂石骨料加工母岩	13639.67	9994.58	5246.03	3844.07	−26.72
水泥	1551.30	861.95	596.65	331.52	−44.44
木材	66.46	37.02	25.56	14.24	−44.3
钢材	225.95	162.36	86.90	62.45	−28.14
天然掺合料	225.76	51.74	86.83	19.90	−77.08
粉煤灰	225.76	51.74	86.83	19.90	−77.08
金属结构及机电设备	61.28	59.26	23.57	22.79	−3.3
爆破材料	15.19	20.68	5.84	7.95	36.1
煤炭	24.83	21.73	9.55	8.36	−12.5
油料	299.04	119.42	115.02	45.93	−60.07
总计	83367.15	113723.89	32064.29	43739.96	36.41

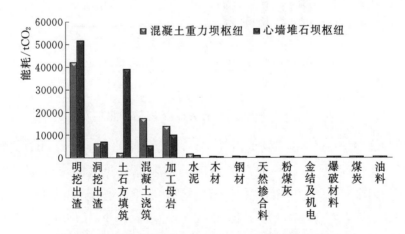

图 8.4-8　两种枢纽布置方案场内运输能耗的对比

场内运输中，运输土石方明挖出渣所产生的碳足迹和能耗占比例最大，为 51%（混凝土重力坝）和 45%（心墙堆石坝）。对混凝土重力坝枢纽而言，混凝土的场内运输能耗也较大，占 21％的比例，另外，砂石骨料加工母岩和石方洞挖出渣的场内运输能耗分别占了 17％和 7％的比例，见图 8.4－9。对心墙堆石坝枢纽而言，土石方填筑的场内运输能耗较大，占 35％的比例，而且砂石骨料加工母岩和石方洞挖出渣的场内运输能耗较大，占 9％和 6％的比例，见图8.4－10。

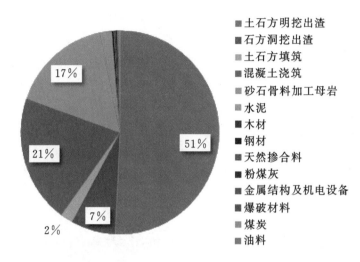

图 8.4－9　混凝土重力坝枢纽所需物资的场内运输能耗比例

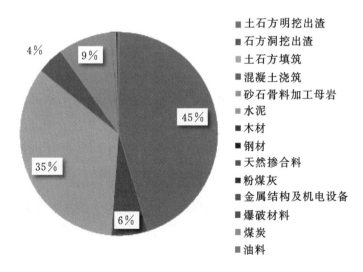

图 8.4－10　心墙堆石坝枢纽所需物资的场内运输能耗比例

3. 运输能耗

混凝土重力坝枢纽布置方案的场外运输碳足迹为 154107.04tCO$_2$e（合 5.9

万 t 标准煤），场内运输碳足迹 83367.15tCO$_2$e（合 3.2 万 t 标准煤）；心墙堆石坝枢纽布置方案的场外运输碳足迹为 84589.70tCO$_2$e（合 3.3 万 t 标准煤），场内运输碳足迹是 113723.89tCO$_2$e（合 4.4 万 t 标准煤）。则混凝土重力坝枢纽布置方案的运输总能耗为 237474.19tCO$_2$e（合 9.1 万 t 标准煤），心墙堆石坝枢纽布置方案的运输总能耗为 198313.59tCO$_2$e（合 7.6 万 t 标准煤），心墙堆石坝枢纽方案总的运输能耗比混凝土重力坝少 16.5%。

对于混凝土重力坝坝型而言，场外运输和场内运输的能耗分别占总能耗的 65% 和 35%；对心墙堆石坝坝型而言，场外运输和场内运输的能耗分别占总能耗的 43% 和 57%，见图 8.4-11。这是由两种坝型材料来源不同造成的。

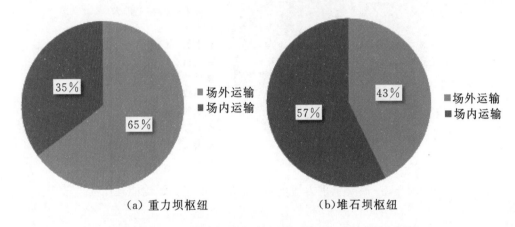

（a）重力坝枢纽　　　　　　　（b）堆石坝枢纽

图 8.4-11　两种坝型场外运输和场内运输能耗比例

8.4.2.3　施工阶段碳足迹及能耗分析

1. 施工阶段基本信息

施工阶段的碳足迹分析，要统计各枢纽布置方案的工程量，以及各单项工程所需要用到的机械类型。

经过统计，得到两种方案各单项工程所需要用到的机械类型和台班情况见表 8.4-8 和表 8.4-9。

表 8.4-8　混凝土重力坝枢纽各单项工程所使用的机械及台班情况

项　　目	机械名称	规　格	单　位	数　量
土石方明挖 （100m³）	风钻	手持式	台班	2.596
	装载机	5~5.6m³	台班	0.3955
	推土机	88kW	台班	0.1695
	潜孔钻	100 型	台班	0.66

续表

项　目	机械名称	规　格	单　位	数　量
石方洞挖（100m³）	风钻	气腿式	台班	3.834
	风钻	手持式	台班	0.5369
	潜孔钻	100 型	台班	0.9496
	液压凿岩台车	四臂	台班	0.098
	液压平台车		台班	0.098
	装载机	3m³	台班	0.638
	推土机	74kW	台班	0.3016
	自卸汽车	柴油 20t	台班	2.5244
	轴流通风机	55kW	台班	3.3656
混凝土（100m³）	混凝土搅拌楼	4×3m³	台班	0.143
	骨料水泥系统	HNT 系统	组班	0.143
	缆索起重机	20×870m	台班	0.264
	混凝土吊罐	6m³	台班	2.2736
	振捣器	变频机组×4	台班	2.926
	内燃机车	轨距 600×88	台班	0.8882
	平车	窄轨×20t	台班	2.6647
钢筋（1t）	钢筋调直机	4～14kW	台班	0.132
	风（砂）水枪	2～6m³/min	台班	0.341
	钢筋切断机	20kW	台班	0.088
	钢筋弯曲机	A6×40mm	台班	0.242
	直流电焊机	30kVA	台班	2.266
锚杆（100 根）	液压凿岩台车	四臂	台班	1.067
	液压平台车		台班	1.012
喷混凝土（100m³）	混凝土喷射机	4～5m³/h	台班	12.32
	强制式混凝土搅拌机	0.25m³	台班	12.32
	胶带输送机	800mm×30m	台班	12.32
帷幕灌浆（100m）	地质钻机	150 型	台班	151.78
	灌浆泵	中低压砂浆	台班	28.301
	灰浆搅拌机		台班	28.301
固结灌浆（100m）	地质钻机	150 型	台班	53.361
	灌浆泵	中低压砂浆	台班	17.499
	灰浆搅拌机		台班	17.499

续表

项　目	机械名称	规　格	单　位	数　量
回填灌浆（100m²）	风钻	手持式	台班	2.959
	灌浆泵	中低压砂浆	台班	5.918
	灰浆搅拌机		台班	5.918
接缝灌浆（100m²）	灌浆泵	中低压砂浆	台班	0.297
	灰浆搅拌机		台班	0.297
	离心水泵	7kW 单级	台班	2.013
排水孔（100m）	地质钻机	100 型	台班	79.563

表 8.4-9　心墙堆石坝枢纽各单项工程所使用的机械及台班情况

项　目	机械名称	规　格	单　位	数　量
土石方明挖（100m³）	装载机	3m³	台班	0.515
	推土机	74kW	台班	0.246
	风钻	手持式	台班	7.018
石方洞挖（100m³）	风钻	气腿式	台班	3.834
	风钻	手持式	台班	0.537
	潜孔钻	100 型	台班	0.95
	液压凿岩台车	四臂	台班	0.098
	液压平台车		台班	0.098
	装载机	3m³	台班	0.638
	推土机	74kW	台班	0.302
	轴流通风机	55kW	台班	3.366
防渗土料填筑（100m³）	装载机	5～5.6m³	台班	0.231
	推土机	88kW	台班	0.242
	羊脚碾	12～18t	台班	1.408
	拖拉机	74kW	台班	1.408
	蛙式夯实机	2.8kW	台班	0.264
反滤料填筑（100m³）	装载机	5～5.6m³	台班	0.154
	推土机	88kW	台班	0.209
	振动碾	13.14t	台班	0.121
	拖拉机	74kW	台班	0.121
	蛙式夯实机	2.8kW	台班	0.242

续表

项 目	机械名称	规 格	单 位	数 量
堆石料填筑（100m³）	装载机	5～5.6m³	台班	0.223
	推土机	88kW	台班	0.193
	振动碾	13.14t	台班	0.072
	拖拉机	74kW	台班	0.072
	蛙式夯实机	2.8kW	台班	0.244
混凝土（100m³）	混凝土搅拌楼	4×1.5m³	台班	0.474
	履带起重机	柴油 15t	台班	0.506
	混凝土吊罐	3m³	台班	0.506
	混凝土搅拌车	3m³	台班	1.632
	振捣器	插入式，2.2kW	台班	9.68
钢筋（1t）	钢筋调直机	4～14kW	台班	0.132
	风（砂）水枪	2～6m³/min	台班	0.341
	钢筋切断机	20kW	台班	0.088
	钢筋弯曲机	A6×40mm	台班	0.242
	直流电焊机	30kVA	台班	2.266
锚杆（100 根）	风钻	气腿式	台班	44.4
喷混凝土（100m³）	混凝土喷射机	4～5m³/h	台班	12.32
	强制式混凝土搅拌机	0.25m³	台班	12.32
	胶带输送机	800mm×30m	台班	12.32
帷幕灌浆（100m）	地质钻机	150 型	台班	151.8
	灌浆泵	中低压砂浆	台班	28.3
	灰浆搅拌机		台班	28.3
固结灌浆（100m）	地质钻机	150 型	台班	53.36
	灌浆泵	中低压砂浆	台班	17.5
	灰浆搅拌机		台班	17.5
回填灌浆（100m²）	风钻	手持式	台班	2.959
	灌浆泵	中低压砂浆	台班	5.918
	灰浆搅拌机		台班	5.918
排水孔（100m）	地质钻机	100 型	台班	79.56

2. 单项工程能耗分析

根据《水利水电施工机械台班费定额（1991）》中每个机械的台班能耗，计算各单项工程的施工能耗，并叠加得到整个枢纽布置方案总的施工能耗。

混凝土重力坝枢纽布置方案各单项工程的施工碳足迹和能耗见表 8.4－10 和图 8.4－12。由表 8.4－10 和图 8.4－12 可知，所有单项工程的施工总能耗为 13.82 万 t 标准煤，碳足迹为 35.94 万 tCO_2e。其中，混凝土重力坝枢纽工程中各单项工程施工时，土石方明挖和混凝土浇筑的能耗以及碳足迹最大，分别占 28%（碳足迹为 10.20 万 tCO_2e，能耗为 3.92 万 t 标准煤）和 28%（碳足迹为 9.96 万 tCO_2e，能耗为 3.83 万 t 标准煤）。石方洞挖和钢筋工程分别占了 17%（碳足迹为 6.21 万 tCO_2e，能耗为 2.39 万 t 标准煤）和 14%（碳足迹为 5.01 万 tCO_2e，能耗为 1.93 万 t 标准煤），其他单项工程的施工能耗所占比例均小于 5%。因此，对混凝土重力坝枢纽工程而言，应控制开挖和混凝土浇筑的施工工艺及其施工能耗。

表 8.4－10　　　　混凝土重力坝枢纽各单项工程的施工能耗

单项工程	耗柴油量/t	耗电量/（万 kW·h）	碳足迹/万 tCO_2e	能耗/万 t 标准煤
土石方明挖	27441.82	2286.89	10.20	3.92
石方洞挖	4861.66	5995.65	6.21	2.39
混凝土	4267.48	10978.47	9.96	3.83
钢筋	0.00	6355.21	5.01	1.93
锚杆	676.96	414.46	0.53	0.21
喷混凝土	0.00	399.61	0.31	0.12
帷幕灌浆	0.00	1606.09	1.27	0.49
固结灌浆	0.00	1060.23	0.84	0.32
回填灌浆	0.00	94.38	0.07	0.03
接缝灌浆	0.00	65.31	0.05	0.02
排水孔	0.00	1889.08	1.49	0.57
总计	37247.93	31145.37	35.94	13.82

心墙堆石坝枢纽布置方案各单项工程的施工碳足迹和能耗见表 8.4－11 和图 8.4－13。由表 8.4－11 和图 8.4－13 可知，所有单项工程的施工总能耗为 14.63 万 t 标准煤，碳足迹为 38.03 万 tCO_2e。其中，心墙堆石坝枢纽工程中各单项工程施工时，土石方明挖的能耗以及碳足迹最大，占 29%（碳足迹为 11.03 万 tCO_2e，能耗为 4.24 万 t 标准煤）。堆石坝填筑工程占 21%（其中，防渗土料、反滤料和堆石料的填筑能耗分别占 6%、1% 和 14%），碳足迹为

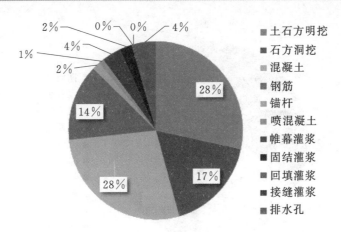

图 8.4-12　重力坝枢纽各单项工程的施工能耗比例

8.05 万 tCO_2e，能耗为 3.10 万 t 标准煤。石方洞挖和钢筋工程分别占了 19%（碳足迹为 7.05 万 tCO_2e，能耗为 2.71 万 t 标准煤）和 17%（碳足迹为 6.56 万 tCO_2e，能耗为 2.52 万 t 标准煤），混凝土浇筑过程的能耗占 7%（碳足迹为 2.72 万 tCO_2e，能耗为 1.05 万 t 标准煤），其他单项工程的施工能耗所占比例均小于 5%。因此，对心墙堆石坝枢纽工程而言，应控制开挖和堆石坝填筑的施工工艺及其施工能耗。

表 8.4-11　　心墙堆石坝枢纽各单项工程的施工能耗

单项工程		耗柴油量 /t	耗电量 /(万 kW·h)	碳足迹 /万 tCO_2e	能耗 /万 t 标准煤
土石方明挖		36055.96	0.00	11.03	4.24
石方洞挖		5515.61	6802.13	7.05	2.71
堆石坝填筑	防渗土料	7583.18	22.89	2.34	0.90
	反滤料	1108.19	8.48	0.35	0.13
堆石料		17231.40	116.08	5.36	2.06
混凝土		4063.12	1877.65	2.72	1.05
钢筋		0.00	8324.20	6.56	2.52
锚杆		0.00	0.00	0.00	0.00
喷混凝土		0.00	410.17	0.32	0.12
帷幕灌浆		0.00	1159.90	0.91	0.35
固结灌浆		0.00	757.52	0.60	0.23
回填灌浆		0.00	123.73	0.10	0.04
排水孔		0.00	866.66	0.68	0.26
总计		71557.46	20469.40	38.03	14.63

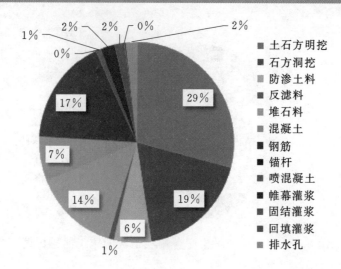

图 8.4-13　心墙堆石坝枢纽各单项工程的施工能耗比例

图例：
- 土石方明挖
- 石方洞挖
- 防渗土料
- 反滤料
- 堆石料
- 混凝土
- 钢筋
- 锚杆
- 喷混凝土
- 帷幕灌浆
- 固结灌浆
- 回填灌浆
- 排水孔

3. 建筑物能耗分析

混凝土重力坝枢纽布置方案各建筑物的施工碳足迹和能耗见表 8.4-12 和图 8.4-14。由表 8.4-12 和图 8.4-14 可知，所有建筑物的施工总能耗为 13.82 万 t 标准煤，碳足迹为 35.94 万 tCO_2e。其中，混凝土重力坝枢纽工程中各建筑物施工时，混凝土重力坝的能耗以及碳足迹最大，占 41%（碳足迹为 14.72 万 tCO_2e，能耗为 5.66 万 t 标准煤）。引水发电系统建筑物的施工能耗占 35%（碳足迹为 12.42 万 tCO_2e，能耗为 4.78 万 t 标准煤），导流建筑物的施工能耗占 14%（碳足迹为 5.18 万 tCO_2e，能耗为 1.99 万 t 标准煤），水垫塘、二道坝的施工能耗占 8%（碳足迹为 2.84 万 tCO_2e，能耗为 1.09 万 t 标准煤），下游护岸的施工能耗仅占 2%（碳足迹为 0.77 万 tCO_2e，能耗为 0.29 万 t 标准煤）。

表 8.4-12　　　　　混凝土重力坝枢纽各建筑物施工能耗

建筑物	耗柴油量 /t	耗电量 /（万 kW·h）	碳足迹 /万 tCO_2e	能耗 /万 t 标准煤
大坝	13878.84	13291.13	14.72	5.66
水垫塘二道坝	5316.52	1540.40	2.84	1.09
引水发电	12952.21	10736.53	12.42	4.78
下游护岸	598.68	738.75	0.77	0.29
导流工程	4495.65	4823.02	5.18	1.99
总计	37247.93	31145.37	35.94	13.82

心墙堆石坝枢纽布置方案各建筑物的施工碳足迹和能耗见表 8.4 - 13 和图 8.4 - 15。由表 8.4 - 13 和图 8.4 - 15 可知，所有建筑物的施工总能耗为 14.63 万 t 标准煤，碳足迹为 38.03 万 tCO_2e。其中，心墙堆石坝枢纽工程中各建筑物施工时，引水发电系统的能耗以及碳足迹最大，占 28%（碳足迹为 10.87 万 tCO_2e，能耗为 4.18 万 t 标准煤）。堆石坝

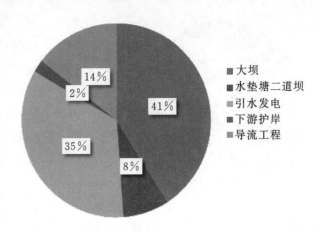

图 8.4 - 14　混凝土重力坝枢纽各建筑物的施工能耗比例

建筑物和溢洪道建筑物的施工能耗分别占 25%（碳足迹为 9.53 万 tCO_2e，能耗为 3.66 万 t 标准煤）和 24%（碳足迹为 9.25 万 tCO_2e，能耗为 3.56 万 t 标准煤）。导流建筑物施工能耗占 15%（碳足迹为 5.65 万 tCO_2e，能耗为 2.17 万 t 标准煤），左岸泄洪洞和右岸泄洪洞的施工能耗分别占 5% 和 3%。

表 8.4 - 13　　　　心墙堆石坝枢纽各建筑物的施工能耗

建筑物		耗柴油量 /t	耗电量 /(万 kW·h)	碳足迹 /(万 tCO_2e)	能耗 /万 t 标准煤
堆石坝		28469.21	1034.39	9.53	3.66
泄洪建筑物	左泄	4346.23	524.47	1.74	0.67
	右泄	843.78	936.84	1.00	0.38
	溢洪道	20947.32	3598.76	9.25	3.56
引水发电		11482.83	9334.54	10.87	4.18
导流工程		5468.09	5040.41	5.65	2.17
总计		71557.46	20469.40	38.03	14.63

综上，心墙堆石坝枢纽布置方案在施工阶段的能耗和碳足迹比混凝土重力坝枢纽布置方案多 5.5%。且心墙堆石坝枢纽布置方案耗柴油较多，比混凝土坝多 48%；用电相比混凝土坝少 34%，总体来看，心墙堆石坝的施工能耗较大，主要是由于其工程量较大。

8.4.2.4　运行阶段碳足迹及能耗分析

水电枢纽工程在运行维护阶段的碳足迹，主要来源是运行维护所消耗的材

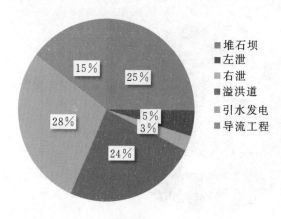

图 8.4-15　心墙堆石坝枢纽各建筑物的
施工能耗比例

料和能源引起的温室气体排放。糯扎渡水电站油、气、水系统和通风空调设备年用电量为 3713.4 万 kW·h；电站照明系统年用电量约为 591.3 万 kW·h；电站其他用电设备（二次设备、通信设备、金属结构设备及其他零星用电设备等）年用电量为 175.2 万 kW·h；办公、生活用电量大约为 280 万 kW·h。电站运行期年总能耗约为 4759.9 万 kW·h。糯扎渡电站年发电量为 239.12 亿 kW·h，运行期生产用电量仅为发电量的 0.199%，且是自生产电量，因此本书不考虑运行阶段的厂用电量。

本阶段只考虑由于运行维护所造成的材料和能源消耗。根据投入产出分析方法，堆石坝枢纽布置方案在运行维护阶段的修理费、材料费以及库区维护费共 13208.10×10^6 元（按 1996 年价格水平），根据 1996 年中国购买力平价转换因子 PPP 为 3.48，将人民币转换为美元，再由 1996 年美国居民消费价格指数（CPI）1.569 和 2002 年美国居民消费价格指数（CPI）1.799 计算得到投入费用（按 2002 年价格水平）为 4351.80×10^6 美元，见表 8.4-14。根据 2002 年美国卡耐基梅隆 EIO-LCA 模型，选取 Nonresidential maintenance and repair 为经济部门，得到该部门的碳排放因子为 $624tCO_2e/(10^6$ 美元），则从 2013—2045 年运行发电阶段堆石坝枢纽工程的 CO_2e 排放为 271.55 万 t（合 104.44 万 t 标准煤），平均每年排放 8.23 万 tCO_2e（合 3.17 万 t 标准煤），见表 8.4-15。

表 8.4-14　　　　　　　　　两种坝型运行维护阶段的成本投入

项　目	电站发电成本/(10^6 元)		成本/(1996 年，10^6 美元)		成本/(2002 年，10^6 美元)	
	混凝土坝	堆石坝	混凝土坝	堆石坝	混凝土坝	堆石坝
修理费	13050.99	11902.7	3750.28	3420.32	4300.04	3921.7
材料费	559.68	559.68	160.83	160.83	184.4	184.4
库区维护基金	745.72	745.72	214.29	214.29	245.7	245.7
总计	14356.39	13208.1	4125.4	3795.43	4730.14	4351.8

表 8.4－15　　　　　　两种坝型运行维护阶段的碳足迹与能耗

项　目	碳足迹/万 tCO_2		能耗/万 t 标准煤	
	混凝土坝	堆石坝	重力坝	堆石坝
修理费	268.32	244.71	103.20	94.12
材料费	11.51	11.51	4.43	4.43
库区维护基金	15.33	15.33	5.90	5.90
总计	295.16	271.55	113.52	104.44

重力坝枢纽布置方案的修理费、材料费以及库区维护费共 $14356.39×10^6$ 元（按 1996 年价格水平），根据 1996 年中国购买力平价转换因子 PPP 为 3.48，将人民币转换为美元，再由 1996 年美国居民消费价格指数（CPI）1.569 和 2002 年美国居民消费价格指数（CPI）1.799 计算得到投入费用（按 2002 年价格水平）为 $4730.14×10^6$ 美元，见表 8.4－14。根据 2002 年美国卡耐基梅隆 EIO－LCA 模型，计算得到从 2013 年到 2045 年运行发电阶段重力坝枢纽工程的 CO_2e 排放为 295.16 万 t（合 113.52 万 t 标准煤），平均每年排放 8.94 万 tCO_2e（合 3.44 万 t 标准煤），见表 8.4－15。

重力坝和堆石坝枢纽布置方案在运行阶段分别排放 295.16 万 t CO_2e（合 113.52 万 t 标准煤）和 271.55 万 t CO_2e（合 104.44 万 t 标准煤），重力坝枢纽工程比堆石坝枢纽工程多排放 8.69%。运行阶段排放的温室气体较多是因为运行期长达 33 年，平均每年排放量则较少。

由表 8.4－14 可以看出，混凝土重力坝和心墙堆石坝枢纽工程在运行维护阶段的成本差异在于维修费，其他材料费、库区维护基金均相同。混凝土重力坝枢纽的维修费（$13050.99×10^6$ 元）比心墙堆石坝枢纽的维修费（$11902.70×10^6$ 元）多 9.65%。根据《混凝土坝养护修理规程》（SL 230—1998），混凝土坝的修理包括裂缝修补、渗漏处理、剥蚀的修补及处理和水下修补等。根据《土石坝养护修理规程》（SL 210—1998），如果坝顶出现坑洼和雨淋沟缺，及时用相同材料填平补齐；对有通车要求的坝顶，如有损坏，应按原路面要求及时修复；坝顶的杂草、弃物及时清除；防浪墙、坝肩和踏步出现局部破损，应及时修补或更换；填补、楔紧个别脱落或松动、风化、塌陷等的护坡石料；还包括裂缝的修理、排水设施、检测设施的修理、坝体渗漏、坝体滑坡的处理。由此可以看出，混凝土坝枢纽工程的维修及其所涉及的材料类型，如混凝土以及其他防护材料，是生产过程非常复杂的产品，其生产能耗比心墙堆石坝枢纽工程维修所使用的主要材料（如石料等）要多一些，所以混凝土坝枢纽工程在运行维护阶段的碳足迹和能耗比心墙堆石坝枢纽工程稍多一些。

8.4.2.5 生命周期碳足迹及能耗分析

将 4 个阶段的碳足迹相加即生命周期碳足迹，见表 8.4－16 和图 8.4－16。混凝土重力坝枢纽布置方案生命周期碳足迹为 903.19 万 tCO_2（合 347.38 万 t 标准煤），心墙堆石坝枢纽布置方案生命周期碳足迹为 615.57 万 tCO_2e（合 236.76 万 t 标准煤）。计算时间一共为 45 年，所以心墙堆石坝枢纽布置方案和混凝土重力坝枢纽布置方案的年平均碳足迹分别为 13.68 万 tCO_2e（合 5.26 万 t 标准煤）和 20.07 万 tCO_2e（合 7.80 万 t 标准煤）。心墙堆石坝枢纽布置方案的碳足迹比混凝土重力坝方案减少了 31.84%。对于各个阶段而言，心墙堆石坝枢纽方案在材料设备生产阶段的能耗比混凝土重力坝枢纽方案减少了 47.81%，在运输阶段减少了 16.49%，在运行阶段减少了 8.00%，但在施工阶段，心墙堆石坝枢纽方案增加了 5.82% 的碳足迹和能耗。这主要是因为心墙堆石坝枢纽的施工工程量比重力坝枢纽大得多，且耗柴油多，因此其施工能耗和碳足迹较大。重力坝枢纽方案由于采用了大量水泥，生产阶段排放大量的二氧化碳，且大多数建筑材料均是远途运输，造成运输阶段的碳足迹和能耗较大；而且在运行维护期间混凝土材料的维护耗能比土石材料的维护耗能较多，所以重力坝枢纽工程在运行阶段的碳足迹和能耗较大。

表 8.4－16　　生命周期碳足迹和能耗

阶　段	碳足迹/万 tCO_2e		能耗/万 t 标准煤		相差/%
	混凝土重力坝	心墙堆石坝	混凝土重力坝	心墙堆石坝	
生产阶段	548.34	286.16	210.90	110.06	47.81
运输阶段	23.75	19.83	9.13	7.63	16.49
施工阶段	35.94	38.03	13.82	14.63	−5.82
运行阶段	295.16	271.55	113.52	104.44	8
总计	903.19	615.57	347.38	236.76	31.84

糯扎渡水电工程的年发电量为 239.1 亿 kW·h，所以重力坝枢纽布置方案和堆石坝枢纽布置方案的碳排放因子分别为 8.39gCO_2e/(kW·h) 和 5.72gCO_2e/(kW·h)。是煤电站碳足迹 [890gCO_2e/(kW·h)] 的 0.94% 和 0.64%。可见，水电工程比煤电工程的环境效益要好得多。

生命周期各阶段碳足迹所占的比例不同，见图 8.4－17 和图 8.4－18，总体来说材料设备生产阶段的碳足迹＞运行阶段＞施工阶段＞运输阶段。对于混

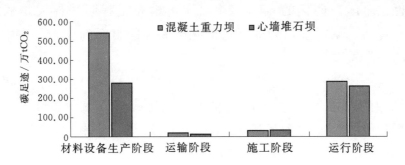

图 8.4-16 两种枢纽布置方案生命周期碳足迹

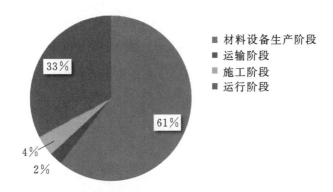

图 8.4-17 混凝土重力坝枢纽生命周期各阶段碳足迹比例

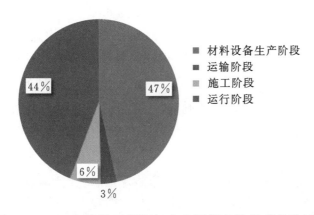

图 8.4-18 心墙堆石坝枢纽生命周期各阶段碳足迹比例

凝土重力坝枢纽布置方案，材料设备生产阶段的碳足迹占全生命周期碳足迹的61%，运行阶段占33%，施工阶段占4%，运输阶段占2%。主要是由于生产水泥所排放的温室气体较多导致的。对于心墙堆石坝枢纽布置方案，材料设备生产阶段的碳足迹占全生命周期碳足迹的47%，运行阶段占44%，施工阶段占6%，运输阶段占3%。可以看出材料生产是耗能大户，据统计，各种材料的生产能耗占全国总能耗的 30％以上，水电枢纽工程因消耗大量的能源和材料间接对环境造成了污染，因此尽可能减少高耗能材料的使用是水电行业节能降耗工作的一个重要措施。

运行期所占比例较大，是由于该阶段的时间较长，对于糯扎渡水电站工程而言运行维护阶段为 33 年，混凝土重力坝枢纽布置方案和心墙堆石坝枢纽布置方案运行阶段的年平均碳足迹分别为 8.94 万 tCO_2e（合 3.44 万 t 标准煤）和 8.23 万 tCO_2e（合 3.17 万 t 标准煤）。

8.4.3 水电碳足迹评价

8.4.3.1 敏感度分析

在进行生命周期碳足迹分析时，由于数据的完整性和准确性受到资料的制约，计算结果有一定的不确定性。根据《环境管理 生命周期评价 要求与指南》（GB/T 24044—2008），敏感性分析可以排除经敏感性分析判定为缺乏重要性的生命周期阶段或单元过程；排除对研究结果缺乏重要性的输入和输出等。

糯扎渡水电工程碳足迹分析的不确定性主要在于运行维护阶段，因为多种经济评价的条件随时间都会改变如概算编制方法的更新，银行固定资产贷款利率的变化，投资估算的调整等，所以经济评价就会不断调整。该工程在预可研和可研阶段至少进行了 5 次经济评价，见表 8.4-17~表 8.4-21。前两次（分别为 1995 年和 1996 年）是对两种枢纽布置方案均进行了评价，后 3 次（分别为 1998 年、1999 年和 2001 年）只针对其中一种方案进行的经济评价。由表 8.4-17~表 8.4-21 可以看出，输入成本不同，所得到的碳足迹不同，为了保证枢纽布置方案的碳足迹具有可比性，同时要求数据较为精确，因此本书在8.4.2.4 节中选取的是第 2 次即 1996 年对两种枢纽布置方案的经济评价数据。

图 8.4-19 和图 8.4-20 为多次经济评价中混凝土坝枢纽布置方案和堆石坝枢纽布置方案的运行发电成本数据，可以看出，每一次经济评价的调整，发电成本基本呈下降趋势。而且根据工程经验，水电工程在实际运行中的成本非常少。考虑到经济评价随时间的不确定性以及经济评价与实际运行情况的差异，本节针对运行发电成本对水电碳排放因子的影响进行敏感度分析。分别将1996 年的年运行成本增大 50％，减少 50％，减少 60％，减少 70％，然后分别计算相应的水电碳排放因子，见图 8.4-21。可以看出，即使年运行发电成本增大 50％，相应的碳排放因子仅为 9.77gCO_2e/（kW·h）（混凝土重力坝）和 6.98gCO_2e/（kW·h）（堆石坝），比原碳排放因子增加了 16％（混凝土重

表 8.4－17　1995 年经济评价数据及相应的碳足迹计算结果

项　目	电站发电成本/(10^6 元) 混凝土坝	堆石坝	输入成本/(10^6 元) 混凝土坝	堆石坝	成本/(1995 年,10^6 美元) 混凝土坝	堆石坝	成本/(2002 年,10^6 美元) 混凝土坝	堆石坝	碳足迹/万 tCO₂e 混凝土坝	堆石坝
折旧费	65841.35	59553.56								
修理费	21947.11	19851.18	21947.11	19851.18	6590.72	5961.32	7779.99	7037.01	485.47	439.11
工资、福利及劳保统筹	288.05	288.05			0.00	0.00	0.00	0.00	0.00	0.00
材料费	559.68	559.68	559.68	559.68	168.07	168.07	198.40	198.40	12.38	12.38
库区维护基金	747.22	747.22	747.22	747.22	224.39	224.39	264.88	264.88	16.53	16.53
利息支出	11749.69	10595.40			0.00	0.00	0.00	0.00	0.00	0.00
其他费	1399.20	1399.20			0.00	0.00	0.00	0.00	0.00	0.00
总计	102532.30	92994.29	23254.01	21158.08	6983.19	6353.78	8243.28	7500.29	514.38	468.02

注　1995 年 PPP=3.33；1995 年 CPI=1.524；2002 年 CPI=1.799。

表 8.4－18　1996 年经济评价数据及相应的碳足迹计算结果

项　目	电站发电成本/(10^6 元) 混凝土坝	堆石坝	输入成本/(10^6 元) 混凝土坝	堆石坝	成本/(1996 年,10^6 美元) 混凝土坝	堆石坝	成本/(2002 年,10^6 美元) 混凝土坝	堆石坝	碳足迹/万 tCO₂e 混凝土坝	堆石坝
折旧费	41316.63	37681.40								
修理费	13050.99	11902.70	13050.99	11902.70	3750.28	3420.32	4300.04	3921.70	268.32	244.71
工资、福利及劳保统筹	576.16	576.16			0.00	0.00	0.00	0.00	0.00	0.00
材料费	559.68	559.68	559.68	559.68	160.83	160.83	184.40	184.40	11.51	11.51
库区维护基金	745.72	745.72	745.72	745.72	214.29	214.29	245.70	245.70	15.33	15.33
利息支出	20265.12	18249.73			0.00	0.00	0.00	0.00	0.00	0.00
其他费	1399.20	1399.20			0.00	0.00	0.00	0.00	0.00	0.00
总计	77913.50	71114.59	14356.39	13208.10	4125.40	3795.43	4730.14	4351.80	295.16	271.55

注　1996 年 PPP=3.48；1996 年 CPI=1.569；2002 年 CPI=1.799。

表 8.4 - 19　　　　　1998 年经济评价数据及相应的碳足迹计算结果

项 目	电站发电成本/(10^{6}元)		输入成本/(10^{6}元)		成本/(1998 年，10^{6}美元)		成本/(2002 年，10^{6}美元)		碳足迹/万 tCO$_2$e	
	混凝土坝	堆石坝	混凝土坝	堆石坝	混凝土坝	堆石坝	混凝土坝	堆石坝	混凝土坝	堆石坝
折旧费		35854.58								
修理费		11325.65		11325.65		3321.30		3665.66		228.74
工资、福利及劳保统筹		576.16				0.00		0.00		0.00
材料费		559.68		559.68		164.13		181.15		11.30
库区维护基金		745.72		745.72		218.69		241.36		15.06
利息支出		23168.72				0.00		0.00		0.00
其他费		1399.20				0.00		0.00		0.00
其他支出		116.20				0.00		0.00		0.00
总计		73745.91		12631.05		3704.12		4088.17		255.10

注　1998 年 PPP=3.41；1998 年 CPI=1.63；2002 年 CPI=1.799。

表 8.4 - 20　　　　　1999 年经济评价数据及相应的碳足迹计算结果

项 目	电站发电成本/(10^{6}元)		输入成本/(10^{6}元)		成本/(1999 年，10^{6}美元)		成本/(2002 年，10^{6}美元)		碳足迹/万 tCO$_2$e	
	混凝土坝	堆石坝	混凝土坝	堆石坝	混凝土坝	堆石坝	混凝土坝	堆石坝	混凝土坝	堆石坝
折旧费	39817.82									
修理费	12715.47		12715.47		3829.96		4135.71		258.07	
工资、福利及劳保统筹	554.09				0.00		0.00		0.00	
材料费	570.24		570.24		171.76		185.47		11.57	
库区维护基金	1507.65		1507.65		454.11		490.36		30.60	
利息支出	11117.64				0.00		0.00		0.00	
其他费	1425.60				0.00		0.00		0.00	
其他支出	116.20				0.00		0.00		0.00	
总计	67824.71		14793.36		4455.83		4811.55		300.24	

注　1999 年 PPP=3.32；1999 年 CPI=1.666；2002 年 CPI=1.799。

表 8.4 - 21

2001 年经济评价数据及相应的碳足迹计算结果

项　目	电站发电成本/(10⁶ 元)		输入成本/(10⁶ 元)		成本/(2001 年, 10⁶ 美元)		成本/(2002 年, 10⁶ 美元)		碳足迹/万 tCO₂e	
	混凝土坝	堆石坝	混凝土坝	堆石坝	混凝土坝	堆石坝	混凝土坝	堆石坝	混凝土坝	堆石坝
折旧费		3495.43								
修理费		11163.21		11163.21		3382.79		3398.07		214.42
保险费		2790.80				0.00		0.00		0.00
工资、福利及劳保统筹		212.96				0.00		0.00		0.00
材料费		208.07		208.07		63.05		63.34		4.00
库区维护基金		762.20		762.20		230.97		232.01		14.64
利息支出		12980.36				0.00		0.00		0.00
其他费		378.30				0.00		0.00		0.00
移民后期扶持基金		187.47				0.00		0.00		0.00
总计		63634.80		12133.48		3676.81		3693.42		233.06

注　2001 年 PPP=3.30；2001 年 CPI=1.771；2002 年 CPI=1.799。

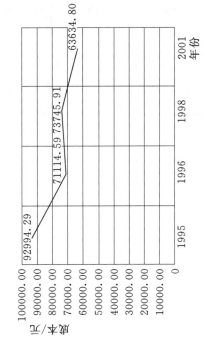

图 8.4 - 20　4 次经济评价的堆石坝枢纽
布置方案发电成本数据

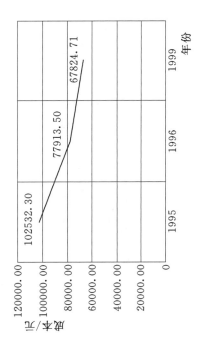

图 8.4 - 19　3 次经济评价的混凝土坝枢纽
布置方案的发电成本数据

力坝）和 22%（堆石坝）；当年运行发电成本减少 70% 时，相应的碳排放因子仅为 $6.47gCO_2e/(kW \cdot h)$（混凝土重力坝）和 $3.95gCO_2e/(kW \cdot h)$（堆石坝），比原碳排放因子减少了 23%（混凝土重力坝）和 31%（堆石坝）。可以看出年运行发电成本对水电枢纽工程生命周期碳排放因子的影响较大。

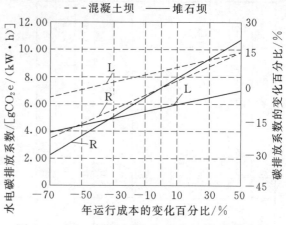

图 8.4-21　年运行发电成本的敏感度分析

8.4.3.2　与其他发电系统的对比

国外有些研究认为水电是排放温室气体的元凶，且热带的水电排放比燃油发电的温室气体排放多 3.6 倍，甚至有研究指出水电的温室气体排放比火电温室气体排放多 20 倍。但更多研究指出这种结论是非常片面的，水电的温室气体排放比火电的温室气体排放至少低 1~2 个数量级。

本章采用混合生命周期评价方法计算得到糯扎渡水电枢纽工程的碳足迹为 $8.39gCO_2e/(kW \cdot h)$（混凝土重力坝枢纽布置方案）和 $5.72gCO_2e/(kW \cdot h)$（心墙堆石坝枢纽布置方案）。2009 年 Varun 等汇总了传统电力系统和可再生能源系统的生命周期碳排放因子，见表 8.4-22。由表 8.4-22 可以看出，糯扎渡水电枢纽工程的碳排放因子在以往研究的水电碳排放因子范围内，且属于较低的排放强度。总体上来讲，水电的碳排放强度比燃煤发电、燃油发电、燃气发电、核电、风电、太阳能光伏发电、生物质发电、光热发电都要低得多，尤其比燃煤发电低两个数量级。

表 8.4-22　传统电力系统和可再生能源系统的生命周期碳排放因子

传统电力系统		可再生能源系统	
系统名称	碳排放系数/ $[gCO_2e/(kW \cdot h)]$	系统名称	碳排放系数/ $[gCO_2e/(kW \cdot h)]$
燃煤发电	975.3	风电	9.7~123.7
燃油发电	742.1	太阳能光伏发电	53.8.4~250
燃气发电	607.6	生物质发电	35~178
核电	24.2	光热发电	13.6~202
		水电	3.7~237

8.4.3.3　糯扎渡水电站的环境效益

糯扎渡水电枢纽工程年发电量为 239.1 亿 kW·h，糯扎渡水电站可替代燃煤火电电量 258.25 亿 kW·h，按云南火电标煤耗 315g/(kW·h) 计算，每年可节省标煤约 753 万 t。根据 IPCC（2006）年的数据，燃料煤的碳排放因子为 2.53kgCO$_2$e/kg，那么糯扎渡水电枢纽工程平均每年可减少温室气体排放 1905.09 万 tCO$_2$e。即使水电的开发会间接排放一些温室气体，平均到每年的碳足迹仅为 13.68 万 tCO$_2$e（堆石坝枢纽布置方案），仅为火电碳足迹的 1/139；净减少温室气体排放 1891.41 万 tCO$_2$e。

另外，糯扎渡水电站项目施工区植树 847440 株，种草 63.41hm^2，复耕 48.68hm^2。这些植物的碳汇作用又会吸收并实际存储大量的二氧化碳。假设 1 株 30 年的冷杉吸收 111kg 二氧化碳，平均每年吸收 4kg 左右，施工区的树木每年可吸收 0.34 万 tCO$_2$e；每 1m^2 的绿草地每天可以放出氧气约 0.015kg，吸收二氧化碳 0.02kg，则 63.41hm^2（63.41 万 m^2）施工区的草地每年可吸收 0.46 万 tCO$_2$e；耕地的碳汇能力假设和草地相同，则施工区的耕地每年可吸收 0.36 万 tCO$_2$e；所以初步估计施工区的树木、草地和耕地每年可吸收 1.16 万 tCO$_2$e。

综上，水电的环境效益比火电的环境效益大得多，糯扎渡水电工程替代火电平均每年可减少温室气体排放 1892.57 万 tCO$_2$e（合 727.9 万 t 标准煤）。

8.5　工程碳足迹分析系统开发

8.5.1　开发目的

随着社会经济的快速发展及其对能源的过度开发和消耗，全球的能源短缺和环境污染问题已经相当严峻。根据现行的《水电工程可行性研究报告编制规程》（DL/T 5020—2007），水电工程的节能降耗问题需要进行专门研究，并单独列为节能降耗分析篇。

大型水电枢纽工程的生命周期较长，从规划设计阶段、工程建设阶段再到运行管理阶段一般要经历几十年甚至上百年。同时，涉及非常多的建筑物，包括挡水建筑物、泄水建筑物（溢流坝、溢洪道、泄洪洞等）、引水发电系统（主厂房、主变室、调压室及其他复杂辅助洞室）及导流工程等。每个建筑物又采用了多种建筑材料以及施工工艺等。而且在进行项目设计时，需对生命周期内有关整个枢纽的材料、设备、能源、运输、施工过程等大量的数据信息不断进行调整，期间由于设计人员之间的信息传递或人为疏忽，可能会出现部分信息遗漏、信息冗杂、部分信息冲突、管理效率慢等问题，给水电枢纽工程的能耗分析带来困难。同时，我国水电行业的节能降耗工作刚刚起步，相关理论、方法以及评价标准还不成熟，有待统一。

随着信息技术和市场的发展，数据库系统已经成为存储和管理海量数据的科学方法，可以避免很多由于人为因素造成的数据质量问题；同时，建立一个自动化的能耗分析平台，使得大型的计算过程更加具有条理性、科学性和高效性，而且自动化的分析和管理系统能够使得能耗分析的理论、方法及过程尽快得到统一和推广应用。

因此，水电枢纽工程碳足迹分析系统的开发目的，就是通过建立统一的、系统化的能耗与生态效应的分析与管理平台，使得水电行业的能耗分析理论、方法和过程尽快得到统一和推广应用，而且大型数据库管理系统能够存储水电工程的海量数据，为水电行业的能耗分析提供强大的数据支持，为今后水电行业的节能降耗工作的发展奠定深厚的研究基础。

8.5.2　系统架构设计

根据系统所要实现的工作内容和目的，确定系统结构见图 8.5-1。系统架构设计分为数据采集层、数据访问层、功能逻辑层和表示层。数据采集层包括数据的采集和传输；数据访问层主要包括数据库的建设与维护；功能逻辑层主要包括水电枢纽工程碳足迹分析和能耗实时可视化两个功能模块；表示层则指系统界面。

8.5.3　系统功能实现

水电枢纽工程碳足迹分析系统基于 .net 框架，采用 C♯ 开发实现了三大主要功能：水电枢纽工程碳足迹与能耗评价功能、水电枢纽工程生态效应评价功能和能耗实时可视化仿真功能，其中能耗实时可视化仿真功能通过开发 Autodesk Navisworks 可视化仿真软件实现。另外还包括系统管理功能和工程基本信息管理功能。系统主界面见图 8.5-2，用户可通过单击左边的按钮或者菜单栏进入相应模块。右侧的模型查看区可自动加载所研究的水电枢纽工程的三维 BIM 信息模型，用户可对模型进行平移、缩放、动态观察等操作，在进行能耗分析和生态效应评价前对整个枢纽工程的基本情况有更直观的认识，有利于水电枢纽工程碳足迹分析和生态效应评价的进行。

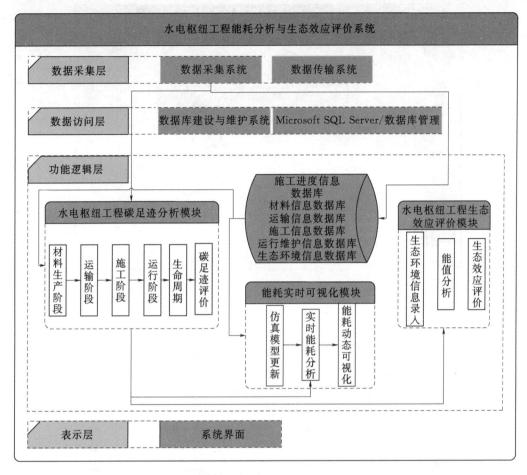

图 8.5-1　系统结构图

8.5.3.1　水电枢纽工程基本信息管理模块

水电枢纽工程基本信息的管理功能主要是工程基本信息的收集和管理。系统收集管理的水电枢纽工程基本资料包括工程名称、工程地理信息、水库特性、建筑物信息、水文、气象条件、主要材料用量、经济指标以及计划施工时间等信息。这些信息可为后面的碳足迹评价和生态效应评价提供必要的数据支持。

用户可手动输入"工程基本信息"各文本框内的文字信息，也可通过工程名称的下拉菜单由数据库导入相应工程的"工程基本信息"。新建的工程基本信息或者修改后的工程基本信息，可通过"保存工程基本信息"按钮保存到数据库，见图 8.5-3。但如果数据库中已有相同的工程名称，则不保存。对于数据库中不需要的或者错误的工程基本信息，可通过"删除工程基本信息"按钮将数据库中相应的记录删除。

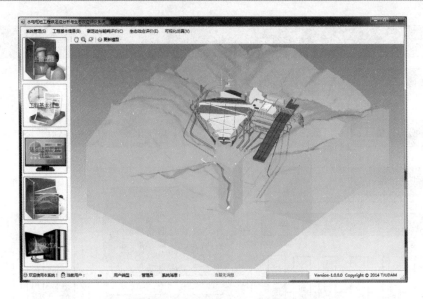

图 8.5-2　系统主界面

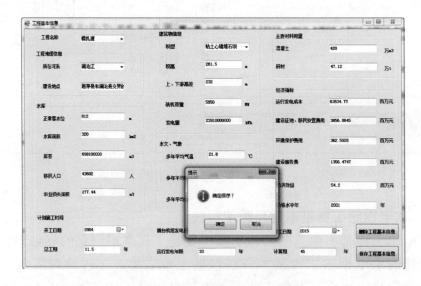

图 8.5-3　工程基本信息界面

8.5.3.2　水电枢纽工程碳足迹与能耗评价模块

本系统最为重要的、核心的功能即水电枢纽工程碳足迹与能耗评价功能。分别由材料生产阶段、运输阶段、施工阶段、运行维护阶段以及生命周期碳足迹与能耗评价五大部分组成。

1. 材料生产阶段

材料生产阶段的功能包括材料、设备、能源等信息的管理，材料生产能耗的计算以及材料生产阶段能耗的绘图三大部分。

用户可通过"新添"命令激活下面的区域选择类型、名称，并填写数量和单位，单击"保存"则在表中添加了一行记录，也可通过"查询"命令由数据库中导入整个表格，用户可对表中显示的信息，进行新添记录、删除记录、修改记录、保存等操作。当表中的材料、能源、设备信息确认无误后，单击"下一步"进入到材料生产能耗的计算功能。

材料生产阶段能耗绘图包括生产各材料、设备、能源的能耗饼状图（百分比图）和柱状图。单击"画图分析"命令后可非常直观地显示出生产各材料、设备、能源的能耗情况，用户可导出图形、打印预览、打印或者退出。

2. 运输阶段

运输阶段的碳足迹分析分为场外运输和场内运输两大部分。同材料生产阶段类似，首先是运输信息的管理，包括信息的查询、新添、修改、保存等，见图8.5-4和图8.5-5。

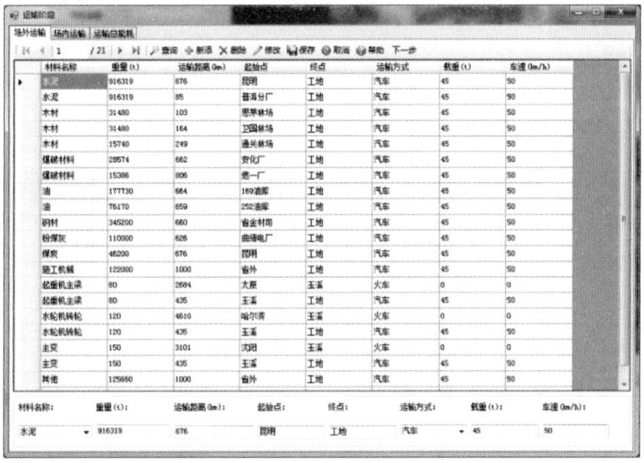

图 8.5-4　场外运输阶段信息管理

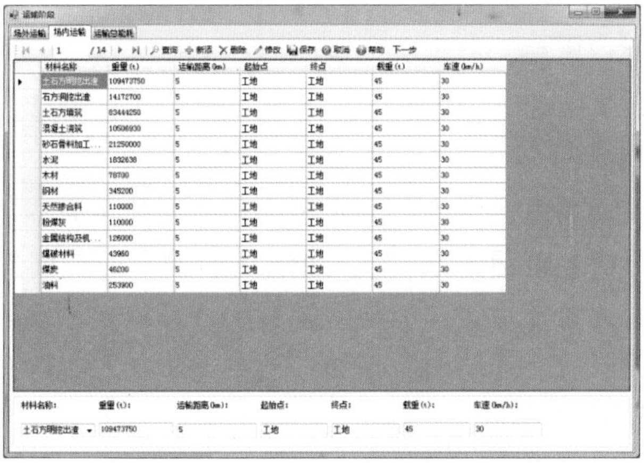

图 8.5-5　场内运输阶段信息管理

　　运输信息确认无误后，单击"下一步"进入运输阶段能耗计算功能，单击"计算"后，可计算出场外运输阶段和场内运输阶段的碳足迹和能耗结果，见图 8.5-6 和图 8.5-7。用户可将计算结果保存入数据库，也可另存为 .txt 文件。

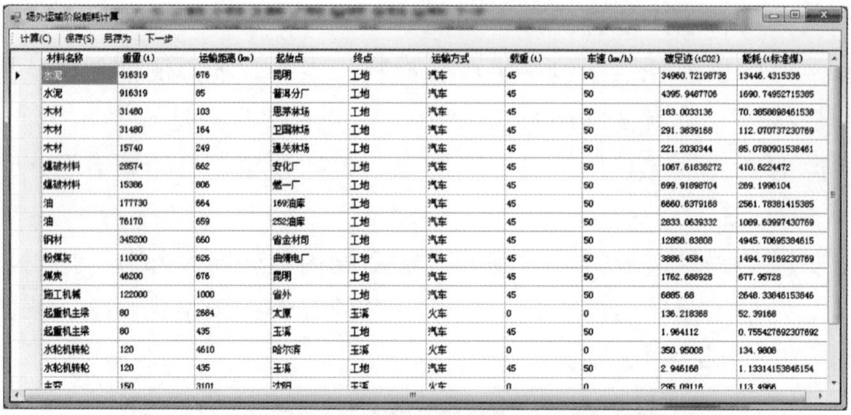

场外运输阶段能耗计算

计算(C)　保存(S)　另存为　下一步

材料名称	重量(t)	运输距离(km)	起始点	终点	运输方式	载重(t)	车速(km/h)	碳足迹(tCO2)	能耗(标准煤)
水泥	916319	676	昆明	工地	汽车	45	50	34960.72198736	13446.4315336
水泥	916319	85	普海分厂	工地	汽车	45	50	4395.9467706	1690.74952715385
木材	31480	103	思茅林场	工地	汽车	45	50	183.0033136	70.3058098461538
木材	31480	164	卫国林场	工地	汽车	45	50	291.3839168	112.070737230769
木材	15740	249	通关林场	工地	汽车	45	50	221.2030344	85.0780901538461
爆破材料	28574	662	安化厂	工地	汽车	45	50	1067.61636272	410.6224472
爆破材料	15386	805	燃一厂	工地	汽车	45	50	699.91098704	269.1996104
油	177730	664	169油库	工地	汽车	45	50	6660.6379168	2561.78381415385
油	76170	659	252油库	工地	汽车	45	50	2833.0639332	1009.63997430769
钢材	345200	660	省金材司	工地	汽车	45	50	12858.63808	4945.70695346615
粉煤灰	110000	626	曲靖电厂	工地	汽车	45	50	3886.4584	1494.79169230769
煤炭	46200	676	昆明	工地	汽车	45	50	1762.688928	677.95728
施工机械	122000	1000	省外	工地	汽车	45	50	6885.66	2648.33046153846
起重机主梁	80	2884	太原	玉溪	火车	0	0	136.218388	52.39168
起重机主梁	80	435	玉溪	工地	汽车	45	50	1.964112	0.755427892307692
水轮机转轮	120	4610	哈尔滨	玉溪	火车	0	0	350.95008	134.9808
水轮机转轮	120	435	玉溪	工地	汽车	45	50	2.946168	1.13314153846154
土石	150	3101	沈阳	玉溪	火车	0	0	295.09116	113.4984

图 8.5-6　场外运输阶段碳足迹与能耗计算结果

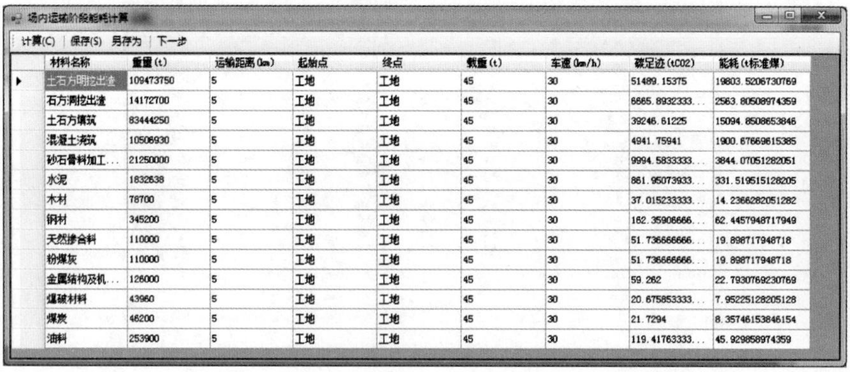

场内运输阶段能耗计算

计算(C)　保存(S)　另存为　下一步

材料名称	重量(t)	运输距离(km)	起始点	终点	载重(t)	车速(km/h)	碳足迹(tCO2)	能耗(标准煤)
土石方明挖出渣	109473750	5	工地	工地	45	30	51489.15375	19803.5206730769
石方洞挖出渣	14172700	5	工地	工地	45	30	6665.8932333...	2563.80508974359
土石方填筑	83444250	5	工地	工地	45	30	39246.61225	15094.8508653846
混凝土浇筑	10506930	5	工地	工地	45	30	4941.75941	1900.67669615385
砂石骨料加工	21250000	5	工地	工地	45	30	9994.5833333...	3844.07051282051
水泥	1832638	5	工地	工地	45	30	861.95073933...	331.519515128205
木材	78700	5	工地	工地	45	30	37.015233333...	14.2366282051282
钢材	345200	5	工地	工地	45	30	182.35906666...	62.4457948717949
天然掺合料	110000	5	工地	工地	45	30	51.736666666...	19.8987179487418
粉煤灰	110000	5	工地	工地	45	30	51.736666666...	19.8987179487418
金属结构及机...	126000	5	工地	工地	45	30	59.262	22.7930769230769
爆破材料	43960	5	工地	工地	45	30	20.675853333...	7.95225128205128
煤炭	46200	5	工地	工地	45	30	21.7294	8.35746153846154
油料	253900	5	工地	工地	45	30	119.41763333...	45.929859974359

图 8.5-7　场内运输阶段碳足迹与能耗计算结果

　　计算结果保存完毕后，可进入"下一步"的场外运输阶段或场内运输阶段的能耗绘图功能，见图 8.5-8 和图 8.5-9。用户可对图形进行导出、打印预览、打印或退出等操作。

　　场外运输阶段和场内运输阶段的碳足迹与能耗计算完毕后，便可进行运输总能耗的计算和分析，见图 8.5-10。系统从数据库中查询并显示场外运输碳足迹和能耗、场内运输碳足迹和能耗，并自动计算出运输阶段总的碳足迹和能耗值。点击"运输阶段能耗绘图"按钮，即可显示场内运输和场外运输能耗的比例情况（饼状图）和柱形图，用户可对图形进行导出、打印预览、打印等操作。

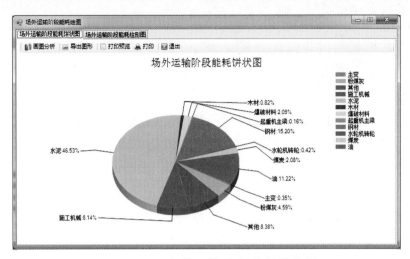

图 8.5-8　场外运输阶段能耗饼状图

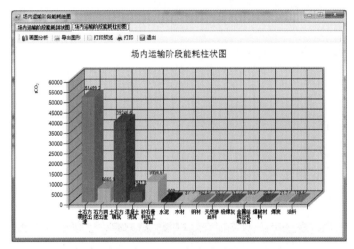

图 8.5-9　场内运输阶段能耗柱状图

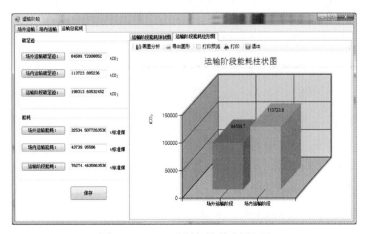

图 8.5-10　运输总能耗界面

3. 施工阶段

施工阶段的碳足迹与能耗分析尤为复杂，涉及非常多的机械型号、单项工程和建筑物种类。首先是施工单项工程信息的管理，包括信息的查询、新添、删除、修改、保存等。

施工信息确认无误后，单击"下一步"进入施工阶段能耗计算功能，单击"计算"后，可计算出施工阶段的耗油量、耗电量、碳足迹及标准煤消耗量。用户可将计算结果保存入数据库，也可另存为.txt文件。

单击"单项工程能耗计算"后，可计算出施工阶段各单项工程的耗油量、耗电量、碳足迹和标准煤消耗量，用户可将单项工程的能耗计算结果保存入数据库，或者另存为.txt文件，同时可对各单项工程的能耗进行绘图。用户可对图形进行导出、打印预览、打印或退出等操作。

单击"建筑物能耗计算"后，可管理施工阶段各建筑物的施工信息包括查询、新添、删除、修改、保存等。施工信息确认无误后，可进入"下一步"，单击"计算"后可计算出各建筑物在施工阶段的耗油量、耗电量、碳足迹和标准煤消耗量。用户可将建筑物的能耗计算结果保存入数据库，或者另存为.txt文件，同时可对各建筑物的能耗进行绘图。用户可对图形进行导出、打印预览、打印或退出等操作。

4. 运行维护阶段

运行维护阶段的碳足迹分析主要采用投入产出分析方法。首先是运行维护阶段投入信息的管理，包括信息的查询、新添、删除、修改、保存等，见图 8.5-11。

图 8.5-11　运行维护阶段投入信息的管理

投入信息确认无误后，单击"下一步"进入运行维护阶段能耗计算功能，单击"计算"后，可计算出运行维护阶段的产出结果，即碳足迹和标准煤消耗量，见图 8.5-12。用户可将计算结果保存入数据库，也可另存为.txt文件。

与前面几个阶段类似，单击"下一步"进入运行维护阶段能耗绘图功能，可对各投入项的能耗进行绘图，见图 8.5-13。用户可对图形进行导出、打印预览、打印或退出等操作。

项目	费用	单位	价格水平年	PPP	CPI	选择模型年	经济部门	CPI(模型年)	碳足迹(tCO_2)	能耗(t标准煤)
修理费	11902.7	百万元	1996	3.48	1.569	2002	Nonresident...	1.799	2447141.3366...	941208.206413046
材料费	559.68	百万元	1996	3.48	1.569	2002	Nonresident...	1.799	115067.67904...	44256.799630777343
库区维护基金	745.72	百万元	1996	3.48	1.569	2002	Nonresident...	1.799	153316.66240...	58967.947078086188
合计									2715525.6781...	1044432.95312191

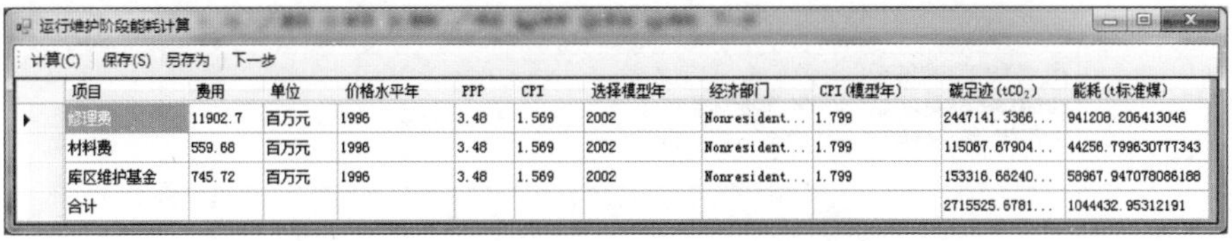

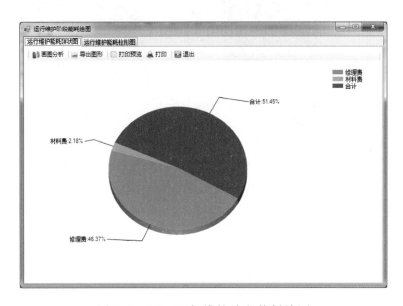

图 8.5-12　运行维护阶段碳足迹与能耗的计算结果

图 8.5-13　运行维护阶段能耗绘图

5. 生命周期碳足迹与能耗评价

生命周期碳足迹与能耗评价的功能是计算生命周期各阶段的碳足迹和能耗，见图 8.5-14，可保存到数据库，或者另存为 .txt 文件。然后，可以对各阶段的能耗进行绘图，包括饼状图和柱状图，见图 8.5-15，用户可对图形进

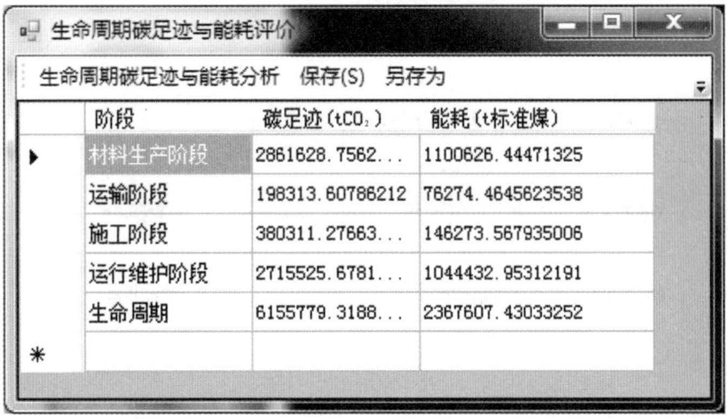

阶段	碳足迹(tCO_2)	能耗(t标准煤)
材料生产阶段	2861628.7562...	1100626.44471325
运输阶段	198313.60786212	76274.4645623538
施工阶段	380311.27663...	146273.567935006
运行维护阶段	2715525.6781...	1044432.95312191
生命周期	6155779.3188...	2367607.43033252

图 8.5-14　生命周期各阶段碳足迹与能耗评价分析结果

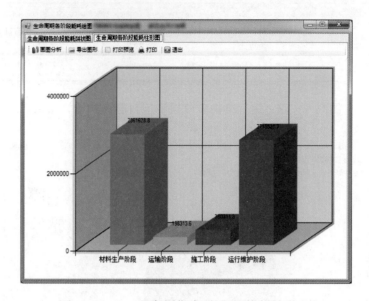

图 8.5 - 15　生命周期各阶段的能耗柱状图

行导出、打印预览、打印或退出等操作。

　　最后一项功能是对碳足迹结果进行评价，见图 8.5 - 16，通过计算生命周期碳足迹、年均碳足迹、碳排放因子以及碳排放水平，给出文本式的碳足迹评价结论，并可输出报告。本系统规定碳排放因子在 $0 \sim 50 gCO_2 e/(kW \cdot h)$ 之间为低排放水平，$50 \sim 200 gCO_2 e/(kW \cdot h)$ 之间为中排放水平，$200 gCO_2 e/(kW \cdot h)$ 以上为高排放水平。报告内容包括各个计算结果表格以及必要的文字叙述，见图 8.5 - 17。

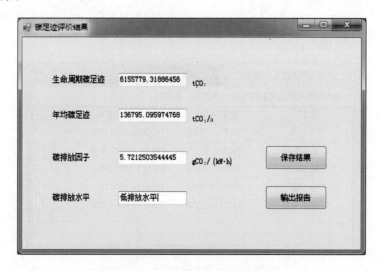

图 8.5 - 16　碳足迹评价结果

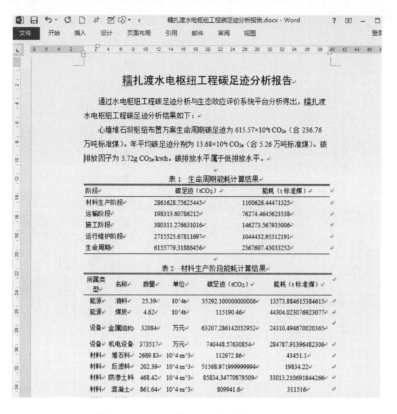

图 8.5-17　碳足迹分析报告输出

8.5.3.3　水电枢纽工程能耗及碳足迹可视化模块

水电枢纽工程能耗及碳足迹可视化模块主要是对复杂大型水电枢纽工程进行多维仿真分析，包括三维几何、施工进度、施工过程、施工能耗以及碳足迹的实时动态仿真和分析。在 4D 环境中对施工进度和施工过程进行仿真，以可视化的方式对工程进行交流和分析，可减少施工延误和施工排序问题。该功能通过将三维几何模型与时间日期关联起来，制定施工工序，建立 4D 仿真模型，从而可供用户发现大型水电枢纽工程复杂建造流程中的问题。然后，在 4D 仿真模型中嵌入能耗以及碳足迹信息，使得能耗及碳足迹信息能够随施工进度动态显示，可供用户实时了解施工能耗和温室气体排放的详细数据。

施工进度信息是实现水电枢纽工程能耗及碳足迹可视化的关键。以糯扎渡水电枢纽工程为例，其施工总进度网络图见图 8.5-18，施工总工期 11.5 年，其中准备期 3 年，主体工程施工 5.5 年，工程完建期 3 年。根据施工总进度网络图建立与施工进度相对应的三维 CAD 模型，并计算每个施工节点所对应的碳足迹和能耗情况，见表 8.5-1 和图 8.5-19。由表 8.5-1 可知，大型水电

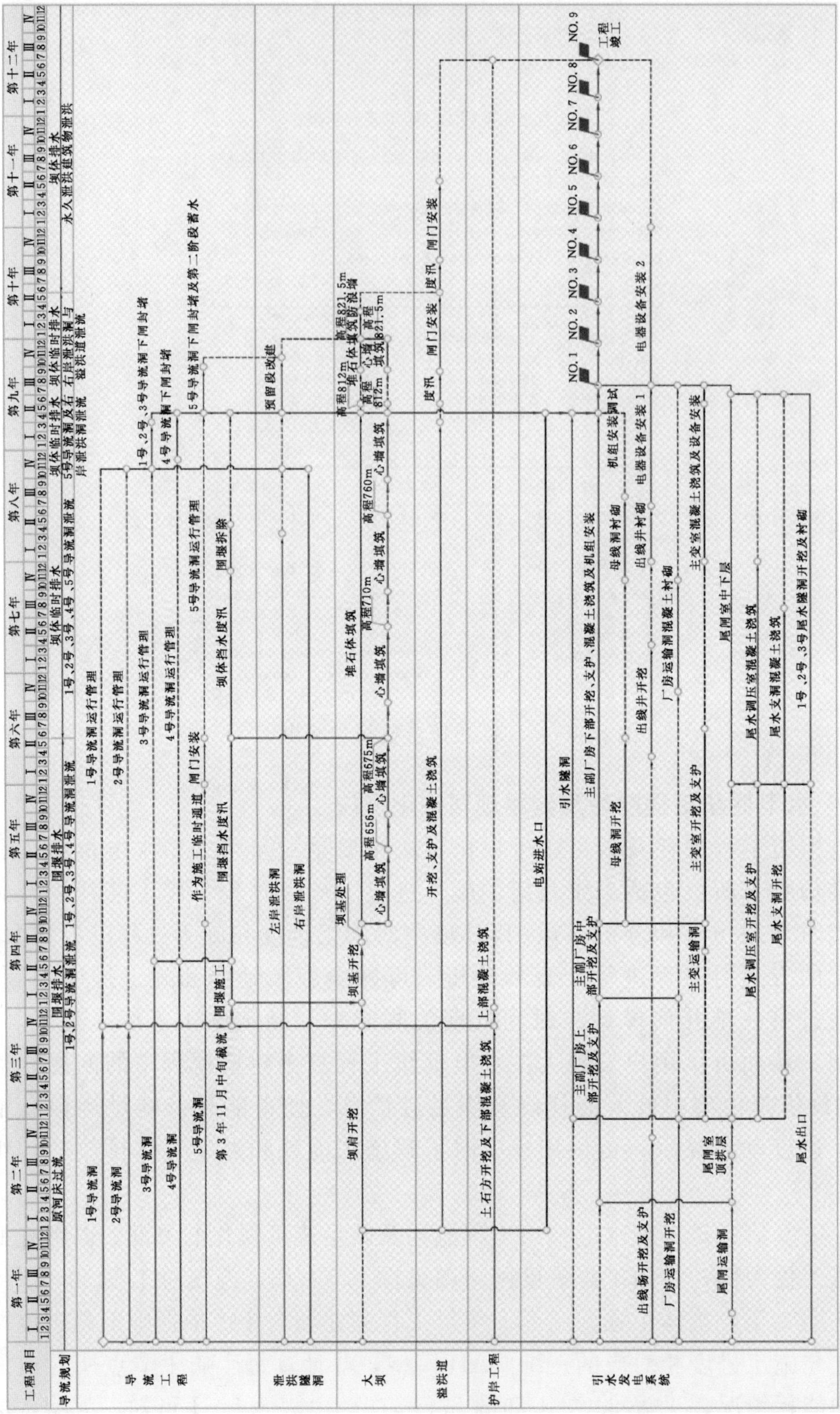

图 8.5－18 糯扎渡水电枢纽工程施工总进度网络图

表8.5-1　糯扎渡水电枢纽工程施工进度计划及碳足迹和能耗信息

项目	任务名称	计划开始时间	计划结束时间	碳足迹/tCO₂e	能耗/t 标准煤
筹备	地形	2003-12-30	2003-12-30	0	0
	修建进场公路	2003-12-31	2003-12-31	2471.72	950.66
坝体	大坝交通洞	2004-4-1	2005-12-31	31.83	12.24
	坝基基础处理	2007-8-1	2007-9-30	175.89	67.65
	Ⅰ期	2008-3-20	2008-6-2	2504.76	963.37
	Ⅱ期	2008-8-1	2008-11-30	1038.96	399.6
	Ⅲ期	2008-12-1	2009-5-31	8376.39	3221.69
	Ⅳ期	2009-6-1	2009-9-30	6082.03	2339.24
	Ⅴ期	2009-10-1	2010-5-31	30361.1	11677.3
	Ⅵ期	2010-6-1	2010-9-30	11164.9	4294.19
	Ⅶ期	2010-10-1	2011-5-31	17082.6	6570.21
	Ⅷ期	2011-6-1	2011-9-30	5299.76	2038.37
	Ⅸ期	2011-10-1	2012-5-31	11249.5	4326.72
	Ⅹ期	2012-6-1	2012-12-31	1832.41	704.77
导流工程	1号导流洞进出口开挖、浇筑	2004-1-1	2004-12-31	1493.2	574.31
	1号导流洞洞身施工	2005-1-1	2006-10-31	3532.83	1358.78
	2号导流洞进出口开挖、浇筑	2004-1-1	2004-12-31	2221.21	854.31
	2号导流洞洞身施工	2005-1-1	2006-10-31	3777.04	1452.71
	3号导流洞进出口开挖、浇筑	2004-1-1	2006-8-31	1805.18	694.3
	3号导流洞洞身施工	2006-9-1	2007-5-31	6222.34	2393.21
	4号导流洞进出口开挖、浇筑	2004-1-1	2006-6-30	679.05	261.17
	4号导流洞洞身施工	2006-7-1	2007-5-31	2709.56	1042.14
	5号导流洞进出口开挖、浇筑	2004-1-1	2004-12-31	45.46	17.48
	5号导流洞洞身施工	2005-1-1	2007-9-30	1348.13	518.51
	1~4号导流洞下闸封堵	2011-11-1	2012-4-30	3740.3	1438.58
	5号导流洞下闸封堵	2012-5-1	2012-9-30	367.37	141.3
	围堰施工	2006-11-1	2007-5-31	28558.3	10984
泄洪建筑物	左岸泄洪洞	2004-1-1	2012-10-31	17400	6692.31
	右岸泄洪洞	2004-1-1	2011-10-31	10000	3846.15
	消力塘及出口段开挖、浇筑	2005-1-1	2012-5-31	12381.5	4762.12
	进口（引渠段、闸室）段开挖、浇筑	2006-1-1	2012-3-31	40973.8	15759.1
	泄槽段开挖、浇筑	2006-1-1	2012-5-31	37345.2	14363.5
	闸门安装	2012-10-1	2014-4-30	1799.58	692.15

续表

项目	任务名称	计划开始时间	计划结束时间	碳足迹/(tCO$_2$e)	能耗/t 标准煤
引水发电系统	电站进水口	2005 - 1 - 1	2012 - 4 - 30	23105.8	8886.85
	8 号、5 号、2 号引水隧洞	2006 - 1 - 1	2006 - 12 - 31	1481.87	569.95
	9 号、6 号、3 号引水隧洞	2007 - 1 - 1	2007 - 7 - 31	1479.49	569.04
	7 号、4 号、1 号引水隧洞	2007 - 8 - 1	2008 - 2 - 28	1479.49	569.04
	主、副厂房施工	2005 - 4 - 1	2012 - 4 - 30	22045.9	8479.19
	母线洞	2007 - 10 - 1	2009 - 5 - 31	1019.65	392.17
	主厂房运输洞	2004 - 4 - 1	2005 - 12 - 31	4377.06	1683.48
	主变室开挖、浇筑	2007 - 10 - 1	2009 - 6 - 30	2714.01	1043.85
	尾水闸门室顶拱层施工	2005 - 9 - 1	2006 - 1 - 31	512.39	197.07
	尾水闸门室中下层施工	2009 - 4 - 1	2010 - 12 - 31	2791.99	1073.84
	3 号尾水调压室	2006 - 4 - 1	2007 - 2 - 28	866.19	333.15
	1 号尾水调压室	2007 - 3 - 1	2008 - 1 - 31	866.19	333.15
	2 号尾水调压室	2008 - 2 - 1	2008 - 12 - 31	866.19	333.15
	1 号尾水隧洞开挖	2010 - 4 - 1	2010 - 10 - 31	785.17	301.99
	2 号、3 号尾水隧洞开挖	2009 - 1 - 1	2011 - 9 - 30	6547.78	2518.38
	8 号、5 号、2 号尾水支洞	2006 - 10 - 1	2007 - 12 - 31	2396	921.54
	9 号、6 号、3 号尾水支洞	2008 - 1 - 1	2009 - 3 - 31	2396	921.54
	7 号、4 号、1 号尾水支洞	2009 - 4 - 1	2010 - 7 - 31	2396	921.54
	尾水闸门运输洞	2004 - 4 - 1	2005 - 3 - 31	22161.7	8523.75
	出线场	2004 - 1 - 1	2004 - 12 - 31	848.2	326.23
	出线井	2009 - 4 - 1	2010 - 3 - 31	24.52	9.43
完建	公路、草坪、路灯、楼梯、平台建筑物	2013 - 1 - 1	2013 - 3 - 31	5066.66	1948.72
总计				380300.15	146269.19

枢纽工程的施工过程非常复杂，往往多点同时施工，在进行施工进度仿真时，可根据需要合理地安排施工任务。由图 8.5 - 19 可知，整个水电枢纽的施工碳足迹随着施工进度逐渐增大，在 2012 年 3 月 1 日至 6 月 1 日施工期间的碳足迹增幅最大，该阶段的施工任务主要有坝体Ⅸ期填筑，溢洪道的消力塘及出口段开挖、浇筑，溢洪道的进口（引渠段、闸室）段开挖、浇筑，溢洪道的泄槽段开挖、浇筑，电站进水口的开挖和浇筑，以及主副厂房的施工，这几项任务均是工程量较大的工作，因此在此阶段的碳足迹增幅最大，由 243965.87tCO$_2$e 增大到 353834.01tCO$_2$e。所以认为该进度表以及碳足迹和能耗分析结果是合理的。

本书开发的水电枢纽工程能耗及碳足迹可视化功能包括两种模式：查看模

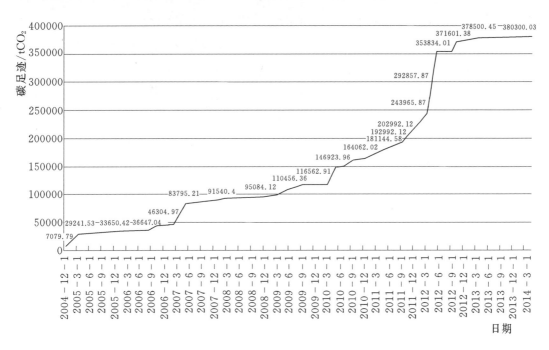

图 8.5-19　糯扎渡水电枢纽工程施工碳足迹随时间进度的变化曲线

式和仿真模式。当选择查看模式时，可对水电枢纽工程的 BIM 模型进行平移、缩放、动态观察、选择等操作。同时，可查看水电枢纽工程任一建筑物的能耗信息，见图 8.5-20，选择了溢洪道的泄槽部位，显示了该结构的名称、计划

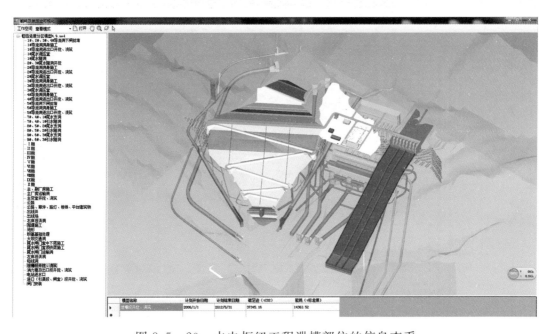

图 8.5-20　水电枢纽工程泄槽部位的信息查看

施工开始时间、计划结束时间、施工阶段的碳足迹和能耗等信息。

当选择仿真模式时，系统会动态、实时仿真整个复杂大型水电枢纽工程的施工进度和施工过程，并动态显示相应的能耗和碳足迹信息。初始界面见图8.5-21。用户可对模型进行平移、缩放、动态观察等操作，也可进行渲染等。通过对模型进行模拟设置后，单击菜单栏的播放按钮，即可实时动态显示施工信息。施工进度实时变化的过程中，几何模型会随施工进度不断更新，同时已施工的天数、周数，当前施工日期、施工任务、施工进度百分比以及当前的碳足迹和能耗都会实时更新、显示，为设计人员以及施工人员提供丰富的施工信息和能耗信息，以便加深对设计和施工能耗的理解，发现进度计划中的问题，挖掘施工能耗较大的施工阶段、施工任务等，为优化设计以及节能降耗工作提供强有力的支持。图8.5-22为糯扎渡水电枢纽工程交通洞、导流洞、围堰等建筑的施工仿真，此时的碳足迹为142976.03tCO$_2$e，换算为标准煤为54990.78t。图8.5-23为糯扎渡水电枢纽工程堆石坝等建筑物的施工仿真过程，此时的碳足迹为300552.38tCO$_2$e，换算为标准煤为115597.07t。图8.5-24为糯扎渡水电枢纽工程所有建筑物施工完毕的状态，此时的碳足迹为380300.03tCO$_2$e，换算为标准煤为146269.25t。

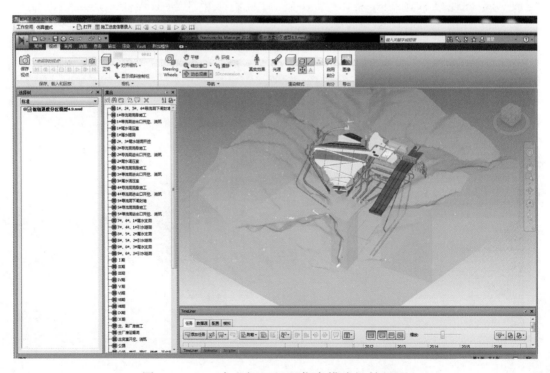

图 8.5-21　水电枢纽工程仿真模式初始界面

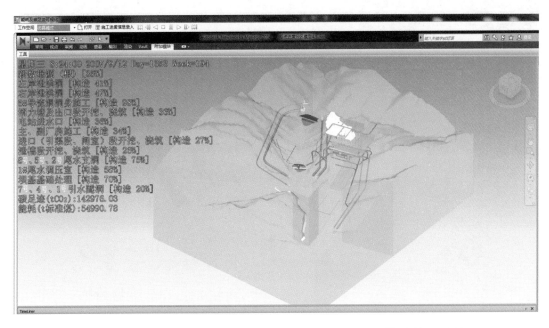

图 8.5 - 22　水电枢纽工程交通洞、导流洞、围堰等的施工过程

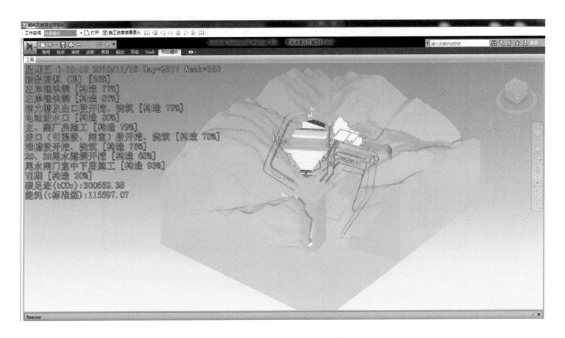

图 8.5 - 23　水电枢纽工程大坝等建筑物的施工过程

　　系统所使用的施工进度信息可通过手动建立 CSV 文件导入该系统，也可利用该系统的"施工进度信息录入"模块录入进度信息后自动生成 CSV 文件，然后导入该系统，见图 8.5 - 25。

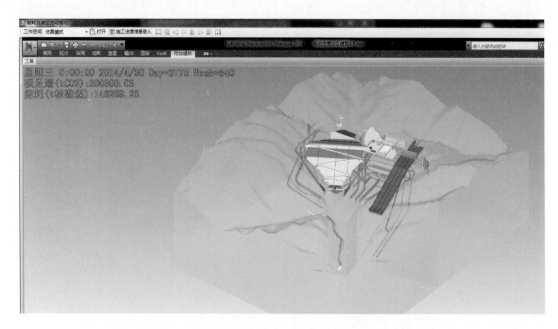

图 8.5-24　水电枢纽工程所有建筑物施工完毕

图 8.5-25　施工进度信息录入

8.6　小结

　　水电枢纽工程的能耗分析是全球环境问题以及水电项目环境影响评价的必然需求，其分析理论、分析方法、实际应用以及系统实现均是需要迫切得到解决的难题。本书依托糯扎渡水电枢纽工程，基于碳足迹理论，从生命周期的角度出发，采用混合生命周期评价方法，研究了不同水电枢纽工程布置方案的碳足迹和能耗情况，并探讨了考虑碳足迹在内的生态效应评价方法，最后基于 C♯ 编程语言和数据库管理技术开发了水电枢纽工程碳足迹分析系统。

（1）研究水电枢纽工程碳足迹理论。包括确定水电枢纽工程能耗分析的目的和定位，提出水电枢纽工程碳足迹的概念，研究碳足迹与能耗的转换关系，划定水电枢纽工程能耗分析的系统边界，并讨论水电枢纽工程碳足迹分析的标准。

（2）研究大型水电枢纽工程碳足迹分析的混合生命周期评价方法（Hybrid LCA）。根据大型水电枢纽工程生命周期长、过程相当繁杂的特点，将水电枢纽工程生命周期分为材料设备生产阶段、运输阶段、施工阶段、运行维护阶段 4 个阶段，并考虑所有相关的主要材料、设备和能源消耗。基于结合过程分析法（PA - LCA）和投入产出分析法（IO - LCA）各自优势的混合生命周期评价方法（Hybrid LCA）研究大型水电枢纽工程的碳足迹，提出水电枢纽工程生命周期各阶段碳足迹的计算思路和计算公式，并收集、对比、确定水电枢纽工程能耗分析中所用到的碳排放数据，为水电行业的碳足迹分析提供基础数据资料。

（3）以糯扎渡水电枢纽工程为依托，采用碳足迹分析方法评价并对比不同枢纽布置方案的碳足迹和能耗情况。基于糯扎渡水电枢纽工程的两种布置方案：常态混凝土重力坝枢纽布置方案和直心墙堆石坝枢纽布置方案，定量对比不同结构型式、布置方式、材料种类、材料用量以及施工过程等条件下的水电枢纽工程的碳足迹和能耗差异，为水电枢纽工程布置方案的选择提供重要依据。结果表明，重力坝枢纽和堆石坝枢纽在生命周期内总的碳足迹分别为 903.19 万 tCO_2e（合 347.38 万 t 标准煤）和 615.57 万 tCO_2e（合 236.76 万 t 标准煤），心墙堆石坝枢纽布置方案的碳足迹和能耗比混凝土重力坝枢纽方案减少了 31.84%。材料生产阶段的能耗大于运行维护阶段的能耗大于施工阶段的能耗大于运输阶段的能耗。其中，水泥、钢材的生产过程以及开挖工程、混凝土浇筑工程和堆石坝填筑工程的能耗以及所产生的碳足迹较多。

（4）在 .NET 平台下运用 C♯ 面向对象编程语言，结合数据库管理等技术，开发水电枢纽工程碳足迹分析系统，实现水电枢纽工程全生命周期碳足迹的分析过程，为水电行业的节能降耗工作提供方便、快捷、高效的操作平台。

第9章
高土石坝全生命周期管理体系

9.1　水电工程全生命周期管理体系框架

　　水电工程全生命周期管理涵盖了从项目的规划、勘测设计、施工和运行维护直至退役拆除/重建的完整阶段，通过集成勘测设计、施工、运营各个阶段的工程信息，实时准确地反映工程进度或运行状态，各阶段主体方共享集成信息实现协同设计，达到缩短工程开发周期、降低成本及提高工程安全和质量的目的。水电工程全生命周期管理有其自身的特点和功能，同时对企业的管理和运行提出了新的或更高的要求，其中包含了理论方法和技术上所需要研究的关键技术。本章在分析水电工程全生命周期内涵的基础上，提出水电工程全生命周期管理体系框架，介绍了管理体系的系统架构和运行模式，并分析了体系所涉及的关键技术。

9.1.1　水电工程全生命周期管理

　　水电工程具有规模大且布置复杂、投资大、开发建设周期长、参与方众多以及对社会、生态环境影响大等特点，是一个由主体维（政府、业主、管理方、设计方、施工方、监理方等，还可按专业进一步细分）、空间维（枢纽、水库、生态环境、社会环境、机电等）及时间维［规划阶段、勘察设计阶段（预可研、可研、招标、施工图）、施工阶段、运行维护阶段、退役报废等］构成的复杂的系统工程，要求全面控制安全、质量、进度、投资及生态环境。水电工程全生命周期的"五维"结构图见图9.1-1。根据主体维各方需求和工程开发建设规律，将水电工程全生命周期管理核心内容概况为"四大工程三大阶段"（图9.1-2）。

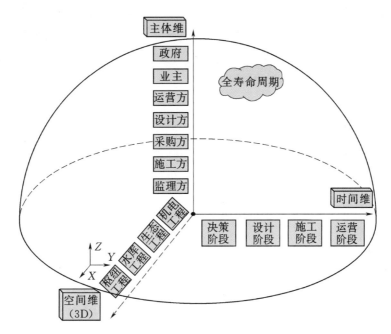

图9.1-1 水电工程全生命周期管理的"五维"结构

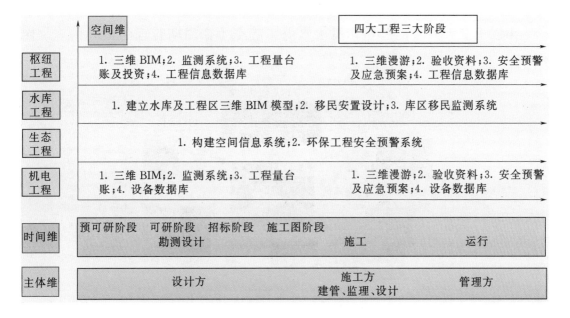

图9.1-2 水电工程全生命周期四大工程三大阶段架构

　　具体来看，一旦项目自然资源信息数字化 BIM 模型（水文、地质、地形、移民等）建立，在勘测设计阶段，它便成为了枢纽工程、机电、环境、水库工程等设计的约束条件，同时，各个专业之间能够进行协同设计，各专业的设计信息也成了能够约束相互之间设计过程的数字化设计信息模型等，这些 BIM 信息模型通过一种规范化的存在方式和表现形式可以被参与工程建设的各方统一处理、集中管理和多方共享，同时设计方内部以工程结构风险指标为依据进行设计决策，项目负责人、工程师、业主、最终用户等所有相关用户都可以实时了解设计进度和设计决策情况，从而进行管理决策。

　　在施工建造阶段，随着互联网和物联网采集数据对自然资源 BIM 模型的更新和改变，工程结构的结构风险分析结果将更新，如果施工过程采集的质量波动规律和结构风险预估值严重偏离设计期望，需采取以过程质量控制为手段的质量控制技术供各方进行管理决策，同时，基于安全监测的理论分析数据亦可以成为管理决策的指导和依据。

　　在运行及维修管理阶段，基于以可靠性为中心的维修理论（RCM），以包含实时安全监测数据的 BIM 模型为依据，进行结构运行的实时风险评估或未来风险预估，同时考虑投资成本和收益，以平衡结构风险和维修成本的最优指标确定合理的加固维修策略，同时业主、设计工程师、施工方、监理方、最终用户等所有相关用户都可以实时了解设计决策和设计进度情况，从而进行综合的管理决策。

　　由以上三大阶段的分析，提出水电工程全生命周期管理的核心内容（图9.1-3）。

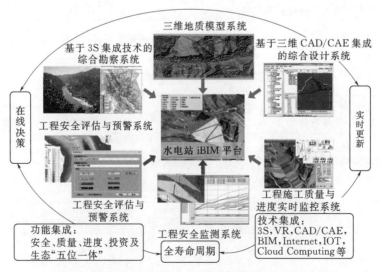

图 9.1-3　水电工程全生命周期管理的核心内容

9.1.2　水电工程全生命周期管理体系框架

9.1.2.1　全生命周期管理体系架构

以主体维各方需求和工程开发建设规律为依据，借助物联网技术、3S 技术、BIM 技术、三维 CAD/CAE 集成技术、云计算技术、工程软件应用技术以及专业技术等，开发以 BIM 为核心的水电工程全生命周期管理系统（HydroBIM），提供一个跨企业（行政主管机构、业主、建管、勘测设计、施工、监理等）的合作环境，通过控制全生命周期工程信息的共享、集成、可视化和标记，实现对水电工程安全、质量、进度、投资及生态"五位一体"的有效管理。

根据水电工程全生命周期管理系统的建设目标及功能要求，结合先进的软件开发思想，设计了 4 层体系架构，分别由数据采集层、数据访问层、功能逻辑层、表现层组成，见图 9.1-4。4 层体系架构使得各层开发可以同时进行，并且方便各层的实现更新，为系统的开发及升级带来便利。

（1）数据采集层。建立数据采集系统和数据传输系统实现对工程项目自然资源信息（包括水文、地质、地形、移民、环保等相关信息）的收集工作。

（2）数据访问层。建立数据库建设与维护系统实现对 BIM 中的数据进行直接管理及更新。

（3）功能逻辑层。该层是系统架构中体现系统价值的部分。根据水电工程全生命周期安全质量管理系统软件的功能需要和建设要求，功能逻辑层设计以下 5 个子系统和 2 个平台：①工程勘测系统；②枢纽工程系统；③机电工程系统；④生态工程系统；⑤水库工程系统；⑥枢纽信息管理及协同工作平台；⑦水电工程信息可视化管理分发平台。

（4）表现层。该层用于显示数据和接收用户输入的数据，为用户提供一种交互式操作的界面。

从图 9.1-4 中可以看出，功能逻辑层中的枢纽信息管理及协同工作平台隔离了表现层直接对数据库的访问，这不仅保护了数据库系统的安全，更重要的是使得功能逻辑层中的各系统享有一个协同工作环境，不同系统的用户或同一系统的不同用户都在这个平台上按照制定的计划对同一批文件进行操作，保证了设计信息的实时共享，设计更改能够协同调整，极大提高了设计效率，为 BIM 的数据互用以及 HydroBIM 中协同的实现奠定了基础，故该平台是系统软件安装必需的基础组件。

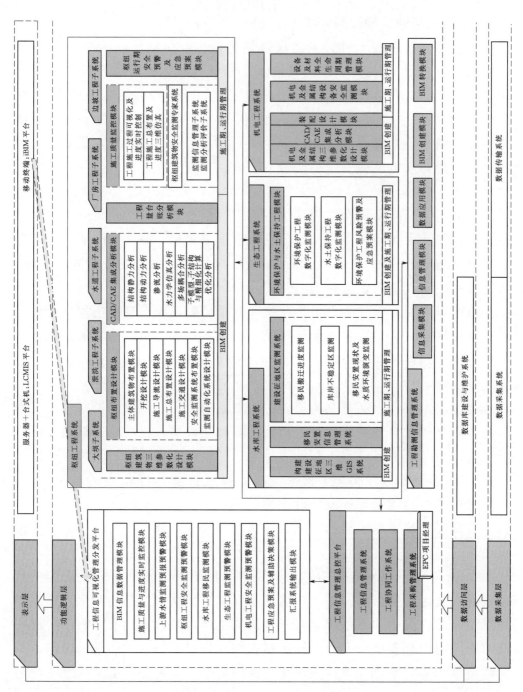

图 9.1-4 水电工程全生命周期管理体系架构

由于系统软件涉及系统较多，考虑到在水电工程全生命周期管理中有些系统功能在某些阶段可能应用不到，故系统软件采用组件式分块安装模式，除了枢纽信息管理及协同工作平台必须安装以外，其他系统用户可根据实际情况自行决定是否安装，提高了系统的使用灵活性。

9.1.2.2 全生命周期管理系统物理架构

水电工程全生命周期管理系统统筹"主体维""时间维"及"空间维"，是个庞大的、复杂的系统，系统架构设计非常重要。根据实际需求，将系统定位于跨企业、跨地域，多专业协同操作的专业系统集，以"技术保密，成果共享"为原则，应用主体（用户）按照自己的需求（或权限），选择按照相应程序包。故系统采用 B/S 与 C/S 相结合的混合模式，以 B/S 为主进行信息集成、共享，对于专业子系统采用 C/S 模式以保证系统的灵活、高效运行。总体按 4 层体系架构，分别由数据采集层、数据访问层、功能逻辑层、表现层组成。HydroBIM 总架构概想图见图 9.1-5。

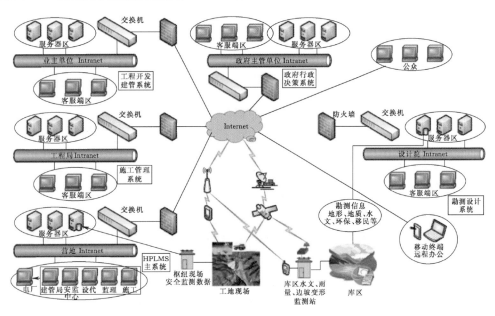

图 9.1-5　基于混合模式的水电工程全生命周期管理系统

9.1.2.3 全生命周期管理工作流程

数据采集层利用 3S、物联网等技术架构工程信息（勘测设计信息、施工过程信息及运行管理信息等）自动/半自动采集、传输系统；数据采集层获取的数据自动进入数据访问层的数据库建设与维护系统，通过数据库管理技术分类整理、标准化管理后录入指定的信息数据库中；然后由功能逻辑层中建立的枢纽信息管理及协同工作平台对信息数据库进行调用，并结合四大功能系统实现信息共享，协同工作，建立包含勘测设计、施工以及运行阶段信息的 BIM，并在过程中实时控制数据访问层将信息数据库更新为 BIM 数据库；由各系统协同工作建立的各系统 BIM，最终构成总控 BIM，其为工程信息可视化管理分发平台提供了核心数据；工程信息可视化管理分发平台重点负责工程项目运行期管理，用于弥补枢纽信息管理及协同工作平台对工程运行期管理的不足，二者所管理 BIM 实时一致，且保证与 BIM 相关信息的变动会实时引发 BIM 及 BIM 数据库的更新；最后功能逻辑层输出投资、进度、质量控制成果，安全、信息管理成果以及 BIM 和汇报系统等成果服务于投资方、设计方、施工方和管理方，体现水电工程全生命周期管理的全方位价值。管理体系工作流程见图 9.1－6。

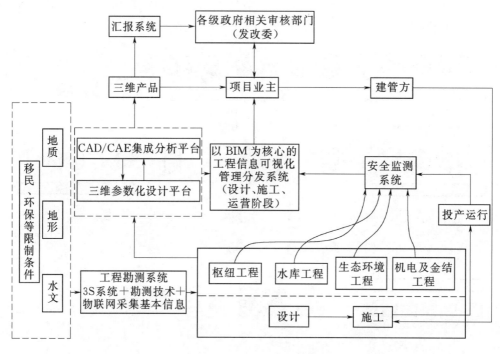

图 9.1－6　水电工程全生命周期管理工作流程

基于 BIM 的项目系统能够在网络环境中，保持信息即时刷新，并可提供访问、增加、变更、删除等操作，使项目负责人、工程师、施工人员、业主、最终用户等所有项目系统相关用户可以清楚全面地了解项目此时的状态。这些信息在建筑设计、施工过程和后期运行管理过程中，促使加快决策进度、提高决策质量、降低项目成本，从而使项目质量提高，收益增加。

9.1.2.4　全生命周期管理的关键技术

全生命周期管理体系作为一种新的水电工程管理理念，在研究及应用上还处于探索阶段。但毋庸置疑的是，全生命周期管理体系的研究及应用必将带来巨大的经济效益和社会效益。全生命周期管理实施涉及的关键技术包括管理体系框架、信息模型建模技术、工程信息模型标准、协同平台实施技术等。本节将对几项关键技术进行简要分析，详细分析研究将在本文后续章节开展。

（1）信息模型建模（BIM）技术。BIM 技术的核心是通过在计算机中建立虚拟的建筑工程三维模型，同时利用数字化技术，为这个模型提供完整的、与实际情况一致的建筑工程信息库。该信息库不仅包含描述建筑物构件的几何信息、专业属性及状态信息，还包含了非构件对象（例如空间、运动行为）的状态信息。借助这个富含建筑工程信息的三维模型，建筑工程的信息集成化程度大大提高，从而为建筑工程项目的相关利益方提供了一个工程信息交换和共享的平台。结合更多的相关数字化技术，BIM 模型中包含的工程信息还可以被用于模拟建筑物在真实世界中的状态和变化，使得建筑物在建成之前，相关利益方就能对整个工程项目的成败做出完整的分析和评估。

（2）工程信息模型标准化。全生命周期管理中必须解决数据的标准化和共享问题，即互操作性。因此，需制定工程项目中参与各方都要遵守的信息构建标准。目前，建筑工程领域普遍接受的和应用的数据标准是由国际交互操作性联盟（International Alliance for Interoperability，IAI）所制定并管理的工业集成分类标准（Industry Foundation Classes，IFC）。通过 IFC 为建筑工程领域的数据交换和应用提供了一个标准化的平台，按照标准所产生的信息数据能够为其他的分析软件直接读取和处理，提高了不同软件之间的兼容性和互操作性。

项目借鉴已有的 IFC 标准，制定适合于水电工程的 IFC 标准。参与水电工程规划、设计、建设、管理等部门在遵照 IFC 标准下，构建信息到 BIM 模型中，各专业、部门通过标准访问所需要的信息，从而使得多专业的设计、管理的一体化成为现实。

（3）管理信息协同平台的构建。BLM 实现的基础平台是各个专业的分析软件，因此软件之间的数据互用必不可少，而管理这些基础软件产生的信息，就是 HydroBIM 的核心任务。需要从 BIM 中提取自己所需要的数据，同时也不断地把本专业创建的信息加入到 BIM 中去，以提供给其他专业使用，因此，构建能方便各参与方、各阶段使用的信息管理协同平台是 HydroBIM 实现的关键途径和载体依托。

水电工程项目周期长、参与主体多、利用资源广，只有通过此平台各级系统才能够对数据库中工程项目全生命周期内所有的资料信息进行实时、集中、安全、有效的管理，解决数据应用系统对数据库的直接访问带来的数据库不安全问题。协同工作环境，亦可实现不同专业、项目成员间实时、动态、交互式产生过程的跨区在线协同，解决信息孤岛问题，保障数据按权限共享和实时同步。

9.2　BIM 技术与高土石坝工程信息模型

水电工程生命期管理（HydroBIM）思想和理念的核心是通过在水电工程生命期中有效的信息管理为建设工程项目的建设和使用增值。有效的信息管理是指有效的创建信息、有效的管理信息和有效的共享信息。而 BIM 便是实现有效的信息管理的关键。本章主要分析了 BIM 的含义及其建模技术，并提出了基于 BIM 的工程信息管理的体系框架及集成机制。

9.2.1　BIM 及其建模技术

实施水电工程生命期管理是一个典型的管理改造过程，需要在企业文化、战略、组织、流程等层面进行相应的变革。HydroBIM 作为一个全新的理念，在建筑信息模型（BIM）的技术背景下得到了全面的充实和有力的支持，BIM 可以被看作是 HydroBIM 的技术核心。BIM 使得项目生命期的信息能够得到有效的组织和追踪，保证信息从一阶段传递到另一阶段不发生"信息流失"，减少信息歧义和不一致。

9.2.1.1　BIM 的概念及含义

建筑信息模型能够有效地辅助建筑工程领域的信息集成、交互及协同工作，是实现水电工程生命期管理的关键。术语 BIM 的出现是为了区分下一代的信息技术（information technology，IT）和计算机辅助设计（computer - aided design，CAD）与侧重于绘图的传统的计算机辅助绘图（computer - aided drafting and design，CADD）技术。目前业内对 BIM 没有一个统一的定义。在综合多篇文献的基础上，提出 BIM 概念具有广义和狭义两个层面。

在广义层面上 Bilal Succar 指出 BIM 是相互交互的政策、过程和技术的集合，从而形成一种面向建设项目生命期的建筑设计和项目数据的管理方法。Bilal Succar 强调了 BIM 是政策、过程和技术三方面共同作用的结果，BIM 的最终实现离不开这 3 个方面。

从狭义层面，美国国家标准技术研究院对 BIM 作出了如下定义：BIM 是以三维数字技术为基础，集成了建筑工程项目各种相关信息的工程数据模型，BIM 是对工程项目设施实体与功能特性的数字化表达。美国国家 BIM 标准（national building information model standard，NBIMS）则将这些技术特性细化为 11 个方面，包括富语义特性、面向生命期、基于网络的实现、几何信息的存储、信息的精确性、可交互性（IFC 支持）等。需要指出的是可交互性是指信息的可计算和可运算需要在开放的工业标准下，而目前建设工程领域普遍接受和应用的 BIM 数据标准化的标准便是由国际协同工作联盟制定的 IFC 标准。

9.2.1.2　BIM 的特性

一个完善的信息模型能够连接建筑项目生命期不同阶段的数据、过程和资源，是对工程对象的完整描述，可被建设项目各参与方普遍使用。BIM 具有单一工程数据源，可解决分布式、异构工程数据之间的一致性和全局共享问题，支持建设项目生命期中动态的工程信息创建、管理和共享。BIM 一般具有以下特征：

（1）模型信息的完备性。除了对工程对象进行 3D 几何信息和拓扑关系的描述，还包括完整的工程信息描述，如对象名称、结构类型、建筑材料、工程性能等设计信息，施工工序、进度、成本、质量以及人力、机械、材料资源等施工信息，工程安全性能、材料耐久性能等维护信息，以及对象之间的工程逻辑关系等。

（2）模型信息的关联性。信息模型中的对象是可识别且相互关联的，系统能够对模型的信息进行统计和分析，并生成相应的图形和文档。如果模型中的某个对象发生变化，与之关联的所有对象都会随之更新，以保持模型的完整性和健壮性。

（3）模型信息的一致性：在全生命周期的不同阶段模型信息是一致的，同一信息无需重复输入。而且信息模型能够自动演化，模型对象在不同阶段可以简单地进行修改和扩展，而无需重新创建，从而减少了信息不一致的错误。

以上特性使得 BIM 能够满足全生命周期信息管理的要求。成功的 BIM 应用将给建筑工程项目带来如下优势：提高交付速度从而节省时间（工期）；通过集成的数据模型提供更好的交互协同能力，减少错误的发生；节约成本；提高生产力；提高工作质量；为企业带来新的利润增长点以及商业机会。

9.2.1.3　BIM 信息的创建

建筑工程项目的实施过程具有高度复杂、规模庞大的特点，涉及业主、咨询、设计、施工、运营等众多参与方，所产生的 BIM 数据结构复杂、格式各异，不同阶段对于数据的应用需求也不尽相同。因此，在全生命周期如何创建BIM 信息，由谁来创建是困扰 BIM 实现的技术途径问题，而如何解决 BIM 数据的存储和分布异构数据的共享，是建立 BIM 的关键技术问题。BIM 信息化管理主要体现在对 BIM 信息的创建、管理、共享。

其中存在的主要困难体现在以下方面：

（1）BIM 信息的创建需要由专业软件系统实现，而目前基于 BIM 的专业软件主要集中在设计阶段，例如 RevitBuilding、ArchiCAD 等。其他工程阶段仍缺少足够的专业软件支撑。

（2）BIM 信息的存储是实现 BIM 信息化管理的前提。基于 IFC 建立的中央数据存储，允许由分布式的、异构的应用系统访问和修改，从而实现数据集成，是目前 BIM 信息存储的主要方式。而目前尚缺少成熟的 BIM 集中存储的解决方案。

（3）对于 BIM 信息的共享和集成尚缺少有效的方式。目前主流的 CAD 厂商开发了 BIM 系列软件，例如 Autodesk 公司的 Revit 系列软件。这些系统之间可以通过文件进行数据共享与集成。然而，这些系统却不能支持面向全生命周期的、分布式异构系统之间的信息共享与集成。为解决上述问题，提出了一个以 BIM 子信息模型为核心的面向阶段和应用的 BIM 信息的创建方法，其基本思路是随着工程项目的进展和需要分阶段创建 BIM 信息，即从项目规划到设计、施工、运营不同阶段，针对不同的应用建立相应的子模型数据。各子信息模型能够自动演化，可以通过对上一阶段模型数据的提取、扩展和集成，形成本阶段信息模型，也可针对某一应用集成模型数据，生成应用子模型，随着工程进展最终形成面向全生命周期的完整信息模型。BIM 信息的创建贯穿于工程的全生命周期，是对全生命周期工程数据的积累、扩展、集成和应用过程，是为 HydroBIM 而服务的，见图 9.2-1。

由规划阶段到设计阶段到施工阶段再到运营阶段，工程信息逐步集成，最终形成完整描述全生命周期的工程信息集合。每个阶段以及每个阶段中软件系统根据自身的信息交换需求，定义该阶段和面向特定应用的信息交换子模型。应用系统通过提取和集成子模型实现数据的集成与共享。例如规划阶段主要产生各种文档数据，这些数据以文件的形式进行存储。设计阶段则根据规划阶段的信息进行建筑设计、结构设计、给排水设计、暖通设计，产生大量的几何数

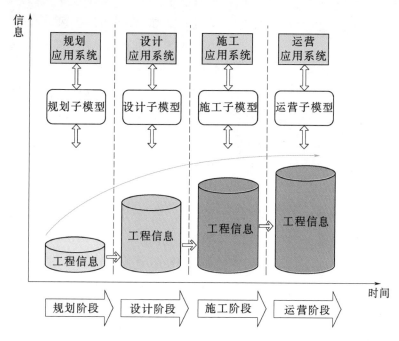

图 9.2-1　BIM 的构建过程

据，且建筑与结构专业、建筑与给排水专业、建筑与暖通专业之间存在着数据协同访问的需求。这些需求通过不同的子信息模型与整体 BIM 模型进行交互与共享。施工阶段则可以根据需求提取规划和设计阶段的部分信息，供施工阶段的应用软件使用，例如 4D 施工管理、成本概算分析等。这些应用软件会产生新的信息并集成到整体 BIM 模型中。到运营维护阶段，BIM 模型集成了规划阶段、设计阶段、施工阶段的工程信息，供运营维护应用系统调用，例如基于 BIM 的应用系统可以通过子模型方便地提取建筑构件信息、房屋空间信息、建筑设备信息等。由于 BIM 的应用使得各阶段的工程信息得以集成和保存，从而解决信息流失和信息断层等问题。

9.2.1.4　BIM 建模技术

BIM 可以支持全生命周期的信息管理，使信息能够得到有效的组织和追踪，保证信息从一阶段传递到另一阶段不会发生信息流失，减少信息歧义和不一致。要实现这一目标，需要建立一个面向全生命周期的 BIM 信息集成平台及其 BIM 数据的保存、跟踪和扩充机制，对项目各阶段相关的工程信息进行有机的集成。BIM 的实现需要具体解决以下几方面技术要素，见图 9.2-2。

（1）BIM 的体系支撑是信息交换标准。BIM 的重要特性就是交互性，而实现交互性的基本条件就是对交互信息和交互方法的标准化表达，使得信息交换双方对数据的语义信息的理解达成一致。IFC 是目前建筑工程领域唯一被广

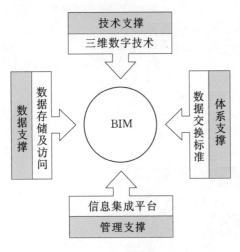

图 9.2 - 2　BIM 建模的技术要素

泛接受和采纳的建筑产品模型标准，NBIMS 标准的 CMM 模型中对交互性支持的评价等同于对 IFC 标准支持的评价。另外，除了 IFC 标准，其他标准也是 BIM 体系支撑的重要组成部分，包括作为对 IFC 产品模型重要补充的 IFD 标准（ISO 12006—3）、用于定义 IFC 物理文件格式的 ISO 10303—21 标准（STEP-File）、用于定义标准数据访问接口的 SDAI 标准（ISO 10303—22）以及正在制定的描述信息交换过程的 IDM 标准（由 ISO TC59SC13 制定）等。

（2）BIM 的技术支撑是三维数字技术。在全生命周期的不同阶段产品数据是贯穿于项目各个阶段的核心数据。产品模型的创建只有基于 3D 模型的设计方式才能够充分发挥 BIM 带来的信息集成优势。目前主流的基于 BIM 的 CAD 软件均采取 3D 模型作为建筑产品模型的主要表达方式。

（3）BIM 的数据支撑是数据存储及访问技术。面向全生命周期的工程数据类型复杂、数据量大、数据关联多，其中包括结构化的模型数据和非结构化的文档数据。建立特定的 BIM 工程数据库是实现全生命周期复杂信息的 BIM 存储、数据管理、高效查询和传输的基础，而对 STEP 文件、ifcXML 文件及工程数据库的访问技术则实现了对这些数据的访问支持。

（4）BIM 的管理支撑是信息集成平台。BIM 信息的创建是伴随建筑工程进展对工程信息逐步集成的过程，从决策阶段、实施阶段到使用阶段最终形成覆盖完整工程项目的信息模型。在 HydroBIM 的信息化模型中，建设工程信息在全生命周期内有创建、管理、共享 3 类行为，没有一个基本的沟通平台和存储中心就谈不上信息管理和共享。为了实现信息管理和共享需要借助一个 BIM 信息集成平台，在该平台上实现 BIM 数据的读取、保存、跟踪和扩充机制，确保数据的一致性和准确性，支持数据的并发访问，通过应用程序接口提供与各阶段应用软件的信息交换。

9.2.2　基于 BIM 的工程信息管理

9.2.2.1　体系框架

基于 BIM 的工程信息管理的重要理念是全生命周期中各要素的集成，包括 4 个关键要素，即组织要素、过程要素、应用要素、集成要素的集成，这 4 个要素相互关联，形成 HydroBIM 体系框架的四面体模型，见图 9.2-3。

其中，组织要素指实现 HydroBIM 的组织管理模式及组织内的成员角色。实现 HydroBIM 的组织管理有 4 种主要模式，即工程项目总承包、Partnering、全生命集成化管理组织、网络/虚拟组织。另外，在建筑工程中人员按照组织结构获得各类组织角色，承担相应的职责和完成规定的任务。因此，BIM 的体系框架包括对组织要素的描述，建立组织视图模型。组织视图模型描述各类角色对建筑工程信息的需求、获取方式和操作权限等。

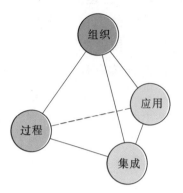

图 9.2-3　基于 BIM 的工程信息管理体系框架

应用要素指支持 BIM 信息创建的专业软件系统。随着计算机技术在建筑工程领域的普及和应用，各类工程参与人员通过各种计算机信息系统完成对各种事务的处理。例如，建筑师通过 CAD 软件进行建筑设计，结构工程师则通过结构分析软件进行结构分析。因此，BIM 的体系框架包括创建 BIM 信息的专业应用系统。建筑产品信息是 BIM 建模和管理的核心，这些信息按照多种格式编码和存储，通常包括非结构化的 Office 文件、CAD 文件、多媒体文件以及结构化的工程数据。

过程要素是指在建筑生产过程中的工作流和信息流。传统的建设过程及其相应工作过程被认为是彼此分裂和顺序进行的，一直无法从全局的角度进行优化，严重影响了工程建设的有效性和效率。HydroBIM 的实现需要对过程进行改造，从而形成支持全生命周期的过程管理模式。

集成要素是指将不同阶段不同应用产生的 BIM 信息进行集成，形成面向全生命周期的 BIM 信息。由于建筑生产过程产生的数据众多、格式多样，如何将这些信息有效的集成和共享，需要 BIM 信息集成平台的支持。

与传统的工程信息管理相比，基于 BIM 的工程信息管理体系框架更加强调了组织、应用、过程、集成这 4 个要素之间的联系。这 4 个要素之间相互关联，互相影响，构成四面体模型中的 6 条棱边。例如，在基于 BIM 的工程信息管理中，应用软件的选用需考虑与所采用的集成平台是否兼容；应用软件输出的数据是否满足特定的过程（子模型）要求；集成平台是否支持过程的定义（子模型视图）等。这些关联在传统的工程信息管理中不突出，主要因为传统的工程信息管理以文档为数据交换的主要载体，而基于 BIM 的工程信息管理以信息模型为数据交换的主要载体。

9.2.2.2 管理流程

传统的工程信息管理其信息交换过程涉及多个参与方，是一种多点到多点的信息交换过程。而基于 BIM 的工程信息管理改变了传统的信息传递方式，工程信息被有效、集中地管理起来。BIM 信息管理流程与组织模型密切相关。然而，无论对于哪种组织形式，业主在 HydroBIM 中都发挥着重要作用，业主是 BIM 信息的拥有者，同样是 HydroBIM 应用的推动者。业主直接或通过委托代理人实现对 BIM 信息的管理。

总体来讲，HydroBIM 的信息管理主要由以下步骤组成：

（1）确定组织模式。组织模式的确定应当充分体现 HydroBIM 的理念，发挥 BIM 信息集成的优势，改变传统的线性信息流为并行信息流，从而提高建筑生产效率，发挥集成优势。

（2）制定相应的过程管理规章制度。信息的传递和交换，需要由规章和制度进行规范和约束，包括信息的创建、修改、维护、访问等。

（3）确定相应的专业软件平台。基于 BIM 的专业软件能够充分发挥信息集成的优势，因此需要对全生命周期不同阶段及不同专业的软件进行选型，需考虑对数据标准的支持、对数据格式的兼容性、专业软件间的交互性等问题。

（4）选取 BIM 信息集成软硬件平台。BIM 信息集成平台是实现异构系统间数据集成的关键，需要满足与工程建设规模及要求相适应的 BIM 信息集成平台，例如数据的存储规模、网络支持、对数据集成标准的支持等。基于 BIM 的信息管理处于起步阶段，仍有许多研究工作需要进行，本章仅提出了总体的管理流程。

9.2.2.3 基本架构

如何解决 BIM 数据的存储和分布异构数据的共享，是实现基于 BIM 的工程信息管理需要首先解决的技术问题。为解决上述问题，在 BIM 体系框架的基础上提出了 BIM 的集成机制。其基本思路是随着工程项目的进展和需要分阶段创建 BIM 数据，即从项目策划到设计、施工、使用不同阶段，针对不同的应用建立相应的子信息模型。各子信息模型能够自动演化，可以通过对上一阶段模型进行数据提取、扩展和集成，形成本阶段信息模型，也可针对某一应用集成模型数据，生成应用子信息模型，随着工程进展最终形成面向全生命周期的完整信息模型。BIM 的集成框架包括数据层、模型层、网络层和应用层，见图 9.2-4。

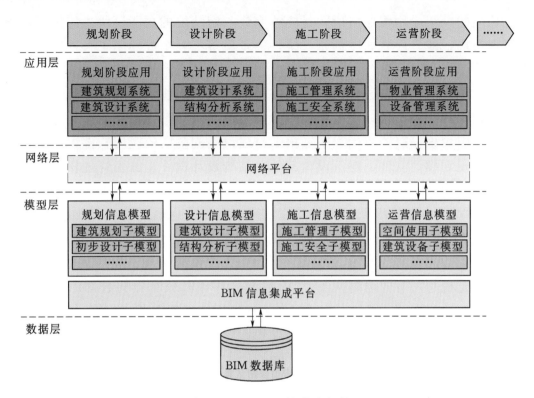

图 9.2-4　BIM 的基本架构

（1）数据层。面向全生命周期的工程数据总体上可以分为由结构化的 BIM 数据和非结构化的文档数据组成。对于结构化的 BIM 数据利用数据库存储和管理。为了应付企业级系统庞大的数据量、很高的性能要求，底层数据库通常需要选用 Oracle、SQL Sever、Sybase 等大型数据库。由于 IFC 的信息描述是基于对象模型的，而关系型数据库则建立在关系模型之上，用二维表的数据结构记录和存储数据。本章通过建立 IFC 对象数据模型与关系型数据模式的映射关系，实现从对象模型到关系型数据表格之间的转换，从而进行 BIM 数据的存储和管理。对于非结构化的文档数据采用文件元数据库及文件库，通过在 IFC 模型和文档之间建立关联实现存储。

（2）模型层。数据模型层通过 BIM 信息集成平台，实现 IFC 模型数据的读取、保存、提取、集成、验证，针对全生命周期不同阶段和应用，生成相应的子信息模型。这些子信息模型可以是面向阶段层面的策划子信息模型、设计子信息模型、施工子信息模型以及运营子信息模型等，也可以是针对某个应用主题的子信息模型，如建筑成本信息模型、施工安全信息模型、物业管理信息模型。

另外，模型层提供了一些底层操作的模块，封装了基本数据访问、子模型操作功能的一组应用程序组成，是能够完成一定功能的功能模块。如工程数据库管理模块，就是由数据库创建、维护、备份等工具组成的用于管理工程数据库的模块。

（3）网络层。网络通信层基于网络及通信协议搭建，实现局域网和广域网的数据访问和交互支持，支持项目各参与方分布式的工作模式。

（4）应用程序层。应用程序层由来自建设不同阶段的应用软件组成，这些软件包括规划设计软件、建筑设计软件、结构设计软件、施工管理软件、物业管理软件等。

在 BIM 基本架构中，BIM 的建立实际上是对全生命周期工程数据的积累、扩展、集成和应用过程。分阶段或面向应用创建子信息模型，为 BIM 的实现提供了可行的途径，BIM 信息集成平台和 BIM 数据库及其相应的数据保存、跟踪和扩充机制，有效地解决了 BIM 数据的存储和分布异构数据的一致、协调和共享问题。在基于此架构的 BIM 专业应用软件的开发及应用中应注重体现以建筑工程生命期为视角的大系统思想，充分考虑和重用已有工程数据，从而实现随着工程的进展工程数据的不断演化。

9.3　中国已建最高土石坝——糯扎渡水电站全生命周期管理应用实践

9.3.1　应用概述

9.3.1.1　工程简介

糯扎渡水电站位于云南省普洱市思茅区和澜沧县交界处的澜沧江下游干流上，是澜沧江中下游河段梯级规划"二库八级"电站的第五级（图 9.3 - 1），距昆明直线距离 350km，距广州 1500km，作为国家实施"西电东送"的重大战略工程之一，对南方区域优化电源结构、促进节能减排、实现清洁发展具有重要意义。

糯扎渡水电站以发电为主，兼有防洪、改善下游航运、灌溉、渔业、旅游和环保等综合利用任务，并对下游电站起补偿作用。电站装机容量 585 万 kW，是我国已建第四大水电站、云南省境内最大电站。电站保证出力为 240.6 万 kW，多年平均年发电量 239.12 亿 kW·h，相当于每年为国家节约 956 万 t 标准煤，减少二氧化碳排放 1877 万 t。水库总库容 237.03 亿 m³，为澜沧江流域最大水库。总投资 611 亿元，为云南省单项投资最大工程。

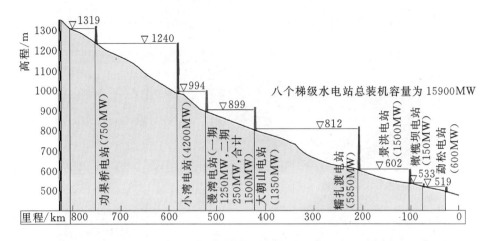

图 9.3-1 澜沧江中下游河段梯级规划"二库八级"纵剖面示意图

电站枢纽由心墙堆石坝、左岸开敞式溢洪道、左岸泄洪隧洞、右岸泄洪隧洞、左岸地下式引水发电系统等建筑物组成。心墙堆石坝最大坝高261.5m，在已建同类坝型中居中国第一、世界第三；开敞式溢洪道规模居亚洲第一，最大泄流量31318m³/s，泄洪功率5586万kW，居世界岸边溢洪道之首；地下主、副厂房尺寸418m×29m×81.6m，地下洞室群规模居世界前列，是世界土石坝里程碑工程。

工程于2004年4月开始筹建，2012年8月首台机组发电，2012年12月大坝顺利封顶，2014年6月全面建成投产，比原计划提前了3年。

2013—2015年，工程经受了正常蓄水位考验，挡水水头252m，安全监测数据表明，工程各项指标与设计吻合较好，工程运行良好。大坝坝体最大沉降4.19m，坝顶最大沉降0.537m，渗流量5～20L/s，远小于国内外已建同类工程。岸边溢洪道及左右岸泄洪洞经高水头泄洪检验，结构工作正常。9台机组全部投产运行，引水发电系统工作正常。2014年12月，中国水电工程顾问集团有限公司工程竣工安全鉴定结论认为：工程设计符合规程规范的规定，建设质量均满足合同规定和设计要求，工程运行安全。2016年3月，顺利通过了由水电水利规划设计总院组织的枢纽工程专项验收现场检查和技术预验收，于5月通过枢纽工程专项验收的最终验收，被专家誉为"几乎无瑕疵的工程"（图9.3-2～图9.3-4）。

9.3.1.2 HydroBIM 应用总体思路

糯扎渡水电站HydroBIM技术及应用始于2001年可研阶段，历经规划设计、工程建设和运行管理三大阶段，涵盖枢纽、机电、水库和生态四大工程，应用深度从枢纽布置格局与坝型选择的三维可视化，三维地形地质建模，建筑

图 9.3-2　糯扎渡水电站枢纽

图 9.3-3　糯扎渡水电站高 261.5m 心墙堆石坝挡水

物三维参数化设计，岩土工程边坡三维设计，基于同一数据模型的多专业三维协同设计，基于三维 CAD/CAE 集成技术的建筑物优化与精细化设计，大体积混凝土三维配筋设计，施工组织设计（施工总布置与施工总进度）仿真与优化技术，直至设计施工一体化及设计成果数字化移交等，见图 9.3-5。成果主要包括：三维地质建模、三维协同设计、三维 CAD/CAE 集成分析、施工可视化仿真与优化、水库移民、生态景观 3S 及三维 CAD 集成设计、三维施工图和数字移交、工程建设质量实时监控、工程运行安全评价及预警、数字大坝全生命周期管理等。

图 9.3-4 糯扎渡水电站 9 台发电机组全部投产发电

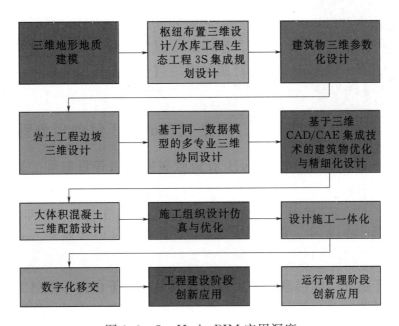

图 9.3-5 HydroBIM 应用深度

9.3.2 规划设计阶段 HydroBIM 应用

1. 三维协同设计流程

糯扎渡水电站三维设计以 ProjectWise 为协同平台，测绘专业通过 3S 技术构建三维地形模型，勘察专业基于 3S 及物探集成技术构建初步三维地质模型，地质专业通过与多专业协同分析，应用 GIS 技术完成三维统一地质模型的构建，其他专业在此基础上应用 AutoCAD 系列三维软件 Revit、Inventor、Civil 3D 等开展三维设计，设计验证和优化借助 CAE 软件模拟实现；应用 Navisworks 完成碰撞检查及三维校审；施工专业应用 AIW 和 Navisworks 进行施工总布置三维设计和 4D 虚拟建造；最后基于云实现三维数字化成果交付。报告编制采用基于 Sharepoint 研发的文档协同编辑系统来实现。协同设计流程见图 9.3-6。

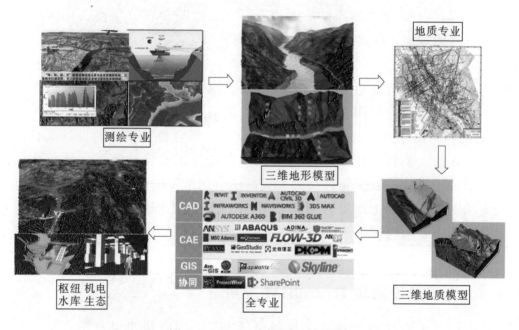

图 9.3-6　三维协同设计流程

2. 基于 GIS 的三维统一地质模型

充分利用已有地质勘探和试验分析资料，应用 GIS 技术初步建立了枢纽区三维地质模型。在招标及施工图阶段，研发了地质信息三维可视化建模与分析系统 NZD-VisualGeo，根据最新揭露的地质情况，快速修正了地质信息三维统一模型，为设计和施工提供了交互平台，提高了工作效率和质量。图 9.3-7 所示为糯扎渡水电站三维统一地质模型。

3. 多专业三维协同设计

基于逆向工程技术，实现了 GIS 三维地质模型的实体化，在此基础上，各专业应用 Civil 3D、Revit、Inventor 等直接进行三维设计，再通过 Navisworks 进行直观的模型整合审查、碰撞检测、3D 漫游、4D 建造等，为枢纽、机电工程设计提供完整的三维设计审查方案。图 9.3-8 为多专业三维协同设计示意图。

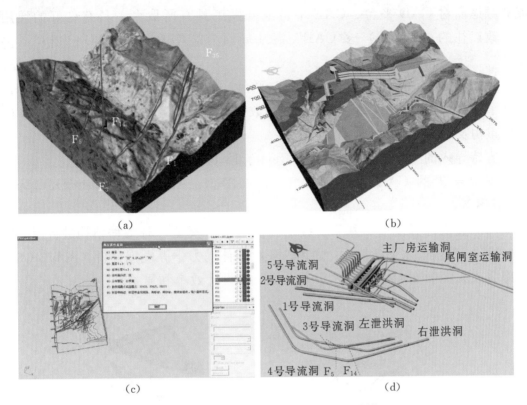

图 9.3-7　基于 GIS 的三维统一地质模型

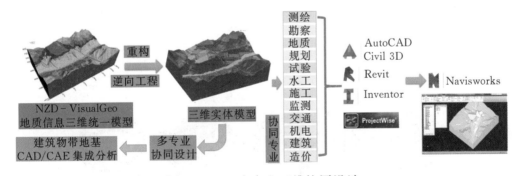

图 9.3-8　多专业三维协同设计

4. CAD/CAE 集成分析

(1) CAD/CAE 集成"桥"技术。CAD/CAE 桥技术是指高效地导入 CAD 平台完成的几何模型，将连续、复杂、非规则的几何模型转换为离散、规则的数值模型，最后按照用户指定的 CAE 求解器的文件格式进行输出的一种技术。

在 CAD/CAE 集成系统中增加一个"桥"平台，专职数据的传递和转换，在解放 CAD、CAE 平台的同时，让集成系统中的各模块分工明确，不必因集成的顾虑而对 CAD 平台、CAE 平台或开发工具有所取舍，具有良好的通用性。改以往的"多 CAD-多 CAE"混乱局面为简单的"多 CAD-'桥'-多 CAE"。

经比选研究，选择 HM 作为"桥"平台，采用 Macros 及 Tcl/Tk 开发语言，实现了与最广泛的 CAD、CAE 平台间的数据通信及任意复杂地质、结构模型的几何重构及网格生成。

支持导入的 CAD 软件：C3D、Revit、Inventor 等。

支持导出的 CAE 软件：ANSYS、ADINA、ABAQUS、Flac 3D、Marc、ADAMS 等。

（2）数值仿真模拟。基于桥技术转换的网格模型，对工程结构进行应力应变、稳定、渗流、水力学特性、通风、环境流体动力学等模拟分析（图 9.3-9），快速完成方案验证和优化设计，大大提高了设计效率和质量。

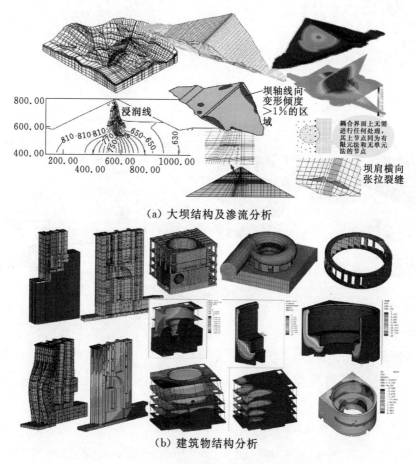

（a）大坝结构及渗流分析

（b）建筑物结构分析

图 9.3-9（一）　糯扎渡工程数值仿真模拟成果

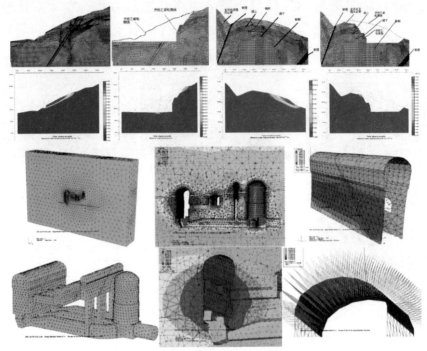

（c）边坡及围岩稳定性分析

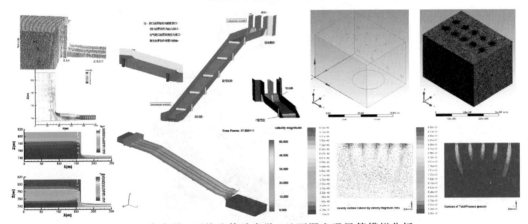

（d）工程水力学、环境流体动力学、地下洞室通风等模拟分析

图 9.3-9（二）　糯扎渡工程数值仿真模拟成果

　　根据施工揭示的地质情况，结合三维 CAD/CAE 集成分析和监测信息反馈，实现地下洞室群及高边坡支护参数的快速动态调整优化，确保工程安全和经济。图 9.3-10 所示为糯扎渡地下洞室群数值模拟成果。

　　5. 施工总布置与总进度

　　施工总布置优化：以 Civil 3D、Revit、Inventor 等形成的各专业 BIM 模型为基础，以 AIW 为施工总布置可视化和信息化整合平台（图 9.3-11），实现模型文件设计信息的自动连接与更新，方案调整后可快速全面对比整体布置及细部面貌，分析方案优劣，大大提升施工总布置优化设计效率和质量。

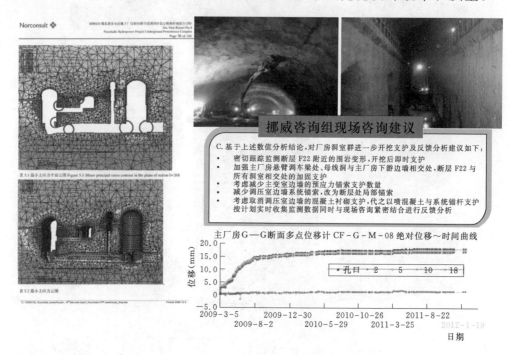

图 9.3-10　糯扎渡地下洞室群数值模拟成果

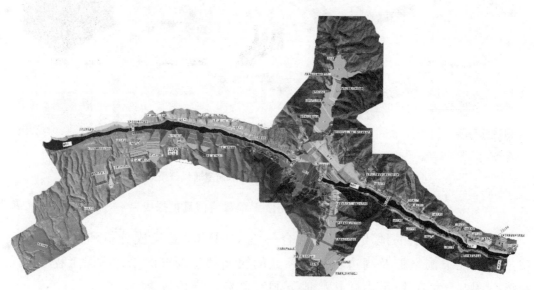

图 9.3-11　糯扎渡枢纽工程施工总布置

施工进度和施工方案优化：应用 Navisworks 的 TimeLiner 模块将 3D 模型和进度软件（P3、Project 等）链接在一起（图 9.3-12），在 4D 环境中直观的对施工进度和过程进行仿真，发现问题可及时调整优化进度和施工方案，进而实现更为精确的进度控制和合理的施工方案，从而达到降低变更风险和减少施工浪费的目的。

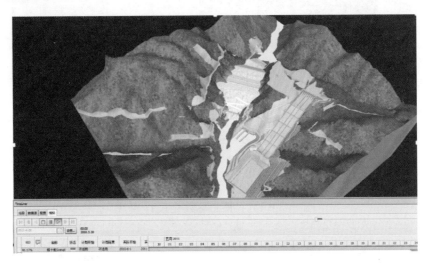

图 9.3-12　糯扎渡水电站施工总进度 4D 仿真

6. 三维出图质量和效率

三维标准化体系文件的建立、多专业并行协同方式确立、设计平台下完整的参数化族库、三维出图插件二次开发、三维软件平立剖数据关联和严格对应可快速完成三维工程图输出，以满足不同设计阶段的需求，有效地提高了出图效率和质量。参数化族库见图 9.3-13～图 9.3-15，三维出图插件见图 9.3-16。

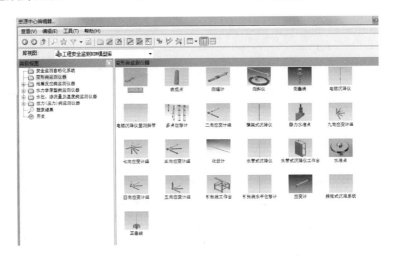

图 9.3-13　安全监测 BIM 模型库

参与糯扎渡水电站设计的全部工程专业均通过 HydroBIM 综合平台直接

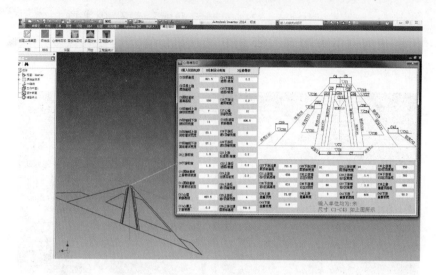

图 9.3-14 水工参数化设计模块

图 9.3-15 机电设备族库

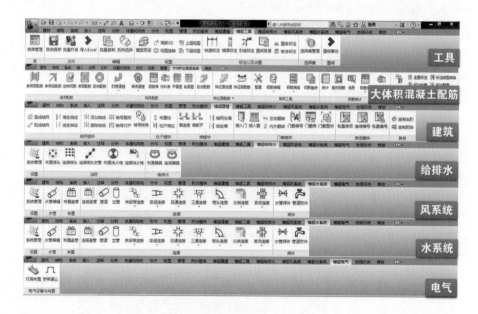

图 9.3-16 三维出图插件

生成三维模型，施工图纸均从三维模型直接剖切生成，其平面图、立面图、剖面图及尺寸标注自动关联变更，有效解决错漏碰问题，减少图纸校审工作量，与二维 CAD 相比，三维出图效率提升 50% 以上。

结合昆明院传统制图规定及 HydroBIM 技术规程体系，针对三维设计软件本地化方面做了大量二次开发工作，建立了三维设计软件本地化标准样板文件及三维出图元素库，并制定了《三维制图规定》，对三维图纸表达方式及图元的表现形式（如线宽、各材质的填充样式、度量单位、字高、标注样式等等）做了具体规定，有效地保障了三维出图质量。

7. 数字化移交

基于 HydroBIM 综合平台，协同厂房、机电等专业完成糯扎渡水电站厂房三维施工图设计，应用基于云计算的建筑信息模型软件 Autodesk BIM 360 Glue 把施工图设计方案移到云端移交给业主，聚合各种格式的设计文件，高效管理，在施工前排查错误，改进方案，实现真正的设计施工一体化协同设计。三维协同设计及数字化移交大大提高了"图纸"的可读性，减少了设计差错及现场图纸解释的工作量，保证了现场施工进度。同时，图纸中反映的材料量统计准确，有力保证了施工备料工作的顺利进行，三维施工图得到了电站筹备处的好评。

9.3.3 工程建设阶段 HydroBIM 应用

重新定义工程建设管理，在规划设计 HydroBIM 模型基础上，集成质量与进度实时监控数字化技术，完成了数字大坝——工程质量与安全信息管理系统，于 2008 年年底交付工程建管局及施工单位投入使用。

糯扎渡高心墙堆石坝划分为 12 个区，8 种坝料，共 3432 万 m³，工程量大，施工分期分区复杂，坝料料源多，坝体填筑碾压质量要求高，见图 9.3 - 17。常规施工控制手段由于受人为因素干扰大，管理粗放，故难于实现对碾压遍数、铺层厚度、行车速度、激振力、装卸料正确性及运输过程等参数的有效控制，难以确保碾压过程质量（图 9.3 - 17）。

针对高心墙堆石坝填筑碾压质量控制的要求与特点，在规划设计 HydroBIM 模型数据库基础上，建立填筑碾压质量实时监控指标及准则，采用 GPS、GPRS、GSM、GIS、PDA 及计算机网络等技术，提出了高心墙堆石坝填筑碾压质量实时监控技术、坝料上坝运输过程实时监控技术和施工质量动态信息 PDA 实时采集技术，研发了高心墙堆石坝施工质量实时监控系统，实现了大坝填筑碾压全过程的全天候、精细化、在线实时监控，见图 9.3 - 18。糯扎渡

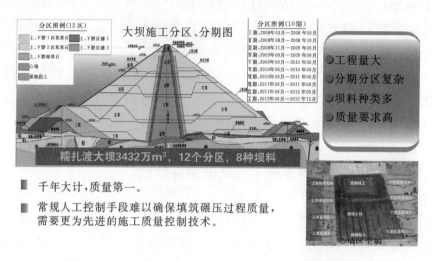

图 9.3-17 糯扎渡高心墙堆石坝施工特点及难点

大坝实践表明,该技术可有效保证和提高施工质量,使工程建设质量始终处于真实受控状态,为高心墙堆石坝建设质量控制提供了一条新的途径,是大坝建设质量控制手段的重大创新。

在此项技术的支撑下,国内最高土石坝糯扎渡 261.5m 高心墙堆石坝提前一年完工,电站提前两年发电,工程经济效益显著。该项技术不仅适用于心墙堆石坝,还适用于混凝土面板堆石坝和碾压混凝土坝,应用前景十分广阔。已在雅砻江官地、金沙江龙开口、金沙江鲁地拉、大渡河长河坝、缅甸伊洛瓦底江流域梯级水电站等大型水利水电工程建设中推广应用。

9.3.4 运行管理阶段 HydroBIM 应用

重新定义工程运行管理,在规划设计 HydroBIM 基础上,集成工程安全综合评价及预警数字化技术,构建了运行管理 HydroBIM,并研发了工程安全评价与预警管理信息系统,于 2010 年年底交付糯扎渡水电厂使用,在大坝监测信息管理、性态分析、安全评价及预警中发挥着重要作用。

9.3.4.1 大坝运行期实测性态综合评价

大坝安全性态主要是由监测信息表达出来的。大坝安全监测是通过监测仪器观测和巡视检查对坝体、坝肩、坝基、近坝区、护岸边坡以及其他涉及大坝安全状态的建筑物所做的测量和观察。通过大坝安全监测可全面掌握坝区建筑物整体性态变化的全过程,并能迅速有效地评估大坝的安全状态,及时地采取相关措施。

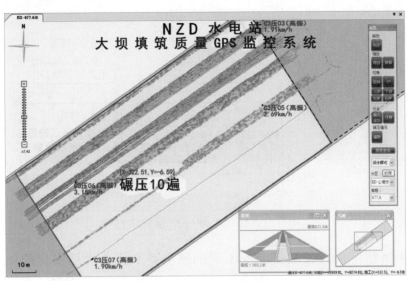

（a）糯扎渡大坝填筑质量监控系统

（b）糯扎渡大坝施工质量实时监控现场照片

图 9.3-18　糯扎渡大坝施工质量监控系统及现场运行情况

1. 安全评价指标体系的建立

安全预警项目主要包括整体项目、分项项目和个人定制项目（图9.3-19）。

个人定制项目是根据用户需求由用户自己定义的预警项目，定制的项目往往不具有普适性，在这里不予考虑。整体项目是从坝前蓄水位、渗透稳定、整

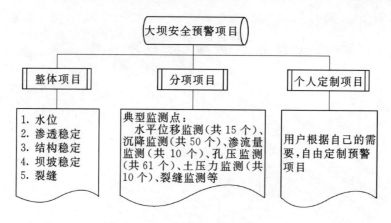

图 9.3-19 大坝安全预警项目

体变形。坝坡稳定以及大坝裂缝等不同的预警类来评价大坝安全的项目，但是其指标计算过程复杂，且有些指标的监控标准难以计算，没有一个综合评价体系，也不予考虑，但其相关指标是可以借鉴的。分项项目与典型监测点对应，包括水平位移、沉降、渗流量、渗流压力、土压和裂缝等多个预警类。通过对不同分项项目的综合评价可以获得大坝的总体的安全稳定性，但是其指标体系只局限于大坝监测的效应量，并没有考虑环境量监测、近坝区监测以及巡视检查，还需要进一步的完善。针对糯扎渡的分项项目安全预警指标体系结构为"分项项目-监测断面-结构部位-监测测点-安全指标"（图 9.3-20）。

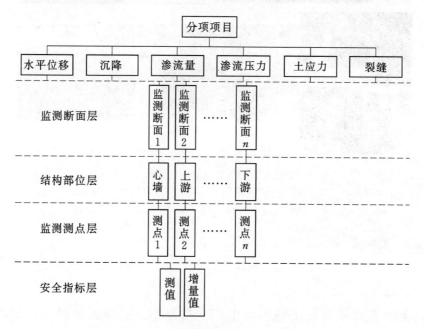

图 9.3-20 分项项目安全预警指标体系

　　综合考虑了环境量监测、近坝区监测和巡视检查项目，确定了高土石坝实测性态的综合评价指标体系（图9.3-21）。

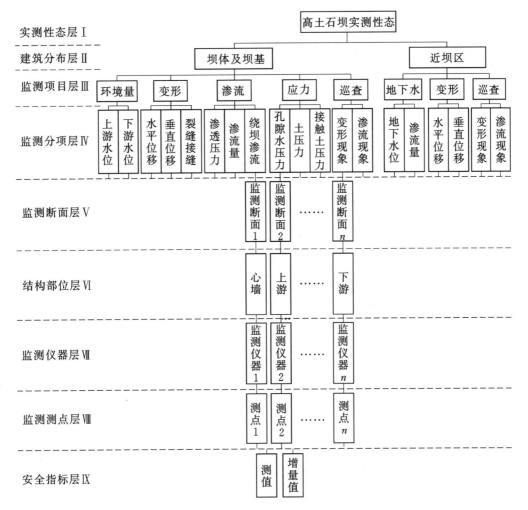

图9.3-21　普遍意义下的高土石坝实测性态评价指标体系

　　高土石坝实测性态的指标体系结构一般如下：

　　第Ⅰ层：土石坝实测性态层。大坝实测性态评价的最终目标层。

　　第Ⅱ层：建筑分布层。从大坝结构组成的角度，对大坝进行安全评价，一般分为坝体及坝基、近坝区两部分。

　　第Ⅲ层：监测项目层。从安全监测项目和巡视检查的角度，主要包括变形、渗流、应力、环境量、巡视检查等。

　　第Ⅳ层：监测分项层。监测分项目是对监测项目的进一步细分，以土石坝变形监测项目为例进行说明，其分项目包括水平位移、垂直位移和裂缝接缝监测。

第Ⅴ层：监测断面层。土石坝监测布置一般根据不同的部位布置不同的监测断面。

第Ⅵ层：结构部位层。以大坝渗压监测为例，监测断面往往包括防渗帷幕、接触黏土、下游、心墙、上游反滤料、上游堆石料、黏土垫层等工程部位。

第Ⅶ层：监测仪器层。每一监测项目可以采用不同的监测仪器进行监测。

第Ⅷ层：监测测点层。监测仪器可能是单点监测或多点监测。

第Ⅸ层：安全指标层。包括测值、增量值。增量一般为周增量（变形、应力等）或日增量（渗流量等），此层为指标体系的最底层指标，是整个评价指标体系的数据基础。

由于高土石坝综合评价指标体系的复杂性，不同的大坝，其结构特点不同，监测项目的布置和侧重点也有所不同。

2. 多因素高土石坝实测性态综合评价

多因素高土石坝实测性态综合评价的主要包含以下几方面内容，分别为：①综合评价指标体系的建立；②监测数据的预处理，减少随机误差和系统误差，消除粗差；③安全评价集设计；④监控标准以及隶属度计算；⑤指标体系权重分析；⑥实测性态安全等级分析。其综合评价思路见图9.3-22。

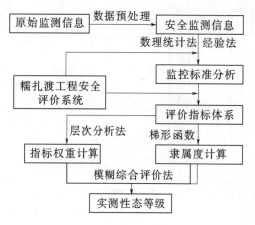

图9.3-22　多因素高土石坝实测性态综合评价思路

以下主要介绍高土石坝在不同失事模式下综合评价指标体系确定的权重矩阵。

由于高土石坝不同的失事模式具有不同的失事机理，其表现出来的监测异常也是不一样的。普遍意义下的土石坝实测性态评价指标体系，所包含的指标全面，基本包括土石坝各项异常判断的指标体系，但是由于在不同的失事模式下，结构表现出的主要异常也是不一样的（表9.3-1），因此在进行土石坝的实测性态安全稳定分析时，需根据各监测指标的异常情况分析可能的失事模式、筛选需要的指标、构造相应的判断矩阵。

在考虑评价指标体系的动态变化、监控指标的动态修正、指标权重随评价指标体系的动态变化等动态因素，提出了大坝实测性态实时评价方法。以仪器的安全监测信息和巡视检查信息为评价体系的底层指标，采用层次分析法（AHP）确定指标权重，同时考虑变化过程中的指标危险程度的模糊性，通过模糊综合评价方法对土石坝实测性态进行实时安全评价。下面分别在洪水漫顶、滑坡失稳、渗透破坏、近坝区失事以及混合失事模式下进行权重矩阵计算。由于土石坝普遍意义下的实测性态评价指标体系的第 V 层涉及监测断面，这需要根据工程的具体情况进行分析，因此本节主要对前四层的指标权重进行分析计算。

表 9.3-1　　　　　土石坝不同失事模式对应的监测异常表现形式

失事模式		监测异常表现形式	
		仪 器 监 测	巡 视 检 查
坝体及坝基	洪水漫顶	水位：上游库水位上升； 变形：坝体整体变形增加； 渗流：渗流量、扬压力增加	暴雨或特大暴雨天气； 上游水位上涨明显； 上游水面波浪明显
	滑坡失稳	变形：变形增加，有突变现象； 裂缝：裂缝宽度增加； 水位：水位骤降； 渗流：渗透压力发生突变	相邻坝段会发生错动； 坝体伸缩缝扩张； 坝体裂缝发展到一定数量； 坝体发生破损
	渗透破坏	渗流：坝基或坝体扬压力增大，渗透压力增加明显，渗流量变大，一般伴随有突变现象； 变形：变形增加	坝体或坝基渗透水浑浊，有一定析出物，渗透水质较差
近坝区失事		变形：变形增加，有突变现象； 渗流：渗透压力增大； 水位：地下水位抬高	近坝区边坡岩体发生松动，岩体裂缝数量多，出现地下水露头； 渗水量增大，渗透水浑浊
混合失事模式		变形、渗流、应力、裂缝监测具有异常，但不能判断主要异常	具有相应的变形和渗流异常

（1）洪水漫顶权重矩阵计算。土石坝在发生洪水漫顶前表现异常的监测项目有环境量、变形、渗流、应力和巡视检查。呈现的主要异常有：上游库水位持续上涨，上游水面波浪明显，坝体水平位移和渗透压力均会有相应的增加。可知环境量（上游水位及水位变化速度）、巡视检查（环境量变化指库区水面波浪现象）相比其他监测量异常程度更明显，重要程度应更高；变形相比与渗流和应力异常程度稍微明显。对应的判断矩阵如下：

$$U_1 \quad U_2 \quad U_3 \quad U_4 \quad U_5$$

$$M = \begin{bmatrix} 1 & 6 & 7 & 7 & 2 \\ \dfrac{1}{6} & 1 & 2 & 2 & \dfrac{1}{4} \\ \dfrac{1}{7} & \dfrac{1}{2} & 1 & 2 & \dfrac{1}{4} \\ \dfrac{1}{7} & \dfrac{1}{2} & \dfrac{1}{2} & 1 & \dfrac{1}{4} \\ \dfrac{1}{2} & 4 & 4 & 4 & 1 \end{bmatrix} \begin{matrix} U_1 \\ U_2 \\ U_3 \\ U_4 \\ U_5 \end{matrix}$$

式中　M——判断矩阵；

　　　U_1——环境量；

　　　U_2——变形；

　　　U_3——渗流；

　　　U_4——应力；

　　　U_5——巡视检查。

由此得到的环境量的权重为 0.4958，变形的权重为 0.1004，渗流的权重系数为 0.0630，应力的权重系数为 0.0630，巡视检查的权重系数为 0.2779。

根据以上分析可知，土石坝发生洪水漫顶时的实测性态评价指标体系和指标权重见图 9.3-23，图中各指标的权重值是相对于上一层次的指标而定的。

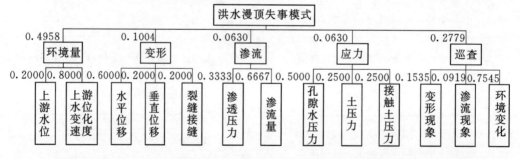

图 9.3-23　洪水漫顶失事模式下的实测性态评价指标体系和指标权重

（2）滑坡失稳权重矩阵计算。土石坝在发生滑坡失稳前表现异常的监测项目有环境量、变形、渗流、应力和巡视检查。呈现的主要异常有上下游库水位骤降、坝体变形监测变大且会发生突变、裂缝数量变多且开合度变大。可知巡视检查异常最明显，重要程度最高，尤其是变形现象；变形监测量相比其他监测量异常程度明显，重要程度更高；渗流和应力监测量相比环境量异常程度稍微明显。对应的判断矩阵如下：

$$M = \begin{matrix} & U_1 & U_2 & U_3 & U_4 & U_5 & \\ & \begin{bmatrix} 1 & \dfrac{1}{6} & \dfrac{1}{2} & \dfrac{1}{2} & \dfrac{1}{8} \\[2ex] 6 & 1 & 3 & 3 & \dfrac{3}{4} \\[2ex] 2 & \dfrac{1}{3} & 1 & 1 & \dfrac{1}{4} \\[2ex] 2 & \dfrac{1}{3} & 1 & 1 & \dfrac{1}{4} \\[2ex] 8 & \dfrac{4}{3} & 4 & 4 & 1 \end{bmatrix} & \begin{matrix} U_1 \\[2ex] U_2 \\[2ex] U_3 \\[2ex] U_4 \\[2ex] U_5 \end{matrix} \end{matrix}$$

式中　M——判断矩阵；

$\quad\quad U_1$——环境量；

$\quad\quad U_2$——变形；

$\quad\quad U_3$——渗流；

$\quad\quad U_4$——应力；

$\quad\quad U_5$——巡视检查。

由此得到的环境量的权重为 0.0526，变形的权重为 0.3158，渗流的权重系数为 0.1053，应力的权重系数为 0.1053，巡视检查的权重系数为 0.4211。

根据以上分析可知，土石坝发生滑坡失稳时的实测性态评价指标体系和指标权重见图 9.3-24，图中各指标的权重值是相对于上一层次的指标而定的。

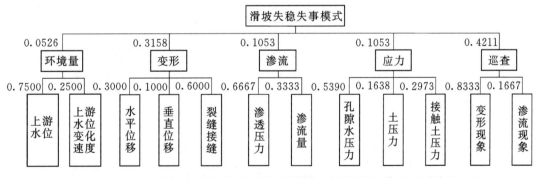

图 9.3-24　滑坡失稳失事模式下的实测性态评价指标体系和指标权重

（3）渗透破坏权重矩阵计算。土石坝在发生渗透破坏前表现异常的监测项目有变形、渗流、应力和巡视检查。呈现的主要异常有：渗透压力变大，坝体或坝基出现流土、管涌、接触冲刷等渗透破坏现象。可知巡视检查异常最明显，重要程度最高，尤其是渗透现象；渗流监测量相比其他监测量异常程度明显，重要程度更高。对应的判断矩阵如下：

$$U_1 \quad U_2 \quad U_3 \quad U_4$$

$$M = \begin{bmatrix} 1 & \dfrac{1}{4} & 1 & \dfrac{1}{5} \\ 4 & 1 & 4 & \dfrac{1}{2} \\ 1 & \dfrac{1}{4} & 1 & \dfrac{1}{5} \\ \dfrac{1}{5} & 2 & 5 & 1 \end{bmatrix} \begin{matrix} U_1 \\ U_2 \\ U_3 \\ U_4 \end{matrix}$$

式中　M——判断矩阵；

　　　U_1——变形；

　　　U_2——渗流；

　　　U_3——应力；

　　　U_4——巡视检查。

由此得到变形的权重为 0.0896，渗流的权重系数为 0.3190，应力的权重系数为 0.0896，巡视检查的权重系数为 0.5017。

根据以上分析可知，土石坝发生渗透破坏时的实测性态评价指标体系和指标权重见图 9.3-25，图中各指标的权重值是相对于上一层次的指标而定的。

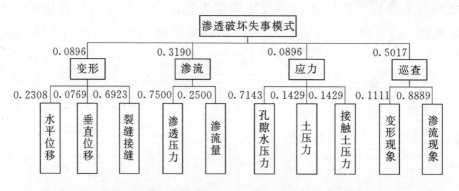

图 9.3-25　渗透破坏失事模式下的实测性态评价指标体系和指标权重

（4）近坝区失事权重矩阵计算。土石坝近坝区失事一般为边坡事故，主要表现形式为滑坡失稳。失事前表现异常的监测项目有地下水、变形和巡视检查。呈现的主要异常有：边坡变形监测变大且会发生突变，裂缝数量变多且开合度变大。可知巡视检查异常最明显，重要程度最高，尤其是变形现象；变形监测量相比其他监测量异常程度明显，重要程度更高。对应的判断矩阵如下：

$$
M = \begin{matrix} U_1 & U_2 & U_3 \\ \begin{bmatrix} 1 & \dfrac{1}{2} & \dfrac{1}{3} \\ 2 & 1 & \dfrac{2}{3} \\ 3 & \dfrac{3}{2} & 1 \end{bmatrix} \begin{matrix} U_1 \\ U_2 \\ U_3 \end{matrix} \end{matrix}
$$

式中 M——判断矩阵；

U_1——地下水；

U_2——变形；

U_3——渗流现象。

由此得到地下水的权重为 0.1667，变形的权重系数为 0.3333，渗流的权重系数为 0.5。

根据以上分析可知，土石坝近坝区发生失事时的实测性态评价指标体系和指标权重见图 9.3-26，图中各指标的权重值是相对于上一层次的指标而定的。

（5）混合失事模式权重矩阵计算。混合失事表现为多种失事模式的

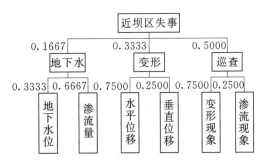

图 9.3-26   近坝区失事模式下的实测性态评价指标体系和指标权重

同时发生，根据各监测项目的异常程度难以准确的判断可能的失事模式，需要根据实际异常情况进行指标筛选，并根据异常程度确定指标体系的判断矩阵。

9.3.4.2   工程安全评价与预警管理信息系统架构

糯扎渡大坝工程安全评价与预警信息管理系统主要由系统管理模块、安全指标模块、监测数据与工程信息模块、数值计算模块、反演分析模块、安全预警与应急预案模块和数据库及管理模块共 7 个模块构成，集成监测数据采集与分析管理、大坝数值计算与反演分析、安全综合评价指标体系及预警系统、巡视记录与文档管理等于一体，为工程监测信息管理、性态分析、安全评价及预警发挥了重要作用（图 9.3-27 和图 9.3-28）。

（1）系统管理模块。系统的枢纽，提供系统运行的操作界面，管理信息交换与共享。

（2）安全指标模块。①大坝安全控制指标，在对已有案例和研究成果、规

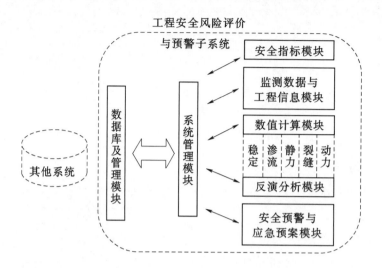

图 9.3 - 27　工程安全风险评价与
预警系统总体结构

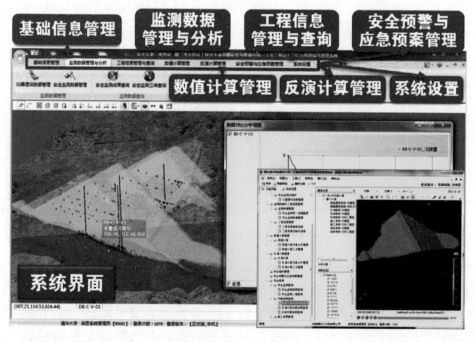

图 9.3 - 28　工程安全评价与预警管理信息系统界面

范及监测资料分析的基础上建立的综合安全评价指标体系；②监测数据合理性
判别指标，通过大坝监测数据的综合分析，建立各测值时程控制范围指标。

（3）监测数据和工程信息模块。对大坝各类动态信息进行查询、分析、可
视化展示及报表等。

（4）数值计算模块。包含渗流计算、静力计算、裂缝计算、稳定计算及动力计算5个计算分析单元，可对大坝的相应特性进行不同条件下数值仿真分析；同时，系统中还嵌入了各种计算的执行程序，用户可变换一定的条件自行计算分析。

（5）反演分析模块。包含渗流反演分析、静力反演分析、裂缝反演分析及动力反演分析4个计算分析单元。根据所要反演参数的类型及数量，确定所需要的信息；通过有限元计算生成训练样本；训练和优化用于替代有限元计算的神经网络，并进行土体参数的反演计算；将反演参数、误差以及必要的过程信息通过系统管理模块存入数据库供其他单元调用；采用反演得到的糯扎渡大坝主要坝料模型参数对大坝性态进行数值分析。

（6）安全预警与应急预案模块。在同时考虑影响大坝安全的各因素之间的内在联系及耦合作用的基础上，根据动态监测信息以及计算成果，进行施工质量与大坝安全分析，建立大坝安全评价模型；结合安全指标模块中各因子的安全阈值，针对不同的异常状态及其物理成因，对异常状态进行分级（红色、橙色、黄色）并建立预警机制。根据不同的预警机制，本模块又包含变形安全预警与预案、渗流安全预警与预案、裂缝安全预警与预案、坝坡稳定预警与预案及地震安全预警与预案5个子单元。

（7）数据库管理模块。主要用于系统管理员进行数据操作，同时也可实现与其他系统的数据共享及传递。为保证数据的安全性，系统研发中模块主要限于管理员用户进行相应的操作。

参 考 文 献

［1］ SL/Z 720—2015 水库大坝安全管理应急预案编制导则 ［S］. 北京：中国水利水电出版社，2015.

［2］ SL 258—2000 水库大坝安全评价导则 ［S］. 北京：中国水利水电出版社，2007.

［3］ 张宗亮. 200m 级以上高心墙堆石坝关键技术研究及工程应用 ［M］. 北京：中国水利水电出版社，2011.

［4］ 张宗亮，冯业林，相彪，袁友仁. 糯扎渡心墙堆石坝防渗土料的设计、研究与实践 ［J］. 岩土工程学报，2013，35（7）：1323-1327.

［5］ 张宗亮，严磊. 高土石坝工程全生命周期安全质量管理体系研究：以澜沧江糯扎渡心墙堆石坝为例 ［C］//水电 2013 大会——中国大坝协会 2013 学术年会暨第三届堆石坝国际研讨会论文集，2013：854-861.

［6］ 张宗亮，于玉贞，张丙印. 高土石坝工程安全评价与预警信息管理系统 ［J］. 中国工程科学，2011，13（12）：33-37.

［7］ 张宗亮，袁友仁，冯业林. 糯扎渡水电站高心墙堆石坝关键技术研究 ［J］. 水力发电，2006，32（11）：5-8.

［8］ 沙庆林. 公路压实与压实标准 ［M］. 北京：人民交通出版社，1999.

［9］ Duncan J M，Chang C Y. Nonlinear analysis of stress and strain in soils ［J］. Journal of the Soil Mechanics and Foundations Division，ASCE. 1970，96（5）：1629-1652.

［10］ Indraratna B，Wijewaedena L S S，Balasubramaniam A S. Large-scale triaxial testing of grewacke rockfill ［J］. Geotechnique，1993，43（1）：37-51.

［11］ Makdisi F I，Seed H B. Simplified procedure for estimating dam and embankment earthquake-induced deformations ［J］. Journal of the Geotechnical Engineering Division，1978，104（7）：849-867.

［12］ Newmark N M. Effective of earthquake on dams and embankments ［J］. Geotechnique，1965.

［13］ Sherard J L. Embankment Dam Cracking，Embankment Dam Engineering—The Casagrande Volume ［M］. John Wiley and Sons，Inc. N. Y.，1973.

［14］ Sherard J L. Hydraulic fracturing in Embankment Dams ［J］. Journal of the Geotechnical Engineering Division，ASCE，1986，112（10）：905-927.

［15］ 柏树田，崔亦昊. 堆石的力学性质 ［J］. 水利发电学报，1997，3：21-30.

［16］ 曹克明. 国外土石坝工程用风化料作防渗体土料的主要经验介绍 ［J］. 土石坝工程，2001，（1）：33-39.

[17] 陈贵斌，李仕奇，胡平．糯扎渡水电站工程施工导流设计概述［J］．水力发电，2005（5）59－61．

[18] 陈立宏，陈祖煜．堆石非线性强度特性对高土石坝稳定性的影响［J］．岩土力学，2007（28）：1807－1810．

[19] 陈宗梁．世界超级高坝［M］．北京：中国电力出版社，1998．

[20] 陈祖煜．土质边坡稳定分析——原理·方法·程序［M］．北京：中国水利水电出版社，2003．

[21] 高浪，谢康和．人工神经网络在岩土工程中的应用［J］．土木工程学报，2002（1）．

[22] 高莲士，赵红庆，张丙印．堆石料复杂应力路径试验和非线性 K－G 模型研究［C］//国际高土石坝学术研讨会论文集．北京，1993．

[23] 顾慰慈．土石（堤）坝的设计与计算［M］．北京：中国建材工业出版社，2006．

[24] 郭雪莽，田明俊，秦理曼．土石坝位移反分析的遗传算法［J］．华北水利水电学院学报，2001.9，22（3）：94－98．

[25] 国家电力公司昆明勘测设计研究院．糯扎渡水电站可行性研究报告，第五篇——工程布置及主要建筑物［R］．2003．

[26] 何金平，程丽．大坝安全预警系统与应急预案研究基本思路［J］．水电自动化与大坝监测，2006，30（1）：1－4．

[27] 何顺宾，胡永胜，刘吉祥．冶勒水电站沥青混凝土心墙堆石坝［J］．水电站设计，2006，22（2）：46－53．

[28] 侯玉成．土石坝健康诊断理论与方法研究［D］．南京：河海大学，2005．

[29] 胡昱林，毕守一．水工建筑物监测与维护［M］．北京：中国水利水电出版社，2010．

[30] 黄秋枫，胡海浪．基于强度折减有限元法的边坡失稳判据研究［J］．灾害与防治工程，2007（2）：38－43．

[31] 黄声享，刘经南．GPS实时监控系统及其在堆石坝施工中的初步应用［J］．武汉大学学报，2005，30（9）：813－816．

[32] 蒋国澄，等．哥伦比亚的高土石坝概况土工考察报告汇编［R］．水电部科技司，水电部水利科研中心，1987．

[33] 解家毕，孙东亚．全国水库溃坝统计及溃坝原因分析［J］．水利水电技术，2009，40（12）：124－128．

[34] 李亮．智能优化算法在土坡稳定分析中的应用［D］．大连：大连理工大学，2005．

[35] 李全明．高土石坝水力劈裂发生的物理机制研究及数值仿真［D］．北京：清华大学，2006．

[36] 李仕奇，陈贵斌，曹军义．大型导流隧洞复合衬砌结构设计简介［J］．水力发电2006（11）：66－68．

[37] 郦能惠，李泽崇，李国英．高面板坝的新型监测设备及资料反馈分析［J］．水力发电，2001（8）：46－48．

[38] 林继镛. 水工建筑物 [M]. 北京：中国水利水电出版社，2006.

[39] 林秀山，沈凤生. 小浪底大坝的设计特点及施工新技术 [J]. 中国水利，2000，(5)：24-25.

[40] 刘杰，王媛，刘宁. 岩土工程渗流参数反问题 [J]. 岩土力学，2002 (4).

[41] 刘经迪，王金汉. 鲁布革水电站土石坝施工 [J]. 水力发电，1988，(12)：55-59.

[42] 刘颂尧. 碾压高堆石坝 [M]. 北京：水利电力出版社，1989.

[43] 刘兴宁，董绍尧. 糯扎渡水电站水力设计关键技术研究 [J]. 水力发电，2006 (11)：75-77.

[44] 刘媛媛，张勤，赵超英，杨成生. 基于多源 SAR 数据的 InSAR 地表形变监测 [J]. 上海国土资源，2014 (4)：31，36.

[45] 吕擎峰，殷宗泽. 非线性强度参数对高土石坝坝坡稳定性的影响 [J]. 岩石力学与工程学报，2004，23 (16)：2708-2711.

[46] 毛昶熙，段祥宝，李祖贻. 渗流数值计算与程序应用 [M]. 南京：河海大学出版社，1999.9.

[47] 毛昶熙. 渗流计算分析与控制 [M]. 北京：中国水利水电出版社，2003.

[48] 牛运光. 土坝安全与加固 [M]. 北京：中国水利水电出版社，1998.

[49] 钱家欢，殷宗泽. 土工原理与计算 [M]. 北京：中国水利水电出版社，1995.

[50] 钱学森，于景元，戴汝为. 一个科学新领域——开放复杂巨系统及其方法论 [J]. 自然杂志，1990，13 (1)：3-10.

[51] 钱学森. 创建系统学 [M]. 太原：山西科学技术出版社，2001.

[52] 汝乃华，牛运光. 大坝事故与安全·土石坝 [M]. 北京：中国水利水电出版社，2001.

[53] 速宝玉，詹美礼，等. 糯扎渡水电站心墙坝坝体坝基三维渗流控制分析研究 [R]. 河海大学水利水电工程学院渗流实验室，国家电力公司昆明勘测设计研究院，2005.

[54] 詹美礼，高峰，等. 接触冲刷渗透破坏的室内研究 [J]. 辽宁工程技术大学学报（自然科学版）. 2009.

[55] 盛金昌，速宝玉，等. 双江口水电站坝区及枢纽区渗流分析方法及渗控措施研究 [R]. 河海大学水电学院渗流实验室，国电大渡河流域水电开发有限公司，中国水电顾问集团成都勘测设计研究院，2009.

[56] 沈珠江. 鲁布革心墙堆石坝变形的反馈分析 [J]. 岩土工程学报，1994，16 (3)：1-13.

[57] 沈珠江. 土石料的流变模型及其应用 [J]. 水利水运科学研究，1994 (4)：335-342.

[58] 沈珠江. 土体应力应变分析中的一种新模型 [C] //第五届土力学及基础工程学术讨论会论文集. 北京：中国建筑工业出版社，1990.

[59] 舒世馨. 反滤层设计理论及应用 [J]. 华水科技情报，1985 (4).

[60] 孙涛，顾波. 边坡稳定性分析评述 [J]. 岩土工程界，2002，3 (11)：48-50.

[61] 田晓兰，王碧．小浪底大坝填筑机械化施工［J］．西北水电，2001（1）：7-30．

[62] 王碧，李玉洁，王奇峰．小浪底大坝填筑施工技术和施工方法［J］．水力发电，2000，（8）：35-38．

[63] 王碧，王奇峰．小浪底高土石坝填筑的先进施工水平［J］．西北水电，2001（1）：23-26．

[64] 王成祥．冶勒水电站大坝防渗墙施工与质量控制［D］．武汉：武汉大学，2004．

[65] 王民寿，李仕奇．试论地下洞室群施工专家系统的开发［J］．云南水力发电，2003，（1）：87-90．

[66] 吴高见．高土石坝施工关键技术研究［J］．水利水电施工，2013（4）：1-7．

[67] 吴晓铭，黄声享．水布垭水电站大坝填筑碾压施工质量监控系统［J］．水力发电，2008，34（3）：47-50．

[68] 吴中如，顾冲时．重大水工混凝土结构病害检测与健康诊断［M］．北京：高等教育出版社，2005．

[69] 吴中如，顾冲时．综论大坝原型反分析及其应用［J］．中国工程科学，2001，3（8）：76-81．

[70] 夏元友，李梅．边坡稳定性评价方法研究及发展趋势［J］．岩石力学与工程学报，2002，21（7）：34-38．

[71] 谢培忠．鲁布革水电站心墙堆石坝施工特点［J］．水利水电技术，1990（8）：42-44．

[72] 刑林生，谭秀娟．我国水电站大坝安全状况及修补处理综述［J］．大坝与安全，2001（5）：4-8．

[73] 徐玉杰．土石坝施工质量控制技术［M］．郑州：黄河水利出版社，2008．

[74] 闫琴，张益强．土石坝渗流反演分析的现状与发展［J］．山西建筑，2007.5．

[75] 严磊．大坝运行安全风险分析方法研究［D］．天津：天津大学，2011．

[76] 杨毅平，谢培忠．鲁布革堆石坝风化料防渗体施工质量控制［J］．水利水电技术，1988（9）：52-56．

[77] 殷宗泽．土工原理［M］．北京：中国水利水电出版社，2007．

[78] 尹思全．水利水电工程施工导流方案决策研究［D］．西安：西安理工大学，2004．

[79] 袁曾任．人工神经元网络及其应用［M］．北京：清华大学出版社，1999．

[80] 袁会娜．基于神经网络和演化算法的土石坝位移反演分析［D］．北京：清华大学，2003．

[81] 张丙印，袁会娜，李全明．基于神经网络和演化算法的土石坝位移反演分析［J］．岩土力学，2005（4）：35-36．

[82] 张建云，杨正华，蒋金平，等．水库大坝病险和溃坝研究与警示［M］．北京：科学出版社，2014．

[83] 张鲁渝，欧阳小秀，郑颖人．国内岩土边坡稳定分析软件面临的问题及几点思考［J］．岩石力学与工程学报，2003，22（1）：166-169．

[84] 张启岳．用大型三轴仪测定砂砾石料和堆石料的抗剪强度［J］．水利水运科学研

究，1980 (1)：25 - 38.

[85] 张起森，胡玲玲．路基路面工程 [M]．西安：交通普通高校试验教材编审组，1994.

[86] 张清华，隋立芬，贾小林，等．利用高精度 PPS 测量进行 GPS - GLONASS 时差监测 [J]．武汉大学学报（信息科学版），2014，36：40.

[87] 张世英，等．筑路机械工程 [M]．北京：机械工业出版社，1998.

[88] 张应波，何仲辉．冶勒水电站大坝沥青混凝土心墙质量控制与管理 [J]．水力发电，2004，30 (11)：32 - 34.

[89] 章为民，赖忠中，徐光明．电液式土工离心机振动台的研制 [J]．水利水运工程学报，2002 (1)：63 - 66.

[90] 赵朝云．水工建筑物的运行与维护 [M]．北京：中国水利水电出版社，2005.

[91] 赵魁芝，李国英，沈珠江．天生桥混凝土面板堆石坝原型观测资料反馈分析 [J]．水利水运科学研究，2000 (4)：15 - 19.

[92] 赵琳．土石坝安全监测分析评价技术研究 [J]．东北水利水电，2013，30：34.

[93] 郑守仁．我国高坝建设及运行安全问题探讨 [C] // 高坝建设与运行管理的技术进展：中国大坝协会 2014 学术年会论文集．郑州：黄河水利出版社，2014.

[94] 郑颖人．岩土材料屈服与破坏及边（滑）坡稳定分析方法研讨 [J]．岩石力学与工程学报，2007，26 (4)：649 - 661.

[95] 中国水电顾问集团昆明勘测设计研究院，等．糯扎渡高心墙坝坝料特性及结构优化研究——专题一：心墙堆石坝坝料试验及坝料特性研究 [R]．2006，03.

[96] 钟登华，李明超，杨建敏．复杂工程岩体结构三维可视化构造及其应用 [J]．岩石力学与工程学报，2005 (4)：575 - 580.

[97] 周红祖，刘晓辉．边坡稳定分析的原理和方法 [J]．高等教育研究，2008，25 (1)：91 - 93.

[98] 周家文，徐卫亚．糯扎渡水电站 1 号导流隧洞三维非线性有限元开挖模拟分析 [J]．岩土工程学报，2008 (12)：3393 - 3400.

[99] 周家文，徐卫亚．糯扎渡水电站 2 号导流隧洞三维非线性有限元开挖模拟分析 [J]．岩土工程学报，2007 (12)：1527 - 1535.

[100] 朱百里，沈珠江．计算土力学 [M]．上海：上海科学技术出版社，1990.

[101] 朱国胜，张家发，王金龙．日冕水电站心墙堆石坝坝体渗流场初步分析 [J]．长江科学院院报，2009 (10)：95 - 100.

[102] 朱张华．水电站施工导流及洪水控制研究 [D]．西安：西安理工大学，2006.